天体物理学
Astrophysics for Physicists

Arnab Rai Choudhuri 著

森 正樹 訳

森北出版株式会社

ASTROPHYSICS FOR PHYSICISTS

ⓒ Arnab Rai Choudhuri 2010
Japanese translation rights arranged with
CAMBRIDGE UNIVERSITY PRESS
through Japan UNI Agency, Inc., Tokyo

●本書のサポート情報を当社Webサイトに掲載する場合があります．
下記のURLにアクセスし，サポートの案内をご覧ください．

https://www.morikita.co.jp/support/

●本書の内容に関するご質問は，森北出版 出版部「(書名を明記)」係宛
に書面にて，もしくは下記のe-mailアドレスまでお願いします．なお，
電話でのご質問には応じかねますので，あらかじめご了承ください．

editor@morikita.co.jp

●本書により得られた情報の使用から生じるいかなる損害についても，
当社および本書の著者は責任を負わないものとします．

■本書に記載している製品名，商標および登録商標は，各権利者に帰属
します．

■本書を無断で複写複製（電子化を含む）することは，著作権法上での
例外を除き，禁じられています．複写される場合は，そのつど事前に
(一社)出版者著作権管理機構（電話03-5244-5088, FAX03-5244-5089,
e-mail：info@jcopy.or.jp）の許諾を得てください．また本書を代行業者
等の第三者に依頼してスキャンやデジタル化することは，たとえ個人や
家庭内での利用であっても一切認められておりません．

まえがき

　素粒子物理学，凝縮系の物理学および天体物理学は，現代物理学の主要な研究分野であるということができよう．物理の学生の教育は，素粒子物理学と凝縮系の物理学の基礎的な知識なしには完結しないといわれることがある．世界中の多くの物理学科では，素粒子物理学と凝縮系の物理学（伝統的に「固体物理学」ともよばれる）の授業が行われている．物理の学部学生や，時には大学院生も，これらの授業をとることが要求される．驚くべきことに，同様の水準の天体物理学の授業は，多くの物理学科では提供されていないことが多い．その物理学科に一般相対性理論家がいる場合は，「一般相対性理論と宇宙論」の講義が提供されるが，これは通常，すべての学生に対する必修授業ではない．こうして，物理の専門教育を受けた多くの学生が，現代物理の活発な分野である天体物理学の正しい知識を学ぶ機会が得られないことになっている．

　最近になって多くの物理学科では，これはよくない状況であることに気付き始めている．世界中の物理学科で徐々に，天体物理学の授業が学部上級あるいは大学院入門として，素粒子物理学や固体物理学の授業と同様に行われるようになってきている．私が20年以上在籍しているインド理科大学物理学科では，しばらく前から基本的な天体物理学の授業を提供している．これは物理科学の博士課程プログラムの核となるコースであり，同時に天文および天体物理学プログラムにもなっている．私はこのコースを6回以上教えている．

　長年にわたり，素粒子物理学や固体物理学では優れた教科書が出版されてきた．天体物理学では状況は少し異なる．高校レベルで学ぶ物理や数学以上の知識をもたない学生向けに書かれた素晴らしい初歩的な教科書はいくつか出されている．それから，天体物理学の特定の分野（星，銀河，星間物質や宇宙論）に特化した有名な教科書もある．しかし，これら二つの種類の教科書の間のギャップを埋めるような，天体物理学全般をカバーするものは少ない．すなわち，キッテルの「固体物理学」やパーキンスの「高エネルギー物理学」のように，力学，電磁気学，熱力学，量子力学および物理数学を学んだ学生向けに書かれたレベルの教科書である．著者が物理学科で「天体物理学基礎論」を講義する際に，コース全体をカバーする適当な教科書が見当たらないのである．こうして，この本は著者がこのコースを講義する際に用意した資料から生まれた．

この本を執筆する際に，私は，この本を読む多くの学生が天体物理学を専攻する学者になるわけではないことを念頭に置いた．そこで，天体物理学を専攻しない物理学者にとって興味がもてそうな天体物理学の様相を強調することにした．天体物理学は観測的科学であり，基礎的な現象について知ることは，現代天体物理学を理解するうえで絶対に必要である．この本で基本的な現象学を紹介したが，物理の学生は T Tauri 星が何かや BL Lac 天体が何かを知らずとも天体物理学を学べる，と考えている．天体物理学の学者を目指してこの分野の専門用語（しばしば歴史的経緯を引きずっている）を学びたい学生は，別の書籍を参照されたい．数多くの話題の詳細に触れるより，現代の天体物理学の中心的テーマを完全にカバーすることを目指した．この方法の問題点は，何が中心的テーマで，何が枝葉の問題なのかについて，天体物理学者の間で合意がとれないことにある！　現代の天体物理学で何がバランスのとれた説明となるかは，私自身の判断に基づいて決定した．天体物理学の別の分野の専門家は，自分の分野で重要と考えている分野がカバーされないことについて，私が大罪を犯していると感じるであろうことは疑いない．もし，私がさまざまな分野の専門家に同じように不満を感じさせられたならば，私はバランスのとれた本が書けたと結論できよう！　私が従ったもう一つの原理は，よく理解されていないあるいは見解が将来大きく変化しそうな話題よりも，古典的で確立した話題に重点を置くことである．読者に歴史的観点を与えるため，現代の図が元の図と本質的な点で大きく異なっていない限り，私は意図的に元の古典的な論文の図を挙げた．また，あまりに推測的な，あるいは現在の観測データと密接に結び付いていない話題は，私の個人的な好みではあるが避けることにした．

　実際，すべての基礎物理の分野は天体物理学のどれかの話題に応用されている．私はこの本の読者に，古典力学，電磁気学，光学，特殊相対性理論，熱力学，統計力学，量子力学，原子物理学および原子核物理学の十分な知識があるものと仮定している．これは，どの大学でも物理の学生には期待されていることである．私の信条としては，この水準にある物理の学生は流体力学とプラズマ物理学を知っておくべきだと考えている．しかし，多くの大学の物理の学生にとってはそうでないことを考えて，流体力学とプラズマ物理学の知識は仮定せず，これらの話題は第一原理から導くことにした．一般相対性理論も前提とする知識なしに第一原理から導くが，テンソルの基本的性質について先に学んでおくと役立つであろう．ほかにこの本で前提とする知識なしに導く基礎物理としては，輻射輸送と重力を受ける粒子の運動学（無衝突ボルツマン方程式を用いる）がある．

　私は伝統的な順序に従い，星から始めて，銀河を取り上げ，銀河系外天文学と宇宙論で終えることにした．この本で導く基礎物理の話題を置く場所については考慮した．

必要なすべての基礎物理の話題を，天体物理学の世界に入る前に本の最初に置くやり方もあるだろう．個人的には，これらの物理の話題は天体物理を学ぶ途中に入れたほうがよいと思っている．輻射輸送は天体物理学で広く使われているので，早い段階の2章で扱う．ほかに基礎物理の話題を扱うのは，7章の恒星系力学と，8章のプラズマ天体物理学である．これらの章は，本によっては本の別の場所に置く可能性もある．私としては，読者が6章で銀河と星間物質について学んだ後，7章と8章で学ぶことの応用が多い銀河系外天文学に進む方が有用だと考えた．しかし，7章と8章を置く場所には強い論理的理由があるわけではなく，私の好みといえる．

　この本の一般相対性理論の場所について触れておく．私が自分の学科で数回担当した「天体物理学基礎論」では，一般相対性理論は含まれない（私の学科では別に「一般相対性理論と宇宙論」の講義がある）．「天体物理学基礎論」では，1章から11章の内容を扱っており，1セメスターの講義には十分すぎる量である．10章と11章では，一般相対性理論の技術的な知識なしに扱える範囲で宇宙論を論じている．最初の予定では，1章から11章までで書き終えることにしていた．本を執筆している最中に，最後の三つの章を加えることにした．それは，一般相対性理論が天体物理学の多くの分野で担う役割がだんだん増加しているからである．この10年で最も爆発的に発展した天体物理学の分野の一つは，赤方偏移 $z \geq 1$ の宇宙の研究である．高赤方偏移宇宙を調べる際の問題は，一般相対論的な天体物理学の技術的知識なしでは扱えない．この10年の発展でもう一つ重要なのは，一般相対性理論の結論である重力波を観測するために，大型検出器がいくつか建設されたことである．天体物理学における一般相対性理論の応用が増えたことと完結性のため，12章から14章を加えることにした．12章と13章で第一原理から一般相対性理論を導いた後，14章で相対論的宇宙論を論じる．そのため，宇宙論の記述は少々細切れになっている．一般相対性理論の技術的な知識なしに導ける話題は10章と11章で扱い，一般相対性理論が必要な話題は14章で扱う．この配置は知性的とはいえないが，私は利点が欠点を上回ると思っている．一般相対性理論を学ばずにまず宇宙論の基礎を学びたい読者は，10章と11章を読むことができる．一般相対性理論を知らない学生に天体物理学を教える教員は，1章から11章までを用いることができる．一方，一般相対性理論と宇宙論の講義には10章から14章を基に，この本ではほとんど扱わない構造形成などの話題を付加して教えることができる．あるいは，教員の好みの応じて話題を付け加えて，この本を天体物理学と相対性理論の二つの講義の基礎的な教科書とすることもできる．

　この本は私が生涯で取り組む最も野心的な事業であったが，これからもそうであり続けるだろう．前作 The Physics of Fluids and Plasmas（流体とプラズマの物理）を執筆しているときは，たいてい私が専門としている話題を扱っていた．今回は範囲が

もっと広い．今日では，現代の天体物理学のすべての分野を一人の人間が深く知ることは不可能であろう．少なくとも私にはそのような知識があるとはいえない．したがって，天体物理学の全体をカバーしようとする執筆者は，自分の知識が不確かな多くの話題を書かざるをえない．実際に技術的な誤りの危険は別としても，強調すべきところをそうしない危険をはらんでいる．それゆえ，誤りを arnab@physics.iisc.ernet.in 宛の電子メールで指摘してくれる読者を歓迎したい．この本で読者が欠点よりも利益のほうを多く得ることを私は切望している．

謝 辞

この本を準備する際に参照した文献の多数の著者はもちろん，私が1980年代はじめにシカゴ大学に大学院生として在籍した当時の素晴らしい教師に感謝する．とくに，Eugene Parker の「プラズマ天体物理学」，James Hartle の「相対論的天体物理学」，David Schramm の「宇宙論」，および David Arnet の「恒星の進化」の講義を受けることができて，私は幸運だった．これらの話題を学生に教えるときには彼らの影響は大きく，またこの本にも染みわたっている．

また，同僚にはとくに不確かなところのある章を読んでもらった．H.C. Bhat, Sudip Bhattacharyya, K.S. Dwarakanath, Biman Nath, Tarun Deep Saini および Kandaswamy Subramanian には，有益な提案をいただいた．同僚に多くの間違いを指摘してもらったが，この本にはまだ間違いがあることは確実で，それは私の責任である．

Ramesh Babu, Shashikant Gupta と Bidya Binay Karak には，この本の多くの図を用意してもらった．また，たくさんの図の著作権の許諾をいただいた多くの組織や個人に感謝する．謝辞は図の説明文に記してある．

Cambridge University Press のスタッフ（とくに Laura Clark, Vince Higgs, Simon Mitton および Dawn Preston）にも，この本を準備する数年間の協力に感謝したい．また，何年にもわたり私の講義を受講した学生たちには，本書の執筆の進行状況を尋ねられたり，授業へのフィードバックを通じて励ましをもらった．このような大きな事業は妻 Mahua の支援なしには成し遂げられなかっただろう．この本の完成に喜んだであろう二人の人間，父と母を執筆途中で失った．この本を彼らとの思い出に捧げたい．

Arnab Rai Choudhuri

記号について

　天体物理学の話題を論じる際には，物理のさまざまな分野の結果を組み合わせなければならないことが多い．歴史的にはこれらの分野は独立に発展したため，同じ記号が異なる分野では異なる意味に使われることがしばしば起こる．いくつかの記号については，あいまいにならないよう添字を付けた．たとえば，トムソン断面積には σ_T (σ はシュテファン – ボルツマン定数を表す)，ボルツマン定数には k_B (k は波数に用いる)，黒体輻射定数には a_B (a は宇宙のスケール因子を表す) を用いた．Kolb and Turner, "The Early Universe" (1990) の式 (3.48) を見ると，式の導出で異なる量を表すために同じ記号を用いた際の問題がよくわかる．一連の導出においては異なる量に同じ記号を用いることを避けるようにしたが，本の別の部分では，異なる量に同じ記号を用いざるをえない場合もあった．たとえば，M は星や銀河の質量と絶対光度の両方に用いた．あまり正統でない記号法を発明するよりも，読者が常識を用いて文脈から記号の意味を判断し，混同しないことを期待することにした．混同しそうな例としては，4.2 節で粒子がエネルギー E をもつ確率を $f(E)$，5.2 節で運動量 p をもつ粒子の数密度を $f(p)$ とした (7 章を通じて f は確率でなく数密度を表すために用いた) ことがある．この記号法は一貫していないが，4.2 節と 5.2 節における式の導出においては最も便利であった (加えて多くの書籍で用いられてきた記号法でもあった)．

訳者まえがき

　日本では，数多くの天文ファンがアマチュアとして活動しており，一般向けの天文関連の書籍や雑誌も数多く出版されている．また，天文学は，大学では文系の学生に対しても人気のテーマである．しかし，物理と数学の知識を駆使して，天体物理学について本格的に学ぶような，学部生・大学院生向けの日本語の教科書は決して多いとはいえず，学生に選択の余地はあまりないのが現状といえる．Arnab Rai Choudhuri氏による本書は，そのような読者層向けに書かれており，非常に幅広い題材を扱いながら，首尾一貫したスタイルで丁寧に記述しており，論理が飛躍することがないので，自学自習の可能な優れた教科書として日本の読者に紹介したいと考えた．

　英語で書かれた天体物理学関連の文献は本書の付録Cに紹介されているので，日本語で書かれた最近の文献をいくつかここで紹介しておく．「新版　宇宙物理学 — 星・銀河・宇宙論 —」（高原文郎，朝倉書店，2015年）は，おもに天体物理学を扱った1999年の初版から宇宙論関連が加筆され，より広い範囲をカバーする標準的な教科書であるといえる．「宇宙物理学」（小玉英雄，井岡邦仁，郡和範，共立出版，2014年）は，最新の成果まで取り入れた意欲的な教科書であるが，読み進めるには大学院生以上の知識が必要となろう．「シリーズ現代の天文学」（全17巻，日本評論社，2007年〜2009年）は日本天文学会が主導して編纂された網羅的な教科書であるが，大部なので個人で揃えるのは大変であり，現実には興味をもつ巻を選んで学ぶことになる（特定の主題について書かれた文献はここでは省略させていただく）．天体物理学に興味をもたれた読者にはこれらの書籍も手にとることをお勧めする．

　なお，本書では，astrophysicsという用語の和訳として「天体物理学」を用いている．「宇宙物理学」とする向きもあるが，こちらの用語の指す分野は幅広く，天体物理学，宇宙論，宇宙空間物理学，人工衛星を利用した物理学・天文学，などのさまざまな分野に対して用いられ，その意味するところが明確でないため，本書では避けた．

　また，脚注は，日本の読者向けに必要に応じて訳者が加えた補足説明であることをお断りしておく．さらに，付録Bの「天体物理学とノーベル賞」の部分は，原著出版後の受賞者について訳者が加筆している．

2019年5月

森　正樹

目次

1章 はじめに ——————————————————————— 1
- 1.1 天文学における質量，距離，時間のスケール ……………………… 1
- 1.2 現代天文学の出現 ……………………………………………………… 4
- 1.3 天球座標 ………………………………………………………………… 5
- 1.4 等　級 …………………………………………………………………… 7
- 1.5 天体物理学における物理学の応用と一般相対性理論 ……………… 9
- 1.6 天体の情報源 …………………………………………………………… 12
- 1.7 電磁波のさまざまな波長域における天文学 ………………………… 13
  - 1.7.1 光学天文学（可視光天文学）　14
  - 1.7.2 電波天文学　17
  - 1.7.3 Ｘ線天文学　18
  - 1.7.4 その他の新しい天文学　19
- 1.8 天体の名前 ……………………………………………………………… 19
- 演習問題 1 ………………………………………………………………… 20

2章 輻射と物質の相互作用 ————————————————— 21
- 2.1 はじめに ………………………………………………………………… 21
- 2.2 輻射輸送 ………………………………………………………………… 21
  - 2.2.1 輻射場　21
  - 2.2.2 輻射輸送の式　24
  - 2.2.3 光学的深さ，輻射輸送の式の解　26
  - 2.2.4 キルヒホッフの法則　28
- 2.3 熱力学的平衡 …………………………………………………………… 29
  - 2.3.1 熱力学的平衡の基本性質　29
  - 2.3.2 局所熱力学的平衡の概念　30
- 2.4 恒星大気での輻射輸送 ………………………………………………… 32
  - 2.4.1 平面平行大気　33
  - 2.4.2 灰色大気の問題　36
  - 2.4.3 スペクトル線の形成　40
- 2.5 恒星内部の輻射輸送 …………………………………………………… 42

2.6 不透明度の計算 44
　　2.6.1 トムソン散乱　46
　　2.6.2 水素負イオン　48
2.7 スペクトル線の解析 48
2.8 太陽内部での光子の拡散 51
演習問題 2 52

3 章　恒星天体物理学 I：基本的な考え方と観測データ ———— 55

3.1 はじめに 55
3.2 星の構造の基本方程式 56
　　3.2.1 星の静水圧平衡　56
　　3.2.2 ヴィリアル定理　58
　　3.2.3 星の内部の輻射輸送　60
　　3.2.4 星の内部の対流　61
3.3 星のモデルの構築 63
3.4 星の諸量の関係 67
3.5 星の基本的な観測事実 70
　　3.5.1 星のパラメータの決定　70
　　3.5.2 観測データの重要な特性　72
3.6 主系列，赤色巨星と白色矮星 75
　　3.6.1 主系列の終端：エディントン光度限界　76
　　3.6.2 星団の HR 図　77
演習問題 3 80

4 章　恒星天体物理学 II：原子核合成とその他の話題 ———— 81

4.1 星内部での核融合の可能性 81
4.2 核反応率の計算 83
4.3 星の内部で重要な核反応 87
4.4 詳細な星のモデルと実験的検証 91
　　4.4.1 日震学　93
　　4.4.2 太陽ニュートリノ実験　94
4.5 星の進化 97
　　4.5.1 連星の進化　100
4.6 星の質量放出，星風 101
4.7 超新星 103

	4.8	星の回転と磁場	107
	4.9	系外惑星	111
	演習問題 4		112

5章　星の崩壊の終状態 ——————————————— 113

    5.1　はじめに　　113

    5.2　フェルミ気体の縮退圧　　114

    5.3　白色矮星の構造，チャンドラセカール質量限界　　118

    5.4　中性子ドリップと中性子星　　122

    5.5　パルサー　　125

        5.5.1　連星パルサーと一般相対性理論の検証　　128

        5.5.2　ミリ秒パルサーと連星パルサーの統計　　129

    5.6　X線連星，降着円盤　　130

    演習問題 5　　134

6章　天の川銀河と星間物質 ——————————————— 137

    6.1　天の川銀河の形と大きさ　　137

        6.1.1　星の計数　　137

        6.1.2　シャプレーのモデル　　139

        6.1.3　星間吸収と赤化　　141

        6.1.4　銀河座標系　　143

    6.2　銀河回転　　143

    6.3　星の準円軌道　　147

        6.3.1　周転円理論　　148

        6.3.2　太陽の運動　　151

        6.3.3　シュヴァルツシルト速度楕円　　153

    6.4　恒星の種族　　155

    6.5　星間ガスの探索　　156

    6.6　星間物質のさまざまな相と診断ツール　　159

        6.6.1　中性水素ガス雲　　162

        6.6.2　温かい雲間媒質　　164

        6.6.3　分子雲　　164

        6.6.4　H_{II}領域　　166

        6.6.5　熱いコロナガス　　167

    6.7　銀河磁場と宇宙線　　168

	6.8	熱力学的考察	171
	演習問題 6		173

7章　恒星系力学の基礎 — 175

   7.1　はじめに 175
   7.2　恒星系力学のヴィリアル定理 176
   7.3　衝突緩和 179
   7.4　熱力学的平衡の不適合と自己重力 181
   7.5　無衝突系のボルツマン方程式 184
   7.6　ジーンズ方程式とその応用 187
      7.6.1　オールト上限　189
      7.6.2　非対称ドリフト　190
   7.7　太陽近傍の二つのサブシステムに属する星 ... 193
   演習問題 7 194

8章　プラズマ天体物理学の基礎 — 197

   8.1　はじめに 197
   8.2　流体力学の基本方程式 198
   8.3　ジーンズ不安定性 201
   8.4　MHD の基本方程式 205
   8.5　アルヴェーンの磁束凍結定理 207
   8.6　太陽黒点と磁気浮揚 211
   8.7　ダイナモ理論の定性的紹介 213
   8.8　パーカー不安定性 215
   8.9　磁気再結合 216
   8.10　天体物理学における粒子加速 218
   8.11　相対論的ビーミングとシンクロトロン輻射 ... 223
   8.12　制動輻射 227
   8.13　冷たいプラズマ中の電磁振動 228
      8.13.1　プラズマ振動　230
      8.13.2　電磁波　230
   演習問題 8 231

9章　銀河系外天文学 — 233

   9.1　はじめに 233

- 9.2 通常銀河 ··· 233
  - 9.2.1 形態学的分類 233
  - 9.2.2 物理的性質と運動学 237
  - 9.2.3 残された問題 241
- 9.3 宇宙の膨張 ··· 242
- 9.4 活動銀河 ··· 247
  - 9.4.1 活動銀河の分類 247
  - 9.4.2 クエーサーの超光速運動 250
  - 9.4.3 中心エンジンとしてのブラックホール 252
  - 9.4.4 統一描像 255
- 9.5 銀河団 ··· 256
- 9.6 銀河の大規模分布 ··· 262
- 9.7 ガンマ線バースト ··· 265
- 演習問題 9 ·· 266

10 章 宇宙の時空の力学 — 267

- 10.1 はじめに ·· 267
- 10.2 一般相対性理論とは ·· 268
- 10.3 宇宙の計量 ·· 273
- 10.4 スケール因子に対するフリードマン方程式 ····································· 277
- 10.5 宇宙の中身,宇宙黒体輻射 ·· 281
- 10.6 物質優勢宇宙の進化 ·· 286
  - 10.6.1 閉じた解 ($k = +1$) 287
  - 10.6.2 開いた解 ($k = -1$) 288
  - 10.6.3 宇宙初期における近似解 288
  - 10.6.4 宇宙の年齢 289
- 10.7 輻射優勢宇宙の進化 ·· 290
- 演習問題 10 ··· 292

11 章 宇宙の熱史 — 293

- 11.1 年表の設定 ·· 293
- 11.2 熱力学的平衡 ·· 294
- 11.3 原始元素合成 ·· 299
- 11.4 宇宙背景ニュートリノ ·· 302
- 11.5 暗黒物質の性質 ·· 304

11.6 宇宙開闢期に関する考察 ·················· 306
　11.6.1 地平線問題とインフレーション　306
　11.6.2 バリオン生成　307
11.7 原子の形成と最終散乱面 ·················· 308
　11.7.1 CMBR の初期異方性　309
　11.7.2 スニャエフ–ゼルドビッチ効果　310
11.8 $z \sim 1\text{–}6$ における進化の証拠 ·················· 311
　11.8.1 高赤方偏移のクエーサーと銀河　312
　11.8.2 銀河間媒質　314
11.9 構造形成 ·················· 316
演習問題 11 ·················· 319

12章　テンソルと一般相対性理論の基礎 ───── 323

12.1 はじめに ·················· 323
12.2 テンソルの世界 ·················· 323
　12.2.1 テンソルとは何か　323
　12.2.2 計量テンソル　326
　12.2.3 テンソルの微分　328
　12.2.4 曲率　333
　12.2.5 測地線　336
12.3 弱い重力場の計量 ·················· 339
12.4 一般相対性理論の定式化 ·················· 344
　12.4.1 エネルギー–運動量テンソル　344
　12.4.2 アインシュタイン方程式　347
演習問題 12 ·················· 349

13章　一般相対性理論の応用例 ───── 353

13.1 時間と距離の測定 ·················· 353
13.2 重力赤方偏移 ·················· 355
13.3 シュヴァルツシルト計量 ·················· 356
　13.3.1 シュヴァルツシルト計量における粒子の運動，近日点移動　358
　13.3.2 質量ゼロの粒子の運動，光の曲がり　364
　13.3.3 特異点と地平面　370
13.4 線形化重力理論 ·················· 372
13.5 重力波 ·················· 376

演習問題 13 ………………………………………………………………… 381

14 章　相対論的宇宙論 ────────────────── 383

14.1　基礎方程式 ……………………………………………………… 383
14.2　宇宙定数とその重要性 ………………………………………… 385
14.3　膨張宇宙における光の伝播 …………………………………… 388
14.4　重要な宇宙論的テスト ………………………………………… 392
　　14.4.1　$\Lambda = 0$ の場合の結果　392
　　14.4.2　$\Lambda \neq 0$ の場合の結果　396
14.5　観測データから求めた宇宙論パラメータ …………………… 398
演習問題 14 ………………………………………………………………… 403

付録 A　物理定数・天文定数 ──────────────── 405
A.1　物理定数　405
A.2　天文定数　405

付録 B　天体物理学とノーベル賞 ────────────── 406

付録 C　さらに学びたい人のために ───────────── 408

参考文献 ─────────────────────────── 413

索　引 ──────────────────────────── 426

1章
はじめに

1.1 天文学における質量，距離，時間のスケール

　天体物理学は，星[†]や銀河，さらには宇宙全体を扱う科学である．本書の目的は，定量的な測定と厳密な理論的根拠に基づいて，天体物理学を精密な科学として提示することである．

　我々の用いる質量，距離，時間の標準単位（cgs あるいは SI）は，日常生活にふさわしいものである．しかし，天体物理学的測定の結果を表すのに便利な単位ではない．そこでまずは，天体物理学で用いる基本的な単位と，さまざまな天体のスケールの議論から始めよう．

●質量の単位

　太陽の質量は，$M_\odot$ という記号で表され，天体物理学における質量の単位としてしばしば用いられる．その値は

$$M_\odot = 1.99 \times 10^{30} \,\text{kg} \tag{1.1}$$

である．星の絶対的な明るさや大きさは何桁にもわたりさまざまな値をとるが，ほとんどの恒星の質量は $0.1 M_\odot$ から $20 M_\odot$ の狭い範囲に分布する．その背景にある理由は 3.6.1 項で議論する．銀河は典型的には $10^{11} M_\odot$ の質量をもつ．ほぼ球状の形をした密度の高い星の集合体である球状星団は，典型的には $10^5 M_\odot$ 程度の質量をもつ．

●距離の単位

　太陽から地球までの平均距離は，**天文単位**（Astronomical Unit, AU と略される）とよばれる．その値は

$$\text{AU} = 1.50 \times 10^{11} \,\text{m} \tag{1.2}$$

である．これは太陽系内の距離を測るには便利な単位であるが，星や銀河の距離を表すには小さすぎる．

[†] 訳注：とくに断わらない限り，本書では「星」は「恒星」を指すこととする．

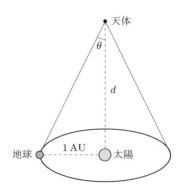

図 1.1 パーセクの定義

　地球は太陽の周りを回るにつれ，近傍の星はずっと遠方の星に対しわずかに位置を変える．この現象は**視差**とよばれる．図 1.1 に示すように，地球の軌道の極軸方向に距離 d 離れた星を考えよう．角度 θ は地球の年周運動でずれるように見える角度の半分であり，これを視差と定義する．定義より明らかに，

$$\theta = \frac{1\,\mathrm{AU}}{d} \tag{1.3}$$

である．**パーセク**（parsec, pc と略される）は視差が $1''$ となるような距離である．$1''$ が $\pi/(180 \times 60 \times 60)$ ラジアンであるから，式 (1.3) より，

$$\mathrm{pc} = 3.09 \times 10^{16}\,\mathrm{m} \tag{1.4}$$

と求められる．1 pc は 3.26 光年であることに注意しておく（光年は，科学の解説書ではよく用いられる単位であるが，学術的な文献ではほとんど用いられることはない）．さらに大きな距離に対しては，キロパーセク（$10^3\,\mathrm{pc}$, kpc と略される），メガパーセク（$10^6\,\mathrm{pc}$, Mpc と略される），ギガパーセク（$10^9\,\mathrm{pc}$, Gpc と略される）が用いられる．

　我々に最も近い恒星，ケンタウルス座プロキシマ星は約 1.31 pc の距離にある．我々の天の川銀河や多くのほかの銀河は，100 pc 程度の厚さで 10 kpc 程度の半径をもつ円盤の形をしている．この二つの距離の幾何平均，すなわち 1 kpc を銀河系の大きさの目安とすることができる．近傍の明るい銀河の一つアンドロメダ銀河は 0.74 Mpc の距離にある．遠方の銀河までの距離は Gpc 程度になる．遠方にある銀河からの光は宇宙がずっと若かった頃に出発したものであり，そのような銀河までの距離の概念は単純ではないことに注意しておく（14.4.1 項で扱う）．pc は星間距離，kpc は銀河の大きさ，Mpc は銀河間の距離，Gpc は見ることのできる宇宙の大きさ，として大まかな目安を覚えておくと便利である．

●時間の単位

天体物理学者は大きく異なる時間スケールを扱う必要がある．宇宙の年齢は百億年の程度である．一方，パルスを秒以下の間隔で周期的に放出するパルサーが存在する．時間には特別な単位はない．天体物理学者は，大きな時間スケールに年（yr）を，小さな時間スケールには秒（s）を用いる．変換係数は

$$\mathrm{yr} = 3.16 \times 10^7 \, \mathrm{s} \tag{1.5}$$

である．星の寿命は数百万年から百億年程度である．ギガ年（10^9 yr，Gyrと略される）単位を用いることもある．なお，太陽の年齢は 4.5 Gyr とされている．

●大きさの程度の推定の重要性

正確な測定をしなくても，我々の周囲のさまざまな量の値を推測することができる．テーブルであれば，その幅はおよそ 1 m であると大雑把に見積もることができる．ジャガイモの袋を持ち上げれば，その重さは約 5 kg であると大雑把に見積もることができる．注意深く測定しても，このような見積もりからは大きくは外れない．テーブルの幅の測定結果が 10^{-2} cm や 100 km になるだろうという疑いを抱くことはない．ところが，天体物理学的測定では，通常，そのような直接の感覚をもつことはない．誰かが太陽の質量が 10^{20} kg や 10^{40} kg であるといったとしても，日常の経験からはこれらの値が不合理だといえないだろう．したがって，天体物理学では，詳細な計算を行う前にまず，さまざまな量の大きさの程度の見積もりがよく行われる．実際，本書を通じて，さまざまな量の大きさの見積もりを行うことになる．そのため，読者は表 1.1 に示す変換係数を覚えておくと便利である．これらの変換係数の正確な値は，式 (1.1)，(1.4) と (1.5) に与えられている．本書の主眼は物事を覚えるのではなく理解することにあるが，表 1.1 に示す変換係数くらいは覚えておくべきである．これらはさまざまな大きさの程度の見積もりにかなり頻繁に用いられる．

表 1.1 覚えておくべき変換係数

$M_\odot$	$\approx$	2×10^{30} kg
pc	$\approx$	3×10^{16} m
yr	$\approx$	3×10^7 s

1.2 現代天文学の出現

　文明の黎明期以来，人類は星空について興味をもってきた．つまり，天文学は最古の学問の一つである．古代からの伝統をもつといえるほかの科学は，多分数学と医学のみであろう．しかし，天文学と物理学の融合から生まれた近代的な天体物理学は，かなり新しい科学であり，19世紀半ばに成立したといってよいだろう．

　古代の天文学についていくつか述べておこう．人類は早くから，ほとんどの星が互いに位置を変えないことに気づいていた．おおぐま座の七つの星は，毎晩相対的に同じ位置にある．しかし，星のように見える一握りの天体，惑星は，背景となる星に対して位置を変え続ける．そのような惑星の運動にもある種の規則性があることがわかっていった．惑星の運動のモデルをつくることは，古代の天文学にとって重要な問題であり，ヒッパルコス（紀元前2世紀）とプトレマイオス（紀元後2世紀）の天動説が一つの頂点となった．プトレマイオスの「アルマゲスト」は続く時代の破壊行為を逃れ，科学の古典として天動説の明確な説明を伝えている．その後，コペルニクスが天動説より惑星の運動を簡潔に説明する地動説を唱え (Copernicus, 1543)，ヨーロッパの科学のルネサンスが始まった．そして，ガリレオとニュートンが開拓した新しい物理学により，太陽の周りの惑星の軌道を計算できる力学的理論がついに出来上がった．

　科学のある分野において，その分野に携わる者が，解決しようとしているすべての問題が解けた，と感じるような段階に達している例はめったにない．ニュートン力学の発達により，惑星天文学は最終に近い段階に達した．惑星軌道のより大きな惑星による摂動を計算する複雑な手法すら，19世紀に完成した．そこで，天文学者はつぎに，太陽系の彼方に関心を向けた．19世紀半ばには，望遠鏡の口径も大きくなり，星の世界の謎もだんだん明らかになった．そして，20世紀半ばの宇宙時代の到来とともに，惑星科学の研究は再び脚光を浴びることになった．しかし，現代の惑星科学は天体物理学とかなり離れた学問分野になっているので，本書では惑星については論じない．

　星が3次元空間に分布しており，地球が太陽の周りを回るならば，近傍の星は地球の公転とともに位置を変えるように見える，すなわち視差を示すだろう．現在，我々は，最も近い星でさえも肉眼で見るには視差が小さすぎることを知っている．コペルニクスの時代には，視差の観測はまだなされていなかった．地球が太陽の周りを回ると提案したコペルニクスでさえ，星が視差を示さないことにいぶかしく思い，ただ遠すぎるだけである，と正しく推論している．望遠鏡発明後も，天文学者は視差を探してきた．1838年になってついに，三つの異なる国で別々に研究していた3名の天体物理学者（ドイツのベッセル (Bessel)，ロシアのストルーヴェ (Struve)，南アフリカのヘンダーソン (Henderson)）がほぼ同時に視差の最初の観測を報告した．これによ

り，星は透明な球体の内側に 2 次元的に埋め込まれているというアリストテレス的考え方が完全に否定された．突然，空は，2 次元的球体から解放され，無限に思える三次元空間へと開かれたのである！　速度の視線方向と垂直な成分により，星の天球上での位置は変化する．そのような天球上の運動は**固有運動**とよばれる．1 年に 10″ ほどの最も大きな固有運動を示すバーナード星でさえ，天球で 1° 移動するには 360 年かかる．ほとんどの星の固有運動はもっと小さいので，空の見え方が過去 2000 年にわたってあまり変化していないように見えるのも不思議ではない．19 世紀半ばに，固有運動の最初の測定がいくつか行われ，星は広大で暗黒の 3 次元空間をさまよう明るい物体であることが明らかになった．

　19 世紀半ばには，重要な出来事がもう一つ起こった．フラウンホーファーが観測した太陽スペクトル中の暗線 (Fraunhofer, 1817) を，ブンゼンとキルヒホッフが最初に正しく説明し，太陽にあるさまざまな化学元素の存在がこの暗線から推測できることを示したのである (Bunsen and Kirchhoff, 1861)．その後まもなく，天文学者は星のスペクトルを注意深く測定するようになり，太陽も星も地球で見つかるのと同じ化学元素からできていることが明らかになった．この発見は，天体は地球上の元素と異なる元素からできており，異なる物理法則に従うという，もう一つのアリストテレス的考え方に決定的な打撃を与えた．ニュートンは，惑星は物体が地表に落下するのと同じ物理法則に従うことを示したわけだが，いまや星は地球と同様の物質からできており，地球上の実験室で発見された物理法則に従うということまでわかっている．

　このように，物理法則が星のふるまいを理解するのに利用できるということがわかるようになって，天体物理学という近代の物理学が誕生した．今日では「天文学」と「天体物理学」は，ほとんど置き替え可能な言葉として用いられている．近代の天体物理学者は，古代の天文学者とまったく異なる問題を研究しているが，古代の天文学者が導入したつぎの二つの概念は未だに広く使われている．一つは天球座標系であり，もう一つは天体の明るさを表す等級である．この二つについて以下で述べる．

1.3　天球座標

　空を仮想的に大きな半径の球面とみなすとき，**天球**とよぶ．地球表面の位置を経度と緯度で表すように，天球面上の天体の位置を 2 個の天球座標で表す．これらの座標は，お互いに動かないように見える遠方の星が決まった値をもつように定義される．惑星のように，星に対して動く天体の座標は時間とともに変化する．

　緯度にあたる座標を**赤緯**（declination）とよぶ．地球の自転軸が天球を突き抜ける点を天の極とよび，北極側を**天の北極**，南極側を**天の南極**という．現在の天の北極は

北極星付近にある．地球の赤道の真上にあたる大円を**天の赤道**とよぶ．赤緯とは，天の北極と南極および赤道で定義される天球の緯度といえる．天の赤道上にある天体の赤緯はゼロであり，北極は赤緯 $+\pi/2$ ラジアン（$= 90°$）である．

経度にあたる座標を**赤経**（right ascension: R.A. と略す）とよぶ．グリニッジの経度をゼロとして経度の原点を決めるように，赤経の原点も固定しなければならない．これは，**黄道** (ecliptic) とよばれる大円により定められる．地球は太陽の周りを1年で1周するので，遠方の星に対する太陽の位置は，我々から見て移動していき，天球に大円を描く．この大円が黄道である．黄道に沿ってよく知られた12個の星座（**黄道十二宮**）がある．太陽が季節に応じて異なる星座にあることは，有史以前から知られていた．もちろん，我々は太陽の方向にある星座を直接見ることはできない．しかし，日没直後や日の出直前の星を観察して，古代の天文学者は太陽の天球上の位置を知ることができた．天の赤道と黄道は $23.4°$ 傾いており，図 1.2 に示すように，2か所で交わる．その2つの点のうち，おひつじ座にあるものを赤経の原点とする．太陽がこの点にあるときが春分である．赤経は度ではなく時間で表すのが通例である．天球は1時間当たり極軸の周りを $15°$ 回るので，赤経の1時間は $15°$ に相当する．

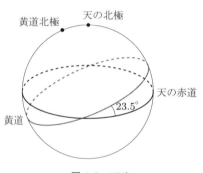

図 1.2　天球

赤経と赤緯は地球の回転軸に対して定義され，天球の極と赤道が定まる．このように導入された座標に対して問題なのは，地球の回転軸が固定されたものではなく，太陽を巡る地球の軌道面に垂直な軸に対して歳差運動していることである．つまり，図 1.2 に示す天の北極は，約 25800 年かけてゆっくりと黄道北極の周りにほぼ大円を描く．これが**歳差運動**であり，ヒッパルコス (Hipparchus) によって，彼の約 150 年前の天文学者の観測と自分の観測を比較することにより発見された（紀元前2世紀のこと）．歳差運動は，太陽が地球に及ぼす重力トルクにより引き起こされ，剛体の力学を用いて説明できる（たとえば Goldstein (1980, ch.5–8)）．歳差運動のため，天の極と赤道は遠方の星に対してゆっくり移動を続ける．したがって，ある時刻における天

体の赤経赤緯を，その時点での天の極と赤道に対して測定したとすると，これらの座標の値は時間とともに変化し続ける．現在では，2000年における天の極と赤道の位置に対して定義された座標を用いることが通例になっている．

地上光学望遠鏡の多くは，伝統的に**赤道儀式架台**，すなわち望遠鏡の光軸が地球の回転軸に平行となるような架台に載せるような設計になっている．このような望遠鏡は二つの方向に動かせるようになっている．まず，架台の軸（すなわち地球の回転軸）から遠ざけたり近づけたりする方向に動かす．つぎに，望遠鏡が架台の軸を中心とした円錐面をつくるように動かす．ある赤経と赤緯の方向にある天体に向けて望遠鏡を向けるとしよう．まず最初の移動で，望遠鏡を正しい赤緯に合わせることができ，つぎの移動で，その赤緯にある様々な赤経の値に合わせることができる．

赤経赤緯を用いる利点は，赤道儀式架台の望遠鏡を，赤経赤緯のわかっている天体の方向に容易に向けることができることである．しかし，天の川銀河の研究では別の座標系，すなわち**銀河座標系**が用いられる．この座標系では，天の川銀河の面が赤道となり，我々から見た銀河中心の方向（いて座にある）を経度の原点とする．緯度にあたる座標が**銀緯**（Galactic latitude：bと書かれる），経度にあたる座標が**銀経**（Galactic longitude：ℓと書かれる）である．

1.4 等級

ランプの配列が2組あるとしよう．第1の組では明るさの強度が$I_0, 2I_0, 3I_0, 4I_0, \ldots$，第2の組では$I_0, 2I_0, 4I_0, 8I_0, \ldots$であるとする．これらのランプの配列を観察すると，明るさが等間隔に増加しているように見えるのは，第2のランプの配列のほうである．いい換えると，人間の眼は強度の等差数列よりも等比数列のような感度をもっている．天体の見かけの明るさを表す等級のスケールはこの事実に基づいている．

紀元前2世紀にギリシャのヒッパルコスは，肉眼による観察から，星の明るさを六つの**等級**に分類した．現代では，見かけの明るさをもっと定量的に測定することができる．等級が1だけ異なる星は，平均すると見かけの明るさがある共通の係数倍だけ異なっているようである．肉眼で見える最も暗い星の明るさは，最も明るい星の明るさのおよそ100分の1であるということに気付いたポグソン（Pogson, 1856）により，等級スケールの定量的基礎が与えられた．最も明るい星と最も暗い星の明るさは5等級異なることから，1等級の差は明るさの$(100)^{1/5}$倍の違いに対応するはずである．二つの星の明るさをl_1, l_2とし，その等級をそれぞれm_1, m_2とすれば，

$$\frac{l_2}{l_1} = 100^{(m_1-m_2)/5} \tag{1.6}$$

の関係がある．ただし，等級の大きい方が暗いという定義になっていることに注意してほしい．式 (1.6) の常用対数をとれば，

$$m_1 - m_2 = 2.5 \log_{10} \frac{l_2}{l_1} \tag{1.7}$$

となる．これが**見かけの等級**（m と記す）の定義になっている．

　星はさまざまな波長で電磁波を放出している．そのため，星の見かけの明るさを測定するためには，星の放出する電磁波のどの波長領域を考えればよいのか，という重要な問題がある．すべての波長の輻射を考慮して星の見かけの明るさを定義したものが，**輻射等級**である．光の強度を測定する装置はすべての波長で同じように反応するわけではないので，1 種類の装置で輻射等級を求めることは簡単ではない．より簡便なシステムとして，**紫外–青–可視システム**あるいは ***UBV* システム**がジョンソンとモーガン (Johnson and Morgan, 1953) により導入され，天文学で広く用いられている．このシステムでは，星からの光は 3650 Å †，4400 Å，5500 Å 付近の狭い波長範囲（バンド）のみをフィルターにより通過させる．これらのフィルターを通過した光の強度を測定することにより，紫外，青および可視の等級（通常 U，B，V と記す）を得る．V 等級の例として，太陽では $V = -26.74$，最も明るい星であるシリウスでは $V = -1.45$，これまで測られた最も暗い星では $V \approx 27$ である．

　赤っぽい星を考えよう．この場合，V バンドに比べ B バンドでは暗い．したがって，V 等級より B 等級が大きい値となるだろう．そこで，$(B - V)$ を星の色を示すのに用いることができる．赤っぽい星ほど $(B - V)$ の値が大きい．

　天体の**絶対等級**は，その天体が仮に 10 pc の距離にあるとした場合の見かけの等級として定義される．相対的な見かけの等級 m と絶対等級 M の関係は，式 (1.7) から容易に求められる．ある天体が距離 d pc にあるとすれば，その見かけの明るさは，10 pc にあったとした場合の見かけの明るさの $(10/d)^2$ 倍であるので，

$$m - M = 2.5 \log_{10} \frac{d^2}{10^2}$$

すなわち，

$$m - M = 5 \log_{10} \frac{d}{10} \tag{1.8}$$

の関係があることがわかる．V バンドの絶対等級は M_V と書かれ，天体の本来の明るさを示す便利な量としてしばしば用いられる．

---

† 訳注：1 Å（オングストローム）$= 10^{-10}$ m

1.5 天体物理学における物理学の応用と一般相対性理論

　天体物理学は応用物理の模範例といえるだろう．一流の天体物理学者であるためには，何よりもまず一流の物理学者でなければならない．天体物理学の研究には実際，すべての物理学の分野，すなわち古典力学，電磁気学，光学，熱力学，統計力学，流体力学，プラズマ物理学，量子力学，原子物理学，原子核物理学，素粒子物理学，特殊および一般相対性理論が必要である．天体物理学の問題に応用されない物理学の分野は存在しない．本書では，これらすべての物理の分野の結果を用いる．しかし，天体物理学的設定では，物理法則は，密度，圧力，温度，速度，角速度，重力場，磁場など，さまざまな物理学的条件が極端な場合，すなわち法則が実験室で検証される範囲をはるかに超えて適用される．たとえば，銀河間空間の真空度は，現在我々がつくり出せる最高の真空度よりずっと高い．一方，中性子星の内部の密度はほとんど想像不可能な 10^{17} kg m^{-3} である．人類が自然を超えることができた実例はたった一つしかない．2.73 K より低い温度は，人類が約 1 世紀前にその温度を達成するまで，宇宙のどこにも存在しなかったことは確実である．

　一見，天体物理学者は，星や銀河のような大きな系の巨視的世界にのみ関心があり，原子や原子核，素粒子の微視的世界とはかけ離れているように見えるかもしれない．しかし，天体物理学の巨視的世界を理解するためには，しばしば微視的世界の物理学が必要になる．一つの例は 5.3 節で導く，白色矮星に対する有名なチャンドラセカール限界質量である．チャンドラセカールは，白色矮星（もはやエネルギー生成の起こらない小さい死んだ星）がもちうる最大の質量は

$$M_{\mathrm{Ch}} = 2.018 \frac{\sqrt{6}}{8\pi} \left(\frac{hc}{G}\right)^{3/2} \frac{1}{m_{\mathrm{H}}^2 \mu_{\mathrm{e}}^2} \tag{1.9}$$

であることを示した (Chandrasekhar, 1931)．ただし，h はプランク定数，m_{H} は水素原子の質量，μ_{e} は電子の平均分子量（5.2 節で導入する）で 2 に近い値をとる．さまざまな量に数値を代入すれば，M_{Ch} は約 $1.4\,M_\odot$ となる．すなわち，h や μ_{e} のような原子の世界の定数が白色矮星のような大きな天体の質量限界を決めている．この微視的世界の物理と巨視的世界の物理の相互作用により，現代の天体物理学は魅力的な科学の分野になっているのである．微視的物理の飛躍的進歩が天体物理学に大きな影響を及ぼすことは頻繁に起こっており，天体物理学の発見が微視的物理に洞察をもたらすこともあった．

　本書の読者には，大学上級あるいは大学院入門レベルの力学，電磁気学，熱力学と量子力学の知識を仮定している．一般相対性理論は通常の物理学のカリキュラムには

含まれていないことが多いが，天体物理学のある領域では用いられている．11 章までは一般相対性理論を用いずに進めていく．その後，本書の最後の 3 章で一般相対性理論を紹介し，天体物理学の問題への応用を考える．一般相対性理論を学びたくない読者も，本書を 11 章まで読めば，現代の天体物理学についてかなり広範囲の知識を得られるだろう．一般相対性理論がどのような場合において重要となり，読者が一般相対性理論を知らないと何を失うことになるのかを，ここで述べておこう．

一般相対性理論の技術的な知識のない読者であっても，重力場が強くて光でさえ逃げ出さない天体，すなわちブラックホールのことは聞いたことがあるだろう．なぜこれが起こるのかを見てみよう．ニュートン理論では，光への重力の効果を計算する方法は与えられていない．速さ c で運動する粒子がニュートン理論によりどう捕捉されるかを調べよう．半径 r の球状の質量 M の表面から速さ c で質量 m が放出されるとしよう．粒子の重力ポテンシャルエネルギーは

$$-\frac{GMm}{r}$$

である．粗い見積もりのために運動エネルギーの非相対論的表現を用いれば（速さ c で運動する粒子には特殊相対性理論を用いなければならないことはわかっているが），粒子の全エネルギーは

$$E = \frac{1}{2}mc^2 - \frac{GMm}{r}$$

である．ニュートン理論によれば，粒子は $E > 0$ であれば重力場から逃げ出し，$E < 0$ であれば捕捉される．いい換えれば，捕捉される条件は

$$\frac{2GM}{c^2 r} > 1 \tag{1.10}$$

となる．この式はラプラスによって上述の議論から導かれたが（Pierre-Simon Laplace, 1795），一般相対性理論を用いた厳密な計算でも，光の捕捉の条件は同じ式 (1.10) で与えられる．この因子

$$f = \frac{2GM}{c^2 r} \tag{1.11}$$

が 1 に近いときには一般相対性理論が必要である．しかし，この因子が 1 よりずっと小さい場合はニュートン理論が十分適用できる．質量 1.99×10^{30} kg，半径 6.96×10^8 m の太陽では，この因子 f は 4.24×10^{-6} と小さい．よって，太陽系のすべての現象に対し，ニュートン理論はほぼ正しい結果を与える．太陽に近い惑星（水星のような）の軌道を精密に求めるときのみ，一般相対性理論を考えればよい．

では，天体物理学で一般相対性理論が重要になる状況はあるのだろうか？　太陽の直径を縮小して表面から発せられる光が捕捉されるような半径は，式 (1.11) を用いて計算することができ，2.95 km となる．4 章と 5 章で詳しく論じるように，星のエネルギー源が尽きると，星は中性子星やブラックホールのようなコンパクトな天体に崩壊する．このような天体の研究には一般相対性理論が必要である．物質が半径 r の内側に密度 ρ で一様に分布しているなら，

$$M = \frac{4}{3}\pi r^3 \rho$$

と書けるが，この場合，式 (1.11) は

$$f = \frac{8\pi}{3}\frac{2Gr^2\rho}{c^2} \tag{1.12}$$

となる．f は，ρ が高い，または（与えられた ρ に対し）r が大きい場合に大きな値をとる．中性子星のような天体では，密度 ρ が非常に高い．では，r が大きいために一般相対性理論が重要となる場合があるだろうか？　実は，非常に大きなサイズの天体が一つはある．宇宙そのものである．最も遠い銀河までの距離は 1 Gpc 程度である．宇宙の平均密度を正確に見積もるのは難しいが，10.5 節で論じるように，おおよそ 10^{-26} kg cm^{-3} である．これらを式 (1.12) に代入すると，

$$f \approx 0.06$$

を得る．したがって，宇宙全体の力学の研究，すなわち宇宙論においては，一般相対性理論を使うべきである．こうして，天体物理学には，一般相対性理論が明らかに重要となる状況が二つあることがわかった．崩壊した星の研究と，宇宙全体の研究（宇宙論）である．ほかの多くの状況では，重力のニュートン理論を適用すれば十分よい結果が得られる．

　崩壊した星の研究では一般相対性理論が必要であるが，それを取り巻く空間の物理現象や，崩壊が起こる条件を調べる際には，一般相対性理論が必要とは限らない．10 章でニュートン力学で宇宙の力学が定式化できることを見るが，これは概念的には不完全であるものの，驚くべきことに，重要な方程式は一般相対性理論から導かれるものとまったく同じである（10.4 節参照）．このように，一般相対性理論なしでもかなりの天体物理学を理解することができる．しかし，一般相対性理論は，遠方の銀河により明らかとなる宇宙の性質を概念的にきっちりと探求するうえでは，本質的な役割を果たす．この話題は，12 章と 13 章で一般相対性理論を学ぶ読者に対し，14 章で取り上げる．

1.6 天体の情報源

ほとんどの科学では，制御された実験が重要な役割を果たしている．天体物理学は，その代わりに天文学的観測が行われている点で特異な科学といえる．天文学者は天体から届く信号を観測することしかできない．以下に，天体の情報をもたらす四つの源を挙げておく．

1. 電磁波

天体から届く電磁波は，最も豊富な情報をもたらしている．第二次世界大戦前頃まで，すべての天体観測は可視光に限られていた．その後，電波からガンマ線まで，電磁波のあらゆる波長で天体観測が行われるようになった．電磁波（光子）の検出に用いられる装置と方法については 1.7 節で論じる．

2. ニュートリノ

星の内部における原子核反応でニュートリノが生み出される．ニュートリノは，強い相互作用や電磁相互作用を受けず，弱い相互作用のみを起こすため，ニュートリノ反応の断面積は非常に小さい．したがって，星の中心部でつくられたニュートリノは，星の物質とほとんど相互作用を起こさずに外部に出てくる．光子は星の外層から放出されるため，星の中心部についての情報をもたらさないが，ニュートリノは星のコアの情報を運んでくる．しかし，物質とニュートリノの相互作用断面積が小さいことが，ニュートリノの検出を困難にしている．ニュートリノが検出器と反応を起こしてはじめて，我々はニュートリノの存在を検知できる．ニュートリノの検出はこのように困難であるため，ごく近傍の源，あるいはあまり近くなくても特別に大きなニュートリノフラックスを放出する源（超新星爆発など）のみが検出できると考えられる．

ニュートリノを検出するには，ニュートリノと相互作用する原子核をもつ大量の原子をもつ物体が必要である．1960 年代に，デイヴィスは，ドライクリーニングに用いる C_2Cl_4 の巨大なタンクを地下に設置し，太陽からのニュートリノを検出する有名な実験を開始した．デイヴィスの検出したニュートリノは，理論的に期待された数より少なかった．この太陽ニュートリノ問題の謎とその解決については 4.4.2 項で述べる．1980 年代から 1990 年代にかけて，日本のカミオカンデ (Kamiokande) など，ほかのニュートリノ検出実験も始まった．太陽を別にすると，これまでニュートリノを検出することができた天体は 4.7 節で述べる超新星 1987A のみである．二つの地下実験で検出されたニュートリノはわずか 20 個ほどであった．ニュートリノ天文学はまだ幼年期にある．

3. 重力波

　一般相対性理論によると，重力場の擾乱は，速さ c の波という形で伝わる（13.4 節で示す）．重力波の存在の間接的な証拠は，5.5.1 項で述べるように，ハルスとテーラーにより発見された連星パルサーによりもたらされた (Hulse and Taylor, 1975)．この連星パルサーは，二つの中性子星が 8 時間の軌道周期で互いの周りを回っている系である．この系は常に重力波を放出しエネルギーを失い続けているため，二つの中性子星はお互いに近づいていき，軌道周期が減少する．この減少率の測定結果は，一般相対性理論による理論予測と一致した．しかし，これは重力波理論の間接的証明である．天体から地球に到来する重力波を直接的に検出することが望まれる．

　13.5 節で述べるように，物体に重力波が到達すると，物体は変形を受ける．天の川銀河の超新星の場合でも変形量は物体の大きさの 10^{-18} 程度である．検出器の大きさが km 程度であっても，変形量は 10^{-15} m 程度にすぎない．このような微小な変形を測定するには，非常に敏感な干渉計の手法が必要である．13.5 節で論じるように，現在世界でいくつかの重力波検出器が建設されているが，天体からの重力波の確実な検出例はない．ニュートリノ天文学は幼年期にあると述べたが，重力波天文学はまだ誕生してもいない[†]．

4. 宇宙線

　宇宙線は，地球にあらゆる方向から飛び込んでくる非常にエネルギーの高い荷電粒子（電子，陽子およびそれより重い原子核）である．8.10 節で論じるように，これらの荷電粒子はおもに超新星爆発で生み出された衝撃波によって加速されていると考えられている．しかし，宇宙線は天の川銀河の磁場中を旋回し，地球に到達するときには源の天体とまったく異なる方向から到来する．宇宙から到来する電磁波では天体の同定は容易であったが，宇宙線ではそれを放出した天体の同定は不可能である．したがって，宇宙線のもたらす天体情報は限られている．

1.7　電磁波のさまざまな波長域における天文学

　我々にとって天体の主要な情報源である，電磁波を用いた天文学を考えよう．地球大気は天文学者にとって不便な存在である．大気は電磁放射のほんの一部の帯域に対してのみ透明である．大気を通過したとしても，可視光は大気の擾乱を受け，天体画像は劣化する．図 1.3 は，宇宙からある波長の輻射を受け取るのに海面からどのくら

[†] 訳注：原書出版後の 2016 年，LIGO 干渉計によって，ブラックホールどうしの連星の合体によるものとされる最初の重力波事象が報告された．

14　1章　はじめに

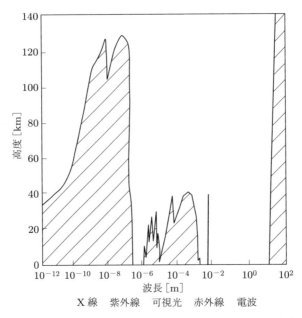

X線　紫外線　可視光　赤外線　電波

図 1.3　地球大気に対する電磁波の貫通力．天体の源からある波長の輻射を受けるために，海面から上がらねばならない高度を，波長の関数として示す．
［出典：Shu (1982, p.17)］

いの高さまで上がらなければならないかを示す．可視光に加え，ある波長帯の電波は地球表面に到達する．しかし，波長約 10 m 以上の電波は天体から我々のところまで届かない．これは，電離圏のプラズマ振動数に相当し，電離層が波長約 10 m 以上の電波を反射するためである（8.13.2 項参照）．実際，地球表面の離れた地域どうしが，地表が曲がっているのに長波の電波で通信できるのは，この反射のおかげである．そこで，電波天文学にはより短い波長を，地球表面の離れた地域との通信にはより長い波長が用いられている．近赤外線輻射は，おもに大気の下層に閉じ込められている水蒸気により吸収される．そこで，乾燥地域の高山の上に行くことにより，近赤外線で天文学が可能になる．しかし，大気高層で吸収される紫外線から X 線の天文学では，地球大気の上に出る必要がある．つぎに，さまざまな波長で天文学を行う装置について簡潔に述べる．

1.7.1　光学天文学（可視光天文学）

　これは可視光による天文学である．人類は先史時代から星空を眺めていたが，近代的な光学天文学は，ガリレオが 1609 年に夜空に望遠鏡を向けたときに始まったといってよいだろう．ガリレオの望遠鏡は屈折式であったが，ニュートンは 1668 年頃に反

射望遠鏡を開発した．屈折望遠鏡の主要な光学部品はレンズであり，反射望遠鏡では放物面鏡である．この1世紀の間に建設された大型望遠鏡は，ほとんど反射式である．その理由は明らかで，反射鏡はレンズと異なり色収差がなく，高品質のレンズをつくるのは，大きな反射鏡をつくるのよりずっと困難であるからである．反射鏡には欠陥のない表面さえあればよいが，レンズには完全に一様で欠陥のないガラスの塊が必要である．また，反射鏡は裏側全体から支えることができるが，レンズは外側の周囲に沿って支えなければならない．大きな光学部品は自重のために変形するので，適切な機械的支持機構が不可欠である．

　望遠鏡の大きさは，主要な光学部品（レンズまたは反射鏡）の直径（口径）で示される．1897年にシカゴ近郊のヤーキス天文台に設置された大望遠鏡は，口径が1 mで，現在でも世界で最大の屈折望遠鏡である．20世紀の初頭から，反射望遠鏡は大口径化が進み，銀河系外の精密な観測が可能になった．カリフォルニアのウィルソン山天文台で1917年から稼働を始めた2.5 m反射望遠鏡は，天文学の歴史で最も重要な望遠鏡の一つであろう．ハッブルらの天文学者は，これを用いていくつかの画期的な発見を行った．その近くのパロマー山天文台に1948年に設置された5 m反射望遠鏡は，しばらくの間，世界最大の望遠鏡であった．新技術を用いてより大きな望遠鏡をつくることができるようになったのは，最近のことである．現在最大の望遠鏡は，1993年から稼働を始めたハワイにあるケック望遠鏡である．単一鏡ではなく，36個の調整可能な六角形の分割鏡により，口径10 mの巨大な放物面鏡を構成している（図1.4）．

図1.4　ハワイのケック望遠鏡．主鏡は36枚の分割鏡からなる．
　　　［出典：W. M. Keck Observatory］

なぜ次々と大きな望遠鏡が必要なのだろうか？　おもな理由は二つで，より高い分解能を達成するためと，より多くの光を集めるためである．以下で，この二つの要素について考えてみる．

口径 D の反射鏡あるいはレンズの分解能は，

$$\theta = 1.22\frac{\lambda}{D} \tag{1.13}$$

により与えられる（たとえば Born and Wolf (1980,§8.6.2) を参照）．ただし，λ は観測する光の波長である．1 m 望遠鏡であれば，波長 5000 Å で 0.12″ 程度となる．しかし，この程度より大きい望遠鏡は，理論的に期待されるほど鋭い像をつくり出すことはできない．これは，光線が望遠鏡に届くまでに通過する大気が，常に乱流状態にあるからである．結果として，光線の経路はわずかに曲げられ，像はぼやける．天文学者は，ある大気の条件下にある像の質を示すのに，**シーイング** (seeing) という言葉を用いる．0.5″ より高い分解能を示す鋭い像が得られるほどシーイングがよいことはほとんどない．望遠鏡を地球大気の上に置かない限り，式 (1.13) で与えられる理論的分解能は得られない．そこで，ハッブル宇宙望遠鏡 (Hubble Space Telescope, HST) が 1990 年に衛星軌道上に打ち上げられた．初期の結像の問題を 1993 年に修正した後に，反射鏡が 2.4 m しかないのに，地上望遠鏡より鋭く鮮明な像を生み出すことができたのである．

この 20〜30 年の間に天文学者が手に入れた，地上望遠鏡でもシーイングで制限された像より鋭い像を生み出す巧妙な技術に触れておこう．その一つの**スペックル・イメージング**は，かなり明るい天体にしか用いることができないが，まず非常に短い露光時間で撮像を行う．望遠鏡上空の大気は短い露光時間では大気は動かないため，像は鋭いが淡い．このような像を多数組み合わせることにより，正しく鋭い像を得ることができる．もう一つは**補償光学** (adaptive optics) であり，望遠鏡内の光路に変形可能な反射鏡を挿入する．コンピュータがセンサーにより大気の乱流によって引き起こされる光の経路のずれの情報を得て，反射鏡を常に調整することによりシーイングの効果を補正する．

大地上望遠鏡で得られる分解能に一定の限界があるのは明らかである．しかし，反射鏡の面積とともに D^2 で増加する望遠鏡の集光能力は，遠方の銀河のように微かな天体の像を得るうえでは，決定的な要素である．書籍で美しい銀河の写真に魅せられた人は，生まれてはじめて望遠鏡で銀河を覗くとがっかりする．美しい写真は長い露出時間を経て得られる．微かな銀河の写真やスペクトルを得るには大望遠鏡が必要である．

1.7.2 電波天文学

銀河中心にある，いて座方向からの電波信号をジャンスキーが発見したとき，最初の新しい天文学として電波天文学が始まった (Jansky, 1933)．後にレーバーは，裏庭に初歩的な電波望遠鏡を設置し，電波信号が太陽および空のいくつかの方向から来ていることを見つけた (Reber, 1940)．そして，第二次世界大戦中のレーダー技術の発達により，戦後に電波天文学が花開くことになった．

電波望遠鏡の主要部品は，電波を焦点に集める皿状のアンテナであり，焦点には受信機が置かれる．初期の電波望遠鏡は単一アンテナであった．マンチェスター近郊にある，有名なジョドレルバンク電波望遠鏡は，1957 年に建設され，直径 76 m の可動式単一アンテナである．電波は大気乱流の影響を受けない（ただし波長 20 cm より長い電波は電離層と太陽風の影響を受ける）ため，電波望遠鏡の分解能は大気のシーイングで制限を受けず，式 (1.13) で与えられる理論値を達成することができる．さらに，ライルらにより干渉法が開発されると，複数のアンテナで受信した信号を組み合わせて，アンテナどうしの最大間隔で分解能が決定される像を生み出すことができるようになった．波長 10 cm では，1 km の範囲に配置されたアンテナにより，2.4″ 程度の分解能が得られる．最近の世界で最も重要な電波望遠鏡は，ニューメキシコの Very Large Array (VLA) であろう（図 1.5）．VLA は，1980 年に稼働を開始し，27 個のアンテナが 2, 3 km にわたって Y 字型に配置されている．さらなる高分解能を達成するために，地球に広がる複数の電波望遠鏡を超長基線干渉計 (Very Ling Baseline Interferometry, VLBI) として用いることもできる．実質的に地球の半径が式 (1.13)

図 1.5　ニューメキシコの Very Large Array (VLA) 電波望遠鏡．複数のアンテナからなる．[出典：NRAO/AUI/NSF]

の D に代入すべき量になり,光学天文学より高い分解能を得ることができる.

電波で検出できる天体の種別について触れておこう.星の表面は数千度の温度であり,おもに可視光域の光を放つ.光学望遠鏡が熱い物体(星など)から受ける可視光輻射は,温度によるものであり,天文学では**熱的輻射**とよばれている.しかし,天体が輻射を放つ**非熱的**過程はたくさんある.電波天文学で発見された天体にはパルサー(5.5 節)やクエーサー(9.4 節)など興味深いものがあるが,電波輻射にちょうどよい温度にあるからではなく,非熱的過程により輻射を放っている.天文学における非熱的輻射の重要な例は,シンクロトロン輻射であり,磁力線の周りをらせん運動する相対論的電子により放出が起こる(8.11 節).しかし,電波望遠鏡が受信するすべての信号が非熱的というわけではない.電波天文学の歴史において最も有名な発見が,宇宙全体を満たす温度 2.73 K の熱的輻射である(10.5 節).

1.7.3 X 線天文学

X 線は地球電離層で吸収されるため,天体からの X 線を受け取るためには,X 線望遠鏡は完全に地球の大気の上に送り出さなければならない.最初の地球外 X 線信号は,ロケットに搭載されたガイガー計数管により受信された (Giacconi et al., 1962). X 線天文学が本格的に始まったのは,X 線天文学のために設計されたウフル衛星 (Uhuru satellite) が 1970 年に打ち上げられたときである.1999 年に軌道に上がったチャンドラ X 線衛星(Chandra X-Ray Observatory: S. Chandrasekhar にちなんで命名)は,それまでのどの X 線望遠鏡より鋭い画像を生み出すことができた.

X 線は金属表面に小角度で入射したときのみ反射する(それ以外では金属に入り込む).そのため,X 線望遠鏡は,光学望遠鏡とは大きく異なるデザインになっている.図 1.6 に X 線望遠鏡の概念図を示す.X 線は小角度で入射し,2 回反射を受ける.さらに,X 線望遠鏡の反射鏡は,X 線の波長が短いため,光学反射鏡よりずっと滑らかでなければならない.したがって,強力な X 線望遠鏡をつくることは技術的に難しい挑戦である.

図 1.6 X 線望遠鏡の概念図.X 線は小角度で入射し,2 回反射を受ける.

X線はおもに，天体系における非常に熱いガスから放射される．5.6節で述べるように，重要なX線天体（X線を放射している天体）の一つは，一方のコンパクトな星が相方の膨らんだ伴星から重力的にガスを引き込んでいるような型の連星系である．

1.7.4 その他の新しい天文学

天体について最も豊富な情報を生み出している三つの波長帯（可視光，電波およびX線）について論じたが，ほかの波長についても簡単に触れておこう．現代の天文学者による探求は，電磁波のほとんどすべての波長に及んでいる．

星形成領域は星の表面よりずっと温度が低いので，赤外線輻射を出すと考えられる．そのため，赤外線天文学は星形成の過程を理解するうえでとりわけ重要である．すでに触れたように，近赤外線天文学は十分高い高地に置かれた望遠鏡で行うことができる．赤外線天文学における困難の一つは，観測所周辺のすべての物体が赤外放射を出すことである．天体からの信号をその中から拾い上げなければならず，これは明かりのたくさんあるところで光学天文学を行うようなものである．赤外線天文学を行うのは，宇宙空間が最適である．赤外天文衛星 (IRAS) は1983年に打ち上げられ，スピッツァー宇宙赤外望遠鏡が2003年からその役割を引き継いでいる．

1.8 天体の名前

天文学を学ぼうとする者は，さまざまな天体の名前に戸惑うことだろう．古代文明時代に名前を与えられた恒星は，最も明るい数十個のみである．これらの名前には未だに使われているものもある．名前のない恒星およびほかの天体に対し，天文学者は，天体を明確に区別できる命名法を発明する必要があった．有名な天体カタログがいくつか存在し，天体はこれらのカタログの登録番号でよばれることがよくある．

およそ9等級までの恒星は，1918–1924年に出版された**ヘンリー・ドレーパー・カタログ** (Henry Draper Catalogue) に収録されている．およそ225000個の恒星の天球座標とスペクトル型の分類（3.5.1項参照）が記されている．このカタログに収録されている星は，"HD" に続けて登録番号で表されている．たとえば，最も明るい恒星であるシリウスは HD 48915 ともよばれ，ヘンリー・ドレーパー・カタログの48915番目の天体であることを示している．

現代の天体物理学では，恒星以外の天体も大変興味深い存在である．1774–1781年に，フランス人天文学者シャルル・メシエ (Charles Messier) は，小さな望遠鏡で見ることのできる100個以上の非恒星天体のリストを作成した．このリストにはよく研

究されている銀河，星団，超新星残骸，さまざまな星雲が含まれている．**メシエカタログ** (Messier Catalogue) では，これらの天体は "M" に続けてリスト番号で示されている．アンドロメダ銀河は M 31 であり，1054 年に地球から見えた超新星の残骸である，かに星雲は M 1 である．おもにハーシェルの観測を基に，ドレーヤーは 8000 個近い非恒星天体を含むカタログを編纂した (Dreyer, 1988)．これが**ニュー・ジェネラル・カタログ** (New General Catalogue) で，NGC と略される．メシエのカタログになく NGC にあるものは，通常，"NGC" に続けてこのカタログ中の番号で示される．

電波および X 線天文学の進展後は，天文学者は，電波と X 線の波長で発見された天体を識別する命名法を工夫する必要が生じた．最初電波や X 線を放出する天体が数個しかなかったときには，それらの天体が見つかった星座でよばれた．たとえば，はくちょう座 (Cygnus) で最も強い電波源と最も強い X 線源は，それぞれ Cygnus A と Cygnus X-1 として知られている．電波天体の有用なカタログとして，**ケンブリッジ第 3 電波天体カタログ** (Third Cambridge Catalogue of Radio Sources) があり，3C と略されている (Edge et al., 1959)．このカタログに収録されている天体は，"3C" に続けてリスト番号で表されている．たとえば，3C 273 は最も明るいクエーサーである．

最後に，天体はその天球座標で名付けられていることもある．たとえば，PSR 1913+16 はパルサーの名前で，赤経が 19 時 13 分で，赤緯が +16° であることから付けられている．

演習問題 1

1.1 太陽が銀河中心から 8 kpc の半径で円運動しているとしよう．太陽の軌道速度が 220 km s^{-1} であるとして，銀河の質量を求めよ．ただし，銀河の質量はすべて中心に集まっているとせよ（重力定数は $G = 6.67 \times 10^{-11}$ m^3 kg^{-1} s^{-2} とする）．

1.2 距離 4 pc 離れた恒星の見かけの等級が 2 等であるとき，この恒星の絶対等級を求めよ．また，太陽の光度は 3.9×10^{26} W であり，絶対等級は約 5 等であるとして，この恒星の光度を求めよ．

1.3 インド・プネ近郊の Giant Metrewave Radio Telescope (GMRT) では，約 10 km の範囲に数台の電波望遠鏡が設置されている．この望遠鏡で波長 21 cm において期待される角度分解能を（秒角単位で）推測せよ．可視光（波長 500 nm とする）の望遠鏡で同じ程度の分解能を得るには，どのくらいの口径が必要か．

2章
輻射と物質の相互作用

2.1 はじめに

1.6 節で述べたように，天体物理学的宇宙に対する我々の知識のほとんどは，空から我々に届く電磁輻射に基づいている．この輻射を解析することにより，輻射を放出する，あるいは輻射が通過する天体のさまざまな性質を推測することができる．したがって，輻射が物質とどう相互作用するかは，天体物理学の研究にとって極めて重要な問題である．物質と輻射の相互作用は，微視的立場と巨視的立場の二つの見方から研究することができる．巨視的立場では，適切に定義された放射・吸収係数を用いて，これらの係数が与えられたものとして基礎方程式を解く．この方法は**輻射輸送**とよばれている．一方，微視的立場では，放射・吸収係数を原子の基本的な物理から計算しようと試みる．この章の多くは輻射輸送の巨視的理論にあてられる．2.6 節のみ，微視的物理を用いて物資の吸収係数の計算方法について論じる．物質が熱力学的平衡にある場合の物質の放射係数は，2.2.4 項で見るように，吸収係数から直接求められる．

2.2 輻射輸送

2.2.1 輻射場

まず，空間のある点において輻射を数学的にどう記述したらよいかを考えよう．黒体輻射であれば，容器内に閉じ込められており，均一で等方的であるため，数学的な記述は簡単である．ここでは，黒体輻射の基本的な物理について読者は知識を持っていることを前提とする（熱物理学についてのよい教科書はたくさんある．たとえば，Saha and Srivastava (1965, ch.XV) や Reif (1965, pp.378–388) を参照）．黒体輻射についての最も有名な結果はプランクの法則（Planck, 1900）であり，これによると，振動数が ν と $d\nu$ の範囲にあるエネルギー密度 U_ν は

$$U_\nu \, d\nu = \frac{8\pi h}{c^3} \frac{\nu^3 \, d\nu}{\exp(h\nu/k_B T) - 1} \tag{2.1}$$

で表わされる．この法則はある温度 T の黒体輻射について完全な情報を与えている．

黒体輻射は等方的であるので，方向に関する情報は必要ないのである．しかし，一般的な状況下では，輻射は等方的ではない．たとえば，部屋に太陽光が射し込むとき，輻射の流れは特定の方向からとなるため，明らかに非等方な状況にある．すなわち，一般には，輻射を数学的に記述するためには，もっと複雑な方法が必要である．

図 2.1 のように，空間内の点（位置ベクトル r）付近の微小な面積 dA を考える．この面積を時間 dt の間に立体角 $d\Omega$ 内で通過する振動数範囲 $(\nu, \nu+d\nu)$ の輻射の量を $dE_\nu\,d\nu$ としよう．明らかに $dE_\nu\,d\nu$ は投影された面積 $dA\cos\theta$，および dt, $d\Omega$, $d\nu$ に比例する．したがって，

$$dE_\nu\,d\nu = I_\nu(\bm{r},t,\hat{\bm{n}})\cos\theta\,dA\,dt\,d\Omega\,d\nu \tag{2.2}$$

と書くことができる．ただし，$\hat{\bm{n}}$ は輻射が到来する方向を表す単位ベクトルである．$I_\nu(\bm{r},t,\hat{\bm{n}})$ は位置 $\bm{r}$，時刻 t および方向 $\hat{\bm{n}}$ の関数で，**比強度** (specific intensity) あるいは単に**強度**とよぶ．あらゆる方向について，領域内のすべての点で，ある時刻の $I_\nu(\bm{r},t,\hat{\bm{n}})$ を定めることができれば，その領域のある時刻における**輻射場**はすべて解けたことになる．以下では，輻射場は時間に依存しないとして取り扱うことにする．

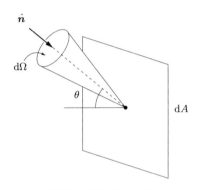

図 2.1　比強度の定義

比強度を基に，フラックス（流束），エネルギー密度，輻射の圧力などを計算することができる．たとえば，輻射のフラックスは，ある点に単位面積・単位時間あたりにあらゆる方向から到来する輻射の全エネルギーである．すなわち，式 (2.2) を $dA\,dt$ で割り，全立体角で積分したものである．ある振動数における輻射のフラックスは

$$F_\nu(\bm{r},t) = \int I_\nu(\bm{r},t,\hat{\bm{n}})\cos\theta\,d\Omega \tag{2.3}$$

であり，全フラックスは

$$F(\bm{r},t) = \int F_\nu(\bm{r},t)\,d\nu \tag{2.4}$$

● 輻射のエネルギー密度

式 (2.2) で表される振動数 ν の輻射のエネルギー $\mathrm{d}E_\nu$ を考える．このエネルギーは時間 $\mathrm{d}t$ の間に方向 $\hat{n}$ で面積 $\mathrm{d}A$ を通過する．時間 $\mathrm{d}t$ の間に輻射は距離 $c\,\mathrm{d}t$ 進むから，この輻射 $\mathrm{d}E_\nu$ は底面積 $\mathrm{d}A$ で長さ $c\,\mathrm{d}t$ をもち，$\hat{n}$ 方向を向く円柱を満たす．この円柱の体積は $\cos\theta\,\mathrm{d}A\,c\,\mathrm{d}t$ なので，式 (2.2) よりこの輻射のエネルギー密度の関係は

$$\frac{\mathrm{d}E_\nu}{\cos\theta\,\mathrm{d}A\,c\,\mathrm{d}t} = \frac{I_\nu}{c}\mathrm{d}\Omega$$

となる．ある点における振動数 ν の輻射の全エネルギー密度は，これを全立体角で積分して，

$$U_\nu = \int \frac{I_\nu}{c}\mathrm{d}\Omega \tag{2.5}$$

となる．

比強度を求めるため，式 (2.5) を黒体輻射に適用する．黒体輻射は等方的なので，黒体輻射の比強度 $B_\nu(T)$ は方向に依存しない．よって，

$$U_\nu = \frac{4\pi}{c}B_\nu(T)$$

を得る．ここで，4π は立体角の積分に由来する．式 (2.1) と比較すると，黒体輻射の比強度として次式を得る．

$$B_\nu(T) = \frac{2h\nu^3}{c^2}\frac{1}{\exp\left(\dfrac{h\nu}{k_\mathrm{B}T}\right) - 1} \tag{2.6}$$

● 輻射の圧力

面に対する輻射の圧力は，その面に垂直な運動量のフラックスで与えられる．エネルギー $\mathrm{d}E_\nu$ に対応する運動量は $\mathrm{d}E_\nu/c$ であり，面 $\mathrm{d}A$ に垂直なその成分は $\mathrm{d}E_\nu\cos\theta/c$ である．これを $\mathrm{d}A\,\mathrm{d}t$ で割れば，エネルギー $\mathrm{d}E_\nu$ に対応する運動量のフラックスとして，式 (2.2) を用いて，

$$\frac{\mathrm{d}E_\nu\cos\theta}{c}\frac{1}{\mathrm{d}A\,\mathrm{d}t} = \frac{I_\nu}{c}\cos^2\theta\,\mathrm{d}\Omega$$

を得る．圧力 P_ν は，これを全立体角で積分して，

$$P_\nu = \frac{1}{c}\int I_\nu \cos^2\theta\,\mathrm{d}\Omega \tag{2.7}$$

で与えられる．輻射場が等方的な場合は，

$$P_\nu = \frac{I_\nu}{c} \int \cos^2\theta \, d\Omega = \frac{4\pi}{3}\frac{I_\nu}{c} \tag{2.8}$$

このとき，式 (2.5) は

$$U_\nu = 4\pi \frac{I_\nu}{c}$$

となるので，式 (2.8) と合わせると，等方的な場合は次式を得る．

$$P_\nu = \frac{1}{3}U_\nu \tag{2.9}$$

2.2.2 輻射輸送の式

物質が存在する場合は，一般に，比強度は光線に沿って変化する．まず，**真空中**で光線に沿って動く場合を考える．

図 2.2 のように，光線に垂直な二つの面積要素 dA_1, dA_2 が距離 R 離れているとする．光線の dA_1, dA_2 における輻射の方向の比強度を $I_{\nu 1}, I_{\nu 2}$ とする．時間 dt の間に dA_1, dA_2 の両方とも通る振動数範囲 $(\nu, \nu + d\nu)$ の輻射の量を求めたい．dA_2 の位置に対し dA_1 が張る立体角を $d\Omega_2$ とすると，式 (2.2) より，時間 dt の間に dA_1 を通過し dA_2 に入る輻射は

$$I_{\nu 2} \, dA_2 \, dt \, d\Omega_2 \, d\nu$$

である．対称性を考えると，これは

$$I_{\nu 1} \, dA_1 \, dt \, d\Omega_1 \, d\nu$$

に等しい．ただし，$d\Omega_1$ は dA_1 の位置に対し dA_2 が張る立体角である．これらを等しいとおき，

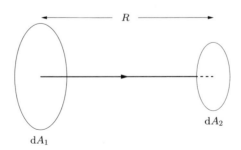

図 2.2 光線に垂直な二つの面積要素

であることに注意すると，

$$d\Omega_1 = \frac{dA_2}{R^2}, \quad d\Omega_2 = \frac{dA_1}{R^2}$$

$$I_{\nu 1} = I_{\nu 2} \tag{2.10}$$

を得る．いい換えると，真空中では光線に沿って動いても比強度は変化しない．光線に沿って測った距離を s とすると，真空中では

$$\frac{dI_\nu}{ds} = 0 \tag{2.11}$$

であるといってもよい．

　これは一見驚くべき結果と思うかもしれない．我々は輻射の源から離れるにつれて見かけの明るさが減少することを知っているが，比強度が一定ということはありえるのだろうか？この矛盾は，光源からの比強度とは，見かけの明るさを光源が張る立体角で割ったものであり，表面輝度を表していることに注意すれば解決する．輻射の源から遠ざかるにつれ，見かけの明るさも角度サイズもともに距離の2乗に反比例して減少する．したがって，これら二つの量の比である表面輝度は変化しない．暗い夜に街路に立って街灯を眺めているとしよう．遠くの街灯の大きさは小さく見えるが，その表面の明るさは近くの街灯と同じである．この結果は天文学的に重要な意味をもつ．もし銀河間吸収が無視できるなら，望遠鏡で分解できる銀河の表面輝度は距離に依存しない．遠い銀河でも近い銀河でも，その表面は同じように明るく見える．同じような考察は星についても当てはまる．では，なぜ遠い星は暗く見えるのか？輻射輸送の理論は光の経路の概念に基づいているので，その議論では暗黙の仮定として幾何光学を用いている．すなわち，その結果は幾何光学が成り立つ限り正しい．星が非常に遠くにある場合は，解像できないので，幾何光学は成り立たない．星の角度サイズは光の回折またはシーイングで決まる（1.7.1項を参照）．星が遠ざかるにつれ，見かけの明るさは減少するが，回折のせいで角度のサイズはそれほど変化しない．したがって，減少した輻射量が同じ角度サイズの像に広がり，星は暗く見える．14.4.1項で論じるように，非常に遠い銀河は一般相対論的効果によっても暗く見えることに注意しておく．

　つぎに，**物質が存在する場合**を考える．物質が輻射を放出する場合，比強度は増加する．このことは，式 (2.11) の右辺に放出率 j_ν を加えて表現できる．物質による吸収で輻射が減少する場合は，減少率は比強度自身に比例するはずである．このことは，式 (2.11) の右辺に負で I_ν に比例する項を加えて表現できる．したがって，物質が存

在する場合は，式 (2.11) の代わりに

$$\frac{\mathrm{d}I_\nu}{\mathrm{d}s} = j_\nu - \alpha_\nu I_\nu \tag{2.12}$$

が成り立つ．ここで，α_ν は吸収係数である．これが**輻射輸送の式**であり，輻射と物質の相互作用を理解するための基本となる．

スペクトル研究の初期においては，太陽は冷たいガスの層に取り囲まれており，このガスが特定の振動数の輻射のみを吸収することによって暗線がつくられる，と多くの天文学者が考えていた．シュスターは，同じガスの層において放出と吸収を同時に取り扱うことの重要性に気付き，上向きと下向きの二つの輻射ビームのみを考慮して，初歩的な輻射輸送の理論を定式化した (Shuster, 1905)．輻射の比強度を考えた厳密な輻射輸送理論は，シュヴルツシルトによってはじめて定式化された (Schwarzschild, 1914)．

放出係数あるいは吸収係数のどちらかがゼロの場合は，輻射輸送の式 (2.12) を解くのは簡単である．$j_\nu = 0$，すなわち輻射の放出がない場合は，

$$\frac{\mathrm{d}I_\nu}{\mathrm{d}s} = -\alpha_\nu I_\nu \tag{2.13}$$

であるから，光線に沿って s_0 から s まで積分すると，

$$I_\nu(s) = I_\nu(s_0) \exp\left[-\int_{s_0}^{s} \alpha_\nu(s')\,\mathrm{d}s'\right] \tag{2.14}$$

を得る．つぎの項で一般の場合の解を扱う．

2.2.3 光学的深さ，輻射輸送の式の解

光学的深さ (optical depth)[†] をつぎの式で定義する．

$$\mathrm{d}\tau_\nu = \alpha_\nu\,\mathrm{d}s \tag{2.15}$$

光線に沿って s_0 から s までの光学的深さは

$$\tau_\nu = \int_{s_0}^{s} \alpha_\nu(s')\,\mathrm{d}s' \tag{2.16}$$

である．輻射の放出がない場合は，比強度は光線に沿って

$$I_\nu(\tau_\nu) = I_\nu(0)\mathrm{e}^{-\tau_\nu} \tag{2.17}$$

[†] 訳注：「光学的距離」という訳語も用いられる．

に従って減少する.

物体を通過する光線に沿った光学的深さが $\tau_\nu \gg 1$ の場合，その物体は**光学的に厚い**という．逆に $\tau_\nu \ll 1$ の場合は，その物体は**光学的に薄い**という．光学的に厚い物体は背後の光源を隠すが，薄い物体はあまり影響しない．すなわち，光学的に厚い・薄いということは，問題にしている電磁波に対して不透明か透明かということを意味している．

つぎに，**源泉関数** (source function) S_ν を次式で定義する．

$$S_\nu = \frac{j_\nu}{\alpha_\nu} \tag{2.18}$$

輻射輸送の式 (2.12) を α_ν で割ると，

$$\frac{dI_\nu}{d\tau_\nu} = -I_\nu + S_\nu \tag{2.19}$$

となるが，この式に e^{τ_ν} を掛けると，

$$\frac{d}{d\tau_\nu}(I_\nu e^{\tau_\nu}) = S_\nu e^{\tau_\nu}$$

となる．光学的距離 0 から τ_ν まで（光線に沿って s_0 から s まで）積分すると，

$$I_\nu(\tau_\nu) = I_\nu(0)e^{-\tau_\nu} + \int_0^{\tau_\nu} e^{-(\tau_\nu-\tau_\nu')} S_\nu(\tau_\nu') d\tau_\nu' \tag{2.20}$$

を得る．これが輻射輸送の式の一般解である．

輻射が通過している物質が定数特性をもつ（S_ν を定数とみなせる）場合，積分はすぐ実行できて，

$$I_\nu(\tau_\nu) = I_\nu(0)e^{-\tau_\nu} + S_\nu(1 - e^{-\tau_\nu})$$

となる．さらに，背後に光源がなく，物体それ自身による放出と吸収を考える場合は，$I_\nu(0) = 0$ として，

$$I_\nu(\tau_\nu) = S_\nu(1 - e^{-\tau_\nu}) \tag{2.21}$$

となる．光学的に薄い場合（$\tau_\nu \ll 1$）は，$e^{-\tau_\nu} \approx 1 - \tau_\nu$ と近似して，

$$I_\nu(\tau_\nu) = S_\nu \tau_\nu$$

を得る．定数特性をもつ物質の場合は，光線の全長を L として $\tau_\nu = \alpha_\nu L$ と書けるので，

光学的に薄い場合： $I_\nu = j_\nu L$ (2.22)

となる．逆に，光学的に厚い場合（$\tau_\nu \gg 1$）は，$e^{-\tau_\nu}$ の項を無視して，

光学的に厚い場合： $I_\nu = S_\nu$ (2.23)

となる．こうして，二つの非常に重要な結果，式 (2.22) と (2.23) が得られた．その物質的意義を理解するために，熱力学的な考察を行うことにしよう．

2.2.4 キルヒホッフの法則

熱力学的平衡状態に保たれた箱があるとする．その側面に小さな穴をあけた場合に出てくる輻射が，黒体輻射である．すなわち，穴から出てくる輻射の比強度は

$$I_\nu = B_\nu(T)$$ (2.24)

である．図 2.3 のように，穴の背後に光学的に厚い物体を置く．この物体が周囲と熱平衡にある場合は，周囲を乱すことはないので，穴から出てくる輻射は同じ比強度の黒体輻射である．一方，式 (2.23) により，光学的に厚い物体から出てくる輻射は源泉関数に等しい．したがって，物体が熱力学的平衡にあるとき，

$$S_\nu = B_\nu(T)$$ (2.25)

となる．結局，

$$j_\nu = \alpha_\nu B_\nu(T)$$ (2.26)

を得るが，これが**キルヒホッフの法則**である (Kirchhoff, 1860)．シュスター (Schuster, 1905) やシュヴァルツシルト (Schiwarzschild, 1914) は，輻射輸送理論においてこの法則が重要であることに気づいた．

ここで立ち止まって，我々の導いたことを理解しよう．物質の放出あるいは吸収は，

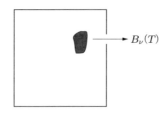

図 2.3　穴の背後に光学的に厚い物体がある場合の黒体輻射

スペクトル線に対応する振動数で強くなる場合が多い．すなわち，j_ν や α_ν はスペクトル線でピークをもつ．しかし，式 (2.26) はそれらの比が滑らかな黒体輻射 $B_\nu(T)$ であることを意味している．つぎに，式 (2.22) と (2.23) の結果に注目してみる．光学的に薄い光源からの輻射は放出係数で定まる．放出係数はスペクトル線でピークをもつので，熱い透明なガスのような，光学的に薄い系からの輻射はおもにスペクトル線からなる．一方，光学的に厚い光源からの輻射は源泉関数で定まるが，これは黒体輻射 $B_\nu(T)$ と等しいことが示された．したがって，熱い鉄のかけらのような，光学的に厚い系からの輻射は黒体輻射を示す．輻射輸送の理論は天体物理学以外でも重要である．なぜ熱く透明な気体はスペクトル線で放射するのに，熱い鉄のかけらは黒体輻射を出すのか，といった日常的な現象を厳密にかつ定量的に理解したいならば，輻射輸送の理論を用いればよい．天体からの輻射の性質は，輻射の源が光学的に薄いのか厚いのかによって大きな違いがある．希薄な星雲からの放射はスペクトル線を示す．一方，星はほぼ黒体輻射を放出する．なぜ星からの放射は厳密に黒体輻射でないのか？ なぜスペクトル線が見られるのか？ 式 (2.23) は物質が定数特性をもつとして導いたが，これは星の場合には明らかに正しくない．したがって，式 (2.23) は近似的にのみ正しい．星の表面では，温度勾配が存在するために吸収線が発生する．これは 2.4.3 項で論じる．

2.3 熱力学的平衡

熱力学的平衡を仮定して，源泉関数が黒体輻射になるという式 (2.25) を導いた．現実には，厳密に熱平衡になることはまれである．星内部の温度は一定でなく，中心からの距離により変化する．この場合，式 (2.25) は成り立つのだろうか？ この疑問に答える前に，熱力学的平衡の基本的性質を見ておこう．

2.3.1 熱力学的平衡の基本性質

●マクスウェルの速度分布

気体が温度 T の熱力学的平衡にあるとき，速さ v が $(v, v+dv)$ の区間にある粒子の数は

$$dn_v = 4\pi n \left(\frac{m}{2\pi k_B T}\right)^{3/2} v^2 \exp\left(-\frac{mv^2}{2k_B T}\right) dv \tag{2.27}$$

で与えられる (Maxwell, 1860)．ただし，n は単位体積あたりの粒子数で，m は粒子の質量である．また，k_B はボルツマン定数とよばれる．

● **ボルツマン分布則とサハの式**

水素原子はさまざまなエネルギー準位をもつ．水素原子を陽子と電子に分離する過程を電離という．水素原子気体が熱力学的平衡に保たれている場合，原子のある割合は特定のエネルギー準位を占め，ある割合は電離している．

基底状態にある原子の数密度を n_0 とすると，エネルギー E の励起準位にある原子の数密度 n_e は

$$\frac{n_e}{n_0} = \exp\left(-\frac{E}{k_B T}\right) \tag{2.28}$$

で与えられ，これをボルツマン分布則という．

サハは，温度 T と圧力 P のもとで気体が電離する割合を表す式を導いた (Saha, 1920)．この式の導出については，ミハラス (Mihalas, 1978, §5-1) やリビッキとライトマン (Rybicki and Lightman, 1979, §9.5) の教科書を参照されたい．電離ポテンシャル（電離に必要なエネルギー）を χ とするとき，電離する原子の割合 x は

$$\frac{x^2}{1-x} = \frac{(2\pi m_e)^{3/2}}{h^3} \frac{(k_B T)^{5/2}}{P} \exp\left(-\frac{\chi}{k_B T}\right) \tag{2.29}$$

で与えられ，これを**サハの式**という．ここで，h はプランク定数，m_e は電子の質量である．

● **プランクの黒体輻射法則**

輻射が物質と熱力学的平衡にある場合，黒体輻射とよばれる．黒体輻射のスペクトル分布（式 (2.1)）はプランクによって導かれた (Planck, 1900)．

2.3.2 局所熱力学的平衡の概念

さて，重要な疑問に戻ろう．系はいつ熱力学的平衡に達し，いつ前述の法則（マクスウェルの速度分布，ボルツマン分布則，サハの式，プランクの法則）が成り立つことが期待できるのか？ 気体と輻射を満たした箱が周囲から隔離されているなら，内部は熱力学的平衡に達し，上記の法則が成り立つだろう．しかし，現実の系はずっと複雑である．星では，温度は中心から離れるに従い減少する．上記の法則がそのような場合でも成り立つだろうか？ この疑問に答えるために，どうやって熱力学的平衡が達成されるかを理解しよう．

再び気体と輻射を閉じ込めた箱を考える．気体は，最初マクスウェル分布に従っていなくても，数回の衝突で従うようになる．いい換えると，衝突あるいは系の構成物の相互作用の頻度が熱力学的平衡にとって重要である．

粒子が衝突までに走る平均距離を**平均自由行程**というが，衝突頻度は平均自由行程が小さいほど大きい．すなわち，平均自由行程が小さいことは衝突が重要であることを示す．平均自由行程が小さいと，粒子は気体分子とより高い頻度で衝突し，マクスウェル速度分布，ボルツマン分布則，サハの式のような法則が成り立つ．では，平均自由行程はどのくらい小さければよいのか？　気体の温度が場所により異なる場合を考え，ある点 X の左側が右側より熱いとしよう．このとき，X に左側から向かってくる気体粒子は右側からくる粒子より速い．したがって，X にやってくる粒子が温度が異なる領域から直接やってくる限り，X での分布はマクスウェル分布にならない．しかし，平均自由行程が短く，温度がその距離で大きく変化しないならば，マクスウェル分布になるはずである．したがって，マクスウェル分布（およびボルツマン分布則とサハの式）が成り立つためには，平均自由行程の距離にわたって温度があまり変化しないくらいに平均自由行程が短い，という条件が必要である．プランクの式が成り立つには輻射が物質と平衡状態になければならないが，そのためには，輻射が物質とよく相互作用することが必要である．輻射輸送の式 (2.12) の吸収係数 α_ν はその相互作用の目安になる．式 (2.12) から α_ν の次元は距離の逆数であるので，α_ν^{-1} は多くの輻射が物質に吸収される距離を与える．これは光子が原子と相互作用するまでに自由に走れる距離の目安となるので，α_ν^{-1} を光子の平均自由行程とよぶことがある．α_ν^{-1} が小さいほど物質と輻射の間の相互作用が起こりやすい．α_ν^{-1} が十分小さく，その距離にわたって温度が定数とみなせる場合は，プランクの黒体輻射式が成り立つ．

　日常生活から簡単な例を考えよう．太陽光が窓から部屋に射し込んでいる．この系は熱力学的平衡にあるだろうか？　大気分子の平均自由行程は 10^{-7} m 程度である．よって，大気分子についてはマクスウェル速度分布とボルツマン分布則が成り立つと期待できる．室温での大気の電離度は，サハの式から完全に無視できる．しかし，部屋が完全に熱力学的平衡にあるならば，部屋の中の輻射はその室温のプランクの式に従うはずである．これは明らかに当てはまらない．大気は可視光にはほぼ透明であるので，光子は大気分子とまったく相互作用しない．太陽光の光子は太陽の表面から直接到来するので，太陽表面から出てから物質と相互作用していない．太陽光のスペクトルを調べると，室温の黒体輻射スペクトルにはなっておらず，むしろ 6000 K（太陽の表面温度）の黒体輻射のものに近い．ただし，太陽光のエネルギー密度は 6000 K の黒体輻射のエネルギー密度よりずっと小さい．熱力学的平衡は有用な概念であるが，この例からは我々の周囲は完全な熱力学的平衡になっていないことがわかる．

　系内で温度が場所により異なる場合は，完全な熱力学的平衡にはならない．しかし，α_ν^{-1} と粒子の平均自由行程の双方が，温度の変わる距離に比べ小さい状況はありうる．そのような場合，熱力学的平衡で成り立つ法則はすべて，局所的な温度 T を式 (2.1),

(2.27), (2.28) および (2.29) に用いることにより，局所的に成り立つと期待できる．これを**局所熱力学的平衡** (local thermodynamic equilibrium, LTE) という．部屋に射し込む太陽光の場合は，大気が輻射に対し透明で，α_ν^{-1} が大きいために，LTE は成り立たない．しかし，星の内部では LTE がよい近似として成立し，星の内部の輻射輸送を解く際には式 (2.25) が仮定できる．ただし，星の大気の最外部では LTE が成り立たず，輻射輸送には LTE からのずれを考える必要が生じる．以下では，LTE が成り立つ場合のみを考えることにする．

2.4　恒星大気での輻射輸送

　輻射輸送理論については，チャンドラセカールの本 (Chandrasekhar, 1950) をはじめ，すでにいくつかの文献に記されている．我々は輻射輸送の式の一般解として，式 (2.20) を導いた．一般解を書き下すことが簡単であるのに，その取扱いについて記す必然性はあるのだろうか？　式 (2.20) から完全な解を得るには，前もって源泉関数 S_ν をあらゆる場所で知っている必要がある．これは実際にはありえない．式 (2.25) が成り立つ LTE の場合でさえ，源泉関数を得るには各所の温度が分かっていなければならない．たいていの場合，輻射場と温度を同時に求めねばならない問題になる．ある領域で輻射場が強ければ，そこでの温度も高いと期待される．つまり，輻射場が温度を決めている．一方，温度が源泉関数を決めるので，輻射場も式 (2.20) から定まる．温度と輻射場を同時に解くことは，非常に手ごわい問題である．この問題を解く方法を考えてもらうために，輻射輸送理論を恒星大気に適用する．

　伝統に従い，恒星天文学を**恒星内部構造** (stellar interior) と**恒星大気** (stellar atmospherer) の二つの分野に大別する．恒星大気はどの深さで終わって恒星内部が始まるのかを疑問に思うかもしれない．恒星内部構造と恒星大気は，恒星の物理的に異なる領域に対応しているわけではなく，二つの異なる疑問に対する二つの異なる科学的主題に対応しているのである．つぎの章で，星の全質量と光度のような量の間には，ある関係（重い星はより明るい）が成り立つのを見る．このような一般的関係を理解するには，恒星内部の物理過程を理解する必要があるので，恒星の一般的性質を調べて理解することは恒星内部構造の問題となる．一方，恒星のスペクトルを説明し解析するには，恒星の外層を通過する輻射の行程を考慮する必要がある．これは恒星大気の問題である．この問題について簡単に紹介しよう．

2.4.1 平面平行大気

大気のある部分に着目する場合は，曲率を無視し，温度 T などの熱力学的量は水平面に対し一定であるとしてよい．垂直方向を z 軸とし，上向きとする．熱力学的量はすべて z のみの関数とする．図 2.4 のように，光路の微小部分 $\mathrm{d}s$ を考える．$\mathrm{d}s$ の変化に対応する z の変化を $\mathrm{d}z$ とすると，

$$\mathrm{d}s = \frac{\mathrm{d}z}{\cos\theta} = \frac{\mathrm{d}z}{\mu} \tag{2.30}$$

である．ただし，θ は，つぎの関係を満たす，垂直方向に対し光路のなす角である[†]．

$$\theta = \cos^{-1}\mu$$

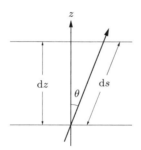

図 2.4　平面平行大気と光路

比強度 $I_\nu(\boldsymbol{r}, t, \hat{\boldsymbol{n}})$ は，一般には位置・時刻・方向の関数であるが，いまの場合，z と $\mu = \cos\theta$ のみの関数 $I_\nu(z, \mu)$ である．したがって，平面平行大気に対する輻射輸送の式 (2.12) は

$$\mu\frac{\partial I_\nu(z,\mu)}{\partial z} = j_\nu - \alpha_\nu I_\nu \tag{2.31}$$

となる．

平面平行大気に対する光学的深さを式 (2.15) と少々異なるように定義をする．

$$\mathrm{d}\tau_\nu = -\alpha_\nu \mathrm{d}z \tag{2.32}$$

すなわち，光線に沿った距離 s でなく，垂直距離 z に対して定義する．負号は，大気に対して下がると光学的深さが増える，という通常の「深さ」の意味に合わせるためである．大気の頂上は $\tau_\nu = 0$ であるとする．

[†] 訳注：式を煩雑にしないために，$\cos\theta = \mu$ が変数として用いられている．

式 (2.31) を α_ν で割り，源泉関数の定義を用いると，

$$\mu\frac{\partial I_\nu(\tau_\nu,\mu)}{\partial \tau_\nu} = I_\nu - S_\nu \tag{2.33}$$

となり，$e^{-\tau_\nu/\mu}$ を掛けて少々変形すると，

$$\mu\frac{d}{d\tau_\nu}\left(I_\nu e^{-\tau_\nu/\mu}\right) = -S_\nu e^{-\tau_\nu/\mu}$$

となる．ある基準点 $\tau_{\nu,0}$ からこの式を積分すると，

$$\left[I_\nu e^{-t_\nu/\mu}\right]_{\tau_{\nu,0}}^{\tau_\nu} = -\int_{\tau_{\nu,0}}^{\tau_\nu} \frac{S_\nu}{\mu}e^{-t_\nu/\mu}dt_\nu \tag{2.34}$$

を得る．この式を

(1) $0 \leq \mu \leq 1$：光路が大気中を外向きに進む場合

(2) $-1 \leq \mu \leq 0$：光路が大気中を内向きに進む場合

に分けて考える．(1) の場合は，星の深部から光路が始まると仮定し，$\tau_{\nu,0} = \infty$ ととることができる．(2) の場合は，大気の頂上から影響が始まるので，$\tau_{\nu,0} = 0$ ととることができる．すなわち，

$$0 \leq \mu \leq 1: \quad I_\nu(\tau_\nu,\mu) = \int_{\tau_\nu}^{\infty} S_\nu e^{-(t_\nu-\tau_\nu)/\mu}\frac{dt_\nu}{\mu} \tag{2.35}$$

$$-1 \leq \mu \leq 0: \quad I_\nu(\tau_\nu,\mu) = \int_0^{\tau_\nu} S_\nu e^{-(t_\nu-\tau_\nu)/(-\mu)}\frac{dt_\nu}{(-\mu)} \tag{2.36}$$

である．後者を求める際には，負の μ に対し大気の頂上では比強度はゼロであるという境界条件 $I_\nu(0,\mu) = 0$ を用いた．

式 (2.36) の源泉関数 S_ν に具体的な表式を入れる必要がある．恒星大気全体が LTE にあるとし，源泉関数はキルヒホッフの法則 (2.26) に従い，プランクの式で表せると仮定する．ある光学的深さ τ_ν における輻射場を求めることを考え，源泉関数を $B_\nu(T(\tau_\nu))$（簡単に $B_\nu(\tau_\nu)$ と書く）で与える．その近傍の光学的深さ t_ν における源泉関数は，テイラー展開により，

$$S_\nu(t_\nu) = B_\nu(\tau_\nu) + (t_\nu - \tau_\nu)\frac{dB_\nu}{d\tau_\nu} + \cdots \tag{2.37}$$

と展開できるので，式 (2.35) と (2.36) に代入すると，μ の正負にかかわらず，考えている点が十分大気の内部で $\tau_\nu \gg 1$ であって，$e^{-\tau_\nu}$ をゼロとみなせる限り，

$$I_\nu(\tau_\nu,\mu) \approx B_\nu(\tau_\nu) + \mu\frac{dB_\nu}{d\tau_\nu} \tag{2.38}$$

と近似できる．この式の第2項は μ に依存し，輻射場を非等方的にする．もし大気に温度変化がなければ，$dB_\nu/d\tau_\nu = 0$ で，輻射場は等方的な黒体輻射になる．温度勾配があるために，プランクの式からのずれが生じ，非等方性が生じるのである．輻射場をプランクの式の形から外れさせて非等方にするのは，大気の温度勾配の存在なのである．以下では，非等方性の大きさを見積もってみる．

式 (2.3), (2.5) および (2.7) で，輻射のフラックス，エネルギー密度および輻射の圧力が比強度から計算できることを見た．平面平行大気の場合は，対称性のために立体角についての積分は簡単になる．$A(\cos\theta)$ が平面平行大気内の角度の関数であれば，

$$\int A(\cos\theta)\,d\Omega = \int_{\theta=0}^{\pi}\int_{\phi=0}^{2\pi} A(\cos\theta)\sin\theta\,d\theta d\phi$$
$$= 2\pi\int_{1}^{-1} A(\mu)\,d(-\mu) = 2\pi\int_{-1}^{1} A(\mu)\,d\mu$$

なので，式 (2.3), (2.5), (2.7) は

$$U_\nu = \frac{2\pi}{c}\int_{-1}^{1} I_\nu\,d\mu \tag{2.39}$$

$$F_\nu = 2\pi\int_{-1}^{1} I_\nu\mu\,d\mu \tag{2.40}$$

$$P_\nu = \frac{2\pi}{c}\int_{-1}^{1} I_\nu\mu^2\,d\mu \tag{2.41}$$

となり，式 (2.38) を代入すれば，

$$U_\nu = \frac{4\pi}{c}B_\nu(\tau_\nu) \tag{2.42}$$

$$F_\nu = \frac{4\pi}{3}\frac{dB_\nu}{d\tau_\nu} \tag{2.43}$$

$$P_\nu = \frac{4\pi}{3c}B_\nu(\tau_\nu) \tag{2.44}$$

を得る．式 (2.38) より，輻射場の非等方的部分の等方的部分に対する比は

$$\frac{dB_\nu/d\tau_\nu}{B_\nu} \approx \frac{3F_\nu}{cU_\nu}$$

と表せる．F_ν/U_ν を F/U で近似すると（F, U は F_ν, U_ν をそれぞれ ν で積分したもの），

$$\frac{\text{非等方項}}{\text{等方項}} \approx \frac{3F}{cU} \tag{2.45}$$

となる．振動数について積分すると，黒体放射の全エネルギー密度として，

$$U = a_{\rm B} T^4 \tag{2.46}$$

となり（$a_{\rm B} = 8\pi^5 k_{\rm B}^4 / 15 c^3 h^3$），全フラックスが有効温度 $T_{\rm eff}$ に対するシュテファン－ボルツマンの法則 (Stafan, 1879; Boltzmann, 1884)

$$F = \sigma T_{\rm eff}^4 \tag{2.47}$$

で与えられ，シュテファン－ボルツマン定数 σ と

$$\sigma = \frac{c a_{\rm B}}{4} \ \left(= \frac{2\pi^5 k_{\rm B}^4}{15 c^2 h^3} \right) \tag{2.48}$$

の関係があること（たとえば，Saha and Srivastava (1965, §15,21) および演習問題 2.1 を参照）を用いると，式 (2.46)～(2.48) より，式 (2.45) は

$$\frac{\text{非等方項}}{\text{等方項}} \approx \frac{3}{4} \left(\frac{T_{\rm eff}}{T} \right)^4 \tag{2.49}$$

となる．恒星大気の深部へ入るほど，T は $T_{\rm eff}$ より大きくなり，非等方項は等方項に比べて無視できるようになる．いい換えると，温度が表面温度よりずっと高い大気深くでは，輻射場はほとんど等方的になる．

式 (2.38) により，大気内部の温度変化がわかっていて，$B_\nu(\tau_\nu)$ が各深さで計算できれば，恒星大気内部の輻射場が求められる．しかし，前に指摘したように，これは一般には未知の量であるので，恒星大気を調べる際には，輻射場は温度構造と同時に解くことが必要になる．そこで次項で，理想化された**灰色大気**モデルを用いて，この問題を解いてみる．

2.4.2 灰色大気の問題

吸収係数 α_ν が全波長で一定の場合を灰色大気とよぶ．これは現実には存在しないが，より現実的な大気を取り扱うよりも簡単な，理想化された数学的なモデルであり，以下に見るように，問題の本質を考えるうえでは有用である．

式 (2.32) より，α_ν が波長によらない場合は，光学的深さも波長によらない．この場合，光学的深さを τ とすると，式 (2.33) を波長で積分すれば，

$$\mu \frac{\partial I(\tau, \mu)}{\partial \tau} = I - S \tag{2.50}$$

となる．ただし，

$$I = \int I_\nu \, d\nu \tag{2.51}$$

および
$$S = \int S_\nu \, d\nu \tag{2.52}$$

は，全波長で積分した全比強度と全源泉関数である．波長で積分したエネルギー密度，フラックス，圧力についても，前と同様に，

$$U = \frac{2\pi}{c} \int_{-1}^{1} I \, d\mu \tag{2.53}$$

$$F = 2\pi \int_{-1}^{1} I\mu \, d\mu \tag{2.54}$$

$$P = \frac{2\pi}{c} \int_{-1}^{1} I\mu^2 \, d\mu \tag{2.55}$$

となる．全立体角で平均した平均比強度 J を

$$J = \frac{1}{2} \int_{-1}^{1} I \, d\mu \tag{2.56}$$

で定義すると，明らかに

$$J = \frac{c}{4\pi} U \tag{2.57}$$

である．

式 (2.50) を 2 で割って，μ について積分すると，

$$\frac{1}{4\pi} \frac{dF}{d\tau} = J - S \tag{2.58}$$

を得る．また，式 (2.50) に $2\pi\mu/c$ を掛けて，μ について積分すると，

$$\frac{dP}{d\tau} = \frac{F}{c} \tag{2.59}$$

を得る．I は τ, μ 両方の関数だが，F, P は τ のみの関数なので，偏微分でなく全微分で書いた．恒星大気では多くの場合，エネルギー源も吸収体も存在しない．恒星内部で生成されたエネルギーは，恒星大気の外層を通して一定のエネルギーフラックスとして出ていく．いい換えると，F は深さによらない．式 (2.58) より，このとき，

$$J = S \tag{2.60}$$

となり，平均比強度は源泉関数に等しい．これは**輻射平衡**の条件とよばれる．式 (2.50) はこのとき，

$$\mu \frac{\partial I(\tau,\mu)}{\partial \tau} = I - \frac{1}{2}\int_{-1}^{1} I \, \mathrm{d}\mu \tag{2.61}$$

と書ける．これは $I(\tau,\mu)$ に関する積分微分方程式である．ここでは，これを厳密に解くことはせず，以下のように近似的に扱う．

輻射平衡では F が定数なので，式 (2.59) はすぐ積分できて，

$$P = \frac{F}{c}(\tau + q) \tag{2.62}$$

を得る．ただし，q は積分定数である．式 (2.9) より，等方的な全エネルギー密度と

$$P = \frac{1}{3}U \tag{2.63}$$

の関係がある．式 (2.49) より，放射場は表面よりある程度奥に入ると等方的になり，式 (2.63) の関係が成り立つことがわかる．しかし，表面直下では成り立たない．式 (2.63) が**どこでも**成り立つと仮定すれば，問題は簡単になる．これは**エディントン近似**として知られている (Eddington, 1926, §226)．この近似のもとで，式 (2.57), (2.60), (2.62), (2.63) を組み合わせると，

$$S = \frac{3F}{4\pi}(\tau + q) \tag{2.64}$$

を得る．源泉関数をさまざまな深さで求めることができれば比強度が決まるので，つぎに，この式の積分定数 q を求めることを考える．

式 (2.32) を積分して式 (2.36) を得たのと同様に，式 (2.50) を積分すれば，

$$I(\tau,\mu \geq 0) = \int_{\tau}^{\infty} S e^{-(t-\tau)/\mu} \frac{\mathrm{d}t}{\mu} \tag{2.65}$$

を得る．恒星大気から外に出てくる輻射の比強度は，この式で $\tau = 0$ とおいて，

$$I(0,\mu \geq 0) = \int_{0}^{\infty} S e^{-t/\mu} \frac{\mathrm{d}t}{\mu}$$

となる．式 (2.64) を代入すると，

$$I(0,\mu \geq 0) = \frac{3F}{4\pi}\int_{0}^{\infty}(t+q)\mathrm{e}^{-t/\mu}\frac{\mathrm{d}t}{\mu} = \frac{3F}{4\pi}(\mu + q) \tag{2.66}$$

を得る．式 (2.54) より，星の大気上面からから出ていくフラックスは

$$F = 2\pi \int_{0}^{1} I\mu \, \mathrm{d}\mu$$

であり，式 (2.66) の I を代入すれば，

$$F = \frac{3F}{2}\left(\frac{1}{3} + \frac{q}{2}\right)$$

となるので，この式を解けば，つぎのように積分定数 q を得る．

$$q = \frac{2}{3} \tag{2.67}$$

式 (2.64) に代入すれば，恒星大気の深さの関数として，源泉関数

$$S = \frac{3F}{4\pi}\left(\tau + \frac{2}{3}\right) \tag{2.68}$$

を得る．式 (2.57), (2.60) を用いれば，

$$cU = 3F\left(\tau + \frac{2}{3}\right)$$

となり，式 (2.46)〜(2.48) を用いて，

$$T^4 = \frac{3}{4}T_{\mathrm{eff}}^4\left(\tau + \frac{2}{3}\right) \tag{2.69}$$

を得る．これが灰色大気の温度変化を与える式である．

太陽表面からやってくる光線を考える．式 (2.67) の積分定数 q の値を式 (2.66) に入れると，

$$I(0, \mu) = \frac{3F}{4\pi}\left(\mu + \frac{2}{3}\right)$$

となり，これから，

$$\frac{I(0, \mu)}{I(0, 1)} = \frac{3}{5}\left(\mu + \frac{2}{3}\right) \tag{2.70}$$

を得る．この式には重要な物理的意味がある．太陽円盤のさまざまな点からやってくる輻射の強度を考えよう．太陽円盤の中心点からやってくる光線は太陽表面から垂直に出現し，比強度は $I(0,1)$ である．一方，中心から外れたところからやってくる光線は，図 2.5 のように，表面と角度 $\theta = \cos^{-1}\mu$ をなすので，比強度は $I(0, \mu)$ である．

したがって，式 (2.70) は，中心から縁に向かうにつれて太陽円盤の光度がどう変化するかを与える式である．天文学用語では，太陽円盤の端近くの領域を周辺 (limb) とよぶ．そこで，太陽円盤の光度変化を与える式を**周辺減光則**とよんでいる．理論的な周辺減光則によれば，太陽円盤の縁の光度は中心より 40％暗いと予想される．図 2.6 に，観測的に得られた周辺減光と，エディントン近似による式 (2.70)，および灰色大気問題の厳密解（式 (2.61) の積分微分方程式を厳密に説くことにより得られたもの）

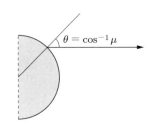

図 2.5　太陽表面から観測者に向かう光線

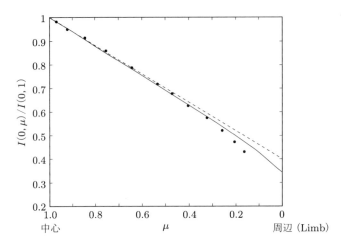

図 2.6　観測された太陽円盤の周辺減光（点で示す）と，灰色大気のエディントン近似（破線）および厳密解（実線）から得られた理論的周辺減光則．観測データは波長 $\lambda = 5485$ Å に対してで，Pierce et al. (1950) による．

から導かれた周辺減光則を示す．理論は観測データとかなり合っているが，太陽大気は完全な灰色ではないため，両者には少し差が出ている．

2.4.3　スペクトル線の形成

灰色大気の問題は，輻射輸送の方程式を整合的に解いて，輻射場とともに源泉関数を求める例である．前述のように，恒星大気の主要な問題の一つに，スペクトル線の形成の定量的理解がある．灰色大気の問題は線の形成問題には直接関連しない．全輻射フラックス F を定数としたことによって，式 (2.59) のような方程式を積分することができ，灰色大気の問題の完全な解を得ることができた．一般的な灰色でない大気の場合は，式 (2.58) および式 (2.59) に類似した振動数に依存する式を得る．しかし，たとえ全フラックス F が定数であっても，振動数 ν におけるフラックス F_ν は一般に

定数ではないため，これらの式は灰色大気の問題と同じやり方で解くことはできない．恒星大気で放出や吸収がなければ，恒星大気の層を一定のエネルギーが通過するが，エネルギーは異なる振動数に連続的に再配分される．たとえば，太陽の内部は温度が 10^7 K 程度であり，輻射場はおもに X 線光子でできているが，エネルギーフラックスが太陽の表面に到達する頃には，おもに可視光となっている．また，恒星大気を厳密に取り扱うには，吸収係数 α_ν を，散乱と真の吸収の二つの部分に分ける必要がある．輻射平衡では，真の吸収は吸収した輻射の完全再放出を伴う．散乱と真の吸収との重要な違いは，散乱では輻射の振動数が変化しないが，真の吸収では振動数の変化した再放出が伴うことにある．また，キルヒホッフの法則は真の吸収の場合にのみ成り立つ．散乱と真の吸収を別々に扱う輻射輸送の問題の取り扱いについては，Mihalas (1978) を参照されたい．

　灰色でない大気の正しい取り扱いは基本的な内容を扱う本書の範囲を超えるが，スペクトル線の形成問題についての考え方は紹介することにする．式 (2.38) より，

$$I_\nu(0,1) = B_\nu(\tau_\nu = 0) + \frac{dB_\nu}{d\tau_\nu}$$

となるが，$B_\nu(\tau_\nu = 1)$ を $\tau_\nu = 0$ の周りでテーラー展開して 1 次の項のみ残すと，上式の右辺に一致する．すなわち，

$$I_\nu(0,1) \approx B_\nu(\tau_\nu = 1) \tag{2.71}$$

となる．この重要な関係式は，大気から出てくる振動数 ν の輻射の比強度が，その振動数 ν で光学的深さが 1 となるような大気の深さにおけるプランク関数に，ほぼ等しいことを意味している．式 (2.71) によりスペクトル線の形成がどう説明されるかを見てみよう．

　恒星大気の外層の吸収係数が α_C に等しいが，ν_L 付近の狭い振動数範囲でのみ大きな α_L となっているという理想化された状況を考えよう．その概念図を図 2.7 (a) に示す．式 (2.71) を用いて，大気から現れるスペクトルを調べよう．スペクトル線以外の連続なスペクトルに対し，光学的深さは深さ α_C^{-1} で 1 となる．そこの温度が T_C であれば，連続領域のスペクトルはほぼ黒体輻射 $B_\nu(T_C)$ である．スペクトル線の振動数では，光学的深さはやや浅い α_L^{-1} で 1 となり，そこの温度はやや低い T_L である．図 2.7 (b) に，$B_\nu(T_C)$ と $B_\nu(T_L)$ の双方を示す．2.2.4 項で内部が厳密に一様な物体から出てくる輻射のスペクトルは純粋な黒体輻射であることを見た．表面から放射している物体は表面下の層で温度勾配をもつと期待されるから，スペクトル線は普遍的に存在すると考えられる．

　恒星大気研究の目的の一つに，スペクトル線の解析から大気中のさまざまな元素の

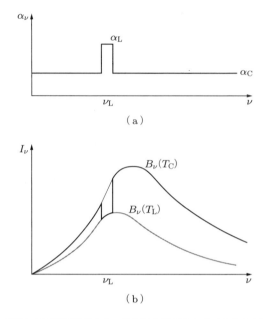

図 2.7 (a) に示した吸収係数により，(b) に太線で示すスペクトルが現れる．(b) に示す二つの黒体輻射スペクトルは，温度 T_C（上の曲線）と T_L（下の曲線）に対応する．

存在量を見積もることがある．ある元素が ν_L でスペクトル線を示すとしよう．その元素の単位体積あたりの数が多いほど，その振動数における吸収係数 α_L^{-1} の値が大きくなり，スペクトル線は強まる．すなわち，スペクトル線の強度から，元素の存在量を計算することができる．この話題の詳細は本書の範囲を超えるが，2.7 節でスペクトル線解析の基本的な考え方を紹介する．

2.5 恒星内部の輻射輸送

2.4 節で，星の外層の輻射輸送について論じた．星の内部を研究する天体物理学者は，星の内部の輻射輸送も考慮しなければならない．典型的な星では，エネルギーは通常，星の最中心部のコアにおける原子核反応で生成される．3.2.4 項で，星の内部では対流によってエネルギーが運ばれることもあることを見るが，当面は，エネルギーが輻射輸送で外向きに運ばれている星の内部を考えよう．星の内部の研究では，究極の目標は恒星大気から出てくる輻射のスペクトルを理解することであるから，エネルギーがさまざまな波長に配分されていることを考えなければならない．しかし，星の内部を調べるうえで一番の関心は，輻射場の勾配によってエネルギーフラックスがど

う外向きに運ばれているかにある．灰色大気の問題の議論で，輻射のフラックスを輻射圧の勾配と関係付ける式 (2.59) を導いた．この方程式は，α_ν が ν とともに変化し，灰色大気の仮定が成り立たない星の内部で成り立つだろうか？

まず，α_ν の ν に対する平均をうまくとることにより，式 (2.59) が灰色でない大気についても成り立つことを示す．式 (2.59) を導いたのと同様にして，灰色でない形を導くと，

$$\frac{\mathrm{d}P_\nu}{\mathrm{d}\tau_\nu} = \frac{F_\nu}{c} \tag{2.72}$$

となる．これから式 (2.32) を用いて，

$$F_\nu = -\frac{c}{\alpha_\nu}\frac{\mathrm{d}P_\nu}{\mathrm{d}z}$$

とし，振動数について積分すると，全輻射フラックスとして，

$$F = \int F_\nu \mathrm{d}\nu = -c\int \frac{1}{\alpha_\nu}\frac{\mathrm{d}P_\nu}{\mathrm{d}z}\mathrm{d}\nu \tag{2.73}$$

を得る．ここで，α_ν の適切な平均 α_R をとることにより，F が式 (2.59)，すなわち

$$F = -c\frac{1}{\alpha_\mathrm{R}}\frac{\mathrm{d}P}{\mathrm{d}z} \tag{2.74}$$

を満たすようにしたい．式 (2.73) と (2.74) を等しいとおけば，

$$\frac{1}{\alpha_\mathrm{R}} = \frac{\int \frac{1}{\alpha_\nu}\frac{\mathrm{d}P_\nu}{\mathrm{d}z}\mathrm{d}\nu}{\int \frac{\mathrm{d}P_\nu}{\mathrm{d}z}\mathrm{d}\nu} \tag{2.75}$$

である．式 (2.44) のように，P_ν はプランクの式 B_ν に比例するから，

$$\frac{\mathrm{d}P_\nu}{\mathrm{d}z} = \frac{4\pi}{3c}\frac{\partial B_\nu}{\partial T}\frac{\mathrm{d}T}{\mathrm{d}z}$$

であり，これを式 (2.75) の分子分母に代入すると，$\mathrm{d}T/\mathrm{d}z$ が消えて，

$$\frac{1}{\alpha_\mathrm{R}} = \frac{\int \frac{1}{\alpha_\nu}\frac{\partial B_\nu}{\partial T}\mathrm{d}\nu}{\int \frac{\partial B_\nu}{\partial T}\mathrm{d}\nu} \tag{2.76}$$

となる．このように定義した平均吸収係数を**ロスランド平均**という (Rossland, 1924)．ロスランド平均は密度 ρ をくくり出して，

$$\alpha_\mathrm{R} = \rho\chi \tag{2.77}$$

と書かれ，χ を物質の**不透明度 (opacity)** とよぶ．よって，式 (2.74) は，式 (2.46)，(2.63), (2.77) を用いて，

$$F = -\frac{c}{\chi\rho}\frac{d}{dz}\left(\frac{a_B}{3}T^4\right) \tag{2.78}$$

と書ける．これは，恒星の内部を調べるうえで基本的な式である (Eddington, 1916)．

2.6　不透明度の計算

恒星内部のモデルをつくるには，3.2.3 項で論じるように，式 (2.78) をわずかに修正した式を解く必要がある．そのためには，不透明度 χ の値を知らねばならない．恒星内部の気体は，地上の実験室では再現できない温度と圧力のもとにある．したがって，不透明度 χ は理論的に計算するしかない．これはかなり複雑な計算である．星のモデルが改良されるにつれ，より正確な不透明度が必要になる．これは非常に専門的で技術的な問題であり，世界でも正確な不透明度の計算ができる専門家はわずかしかいない．自分の研究に不透明度が必要な科学者は，自分では不透明度を計算しようとはせず，このような計算を専門とするグループにより計算された値を用いている．ここ数十年にわたり，いわゆる Los Alamos opacity tables (Cox and Stewart, 1970) が最新のものとして用いられている．不透明度の計算法の詳細についてはここでは論じない．以下では，考え方についてのみ紹介する．不透明度の計算に関する量子力学的原理の議論については，読者は Clayton (1988, §3-3) を参照されたい．

ある組成をもつ気体がある密度と温度にあるとしよう．その不透明度を理論的に計算したい．ボルツマンの法則 (2.28) とサハの式 (2.29) を用いて，さまざまなエネルギー準位でさまざまなイオン化状態にある原子と電子の数を求めることができる．振動数 ν の電磁波が系に入射すると，原子は，付随する電子が前の準位より $h\nu$ 以上高い準位に押し上げられるならば，その輻射を吸収する．量子力学から原子のエネルギー準位は束縛（飛び飛びの準位）あるいは自由（連続）であることがわかっている．したがって，原子による輻射の吸収は，(1) 束縛－束縛，(2) 束縛－自由，(3) 自由－自由という，3 種の電子状態の上位への遷移過程により起こる．輻射を半古典的に扱う量子力学のフェルミの黄金律を用いて，これらの過程の吸収断面積を計算することができる（たとえば，Mihalas (1978, §4-2) や Clayton (1968, §3-3) を参照）．最後に，単位体積に存在するすべての原子と電子に対し，異なる励起および電離準位に対して断面積の和をとる．これに誘導放出の補正を行い，吸収係数 α_ν を得て，式 (2.76) と (2.77) を適用すれば，不透明度が得られる．

ある近似のもとで，束縛-自由遷移と自由-自由遷移（不透明度で主要な過程）はともに，密度を ρ，温度を T として，クラマース則

$$\chi \propto \frac{\rho}{T^{3.5}} \tag{2.79}$$

に従うことが知られている (Kramers, 1923). クラマースは，物質による X 線の吸収の研究から，この法則にたどり着いた．この近似則はすべての温度で成り立つわけではない．たとえば，温度が十分低い場合，原子はほとんど基底状態にある．そのような場合，この基底エネルギー準位にある電子をたたき出すのに十分なエネルギーをもつ光子が存在する場合にのみ，原子は輻射を吸収できる．系に入射する輻射は黒体輻射に近く，低温の黒体輻射は基底エネルギー準位にある電子をたたき出せるほどエネルギーの高い光子をあまり含まないため，輻射はあまり吸収されない．したがって，低温では不透明度は低下し，クラマース則から外れる．

図 2.8 に，詳細な計算による太陽組成の物質の不透明度を温度の関数として示す．それぞれの曲線はある密度に対応し，不透明度がその密度において温度とともにどう変化するかを示している．予想されたように，不透明度は低温では無視できる．温度が数千度になると，不透明度は最大になる．クラマース則 (2.79) から期待されるとおり，高い密度ほど曲線は上にある．ピークの右側では，不透明度は温度とともに急速に減少し，クラマース則（破線で示す）の $T^{-3.5}$ の依存性は悪いフィットではないこ

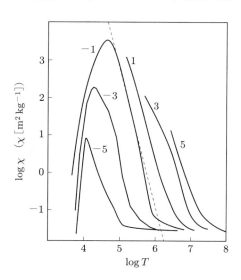

図 2.8 温度の関数としての太陽組成の物質の不透明度．各グラフの横の数字は $\log(\rho/[\mathrm{kg\,m^3}])$ で密度を示す．破線は $T^{-3.5}$ の場合の傾きである．
  [出典：Tayler (1994, p.101)]

とがわかる．しかし，クラマース則は不透明度が温度とともに下がり続け，高温では非常に小さくなることを示唆するが，そのようにはなっていない．高温では，不透明度は密度によらず，漸近値に近づく．次項でこれを説明しよう．

2.6.1 トムソン散乱

高温では，原子は電離し，自由電子が多く存在する．輻射の自由電子による散乱は，**トムソン散乱**として知られている (Thomson, 1906)．詳細はほかに譲り（たとえば，Panofsky and Philips (1962, §22-2–22-4) や Rybicki and Lightman (1979, §3.4–3.6)），ここでは結果のみ記す．

角振動数 ω の電磁波が，ばね定数 $m_\mathrm{e}\omega_0^2$ で原子に束縛された電子（質量 m_e）に入射するとき，電場 $\boldsymbol{E}$ 内の電子の運動方程式は

$$m_\mathrm{e}\left(\frac{\mathrm{d}^2\boldsymbol{x}}{\mathrm{d}t^2} + \gamma\frac{\mathrm{d}\boldsymbol{x}}{\mathrm{d}t} + \omega_0^2\boldsymbol{x}\right) = -e\boldsymbol{E}$$

である．ここで，γ は減衰定数である．電場で電子は強制振動され，電磁波を放出する．放出される電磁波のエネルギーは入射電磁波の一部である．すなわち，電磁波はほかの方向に散乱される．古典的な取り扱いにより，この散乱断面積は

$$\sigma = \frac{8\pi}{3}\left(\frac{e^2}{4\pi\epsilon_0 m_\mathrm{e}c^2}\right)^2\frac{\omega^4}{(\omega^2-\omega_0^2)^2+\gamma^2\omega^2} \tag{2.80}$$

となる．振動数が高いとき（$\omega \gg \omega_0, \gamma$），電子は自由電子と見なすことができ，トムソン散乱の断面積

$$\sigma_\mathrm{T} = \frac{8\pi}{3}\left(\frac{e^2}{4\pi\epsilon_0 m_\mathrm{e}c^2}\right)^2 \tag{2.81}$$

に一致する．電子が原子に強く束縛されているとき（$\omega_0 \gg \omega, \gamma$），式 (2.80) は

$$\sigma_\mathrm{R} = \sigma_\mathrm{T}\left(\frac{\omega}{\omega_0}\right)^4 \tag{2.82}$$

となり，**レイリー散乱**とよばれ，断面積は ω^4 あるいは λ^{-4} に比例する．ただし，λ は入射電磁波の波長である．レイリー散乱は天体現象のみならず，多くの自然現象を説明する．可視光スペクトルでは，青い光は赤い光より波長が短いため，より多く散乱される．これにより夕日が赤っぽく見えることが説明される．夕日からの光線は大気をより長く通過しなければならないため，青い光がより多く散乱され，赤い光が青い光より多く残ることになる．一方，昼間の空では，空の塵粒子が我々の目に入る光から青い光を散乱するため，青く見える．星の光が星間塵を通過すると，塵粒子が青

い光をより多く散乱するため,やはり赤くなる.しかし,6.1.3 項で論じるように,星の光の星間吸収は λ^{-4} でなく,λ^{-1} に比例するようである.

式 (2.81) に数値を代入すると,トムソン断面積の数値は

$$\sigma_\mathrm{T} = 6.65 \times 10^{-29}\,\mathrm{m}^2 \tag{2.83}$$

となる.単位体積あたり n_e 個の自由電子があるとき,トムソン散乱による「吸収」係数 (2.4.3 項で簡単に触れたように,散乱は本当の吸収ではなく,式 (2.26) を満たす放出係数は存在しないことに注意) は $n_\mathrm{e}\sigma_\mathrm{T}$ である.式 (2.77) により,トムソン散乱による不透明度は

$$\chi_\mathrm{T} = \frac{n_\mathrm{e}}{\rho}\sigma_\mathrm{T} \tag{2.84}$$

で与えられる.十分高温であれば気体は完全に電離し,n_e は密度に比例するので,n_e/ρ は組成のみに依存する.たとえば,完全電離した水素では,m_H を水素原子の質量とすれば $n_\mathrm{e}/\rho = 1/m_\mathrm{H}$ である.したがって,式 (2.83) と (2.84) より,完全電離した水素の不透明度は,温度が高くてほかの要素が無視できるとき,

$$\chi_\mathrm{T} = 3.98 \times 10^{-2}\,\mathrm{m}^2\,\mathrm{kg}^{-1} \tag{2.85}$$

となる.

不透明度の計算では,束縛–自由遷移および自由–自由遷移に,トムソン散乱の寄与を加える (トムソン散乱には誘導放出は関係しない).しかし,大気にトムソン散乱があるときには,トムソン散乱にはキルヒホッフの法則 (2.26) が成り立たないため,輻射輸送の方程式を解くのに注意が必要である.図 2.8 から,星の表面の典型的な温度では,トムソン散乱は不透明度にはほとんど寄与しないことがわかる.したがって,恒星大気の輻射輸送の場合には,トムソン散乱の効果は無視でき,式 (2.26) が正しいとみなしてよい.

読者は演習問題 2.7 を解いて,トムソン散乱が気体を不透明にする感覚をつかんでもらいたい.我々の周囲の空気は,電子がすべて原子に閉じ込められている場合にのみ透明である.原子の中のすべての電子が原子の外に出てきたとすれば,空気は 2, 3 メートルで不透明になる.星の内部を別にすると,トムソン散乱は宇宙初期では重要な役割を果たす.初期宇宙ですべての物質が (高温のために) 電離していたときは,物質は輻射と互いに結び付いており,十分に不透明であった.しかし,温度が宇宙膨張とともに下がると,電子は原子をつくり,中に閉じ込められ,宇宙は突然透明になった.その結果については 11.7 節で述べる.

2.6.2 水素負イオン

太陽表面の温度は約 6000 K である．太陽の表面は十分不透明で，その内側はまったく見ることができない．温度 6000 K で太陽のガスがそんなに不透明なのはなぜだろうか？　この温度では，水素やヘリウム（最も多い原子）は電離せず，最も低いエネルギー準位を占める．高いエネルギー準位に遷移させるためには，数 eV 程度のエネルギーをもつ光子が必要である．6000 K の黒体輻射ではこのようなエネルギーをもつ光子は少ない．したがって，6000 K の物質は輻射を吸収せず，透明であるように考えられる．この太陽表面の不透明さは，ヴィルトが巧妙な考えで説明し (Wildt, 1939)，後にチャンドラセカールとブリーンが詳細な計算によって確認するまで (Chandrasekhar and Breen, 1946)，天体物理学者を悩ませた問題であった．水素原子中の電子は原子核のクーロン力を完全に遮蔽できないため，水素原子は別の電子を引き付けて弱く結合した負イオン H^- になることができる．水素負イオンの結合エネルギーはわずか 0.75 eV で，電離エネルギー 13.6 eV よりずっと小さい．そのため，6000 K の黒体輻射でもこの緩く結合した電子をはじき出して，この過程で吸収されうる．太陽表面には十分な数の水素負イオンがあり，これが太陽表面を不透明にしている．

2.7　スペクトル線の解析

2.4.3 項で，スペクトル線がどう形成されるかについて定性的に論じた．しかし，天文学者が天体の組成を決定するためスペクトル線を解析するには，定量的な理論が必要である．星の大気のスペクトル線の定量的理論は，星の外層におけるスペクトル線の吸収と放出の双方を考慮しなければならないため，困難を伴う．問題を簡単にするには，輻射が媒質を通過するとき，スペクトル線を吸収するが放出しない，とすればよい．この話題の考え方を紹介するため，ここでは，この簡単な問題の解析について論じることにする．この簡単な問題でもかなり実用的に用いることができる．たとえば，星からの可視光が星間物質を通過することを考えよう．星間物質は 100 K 程度のかなり低温の気体からできており（6.6 節参照），この気体はある振動数で星の光を吸収するかもしれないが，可視光領域の放射は無視できる．この気体は低温であるため，星の大気で生み出される典型的なスペクトル線よりずっと幅の狭いスペクトル線を生じる．星のスペクトル線の幅が極端に狭いということは，星の大気でなく星間物質でつくられたことを示しているのである．

吸収物質中の $h\nu_0$ だけ異なるエネルギー準位をもつ種の原子の数密度を n とする．この原子は振動数 ν_0 で吸収を起こし，スペクトル線をつくると考えられる．原子の吸

収断面積は通常,

$$\sigma = \frac{e^2}{4\epsilon_0 m_e c} f \tag{2.86}$$

という形に書かれる. この f は**振動子強度**とよばれる. スペクトル線はそれぞれ振動子強度 f で特徴づけられる. f が大きいほどスペクトル線は強くなる. 吸収係数は規格化された形状 $\phi(\Delta\nu)$ をもつとする. ただし, $\Delta\nu$ は線の中心 ν_0 からの振動数のずれで, $\int \phi(\Delta\nu)\,d\nu = 1$ である. すると, 吸収係数は

$$\alpha_\nu = n\sigma\phi(\Delta\nu) = \frac{e^2}{4\epsilon_0 m_e c} n f \phi(\Delta\nu)$$

で与えられ, 式 (2.16) で与えられる吸収物質での光学的深さは

$$\tau_\nu = \frac{e^2}{4\epsilon_0 m_e c} N f \phi(\Delta\nu) \tag{2.87}$$

となる. ここで, $N = \int n\,ds$ は吸収物質中の視線に沿った原子の柱密度である. 6.6節で見るように, 吸収係数の完全な計算には, 誘導放出の効果を差し引かなければならない. 100 K 程度の気体を通過する可視光に対し, 誘導放出は無視できるので (上位の準位にあるものが非常に少ないため), ここでは考慮しない. 媒質中に放射がないと仮定すれば, 比強度は式 (2.17) で与えられる. スペクトル線のすぐ外側の連続成分の比強度 I_c は, 式 (2.17) に現れる $I_\nu(0)$ に等しい. したがって, 式 (2.17) は式 (2.87) の τ_ν を用いて,

$$I_\nu = I_c e^{-\tau_\nu} \tag{2.88}$$

と書くことができる.

$(I_c - I_\nu)/I_c$ は, スペクトル線の内側のある振動数 ν における比強度のくぼみの割合である. スペクトル線の強さは, この割合をスペクトル線にわたって積分することにより見積もることができる. これはスペクトル線の**等価幅**とよばれ,

$$W_\lambda = \int \frac{I_c - I_\nu}{I_c}\,d\lambda \tag{2.89}$$

で定義される. 式 (2.88) を用い, 積分変数を λ から ν に変えると,

$$W_\lambda = \frac{\lambda^2}{c} \int (1 - e^{-\tau_\nu})\,d\nu \tag{2.90}$$

を得る. ただし, λ はスペクトル線の波長で, スペクトル線にわたってあまり変化しないので積分の外に出した.

スペクトル線が弱ければ，$e^{-\tau_\nu} \approx 1 - \tau_\nu$ として問題を簡単にでき，式 (2.90) は

$$W_\lambda = \frac{\lambda^2}{c} \int \tau_\nu \, d\nu$$

となる．式 (2.87) を代入して，$\phi(\Delta\nu)$ は規格化されていることを思い出すと，

$$\frac{W_\lambda}{\lambda} = \frac{e^2}{4\epsilon_0 m_e c} Nf\lambda \tag{2.91}$$

を得る．振動子強度 f がわかっている弱いスペクトル線に対して，等価幅 W_λ が測られたならば，式 (2.91) を用いて，スペクトル線をつくる原子の柱密度 N を求めることができる．

吸収する媒質にある原子が異なる振動子強度 f をもついくつかのスペクトル線をつくっているとしよう．式 (2.91) より，W_λ/λ は弱いスペクトル線に対し $Nf\lambda$ に比例

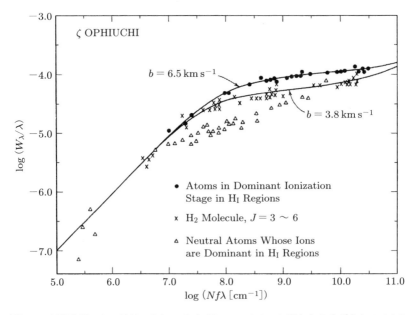

図 2.9 　星間物質による吸収により ζ Oph 星のスペクトルに現れたさまざまなスペクトル線の等価幅を，$Nf\lambda$ の関数として示したプロット．水素原子と水素分子に対する成長曲線も示されている．● は H_I 領域の電離が卓越する段階にある電子，× は H_2 分子 ($J = 3 \sim 6$)，△ は H_I 領域のイオンが卓越する中性原子である．
[出典：Spitzer and Jenkins (1975)[†]]

[†] Spitzer, L. and Jenkins, E. B., *Annual Reviews of Astronomy and Astrophysics*, **13**, 133, 1975. Reproduced with permission, © Annual Reviews Inc.

する．スペクトル線が弱くなくても，すべてのスペクトル線に対し，W_λ/λ を $Nf\lambda$ の関数としてプロットすることができる．図 2.9 はそのようなプロットである．データ点を通る曲線は**成長曲線**とよばれる．成長曲線の左側は，$Nf\lambda$ に比例して増加するとした弱いスペクトル線に対応して，線形に増加している領域である．強いスペクトル線に対しては，曲線は飽和して水平なプラトーに達している．この飽和の理由は，式 (2.89) に現れるくぼみの割合 $(I_c - I_\nu)/I_c$ が，どんなに強いスペクトル線に対しても 1 を超えないことにある．さらに強いスペクトル線に対しては，両翼（スペクトル線のコアの両側）で吸収があるため，成長曲線は再び増加する傾向がある．

2.8　太陽内部での光子の拡散

輻射と物質の相互作用の議論の最後に，特異な例を考えよう．太陽の中心におけるエネルギー生成が，何らかの理由で突然，増大または減少したとしよう．その結果，いずれ太陽の表面は明るくなったり暗くなったりする．この中心の突然の変動が表面に現れるまでどのくらいの時間がかかるだろうか？

太陽の中心でつくられた光子は，近傍の原子と相互作用する．光子を吸収した原子は光子を放出して脱励起する．この過程において，光子は太陽の中心から表面に向けて拡散する．原子による光子の吸収と再放出は単純ではない．原子はある時間励起状態にあり，脱励起するときにはまったく元の状態に戻るわけではない．その結果，放出された光子は吸収された光子と異なる振動数をもつことがある．中心で 10^7 K 程度の温度にあった最初の光子は典型的には X 線光子であり，表面に達した光子はほぼ可視光であるから，このようなことが起こっているはずである．光子は星の物質中を酔歩 (random walk) して原子に出会うと進む方向を変える，という単純化した仮定のもとに，およその拡散時間を見積もってみよう．

まず，光子が原子と遭遇する平均自由行程を見積もろう．2.3.2 項で指摘したように，平均自由行程は吸収係数の逆数であり，すなわち $\alpha_R^{-1} = (\rho\chi)^{-1}$ である．この平均自由行程は半径の関数であるが，簡単のため近似的な平均値を用いよう．図 2.8 より，太陽内部で用いる χ として適当な値は 10^{-1} m^2 kg^{-1} である．平均密度として 10^3 kg m^{-3} をとると，平均自由行程はおよそ 1 cm となる．

光子は中心から表面まで拡散するのに，平均して N 回のステップがあるとしよう．これらのステップにおける変位を $\ell_1, \ell_2, \ldots, \ell_N$ とすれば，全変位は

$$L = \ell_1 + \ell_2 + \cdots + \ell_N$$

となる．両辺の 2 乗平均をとると，交差項は異なる光子について平均をとるため明ら

かにゼロになるから,

$$\langle L^2 \rangle = \langle \ell_1^2 \rangle + \langle \ell_2^2 \rangle + \cdots + \langle \ell_N^2 \rangle \tag{2.92}$$

を得る. 簡単のためすべてのステップは等しいと仮定すると, 式 (2.92) は

$$\langle L^2 \rangle = N \langle \ell^2 \rangle$$

となる. $\ell = 1\,\mathrm{cm}$ とし, L を太陽の半径に等しいとすると, N は 10^{22} 程度となる. ステップの大きさが $1\,\mathrm{cm}$ なので, 光子は中心から表面まで平均的に $10^{20}\,\mathrm{m}$ を走ることになる. これを光速で割ると, 拡散時間は 10^4 年程度となる. 詳しい計算によれば, 太陽内部の光子の拡散時間はこの数倍である.

太陽中心のエネルギー生成率が突然変化したならば, その情報が表面に到達するまでに数万年かかる. 我々が今日受け取る太陽光は, 我々の祖先がマンモスや剣歯虎と戦っていた頃, 太陽の中心の核反応でつくられたのである.

演習問題 2

2.1 黒体輻射のスペクトルがプランクの式で表されるとき, 以下を示せ.
 (a) 温度 T の黒体輻射の全エネルギーが

$$U = a_\mathrm{B} T^4$$

で与えられることを示せ. ただし,

$$a_\mathrm{B} = \frac{8\pi k_\mathrm{B}^4}{c^3 h^3} \int_0^\infty \frac{x^3\,\mathrm{d}x}{\mathrm{e}^x - 1}$$

である (この積分は厳密に評価でき, $\pi^4/15$ に等しい).
 (b) 黒体の表面から単位時間・単位面積あたりに放射される全エネルギーが σT^4 で与えられることを示せ. ただし,

$$\sigma = \frac{c a_\mathrm{B}}{4}$$

である.
 (c) エネルギー密度 U_ν が最大となる振動数 ν_max が

$$\frac{\nu_\mathrm{max}}{T} = 5.88 \times 10^{10}\,\mathrm{Hz\,K^{-1}}$$

で与えられることを示せ.

2.2 前面に直径 d の小さな穴があり,そこから L 離れた位置に「フィルム面」があるような「ピンホールカメラ」を考える（図 2.10）.フィルム面のフラックス F_ν が入射光の比強度 $I_\nu(\theta,\phi)$ と

$$F_\nu = \frac{\pi \cos^4\theta}{4f^2} I_\nu(\theta,\phi)$$

の関係にあることを示せ.ただし,$F = L/d$ は焦点比である.

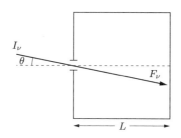

図 2.10 ピンホールカメラ

2.3 標準状態の地球大気と同じ密度($\rho = 1.29 \text{ kg m}^{-3}$)をもつ水素ガスを考えよう.水素の電離ポテンシャル χ を 13.6 eV として,理想気体に対するサハの式 (2.29) を用いてさまざまな温度 T に対する電離度 x を計算し,x–T 図（横軸には $\log_{10} T$ をとるとよい）をプロットせよ.

2.4 エディントン近似に従う平面平行灰色大気内の,任意の光学的深さ τ における比強度 $I(\tau, \mu > 0)$ の表式を求めよ.大気を通過するエネルギー・フラックス F は一定としてよい.[**ヒント**：テキストでは $I(0, \mu > 0)$ についてのみ求めた.このあたりの議論を参考にせよ.]

2.5 観測者から遠く離れた,内部の温度 T が一様な半径 R の球状ガス雲を考えよう.
 (a) ガス雲が光学的に薄いと仮定すると,ガス雲の明るさは雲の中心からの距離 b とともにどう変化するか.
 (b) ガス雲表面の実効温度を求めよ.
 (c) もしガス雲が光学的に厚いならば,(a), (b) の答えはどう変化するか.

2.6 エディントン近似を仮定して,灰色大気から現れる輻射のスペクトルを計算するにはどうしたらよいか.数値計算の得意な読者は,$I_\nu(0,1)$ を ν の関数として求めるプログラムを書き,プロットせよ.
 また,図 2.11 において,G が灰色大気からのスペクトルで,R が実際の大気からのスペクトルであるとしよう.このとき,α_ν の振動数による変化について何がいえるか.

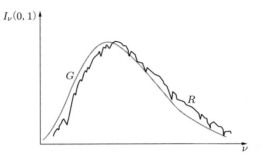

図 2.11 灰色大気と実際の大気からのスペクトル

2.7 標準状態の地球大気と同じ密度をもつ完全に電離した水素ガスを考えよう．光のビームがこの気体を通過する際に，自由電子によるトムソン散乱で減衰することを考え，ビームの強度が元の半分になるまでに，気体中を通過する距離を求めよ．（この問題から，11.7 節で論じる物質 – 輻射の脱結合が，なぜ自由電子の数が原子の生成により減少した後に起こったのか，について考え方がわかる．）

3章
恒星天体物理学 I：基本的な考え方と観測データ

3.1 はじめに

　2.4 節のはじめに，星の内部という問題の見通しを述べた．観測データ（後に詳しく述べる）から，星に関連するさまざまな量は互いに関係があるように見える．たとえば，重い星ほど光度が大きく，表面温度も高い．このような観測的な関係を理論的に説明するために，星の内部に関係する方程式を立てて解くことにより，星の構造のモデルをつくらなければならない．

　1920–1940 年頃はこの分野の黄金時代であり，理論的発展により，星に関係する多くの観測データに的確な説明が付けられた．それ以来，星の内部あるいは星の構造の問題は，近代天体物理学の基盤となり，計算機能力の進展とともに，より詳細なモデルがつくられることになった．理論と観測が緊密に結合して，壮大な建築物がつくり上げられたのである．このような問題を紹介するとき，教師あるいは書き手が最初に突き当たる疑問は，純粋に教育的観点からは，観測データの議論から始めるべきか，それとも基本的な理論的考え方から始めるべきか，というものである．

　中心部で何らかの機構でエネルギーが生成されれば，星のような天体があるはずだということは，簡単な理論的考察から示せる．この予想には，エネルギー生成機構の詳細を知る必要はない．理論的な星の構造学をつくり上げるのに主導的な役割を果たしたエディントンは，雲に覆われた惑星にいて，星を見たことはないが自分の計算を基に星について理論的予想を行う物理学者を仮想した (Eddington, 1926, p.16)．その物理学者は，ある日雲が晴れたときには，彼の予想したとおり星を見ることとなる，と述べた．重要な観測データは理論的説明より先に発見され，理論を発展させる動機となっていたのであるが，ここでは，エディントンの雲に覆われた惑星に住む物理学者のように考えていこう．まず，基本的な理論的考え方を論じる．それから観測について紹介し，理論的結果が観測で確かめられることを見る．観測データのいくつかは非常に単純な理論的考察で説明できるが，より完全な描像を得るには理論を深く掘り下げる必要がある．この章の後半で観測データについて習熟した後，つぎの章で再び

理論的に深い問題を取り扱う．

3.2 星の構造の基本方程式

　ここでは，星の構造の基本方程式を球対称を仮定して構築する．星は十分早く回転していれば，回転軸方向に扁平になっている．また，星が強い磁場をもっていれば，球対称からずれる別の理由となる．星の構造の最初の取り扱いでは，このような複雑性は無視する．我々の太陽では，球対称は十分よい近似になっており，回転による太陽の扁平度は無視できる．太陽コロナは磁場のために大きく非対称になっているが，磁場は太陽の表面より下では球対称からのずれを引き起こすほど強くはない．

3.2.1 星の静水圧平衡

　星の半径 r 以内の質量を M_r とする．半径 $r + dr$ 以内の質量は $M_r + dM_r$ であるから，dM_r は半径 r と $r + dr$ の間の球殻の質量を意味する．半径 r における密度を ρ とすると，この球殻の質量は $\rho \times 4\pi r^2 dr$ である．すなわち，

$$dM_r = 4\pi r^2 \rho \, dr$$

であり，したがって，

$$\frac{dM_r}{dr} = 4\pi r^2 \rho \tag{3.1}$$

を得る．これが星の構造の最初の方程式（質量保存の式）である．

　r と $r + dr$ の間にある球殻の一部を考える．この微小部分の面積を dA とする．r および $r + dr$ における圧力をそれぞれ P，$P + dP$ とすると，内側と外側の表面にかかる圧力により受ける力は，$P \, dA$ と $-(P + dP) \, dA$ である．したがって，圧力から生じる正味の力は $-dP \, dA$ で，これは平衡にあるならば重力とつり合うはずである．r における重力は，その内側の質量 M_r で生じるから，$-GM_r/r^2$ である．微小部分の質量は $\rho \, dr \, dA$ であるから，つり合いの式は

$$-dP \, dA - \frac{GM_r}{r^2} \rho \, dr \, dA = 0$$

すなわち

$$\frac{dP}{dr} = -\frac{GM_r}{r^2} \rho \tag{3.2}$$

となる．これが星の構造の2番目の方程式（運動量保存の式）である．

式 (3.1) と (3.2) には，座標 r で変化する三つの量 (M_r, ρ, P) が含まれる．三つの変数を含む方程式を解くには，二つの式だけでは足りない．5 章で，白色矮星や中性子星のような，内部の圧力が密度のみの関数になるような高密度の星が存在することを見る．そのような場合，独立な変数の数は三つではなく二つになり，上記の式 (3.1) と (3.2) で星の構造を解くことができる．しかし，通常の星では物質は理想気体のようにふるまうので，圧力は密度と温度の関数になり，$P \propto \rho T$ のような関係（状態方程式）がある．そのため，温度とエネルギー生成を表す式が必要になる．これら追加の式は 3.2.3 項で導かれる．

● 太陽中心の圧力と温度

静水圧平衡の式 (3.2) では星の内部のことはわからないが，星の内部の条件に関して重要な手がかりを提供してくれることを示しておこう．天体物理学的宇宙では，その大きさをあらかじめ推測することができない量を扱うことがよくある．たとえば，太陽の中心の温度 T_c や圧力 P_c はどうなっているだろうか？　日常生活からはこれらの量の値について見当もつかない．そこで，係数 10 以内で正しい大きさの推定ができることが，最初のステップとして重要である．ここでは，式 (3.2) から P_c と T_c についておおよその見積もりができることを示す．本書では，方程式を厳密に解くことなしに，このような大きさの程度の見積もりを繰り返し行うことになる．星に関係する大きさの見積もりにおいて，表 1.1 に与えた太陽の質量 $M_\odot$ の値に加えて，太陽の光度 $L_\odot$ と半径 $R_\odot$ のおよその値として，

$$L_\odot \approx 4 \times 10^{26} \, \text{W} \tag{3.3}$$

$$R_\odot \approx 7 \times 10^8 \, \text{m} \tag{3.4}$$

を用いる．正確な値は付録 A に与えている．

大きさの見積もりのため，微分 dP/dr を $-P_c/R_\odot$ で置き換える．式 (3.2) の右辺のほかの値も平均値を用いる．M_r, r の平均値を $M_\odot/2, R_\odot/2$ とすれば，式 (3.2) は近似的に

$$\frac{P_c}{R_\odot} \approx \frac{G(M_\odot/2)}{(R_\odot/2)^2} \left(\frac{M_\odot}{4\pi R_\odot^3/3} \right)$$

と置き換えられる．$M_\odot$ と $R_\odot$ に数値を入れると（$G = 6.67 \times 10^{-11} \, \text{kg}^{-1} \text{m}^3 \text{s}^{-2}$）

$$P_c \approx 6 \times 10^{14} \, \text{N m}^{-2} \tag{3.5}$$

がわかる．太陽内部の気体が理想気体のようにふるまうとすると，気体粒子の数密度

を n として，状態方程式 $P = nk_B T$ を用いることができる．気体は水素が大部分とすると，原子の数密度は ρ/m_H である．太陽内部では水素は完全に電離しているので，2種類の粒子（陽子と電子）があるから，$n = 2\rho/m_H$ となり，

$$P = \frac{2k_B}{m_H}\rho T$$

を得る．中心の密度は平均の2倍だとすれば，

$$P_c = \frac{4k_B}{m_H}\left(\frac{M_\odot}{4\pi R_\odot^3/3}\right)T_c$$

である．前に求めた P_c の値と数値を入れると，

$$T_c \approx 10^7 \,\text{K} \tag{3.6}$$

を得る．

こうして太陽の中心の圧力と温度を簡単に見積もることができた．これらの値は，星の構造の方程式を詳細に解くことによって得られた値とおおよそ一致する．この例は大きさの程度の見積もりの威力を示すものであり，このような見積もりは天体物理学を調べるうえでお決まりの道具になる．

3.2.2 ヴィリアル定理

太陽など通常の星では，内向きの重力が高温の内部の圧力とつり合っている．すなわち，重力エネルギーは内部の熱エネルギーとつり合っている．これは静水圧平衡の式 (3.2) から導くことができる．両辺に $4\pi r^3$ を掛けて星の中心から R まで積分すると，

$$\int_0^R \frac{dP}{dr}4\pi r^3\,dr = \int_0^R \left(-\frac{GM_r}{r^2}\rho\right)4\pi r^3\,dr$$

となる．左辺を部分積分すると，

$$-\int_0^R 3P \times 4\pi r^2\,dr = \int_0^R \left(-\frac{GM_r}{r}\right)4\pi r^2 \rho\,dr \tag{3.7}$$

となる．この右辺は星の全重力エネルギー E_G である．

$$E_G = \int_0^R \left(-\frac{GM_r}{r}\right)4\pi\rho r^2\,dr \tag{3.8}$$

粒子の熱運動の平均エネルギーは1粒子あたり $(3/2)k_B T$ なので，単位体積あたり $(3/2)nk_B T$ であり，星の全熱的エネルギーは

$$E_{\mathrm{T}} = \int_0^R \frac{3}{2} n k_{\mathrm{B}} T \times 4\pi r^2 \, \mathrm{d}r = \int_0^R \frac{3}{2} P \times 4\pi r^2 \, \mathrm{d}r \tag{3.9}$$

である．式 (3.8), (3.9) から，式 (3.7) は

$$2E_{\mathrm{T}} + E_{\mathrm{G}} = 0 \tag{3.10}$$

となる．これが名高い**ヴィリアル定理**である†．

式 (3.7) から E_{G} は負の量なので，式 (3.10) から，

$$E_{\mathrm{T}} = -\frac{1}{2} E_{\mathrm{G}} = \frac{1}{2} |E_{\mathrm{G}}| \tag{3.11}$$

を得る．よって，熱と重力のエネルギーの和である全エネルギー

$$E = E_{\mathrm{G}} + E_{\mathrm{T}} = \frac{1}{2} E_{\mathrm{G}} = -\frac{1}{2} |E_{\mathrm{G}}| \tag{3.12}$$

も負である．E が負になることを理解するのは難しくない．大きく広がっていた物質が重力で収縮して星が創られるとしよう．星の収縮につれて温度が上昇し，エネルギーを輻射で放出するために，全エネルギーは負になるのである．

通常の星は，内部の核融合反応で生成されるエネルギーで輝いていることがわかっている（詳細は次章で論じる）．つまり，熱と重力のエネルギー以外に，星には別の形のエネルギー，すなわち原子核エネルギーが蓄えられている．星の研究の初期の時代には，このエネルギーは知られておらず，式 (3.12) で与えられる E が全エネルギーであると考えられていた．ヘルムホルツとケルヴィンが星のエネルギー源について最初に疑問を呈したとき (Helmholtz, 1854; Kelvin, 1861)，熱と重力のエネルギーだけが考慮に入れるべきだと信じられていた．その場合，星は徐々に収縮して，その過程で解放される重力ポテンシャルエネルギーの一部は放射される．星はゆっくり収縮するため，ほぼ静水圧平衡にあると考えられるので，ヴィリアル定理 (3.10) は常に近似的に成り立つ．星が収縮するにつれ，より強く重力的に束縛されて $|E_{\mathrm{G}}|$ が大きくなり，式 (3.11) から E_{T} も増大し，星の温度は上がる．星の収縮過程で失われた重力ポテンシャルエネルギーは，別の形のエネルギーに変換されなければならない．式 (3.11) から解放された重力エネルギーのちょうど半分が熱エネルギーに変換される．全エネルギー E は式 (3.12) で与えられるから，ほかの半分は系から出ていくはずである．こうして見事な結論に達する．核エネルギーのようなものがなければ，すべての星はゆっくり収縮するはずである．収縮過程で解放された重力ポテンシャルエネルギーの半分は熱エネルギーに変換され，ほかの半分はおそらく放射の形で系から出て

---

† 訳注：「ヴィリアル」はクラウジウスが導入した量で，「力」×「位置」の和のこと (Rudolf Clausius, 1870).

いく．こうしてヘルムホルツとケルヴィンは星が輝いていると考えた．

　この理論に基づいて星の寿命を計算してみると，この理論が正しくないことはすぐわかる．この理論によれば，太陽はこれまでに $(1/2)|E_G|$ に等しい量のエネルギーを輻射として放出したことになる．太陽がずっと現在の光度 $L_\odot$ で光り続けてきたとすると，太陽の年齢は

$$\tau_{\rm KH} \approx \frac{|E_G|/2}{L_\odot} \tag{3.13}$$

となる．$|E_G|$ のおおよその値は，式 (3.8) から容易に求められる．M_r と r を平均値で置き換えると，

$$|E_G| \approx \frac{G(M_\odot/2)}{R_\odot/2} \times M_\odot \approx 4 \times 10^{41}\,{\rm J} \tag{3.14}$$

となる．これを式 (3.13) に代入すれば，ケルヴィン–ヘルムホルツ時間スケール $\tau_{\rm KH}$ として，

$$\tau_{\rm KH} \approx 10^7\,{\rm yr}$$

が得られる．しかし，ヘルムホルツとケルヴィンの時代でさえ，地球はこれよりずっと古いという地質学的証拠が十分存在した．すなわち，太陽の年齢はそんなに短いはずがないのである．

3.2.3　星の内部の輻射輸送

　星の中心部で発生したエネルギーが外向きに運ばれる過程を考える．半径 r の球面を通過して外向きに流れる単位時間あたりのエネルギーフラックスを L_r とする．L_r は星の表面 $r = R$ で L に一致するものとする．半径 $r + {\rm d}r$ でエネルギーフラックスが $L_r + {\rm d}L_r$ であるとすれば，${\rm d}L_r$ は球殻 $(r, r + {\rm d}r)$ で追加されたエネルギーフラックスである．（熱核融合などにより）単位質量・単位時間あたり発生するエネルギーを ε とすると，

$$ {\rm d}L_r = 4\pi r^2 {\rm d}r \times \rho\varepsilon$$

すなわち

$$\frac{{\rm d}L_r}{{\rm d}r} = 4\pi r^2 \rho\varepsilon \tag{3.15}$$

を得る．式 (3.1) と (3.2) に加えて，これが星の構造の 3 番目の方程式（エネルギー

保存の式）である．

　エネルギーフラックスは星内部の温度勾配により駆動される．そのための方程式も必要である．熱の輸送には伝導・対流・輻射の三つのモードがあるが，伝導は，白色矮星などコンパクトな星を除き，通常の星では重要でないことがわかっている．対流の可能性は次項で論じる．ここでは，熱が外向きに輻射で輸送される星の内部の領域を考える．すでに，輻射輸送による単位面積あたりのエネルギーフラックスの表式として式 (2.78) を導いた．z を r に置き換えると，半径 r の球面を通過するエネルギーフラックス L_r は

$$L_r = 4\pi r^2 F = -4\pi r^2 \frac{c}{\chi\rho} \frac{d}{dr}\left(\frac{a_B}{3}T^4\right)$$

であり，すなわち

$$\frac{dT}{dr} = -\frac{3}{4a_B c}\frac{\chi\rho}{T^3}\frac{L_r}{4\pi r^2} \tag{3.16}$$

を得る．これが，熱が外向きに輻射で輸送される場合の，星の構造の 4 番目の方程式（エネルギー輸送の式）である．式 (3.16) は，熱が対流で輸送される場合は，別の式で置き換える必要がある．次項でその別の式を導く．

　星の構造の最初の三つの方程式，すなわち式 (3.1)，(3.2) および (3.15) は，かなり単純な議論から導いたことに注意しておく．エディントン (Eddington, 1916) によって導かれた式 (3.16) だけは簡単ではない．読者は，エディントンによって与えられた式 (3.16) の異なる導出 (Eddington, 1926, §71) を見ておくとよい．

3.2.4 星の内部の対流

　輻射輸送では物質は動かないが，対流では気体の上昇下降が伴う．気体の熱い塊は上昇し，冷たい塊は下降するので，熱を輸送する．これがどのような環境で起こるかを調べよう．

　星の内部で静水圧平衡にある理想気体を考える．図 3.1 のように，気体の塊が垂直方向に移動する．最初，塊は周囲と同じ密度 ρ と圧力 P をもっているが，移動後の位置で外部大気は密度 ρ' と圧力 P' になっている．圧力のつり合いの崩れは音波ですぐに埋め合わされるが，熱の輸送はもっとゆっくりである．したがって，塊は**断熱的に**移動して，移動後の位置で周囲と同じ圧力 P' になっていると考えてよい．移動後の位置での密度を ρ^* としよう．$\rho^* < \rho'$ であれば，移動した塊は初期の位置から上昇を続け，系は不安定になり対流が発生する．一方，$\rho^* > \rho'$ であれば，塊は初期の位置に戻ろうとし，系は安定で対流は起こらない．すなわち，対流は系の不安定性による．対

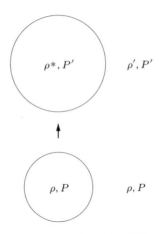

図 3.1 大気の層を上昇する気体の塊

流不安定性の条件を調べるには、ρ^* と周囲の密度 ρ' との大小関係を知る必要がある.

気体の塊は断熱的に移動するという仮定より、γ を比熱比として、

$$\rho^* = \rho \left(\frac{P'}{P}\right)^{1/\gamma} \tag{3.17}$$

である. 大気の圧力勾配を dP/dr とすれば、

$$P' = P + \frac{dP}{dr}\Delta r$$

と書けるので、Δr の 1 次で展開すると、

$$\rho^* = \rho + \frac{\rho}{\gamma P}\frac{dP}{dr}\Delta r \tag{3.18}$$

を得る. 一方、

$$\rho' = \rho + \frac{d\rho}{dr}\Delta r$$

と書けるので、状態方程式 $\rho = P/RT$ を用いて、

$$\rho' = \rho + \frac{\rho}{P}\frac{dP}{dr}\Delta r - \frac{\rho}{T}\frac{dT}{dr}\Delta r \tag{3.19}$$

を得る. 式 (3.18) と (3.19) より、

$$\rho^* - \rho' = \left[-\left(1 - \frac{1}{\gamma}\right)\frac{\rho}{P}\frac{dP}{dr} + \frac{\rho}{T}\frac{dT}{dr}\right]\Delta r \tag{3.20}$$

を得る. dT/dr も dP/dr も負であることを考えると、大気は

$$\left|\frac{dT}{dr}\right| < \left(1 - \frac{1}{\gamma}\right)\frac{T}{P}\left|\frac{dP}{dr}\right| \tag{3.21}$$

が満たされれば安定であるといえる．これが**シュヴァルツシルトの安定性条件**である (Schwarzschild, 1906). つまり，大気の温度勾配が臨界値 $(1-1/\gamma)(T/P)|dP/dr|$ より急であれば，対流が発生する．

対流は非常に効率的なエネルギー輸送機構であり，温度勾配が臨界値よりわずかに急であれば，エネルギーフラックスを輸送するのに十分である．すなわち，対流圏では

$$\frac{dT}{dr} = \left(1 - \frac{1}{\gamma}\right)\frac{T}{P}\frac{dP}{dr} \tag{3.22}$$

として構わない．これが，対流がある場合の，星の構造の4番目の方程式になる．より詳細な計算には，ビアマンとヴィテンゼにより開発された**混合距離理論**を用いる必要がある (Biermann 1948, Vitense 1953). これは恒星の構造についての標準的な教科書に記されている（たとえば，Kippenhahn and Weigert (1990, §7)). 上昇する熱い塊と下降する冷たい塊が混合距離とよばれる距離を垂直方向に進むと，塊は同一性を失い，その熱は周囲と混じり合うと考える．混合距離として適切な値を仮定することによって，必要な熱フラックスを輸送させる実際の温度勾配と臨界勾配の小さな差を計算することができる．本書では，混合理論の詳細に立ち入らない．

星のモデルを構築するには，以下の手順に従う．まず，対流は存在せず，熱の輸送は式 (3.16) で記述される輻射輸送のみと仮定する．この仮定を基に温度分布を計算した後，つぎのステップとして，こうして得られた温度勾配がシュヴァルツシルトの安定性条件 (3.21) を満たすかどうか調べる．もし満たされるならば，熱フラックスは実際に輻射輸送で運ばれることになるので，温度勾配は式 (3.16) で与えられる．ある領域で安定性条件 (3.21) が満たされないならば，その領域の熱フラックスはおもに対流で運ばれるので，式 (3.16) の代わりに式 (3.22) を用いて計算を繰り返す必要がある．

3.3 星のモデルの構築

星のモデルの構築に必要な基本方程式が揃った．以下で，モデルの構築がどうなされるのかを見ていこう．

まず，不透明度と核エネルギー生成率は星の化学組成に依存するため，星の化学組成を特定しなければならない．化学組成は星をつくる物質中の元素の質量比 X_i として指定する．つぎに，状態方程式 $P(\rho, T, X_i)$，不透明度 $\chi(\rho, T, X_i)$，熱核融合エネルギー生成率 $\varepsilon(\rho, T, X_i)$ を密度，温度および化学組成の関数として用意する．不透明

度の計算については2.6節で述べた．星の構造のモデルを論じる前に，状態方程式について注意をしておく．

太陽の中心は水の100倍の密度があるが，非常に高温なので，原子間のポテンシャルエネルギーが典型的な粒子の運動エネルギーに比べ無視できて，原子が結合して固体や液体になる機会がないため，理想気体としてふるまう．気体が完全に電離しているならば，状態方程式はとくに簡単になる．水素の質量比をX，ヘリウムの質量比をY，それ以上の重元素（天体物理学では「金属」と称することもある）の質量比をZと書く．単位体積あたりの水素原子の数は$X\rho/m_\mathrm{H}$である．水素原子は粒子2個（電子1個と原子核である陽子1個）からできているので，完全電離水素では単位体積あたり$2X\rho/m_\mathrm{H}$の粒子がある．ヘリウムの数密度は$Y\rho/4m_\mathrm{H}$で，粒子密度は$3Y\rho/4m_\mathrm{H}$である．質量数Aの重い原子はおよそ$A/2$個の粒子に数えられるので，粒子密度は$Z\rho/2m_\mathrm{H}$である．したがって，単位体積あたりの粒子密度は

$$n = \left(2X + \frac{3}{4}Y + \frac{1}{2}Z\right)\frac{\rho}{m_\mathrm{H}}$$

となり，気体の圧力は

$$P = \frac{k_\mathrm{B}}{\mu m_\mathrm{H}}\rho T \tag{3.23}$$

で与えられる．ただし，**平均分子量**（粒子1個あたりの質量をm_Hを単位として表したもの）

$$\mu = \left(2X + \frac{3}{4}Y + \frac{1}{2}Z\right)^{-1} \tag{3.24}$$

を用いた．星の性質を定性的に理解するうえでは，式(3.23)で十分であることを後に見る．しかし，正確な星のモデルのためには，とくに星の外層では部分的電離を考慮する必要があり，また重い星では輻射圧が重要になる．最後に，密度が非常に大きい場合は，電子気体は古典的なマクスウェル分布ではなく，フェルミ－ディラック分布に従い**縮退**する．その結果，**縮退圧**が生じるが，これについては5.2節で詳細に論じる．この圧力は，熱核融合の燃料が尽きた星では重力とつり合うため重要な役割を果たす．その状態方程式については5.2節で論じる．

以下に，星の構造の基本式をもう一度まとめて書いておく．

$$\frac{\mathrm{d}M_r}{\mathrm{d}r} = 4\pi r^2 \rho \tag{3.25}$$

$$\frac{\mathrm{d}P}{\mathrm{d}r} = -\frac{GM_r}{r^2}\rho \tag{3.26}$$

$$\frac{\mathrm{d}L_r}{\mathrm{d}r} = 4\pi r^2 \rho \varepsilon \tag{3.27}$$

$$\left.\begin{aligned}\frac{\mathrm{d}T}{\mathrm{d}r} &= -\frac{3}{4a_\mathrm{B}c}\frac{\chi\rho}{T^3}\frac{L_r}{4\pi r^2} \\ \frac{\mathrm{d}T}{\mathrm{d}r} &= \left(1-\frac{1}{\gamma}\right)\frac{T}{P}\frac{\mathrm{d}P}{\mathrm{d}r}\end{aligned}\right\} \tag{3.28}$$

式 (3.28) のどちらを使うべきかは前節で述べた．典型的な星では，ある範囲の半径で対流が発生し，ほかの範囲では輻射で輸送が起こる．そこで，同じ星のモデルに対し，ある領域では式 (3.28) の一方を，別の領域では他方を用いる必要がある．状態方程式 $P(\rho,T,X_i)$, 不透明度 $\chi(\rho,T,X_i)$, 熱核融合エネルギー生成率 $\varepsilon(\rho,T,X_i)$ が与えられたとき，上記の基本方程式には，r の四つの関数 ρ, T, M_r, L_r が関係する．基本式も四つである．星の中心における境界条件は

$$M_r = 0 \quad (r=0) \tag{3.29}$$

$$L_r = 0 \quad (r=0) \tag{3.30}$$

である．$r=R$ では，ρ も T も内部での値に比べ小さいので，最も簡単な境界条件は

$$\rho = 0 \quad (r=R) \tag{3.31}$$

$$T = 0 \quad (r=R) \tag{3.32}$$

となる．変数四つに方程式が四つ，それぞれの変数に境界条件が一つずつであるから，数学的には明確に定義された問題である．残念ながら，大幅に単純化する仮定をおかない限り，解析的に解くことは困難である．しかし，星の構造の方程式を数値的には解くことは難しくない．

ここでは，数値的方法について詳しく論じるのが目的ではないが，どう実行するか考え方を述べておこう．中心密度 ρ_c の星のモデルをつくるとする．中心温度を T_c とし，境界条件 (3.29) と (3.30) を用いて，式 (3.25)～(3.28) を $r=0$ から積分する．一般に，ρ と T は r の同じ値でゼロになることはないので，式 (3.31) と (3.32) を同時に満たすことはない．中心温度 T_c を変えながら，ρ と T があるに r に対し同時にゼロとなるような ρ_c と T_c の組み合わせが見つかるまで計算過程を繰り返す．その r は星の表面半径 R とみなすことができ，境界条件 (3.31) と (3.32) が満たされる．$r=R$ における M_r と L_r の値が星の質量と光度である．こうして，原理的には中心密度 ρ_c の星の構造を決定することができ，そのような星はある質量とある光度をとる．上記の手続きは星の構造をどう決めるかの考え方になっているが，残念ながら，この簡単な手続きはうまくいかない．式 (3.28) の輻射エネルギー輸送の式は分母に T^3 の因子を含み，T が小さくなる表面付近では大きな値をとるため，数値計算の不安定性を引

き起こす．$r = R$ から積分を始めればよいと思うかもしれないが，今度は，式(3.26)の分母の r^2 の因子のために，中心で数値計算の不安定性を招く．これらの困難を避ける一つの方法は，$r = 0$ と $r = R$ の両右方から数値積分を始め，中間点で滑らかにつなぐことである．この方法は使えるが，あまり効率的ではない．より効率的な数値計算法はヘニエイらによって開発され，**ヘニエイ法**とよばれている (Henyey, Vardya and Bodenheimer, 1965)．これは，星の構造を解くのに広く用いられている標準的な方法となっており，標準的な教科書に記述されている (たとえば，Kippenhahn and Weigert (1990, §11.2))．

● **解の一意性**

簡単のため，ある一様な組成をもつ星を考えよう．この場合，状態方程式と不透明度と核エネルギー生成率はすべて，密度と圧力のみの関数になる．前節の議論から，ある中心密度 ρ_c から始めて，星の構造の解を一意に決めることができると考えられる．その解はある質量 M の星に対応する．そこで，ある質量の星に対して一意な星の構造の解が存在すると一見考えられる．実際，星の研究の初期には，天文学者はある質量，ある化学組成の星の構造は，一意に決まると信じていた．この結果は**フォークト–ラッセル定理**として知られている (Vogt, 1926; Russell, Dugan and Stewart, 1927)．注意深いチャンドラセカールでさえ，彼の本にこの定理の「証明」を与えている (Chandrasekhar, 1939, pp.252–253)．

続く研究により，星の構造の方程式を解くことは複雑な問題であって，解はしばしば一意でないことが示された．いい換えれば，フォークト–ラッセル定理は数学的に正しい結果ではないのである．これがわかる反例を一つ挙げよう．質量 $M_\odot$ の星があるとする．この星は太陽と同様の構造をとることができる．5章で，このような星が別の構造，すなわち白色矮星となりうることを見る．太陽は核燃料が燃え尽きると白色矮星になり，化学組成が変わると考えられるので，これは化学組成の変化の結果と思うかもしれない．しかし，5章では，星の物質が縮退状態にあるときに白色矮星となることを見る．仮定の話として，太陽の物質を縮退状態にして，太陽の組成の白色矮星にすることは原理的には可能である．こうして，質量 $M_\odot$ の星は少なくとも二つの異なる構造をもつことができ，どちらも星の構造の方程式に従っているということがわかる．つまり，フォークト–ラッセル定理は正しくない．

フォークト–ラッセル定理が厳密には数学的に正しくないとしても，実用的には，ある質量 M で標準的な組成をもつ通常の星はほぼ唯一の構造をもつとしてよい．この構造は光度 L と半径 R に対応する．いい換えると，星の構造の方程式を解くことにより，質量 M の星の光度 L と半径 R を求めることができる．星の構造の方程式

(3.25)〜(3.28) を解析的に解くことができるなら，L と R が M とどう関係しているかがわかる．残念ながら，星の構造の方程式を解析的に解くことはできない．大幅に単純化することができたとしたら，解析的に進めて星の諸量の近似的関係を導くことはできる．

3.4 星の諸量の関係

式 (3.25)〜(3.28) から，星を特徴付ける諸量の関係を導いておく．以下の仮定には実際には問題を含むので，出てくる結果には気を付ける必要があるが，詳細な星のモデルと大きくは外れていないことを示すことができる．ここでは，諸量の関係のみを考え，比例定数は無視することにする．ここでの目的は，さまざまな量がどのような依存関係にあるかを調べることにあるので，式に現れる比例定数は無視することにする．以下で用いる方法よりもう少し洗練された方法は，**ホモロガス恒星モデル**とよばれ，さまざまな星の内部の量が同じように変化すると仮定して構築される．ホモロガス恒星モデルを論じた教科書はいくつかあり，とくに優れたものとしてテイラーの本を挙げておく（Taylor (1994, pp.110–117)．Kippenhahn and Weigert (1990, ch.20) も参照）．

静水圧平衡の式 (3.26) の左辺を $-P/R$ で置き換え，P は星の内部の典型的な圧力とする．右辺の M_r/r^2 を M/R^2 で置き換えると，

$$\frac{P}{R} \propto \frac{M}{R^2}\rho$$

となり，$\rho \propto M/R^3$ であるから，

$$P \propto \frac{M^2}{R^4} \tag{3.33}$$

となる．また，状態方程式 $P \propto \rho T$ からは，

$$P \propto \frac{M}{R^3}T \tag{3.34}$$

を得る．上の 2 式が同時に成立するには，

$$T \propto \frac{M}{R} \tag{3.35}$$

でなければならない．すなわち，星の内部温度は M/R に比例する．

同様に輻射輸送の式 (3.28) を取り扱い，星全体で輻射輸送が成立し，星内部の χ があまり変化しないと仮定すると，

$$\frac{T}{R} \propto \frac{M}{R^3 T^3} \frac{L}{R^2}$$

すなわち

$$L \propto \frac{(TR)^4}{M} \tag{3.36}$$

を得る．式 (3.35) から TR は M に比例するので，

$$L \propto M^3 \tag{3.37}$$

となる．これは**質量・光度関係**とよばれ，重い星ほど明るいことを意味している．粗い取り扱いでこの関係が正しいか疑わしく見えるかもしれないが，図 3.2 に示すように，星の構造の式を数値的に計算して得た関係と，上記の式はそう外れていないことがわかる．

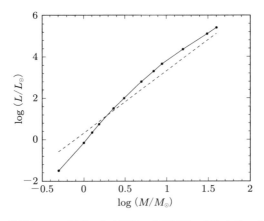

図 3.2 星の詳細なモデル計算による質量・光度関係．破線は $L \propto M^3$ を示す．
　　　［出典：Iben (1965) と Brunish and Truran (1982) の結果をまとめた Hansen and Kawaler (1994, p.43)］

前章で，星の表面は黒体のようにふるまうことを見た．したがって，実効表面温度を $T_{\rm eff}$ とすると，σ をシュテファン–ボルツマン定数として，

$$L = 4\pi R^2 \sigma T_{\rm eff}^4 \tag{3.38}$$

となる．$T_{\rm eff}$ を星の内部の温度 T の目安としてよい（熱い星は内部も熱い）とすると，

$$L \propto R^2 T^4 \tag{3.39}$$

となる．式 (3.37) より $L \propto M^3$，式 (3.35) より $RT \propto M$ であるから，

$$M^3 \propto M^2 T^2$$

すなわち

$$M \propto T^2 \tag{3.40}$$

を得る．結局，式 (3.38) と $T \propto T_{\text{eff}}$ の仮定から，

$$L \propto T_{\text{eff}}^6 \tag{3.41}$$

と書くことができる．こうして，星の光度と実効表面温度という，二つの重要な観測量の関係を得ることができた．たくさんの星を光度と表面温度についてプロットしたものは，**ヘルツシュプルング−ラッセル図 (HR 図)** とよばれている (Hertzsprung, 1911; Russel, 1913). 歴史的理由から，表面温度は左が高温になるよう横軸にとる (観測例は 3.6 節で示す). 図 3.3 は詳細な星のモデルの数値計算から得られた理論的な HR 図で，式 (3.41) の関係も破線で示されている．このよい一致を見ると，粗い取り扱いにもかかわらず，実際とはかけ離れていないことがわかる．この図にはさまざまな質量の星の点もプロットされている．

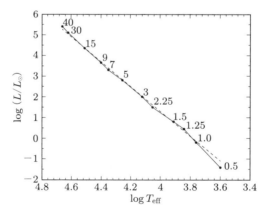

図 3.3 星の詳細なモデル計算による表面温度・光度関係 (HR 図). 破線は $L \propto T_{\text{eff}}^6$ を示す．さまざまな星の質量（太陽質量単位）の点も示す．
［出典：Iben (1965) と Brunish and Truran (1982) の結果をまとめた Hansen and Kawaler (1994, p.40)］

星は燃やせる核燃料がある限り，通常の恒星として輝く．核燃料の量は星の質量に比例し，核燃料の消費率は光度に比例するから，星の寿命 τ は

$$\tau \propto \frac{M}{L} \tag{3.42}$$

と表せる．式 (3.37) を用いれば，

$$\tau \propto M^{-2} \tag{3.43}$$

となる．すなわち，重い星ほど寿命は短い．重い星はより多くの核燃料をもつが，速く消費するため，早く寿命が尽きる．この重い星ほど寿命は短いという重要な結果は，つぎの二つの節で見るように，観測データのさまざまな面を理解する助けになる．

3.5 星の基本的な観測事実

前節で，星に関連するさまざまな量がどう互いに関連しているかについて，理論的な結論を得た．この結論は観測データと整合するだろうか？　この疑問に答える前に，どうやってさまざまな星のパラメータを決定するかについて簡潔に論じる．

3.5.1 星のパラメータの決定

よほど暗い星でない限り，どの星についてもスペクトルをとることが可能である．まず，星のスペクトルから何がわかるか論じよう．星が (i) 近傍にあるか，あるいは (ii) 連星であれば，より多くの情報が得られることを見ていく．

●星のスペクトル：表面温度，組成，星の分類

2.4 節で，星の表面はほぼ黒体輻射のようにふるまい，黒体輻射とのおもな違いはスペクトル線であることを見た．したがって，星のスペクトルを黒体輻射でフィットすれば，星の有効表面温度 T_{eff} を見積もることができる．1.4 節で定義した，星の U, V, B バンドの見かけの等級を測定することは難しくない．$B-V$ は星の色の指数になっていることも 1.4 節で述べた．スペクトルのピークがどこに来るか，すなわち星の色を決めるのは，実効表面温度 T_{eff} である（熱い星は青白く，温度の低い星は赤っぽい）．このように，少なくとも同様な性質をもつ星では，$B-V$ と T_{eff} には一対一の関係があると考えられる．理論的な HR 図を T_{eff} を横軸として前に示したが（図 3.3），観測的には HR 図は直接測定できる量 $B-V$ を横軸にとる．

星の組成はスペクトル線から知ることができる．しかし，これはそう簡単なことではない．水素を例にとって示そう．すべての星はおもに水素からできているので，水素のスペクトル線はすべての星で見られると考えられる．実際は，水素線は中程度の温度の星にのみ見られる．可視光域の水素線は，原子状態が高位 ($n=3,4,\ldots$) から $n=2$ への遷移で生じるバルマー線である．星の表面温度が高すぎると，水素は完全

に電離し，このような原子遷移は起こらない．一方，表面温度が低いと，水素原子はほとんど基底状態 $n=1$ にあり，$n=3,4,\ldots$ の状態にある原子はほとんどない．中程度の表面温度の星でのみ，原子が $n=3,4,\ldots$ の準位にあり，バルマー線を生じる原子遷移が起こる．スペクトル線の強さ自身からは星の大気の組成はわからないことを最初に認識したのはサハであった (Saha, 1921)．同じ組成であっても温度が異なれば，生じるスペクトル線も異なる．サハは有名な熱電離の理論を開発し，異なる表面温度をもつ星のスペクトルがなぜ違って見えるかについて満足のいく説明を与えた (Saha, 1920, 1921)．

1890 年頃，E.C. ピッカリングらハーバード天文台の天文学者グループは，星のスペクトルの分類法を編み出し，それぞれの種類はローマ字で識別されることになった．サハの仕事により，スペクトルの分類は星のさまざまな表面温度に対応する．スペクトルの分類は表面温度の順に O, B, A, F, G, K, M である．天文学を学ぶ学生は，このスペクトル分類を記憶するのに 'Oh be a fine girl kiss me' という覚え方を用いてきた．これらの単語の最初の文字がスペクトル分類になっている．3.4 節で，HR 図は表面温度が左に行くほど上がるように横軸をとってプロットされていることを見た．これは，スペクトル分類が表面温度に対応することが理解される前に，スペクトル分類を横軸にとって HR 図がプロットされたためである．

スペクトル線は組成とともに表面温度に強く依存するので，星のスペクトルを詳しく解析することにより，星の表面物質の組成を決めることが可能である．2.4.3 項でスペクトル線の形成の基本的な考え方を，また，2.7 節で非常に簡単な状況でスペクトル線の解析をどう行うかについて論じた．スペクトル線の詳細な解析は本書の範囲を超えるので，省略する．スペクトル線からは組成以外にも重要な情報が得られる．星の視線方向の速度成分はスペクトル線のドップラーシフトを引き起こすので，このドップラーシフトを測ることにより，星の視線方向の速度を求めることができる．また，星の磁場が強ければ，星のスペクトルのゼーマン効果を検出して，磁場の情報を得ることもできる．

● **近傍の星：距離と光度**

星が数 pc 以内にあれば，視差の測定から星の距離を知ることができる．星の位置の測定に特化したヒッパルコス (Hipparcos) 衛星により，およそ一千個の距離が測定された (Perryman *et al.*, 1995)．

星までの距離がわかると，式 (1.7) を用いていずれの波長バンドでも絶対等級が求められる．V バンドの絶対等級は**絶対実視等級**とよばれ，M_V と書き，星が可視光で放出しているエネルギーの尺度になる．太陽のような星はエネルギーのほとんどを可視

光で放出している．しかし，より表面温度の高い星はおもに紫外線領域でエネルギーを放出しており，より表面温度の低い星は赤外線領域で放出している．したがって，M_V では星の全光度の推定はできない．仮に，すべての波長域で星から受け取るエネルギーを測定できたとして，そこから計算した絶対等級を**絶対輻射等級**とよび，M_{bol} と書く．また，星の表面温度 T_{eff} がわかったとすれば，V バンドで放出されるエネルギーの割合を計算することができる．したがって，M_V の測定から，星の光度に関係する M_{bol} を推測することができる．こうして，近傍の星に対し距離がわかれば，M_V の測定から光度（または M_{bol}）が推定できる．

● **連星：星の質量の決定**

　星の基本的な性質の一つが質量である．星の質量は重力としての引力からのみ推定することができ，重力としての引力はその近傍に天体があるときにのみ観測することができる．幸いなことに，多くの星は連星をなしており，相互に及ぼす効果を観測することにより，双方の質量を決定することができる．強力な望遠鏡により見分けることができる連星もあるが，そうでない場合，連星であることは間接的な証拠から推測される．片方の星が他方よりずっと暗く，ときどき明るい星からの光を隠す場合は，明るさの周期的な変化が観測される．このような連星は**食連星** (eclipsing binary) とよばれる．連星の二つの星は共通重心の周りを動くので，一つの星は我々に向かって動くときと我々から遠ざかる方向に動くときがあり，スペクトル線のドップラーシフトが周期的に変動する．このようなスペクトル線のドップラーシフトの変化が周期的にみられる連星は，**分光連星** (spectroscopic binary) として知られている．

　連星周期と星の速度がわかれば，ニュートンの重力理論を用いて二つの星の質量を計算することは容易である（たとえば，Böhm-Vitense (1989, ch.9)）．星の質量は連星にあるものしかわからないので，質量のわかった星が統計的に偏った例ばかりにならないか心配になるかもしれない．4.5 節で，近接連星は互いに質量を移動し合い，孤立した星とは異なる進化をするのを論じる．しかし，連星の星が十分離れていて，互いの重力が形を大きくゆがめることがなければ，これらの星の性質は孤立した星とほとんど変わらず，星の統計的研究の典型的な例としてよい．

3.5.2　観測データの重要な特性
● **質量–光度関係**

　星が近傍にあって，かつ連星になっていれば，光度と質量の両方が決定できる．これらの星の光度と質量をプロットしたのが図 3.4 である．簡単な理論的考察から，光

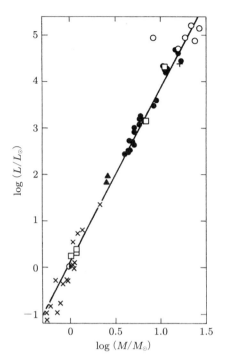

図 3.4 質量と光度の観測的な関係．さまざまな記号は異なる種類の連星を示す（実視連星は×，分光連星は□など）．[Popper (1980) のデータによる Böhm-Vitense (1989a, p.87) より作成]

度が質量の 3 乗に比例するという式 (3.37) を得た．データを直線でかなりよくフィットできるということから，光度 L が実際に M^n に比例することがわかる．ただし，n は直線の傾きから 3.7 と求められる．つまり，3.4 節の粗いスケーリングの議論は事実にかなり近かったといえる．

● **近傍の星の HR 図**

近傍の星に対して光度を決定し，光度を表面温度（スペクトルから求める）に対してプロットする．前節で述べたように，このようにして得られた図を HR 図という．図 3.5 は，ヒッパルコス衛星の距離指定に基づく近傍の星の HR 図である (Perryman et al., 1995)．座標軸を色指数 $B-V$ と絶対実視等級 M_V という直接測れる量（これらの測定から推定される $T_{\rm eff}$ と L ではなく）でプロットされていることに注意しよう．図の右側にある星は色が赤っぽく，左側は色が青白い．$B-V$ に対し M_V をプロットした HR 図は，**色−等級図**ともよばれる．ほとんどの星が図 3.5 の左上から右下の対角線帯にあり，この対角線帯は**主系列** (main sequence) とよばれている．前

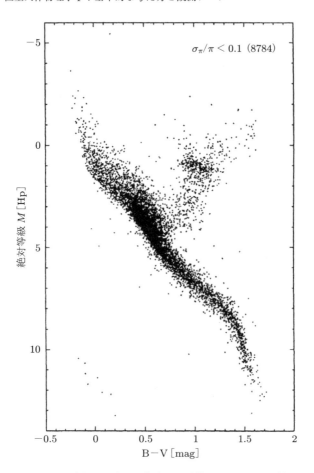

図 3.5　ヒッパルコス衛星の測定から作成した近傍の星の HR 図（あるいは色－等級図）．［出典：Perryman *et al.* (1995)[†]］

節で論じたスケーリング則は主系列に当てはまると考えられる．主系列の点の中央を通る曲線を考えると，M_V と $B-V$ の関係が得られる．すでに論じたように，$B-V$ は $T_{\rm eff}$，M_V は絶対輻射等級 $M_{\rm bol}$ とそれぞれ関連している．表 3.1 に，主系列にある星でこれらの量がどう関係しているかを示す．図 3.6 は，表 3.1 の最後の 2 列に示した主系列の $M_{\rm bol}$ と $T_{\rm reff}$ の関係を示すプロットである．直線でよくフィットされているのがわかる．前節の粗い議論で導いた，べき指数 6 のべき乗則（式 (3.41)）に近いことに注意しよう．

[†] Perryman, M.A.C. *et al.*, *Astronomy and Astrophysics*, **304**, 69, 1995. Reproduced with permission, ⓒ European Southern Observatory.

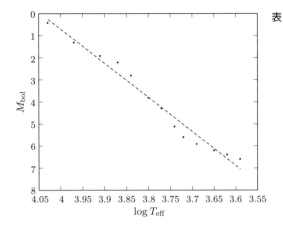

表3.1 主系列に対する色指数 $B-V$, 絶対実視等級 M_V, 実効表面温度 T_{eff} および絶対輻射等級 M_{bol} の関係.
［出典：Tayler(1994, p.17)］

$B-V$	M_V	$\log T_{eff}$	M_{bol}
0.0	0.8	4.03	0.4
0.2	2.0	3.91	1.9
0.4	2.8	3.84	2.8
0.6	4.4	3.77	4.3
0.8	5.8	3.72	5.6
1.0	6.6	3.65	6.2
1.2	7.3	3.59	6.6

図 3.6 主系列の中央部にある星の M_{bol} と T_{reff} の関係. 実線は最適フィットの直線を示す.
［Tayler (1994, p.17) のデータから作成］

3.6 主系列，赤色巨星と白色矮星

図 3.5 に示したデータ点のほとんどは主系列の対角線帯にあるが，右上方にも多くの点と，左下方にもいくつかの点がある．右上方のデータ点は，色が赤く，主系列星の同じ赤さの星よりずっと大きな光度をもつ．黒体輻射に関するシュテファン–ボルツマンの法則より，同じ表面温度の星は単位面積あたりでは同じエネルギーを放出するので，右上方の星が明るく光るためには主系列の赤い星よりずっとサイズが大きいことになる．これは式 (3.38) からも明らかである．したがって，HR 図の右上方にある星は**赤色巨星** (red giant) とよばれている．左下方にある星は青白く，同じ色の主系列星よりずっと光度が小さい．赤色巨星の議論と同様に，これらの星は同じ色の主系列星よりサイズがずっと小さい．そのため，HR 図の左下のほうにある星は**白色矮星** (white dwarf) とよばれている．

主系列の理論的説明についてはすでに述べた．前節で導いた近似的なスケーリング則 (3.41) は，主系列に対しよいフィットになっていた．明るい星ほど重い．したがって，主系列の左上方は重い星，右下方は軽い星に対応する．星の質量により主系列上の位置が決まる．主系列は本質的には星の重さの系列であり，右下方から左上方に向けて質量は増加していく．これは，図 3.3 に示した星の質量で定まる理論的な HR 図からも明らかである．

赤色巨星と白色矮星の詳細な説明は続く二つの章で行う．ここでは，注意点をいく

つか述べておく．4.3節で，主系列の星は水素をヘリウムに変換することでエネルギーを生成していることを見る．定常的なエネルギー生成が行われる間，内部内部の熱エネルギーは重力とつり合い，星の構造は時間とともにあまり変化しない．すなわち，HR図上での星の位置は，内部で水素がヘリウムに変換されている間はあまり変化しない．しかし，星のコアで水素がかなり欠乏するようになると，核エネルギーの生産は落ち込んで，重力による内向きの力とつり合いが完全にはとれなくなる．すると，コアへの収縮が起こり，3.2.2項のケルヴィン–ヘルムホルツの議論により，コアの温度は上昇する．詳細な計算によると，この過程は周囲の層に熱を与え，これらの層を膨張させる．赤色巨星はこうしてつくられると考えられる．4.5節で，赤色巨星の非常に熱いコアではいくつかの核反応が起こり，ある条件が満たされれば，鉄までのさまざまな元素がつくられることを見る．しかし，やがてすべての核燃料が使い尽くされ，星は熱エネルギーをつくり出して重力とつり合わせることができなくなる．すると何が起こるだろうか？ 電子はフェルミ粒子なのでパウリの排他律に従う．すなわち，同じ量子状態を2個の電子が占めることはできない．密度が十分高くなって，すべての低い量子状態が占められてしまうと，電子は非常に小さな体積に押し込まれることに抵抗する．このことから発生する**電子縮退圧**は5.2節で導く．続いて5.3節で，ほかにエネルギー源がない場合でも，星の質量が有名なチャンドラセカール限界質量以下であれば，電子縮退圧のみで重力をつり合わせることができることを見る．白色矮星は超高密度の死んだ星で，もはや核反応は起こらず，重力と高密度の星の物質の電子縮退圧がつり合っていると考えられている．白色矮星の表面温度は重力収縮で生み出される熱の残りであり，ついには熱を放出してしまい，白色矮星は冷たく暗い天体になっていく．

3.6.1　主系列の終端：エディントン光度限界

HR図の右下方の最も軽い主系列星は $0.1\,M_\odot$ 程度の質量をもち，左上方の最も重い星は $100\,M_\odot$ 程度の質量をもつ．光度や半径はもっと広い範囲に分布するのに，なぜ質量は3桁という狭い範囲にしか分布しないのだろうか？

まず，質量の下限を何が決めているかを考えよう．8.3節で指摘するように，星は星間ガス雲の重力収縮から誕生するが，新しく誕生する原始星が重力収縮する際には，3.2.2項で概要を示したケルヴィン–ヘルムホルツ理論に従い，温度が上昇する．ついには内部の温度が熱核融合を起こすほどに上昇し，重力収縮は止まる．原始星は内部の核燃料を燃やすことにより恒星となる．しかし，原始星の質量がある下限以下であると，重力収縮は電子の**縮退圧**により温度が十分に上がる前に止められてしまい，熱

核融合には火が点かない．このような天体は**褐色矮星** (brown dwarf) とよばれている．詳細な計算によれば，熱核融合の起こる星の質量の下限は $0.08\,M_\odot$ である．これより軽い天体は褐色矮星になる．褐色矮星の表面温度は恒星より低いが，誕生後しばらくは重力収縮の間に蓄えられた熱を放射する．褐色矮星の検出の確実な例は中島らにより報告されている (Nakajima *et al*, 1995)．

つぎに，非常に重い，高温の星について考えよう．内部では重い星ほど輻射圧が重要になる．ついには高い輻射圧のため，重い星は不安定になる．輻射圧が高いと星の外層は押し上げられることは簡単に示せる．光度 L，半径 R の星の表面における輻射のエネルギーフラックスは $L/4\pi R^2$ である．不透明度を χ とすると，吸収係数は $\rho\chi$ で，単位体積あたり単位時間に吸収されるエネルギーは $\rho\chi(L/4\pi R^2)$ である．これを c で割ったものが，単位体積・単位時間あたりに吸収される運動量であり，単位体積にかかる力にほかならない．内向きの重力が輻射の与える力より強ければ，星は外層を保持することができる．つまり，

$$\frac{GM}{R^2}\rho > \frac{L}{4\pi R^2}\frac{\rho\chi}{c}$$

という条件から，光度 L に対して

$$L < \frac{4\pi cGM}{\chi} \tag{3.44}$$

という上限が得られる．この光度の上限値は**エディントン光度限界**として知られている (Eddington, 1924)．半径 R はこの表式に現れないことに注意しておく．L は M^3 に比例するという近似的な関係式 (3.37)（質量・光度関係）があるので，$L = \lambda M^3$ と書ける．式 (3.44) より，星の質量が

$$\lambda M_{\mathrm{max}}^2 = \frac{4\pi cG}{\chi} \tag{3.45}$$

で与えられる質量 M_{max} より重いと，エディントン光度限界を超えることになる．式 (3.45) で与えられる M_{max} は，それ以上では星が輻射圧で吹き飛ぶ絶対的な限界質量であるが，実際の星ではこれより小さな質量でも輻射圧により不安定になり，存在できない（たとえば，Kippenhahn and Weigert (1990, §22.4, §39.5)）．

3.6.2 星団の HR 図

多くの星は星団の中にある．数十個の星が緩く束縛された星団は，**散開星団**とよばれる．より興味深いのは**球状星団**で，これはほぼ球形の強く束縛された星団で，10^5 個程度の星を含む．図 3.7 は球状星団の一例である．6.1.2 項で論じるように，球状星

78   3章　恒星天体物理学 I：基本的な考え方と観測データ

図 3.7　球状星団．写真は Kavalur Observatory(Vainu Bappu telescope) にて撮影．

団は銀河系の中心の周りに見つかっている．天体物理学的には，星団は同じときに生まれ，我々からほぼ同じ距離にある星のグループであるということが重要である．

もし星団の星がすべて同じ距離 d にあれば，式 (1.8) より，すべての星について絶対等級と見かけの等級の差が等しい．すなわち，$B-V$ に対し見かけの等級（絶対等級でなく）をプロットすることにより，星団の HR 図をつくることができる．図 3.8

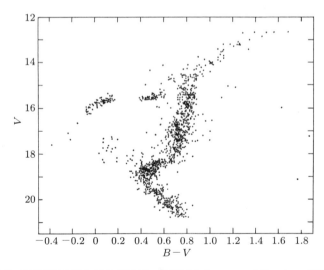

図 3.8　球状星団 M3 の星の HR 図．［出典：Johnson and Sandage (1956)］

は球状星団の HR 図である．式 (1.8) を用いて，球状星団の主系列の絶対等級が，図 3.5 に見られる近傍の星の絶対等級と一致する値として，球状星団までの距離 d を決定することができる．これは星団までの距離を定める強力な方法である．

しかし，図 3.8 は図 3.5 と見た目が大きく異なる．たとえば，図 3.5 では，主系列は $B-V$ が 0.0 以下まで左に続いている．一方，図 3.8 の主系列は $B-V = 0.3$ 付近で終わっている．小さな $B-V$ をもつ主系列は重い星に対応する．すなわち，球状星団には，ある質量より重い主系列の星が欠けている．これを説明するのは難しくない．重い星ほど寿命が短いことは以前に指摘した（式 (3.43) 参照）．すなわち，ある年齢の球状星団では，ある質量より重い星は主系列としての寿命を終えているのである．4.5 節で見るように，水素がヘリウムに変換されている間は，星は主系列にとどまる．その後，星は外層が膨張して赤色巨星になる．図 3.8 には，主系列が突然終わる位置から赤色巨星の領域（右上方）へ向かう星の一団が見られる．おそらくこれらの星は主系列から赤色巨星へ遷移する状態にある．この遷移は星の寿命にくらべ比較的短い時間で起こるので，星のランダムな例をとるとすれば，この遷移状態にある確

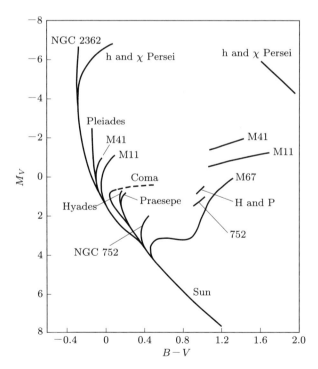

図 3.9 いくつかの星団に対する主系列の広がりを示す複合 HR 図．
[出典：Sandage (1957)]

率は大きくない．これが，近傍の星の HR 図で，主系列と赤色巨星の段階との間に星が少ないことの理由である．赤色巨星段階を終えると，星は白色矮星に向かって進化する．図 3.9 のいくつかの点はそのような星に対応する．

主系列が突然曲がる点（転向点）にある星は，コアの水素がちょうど燃え尽きるときにある．したがって，球状星団の年齢は実質的に，この転向点にある主系列星の寿命に等しい．よって，主系列の転向点を決めれば，星の寿命の理論的推定値を用いて，球状星団の年齢を求めることができる．図 3.9 は，いくつかの星団の HR 図を重ねた複合 HR 図である．縦軸は，主系列を用いて決めた星団までの距離で求めた絶対等級である．転向点が低い星団ほど年齢が古い．詳細な理論的計算によれば，最古の球状星団は 1.5×10^{10} 歳である．宇宙はこれより若くはないはずなので，これは宇宙論に重要な制約を与えるものである．

演習問題 3

3.1 太陽の内部の温度が 10^7 K 程度であることを用いて，太陽の全熱的エネルギーを求め，重力ポテンシャルエネルギーと同程度であることを示せ．

3.2 もし太陽が，ケルヴィン–ヘルムホルツが提案したように，ゆっくりとした収縮でエネルギーを生み出していたならば，観測された光度を生み出すためには，太陽の半径は毎年どのくらい縮まなければならないか．

3.3 輻射圧力と気体圧力の比を見積もることにより，太陽中心における輻射圧力が気体圧力に比べ無視できることを示せ．

3.4 太陽は $0.7R_\odot$ から表面までが対流層である．(i) 式 (3.32) が対流の中で厳密に成り立ち，(ii) 対流層は太陽質量のほんの一部しかになわず，対流層の重力が $-GM_\odot/r^2$ で表せる（現在の太陽モデルによると，対流層には太陽質量の 2% しか含まれない）ことを仮定して，対流層内で密度，圧力，温度がどう変化するかを求めよ．

3.5 非常に高温の星の不透明度がトムソン散乱で与えられることを用いて，L/M が臨界値より小さいことを示し，その数値を求めよ．それは $L_\odot/M_\odot$ と比較してどうか．また，式 (3.45) を用いて，星の質量が大きいとき，外層が輻射で吹き飛ばされるような星の質量の最大値 $M_{\max}$ を求めよ．

3.6 図 3.5 と図 3.8 を用いて，球状星団 M3 までの距離を推測せよ．

3.7 質量 $9M_\odot$ の星と $0.25M_\odot$ の星について，輻射が最大になる波長を概算せよ．

4章

恒星天体物理学II：
原子核合成とその他の話題

4.1 星内部での核融合の可能性

　前章では，星の構造の多くの面は，星のエネルギー生成機構の詳細な知識なしに理解できることを見た．エディントンが星の構造について開拓的な仕事をしていた1920年代には，エネルギー生成機構についてよく理解されていなかったので，これは幸運なことであった．エディントンは収縮によるケルヴィン–ヘルムホルツ仮説（3.2.2項参照）は真実ではなく，星のエネルギーは原子の下部構造における過程であると見抜いていた（Eddington, 1920）．しかし，この頃，原子核物理学はまだ誕生期にあり，星のエネルギー生成の詳細を導くことはできなかった．その後数年間の原子核物理学の急速な発展により，星の内部でエネルギーを生成する原子核反応の詳細が明らかになっていった．星とその進化の詳細で現実的なモデルをつくるためには，エネルギー生成機構を十分に理解している必要がある．この章では，この機構について論じよう．

　質量数 A，原子番号 Z の原子核を考える．これは陽子 Z 個と中性子 $(A-Z)$ 個からなる．原子核の質量 m_{nuc} は，陽子と中性子の質量の合計より常に小さい．その質量欠損の分が原子核の**結合エネルギー**であり，

$$E_B = [Zm_{\mathrm{p}} + (A-Z)m_{\mathrm{n}} - m_{\mathrm{nuc}}]c^2 \tag{4.1}$$

で与えられる．原子核がどのくらい強く結合されているかは，核子あたりの結合エネルギー

$$f = \frac{E_B}{A} \tag{4.2}$$

を考慮する必要がある．図4.1は，各種原子核に対する f のプロットである．中間的な質量の鉄（^{56}Fe）付近で結合が最も強いことがわかる．したがって，核反応のエネルギーは2種類の反応で放出される．軽い核のより重い核への**核融合**と，重い核の中間的な核への**核分裂**である．星の内部でのエネルギー生成は，核融合によると考えられている．ヘリウムの f は 6.6 MeV で，核子の質量の約 0.7% である．したがって，1 $M_\odot$

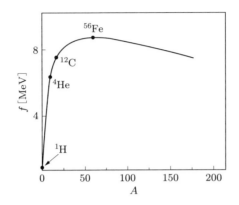

図 4.1 原子核の核子あたりの結合エネルギー

の水素がすべてヘリウムに変換されるなら，解放されるエネルギーは $0.007\,M_\odot c^2$ となる．これを太陽の光度 $L_\odot$ で割ると，つぎのように，核反応で水素をヘリウムに変換することによって輝く星の寿命を見積もることができる．

$$\tau_\mathrm{nuc} \approx \frac{0.007 M_\odot c^2}{L_\odot} \tag{4.3}$$

これに $M_\odot$ と $L_\odot$ の数値を入れると，

$$\tau_\mathrm{nuc} \approx 10^{11}\,\mathrm{yr}$$

となる．これは式 (3.13) で与えられるケルヴィン–ヘルムホルツ時間スケールよりずっと長く，宇宙年齢と同じオーダーである．

　原子核は正の電荷を帯びているので，互いに反発する．10^{-15} m 程度まで近づいたときにのみ，近距離力である核力が電磁的反発力を上回って，核融合を起こす．原子核ポテンシャルの概略を図 4.2 に示す．原子番号 Z_1 と Z_2 の二つの原子核間の静電ポテンシャルは

$$\frac{1}{4\pi\epsilon_0}\frac{Z_1 Z_2 e^2}{r}$$

であり，$r \approx 10^{-15}$ m ではおよそ $Z_1 Z_2$ [MeV] となる．温度が 10^7 K 程度の太陽の中心では，粒子の熱運動エネルギー $k_\mathrm{B} T$ はおよそ 1 keV で，原子核間の静電ポテンシャル障壁の 1/1000 程度である．すなわち，古典物理学によれば，太陽中心においてさえ電磁的反発力を超えて原子核が近づくほど熱くはない．しかし，量子力学的には，粒子はポテンシャル障壁を通り抜けることが可能である．原子核の α 崩壊の研究において，ガモフは α 粒子が原子核の内部からポテンシャル障壁を超えて外に出てく

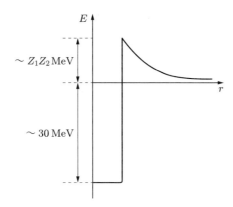

図 4.2　原子核ポテンシャルの概略

る確率を計算した (Gamow, 1928). α 粒子が外部からポテンシャル障壁を超えて内部に入る確率も等しいはずであり，このトンネル確率により，太陽の内部では核融合が起こりうることが示された (Atkinson and Houtermans, 1929).

星の内部の核反応率を計算する基本原理を次節で論じる．その後 4.3 節で，星の内部で起こるであろう核反応を挙げる．

4.2　核反応率の計算

電荷 $Z_1 e$，数密度 n_1 の原子核が電荷 $Z_2 e$，数密度 n_2 の原子核と反応する場合の反応率，すなわち単位体積・単位時間あたりの反応数を求めたい．

原子核が両方ともマックスウェル速度分布をもつ場合は，相対速度が v となる確率もまたマックスウェル分布

$$f(v)\,dv = \left(\frac{m}{2\pi k_B T}\right)^{3/2} \exp\left(-\frac{mv^2}{2k_B T}\right) 4\pi v^2\, dv$$

になることを示すことができる．ただし，$m = m_1 m_2/(m_1 + m_2)$ は換算質量である．これを運動エネルギー

$$E = \frac{1}{2}mv^2$$

で書くと，

$$f(E)\,dE = \frac{2}{\sqrt{\pi}} \frac{E^{1/2}}{(k_B T)^{3/2}} \exp\left(-\frac{E}{k_B T}\right) dE \tag{4.4}$$

となる．エネルギー E で互いに近づく二つの原子核の反応断面積を $\sigma(E)$ とすると，

反応率はつぎのように書ける．

$$r = n_1 n_2 \langle \sigma v \rangle \tag{4.5}$$

ただし，

$$\langle \sigma v \rangle = \int_0^\infty \sigma(E) v f(E) \, \mathrm{d}E \tag{4.6}$$

である．式 (4.5) と (4.6) より，反応率を知るには，反応断面積 $\sigma(E)$ さえわかればよいことになる．では，この断面積を求めよう．

4.1 節で述べたように，星の内部の粒子の典型的なエネルギーは，図 4.2 に示すようなポテンシャル障壁の高さよりずっと小さい．したがって，断面積 $\sigma(E)$ はポテンシャル障壁のトンネル確率に依存する．この確率はガモフにより最初に計算され (Gamow, 1928)，多くの原子核物理学の教科書に再現されている（たとえば，Yarwood (1958, §19.5) を参照）．ここでは，導出は省略して結果のみ示す．エネルギー E で互いに近づく原子核が，ポテンシャル障壁を越える確率は

$$P \propto \exp\left[-\frac{1}{2\epsilon_0 \hbar}\left(\frac{m}{2}\right)^{1/2} \frac{Z_1 Z_2 e^2}{\sqrt{E}}\right] \tag{4.7}$$

で与えられる．トンネル確率を除き，反応断面積は λ をド・ブロイ波長として λ^2 に依存する．$\lambda^2 \propto 1/E$ であるから，トンネル確率を含めて断面積を

$$\sigma(E) = \frac{S(E)}{E} \exp\left(-\frac{b}{\sqrt{E}}\right) \tag{4.8}$$

の形に書くことができる．ここで，

$$b = \frac{1}{2\epsilon_0 \hbar}\left(\frac{m}{2}\right)^{1/2} Z_1 Z_2 e^2 \tag{4.9}$$

であり，$S(E)$ は E に弱く依存する関数である．「弱く依存」という仮定は限度があることに注意しておく．図 4.3 に概略を示すように，核反応の断面積はあるエネルギー付近で大きくなることがあり，これは**共鳴**とよばれる．そのような共鳴がないときのみ，$S(E)$ はゆっくり変化する関数であるとすることができる．通常，$S(E)$ は実験的に測定される．

式 (4.4) と (4.8) を式 (4.6) に代入すると，

$$\langle \sigma v \rangle = \frac{2^{3/2}}{\sqrt{\pi m}} \frac{1}{(k_B T)^{3/2}} \int_0^\infty S(E) \mathrm{e}^{-E/k_B T} \mathrm{e}^{-b/\sqrt{E}} \, \mathrm{d}E \tag{4.10}$$

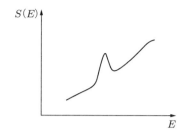

図 4.3 共鳴付近の核反応断面積の概略

を得る．図 4.4 に示すように，関数 $\mathrm{e}^{-E/k_\mathrm{B}T}$ は E とともに急速に減少し，一方，関数 $\mathrm{e}^{-b/\sqrt{E}}$ は E とともに急速に増大する．したがって，その積は E_0 近傍の狭い範囲でのみ大きな値をとる．そこで，ゆっくり変化する関数 $S(E)$ を E_0 における値 $S(E_0)$ で置き換えて，積分の外に出すことにすると，式 (4.10) の積分は

$$J = \int_0^\infty \mathrm{e}^{g(E)} \, \mathrm{d}E \tag{4.11}$$

を考えればよい．ただし，

$$g(E) = -\frac{E}{k_\mathrm{B}T} - \frac{b}{\sqrt{E}} \tag{4.12}$$

である．J の値は図 4.4 の太線の下側の面積で与えられる．$\mathrm{d}g/\mathrm{d}E = 0$ とすれば，関数 $g(E)$ が最大になる値 E_0 がつぎのように定まる．

$$E_0 = \left(\frac{1}{2}bk_\mathrm{B}T\right)^{2/3} = \left[\left(\frac{m}{2}\right)^{1/2} \frac{Z_1 Z_2 e^2 k_\mathrm{B}T}{4\epsilon_0 \hbar}\right]^{2/3} \tag{4.13}$$

E_0 における $g(E)$ の値を $-\tau$ と書くと，

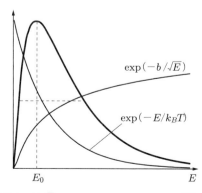

図 4.4 ガモフ因子 ($\mathrm{e}^{-b/\sqrt{E}}$)，マックスウェル因子 ($\mathrm{e}^{-E/k_\mathrm{B}T}$) とその積（太線）

$$\tau = -g(E_0) = 3\frac{E_0}{k_B T} = 3\left[\left(\frac{m}{2k_B T}\right)^{1/2} \frac{Z_1 Z_2 e^2}{4\epsilon_0 \hbar}\right]^{2/3} \tag{4.14}$$

である．$g(E)$ を $E = E_0$ の周りでテイラー展開すると，

$$g(E) = g(E_0) + \left(\frac{dg}{dE}\right)_{E=E_0}(E - E_0) + \frac{1}{2}\left(\frac{d^2 g}{dE^2}\right)_{E=E_0}(E - E_0)^2 + \cdots$$
$$= -\tau - \frac{\tau}{4}\left(\frac{E}{E_0} - 1\right)^2 + \cdots$$

となる．ここで，$E = E_0$ において $dg/dE = 0$ であることを用いた．式 (4.11) に代入すれば，

$$J \approx e^{-\tau} \int_0^\infty \exp\left[-\frac{\tau}{4}\left(\frac{E}{E_0} - 1\right)^2\right] dE \tag{4.15}$$

を得る．この積分は E_0 付近の狭い範囲の E でのみ効くので，下限を $-\infty$ で置き換えてもよく，すると，この積分はガウス積分として容易に実行でき，

$$J \approx \frac{2}{3} k_B T \sqrt{\pi \tau} e^{-\tau} \tag{4.16}$$

となり，式 (4.10) から（$\tau \propto T^{-1/3}$ に注意），

$$\langle \sigma v \rangle \propto \frac{S(E_0)}{T^{2/3}} \exp\left[-3\left(\frac{e^4}{32\epsilon_0^2 k_B \hbar^2} \frac{m Z_1^2 Z_2^2}{T}\right)^{1/3}\right] \tag{4.17}$$

を得る．実験的に核反応の $S(E)$ を測定すれば，式 (4.17) を式 (4.5) に代入することにより，核反応率を求めることができる．

星のモデルを計算するためには，核反応によるエネルギー生成率を知る必要がある．この核反応で解放されるエネルギーを $\Delta \mathcal{E}$ とすれば，式 (4.5) の r を用いて単位体積あたりのエネルギー生成率は $r \Delta \mathcal{E}$ となる．これは，ε を 3.2.3 項で定義したエネルギー生成率として，$\rho \varepsilon$ に等しいはずである．すなわち，

$$\rho \varepsilon = r \Delta \mathcal{E} = n_1 n_2 \langle \sigma v \rangle \Delta \mathcal{E} \tag{4.18}$$

である．核反応に参加する二つの元素の質量比を X_1, X_2 とすると，$n_1 \propto \rho X_1$，$n_2 \propto \rho X_2$ であるので，式 (4.17) と (4.18) より，核反応のエネルギー生成率 ε は，つぎのように各パラメータに依存することがわかる．

$$\varepsilon = C \rho X_1 X_2 \frac{1}{T^{2/3}} \exp\left[-3\left(\frac{e^4}{32\epsilon_0^2 k_B \hbar^2} \frac{m Z_1^2 Z_2^2}{T}\right)^{1/3}\right] \tag{4.19}$$

実験的に測定される断面積 $S(E)$ から係数 C を推定できれば，星の構造の計算に必要な要素が揃うことになる．指数に温度が含まれるため，ε は温度とともに急速に増大する．また，指数には $Z_1^2 Z_2^2/T$ も含まれるので，同じ温度では，重い核が関与する反応より軽い核が関与する反応のほうが起こりやすいことがわかる．星の内部で起こる具体的な核反応については次節で論じる．

4.3 星の内部で重要な核反応

星の内部の熱核融合には化学的燃焼は関係ないが，核反応によるエネルギー生成を**核燃焼**，核反応で変換される元素を**核燃料**とよぶのが通例になっている．星の内部の核反応で生成されるエネルギーの計算には，実験的に断面積 $S(E)$ を決定する必要があることは前節で述べた．星の内部の粒子の典型的なエネルギーは keV であるのに対し，実験は通常 MeV 程度のエネルギーで行われるので，クーロン障壁はあまり問題にならず，核反応は起こりやすくなる．星の内部に当てはめるには，MeV エネルギー領域で測った $S(E)$ を keV に外挿する必要がある．この話題の歴史的な発展について興味のある読者は，天体物理学に関連する多くの断面積の実験的測定の開拓者であるファウラーのノーベル賞受賞講演 (1984) を参照されたい．ファウラーは，天体物理学に関連する多くの核反応について，$S(E)$ のプロットを与えている (Fowler, 1984)．

20 世紀初頭までは，天文学者は星の組成について確かなことは知らなかった．ラッセルが太陽のスペクトルを精力的に解析したことで (Russel, 1929)，星はおもに水素からできていることが明らかになった．式 (4.19) から，水素はヘリウムおよび原子番号 Z の大きな元素よりも低い温度で「燃える」ことがわかる．主系列星では，水素が燃えてヘリウムになることでエネルギーを発生していると考えられている．1930 年代後半には原子核物理学が発展し，物理学者は星の内部で起こっているであろう核反応について理解することができるようになった．

1938 年，ベーテとクリッチフィールドは，現在，**陽子−陽子連鎖** (pp chain) とよばれる反応の連鎖を提案した (Bethe and Critshfield, 1938)．太陽内部のエネルギー生成のほとんどは，この陽子−陽子連鎖が担っている．この連鎖の最初の二つの反応では，重水素 ^{2}H およびヘリウム 3 ^{3}He が

$$\begin{aligned} ^1\text{H} + {}^1\text{H} &\to {}^2\text{H} + e^+ + \nu_e \\ ^2\text{H} + {}^1\text{H} &\to {}^3\text{He} + \gamma \end{aligned} \tag{4.20}$$

の反応で生成される．^{3}He が生成された後は，$pp1, pp2, pp3$ の三つの分枝で進行する．$pp1$ 分枝は太陽内部という条件では支配的で，つぎのように，2 個の ^{3}H から ^{4}He

がつくられる．

$$pp1 : {}^3\text{He} + {}^3\text{He} \to {}^4\text{He} + {}^1\text{H} + {}^1\text{H} \tag{4.21}$$

$pp1$ 分枝を通じて，結果として 4 個の ${}^1\text{H}$ から 1 個の ${}^4\text{He}$ がつくられる．$pp2, pp3$ 分枝は，温度が 10^7 K を超えると支配的になる．${}^4\text{He}$ の存在を前提とし，つぎのように，まず ${}^4\text{He}$ から ${}^7\text{Be}$ がつくられる．

$$ {}^3\text{He} + {}^4\text{He} \to {}^7\text{Be} + \gamma \tag{4.22}$$

その後，${}^7\text{Be}$ から以下の 2 種類の反応が起こる．

$$\begin{aligned} pp2 : {}^7\text{Be} + e^- &\to {}^7\text{Li} + \nu_e \\ {}^7\text{Li} + {}^1\text{H} &\to {}^4\text{He} + {}^4\text{He} \end{aligned} \tag{4.23}$$

$$\begin{aligned} pp3 : {}^7\text{Be} + {}^1\text{H} &\to {}^8\text{B} + \gamma \\ {}^8\text{B} &\to {}^8\text{Be} + e^+ + \nu_e \\ {}^8\text{Be} &\to {}^4\text{He} + {}^4\text{He} \end{aligned} \tag{4.24}$$

連鎖全体からのエネルギー生成率 ε を求めよう．式 (4.20) の最初の反応は弱い相互作用によって媒介されるため，反応が遅く断面積も小さい（通常，ニュートリノの放出は弱い相互作用で媒介されることの現れである）．ほかの反応が早く進んでも，最初の反応で ${}^2\text{H}$ がつくられなくては始まらないので，これが律速段階になっている．一般に，反応が連続して起こらなければならない場合には，定常状態では最も遅い反応が反応率を決めてしまう．しかし，エネルギー生成率を計算する際には，連鎖のすべての反応で解放されるエネルギー† を足し上げる必要がある．これを注意深く行った結果を記すと，陽子－陽子連鎖によるエネルギー生成率 ε は

$$\varepsilon_{pp} = 2.4 \times 10^{-1} \rho X^2 \left(\frac{10^6\,\text{K}}{T}\right)^{2/3} \exp\left[-33.8 \left(\frac{10^6\,\text{K}}{T}\right)^{1/3}\right] [\text{W kg}^{-1}] \tag{4.25}$$

で与えられる．ただし，X は水素の質量比であり，$pp2, pp3$ 連鎖は無視している．

すでに炭素，窒素，酸素が存在している場合，これらが触媒としてはたらき，まったく異なる核反応の系列で水素からヘリウムが合成される．これは **CNO サイクル** とよばれ，ワイツゼッカーとベーテにより独立に提案された (von Weizsäcker 1938;

---

† 訳注：水素燃焼では 4 個の陽子から 1 個のヘリウム原子核がつくられるが，この際に解放されるエネルギーは ${}^4\text{He}$ 原子核と 4 個の陽子の質量に電子 2 個の質量を加えたものとの質量の差で，26.73 MeV である．ニュートリノにより持ち去られる平均エネルギーを引くと，$pp1$ で 26.20 MeV，$pp2$ で 25.67 MeV，$pp3$ で 19.20 MeV となる．

Bethe 1939). このサイクルの反応は，以下のように進行する．

$$\begin{aligned}
^{12}\text{C} + {}^{1}\text{H} &\to {}^{13}\text{N} + \gamma \\
^{13}\text{N} &\to {}^{13}\text{C} + e^{+} + \nu_e \\
^{13}\text{C} + {}^{1}\text{H} &\to {}^{14}\text{N} + \gamma \\
^{14}\text{N} + {}^{1}\text{H} &\to {}^{15}\text{O} + \gamma \\
^{15}\text{O} &\to {}^{15}\text{N} + e^{+} + \nu_e \\
^{15}\text{N} + {}^{1}\text{H} &\to {}^{12}\text{C} + {}^{4}\text{He}
\end{aligned} \quad (4.26)$$

これらの反応を通じ，やはり結果として，4個の ^{1}H から 1個の ^{4}He がつくられる．反応率もやはり最も遅い反応に律速され，式 (4.26) の 4 番目の式が相当する．CNO サイクルによるエネルギー生成率は

$$\varepsilon_{\text{CNO}} = 8.7 \times 10^{20} \rho X_{\text{CNO}} X \left(\frac{10^6 \,\text{K}}{T}\right)^{2/3} \exp\left[-152.3 \left(\frac{10^6 \,\text{K}}{T}\right)^{1/3}\right] [\text{W kg}^{-1}] \quad (4.27)$$

ただし，X_{CNO} は炭素，窒素，酸素の質量比の和である．式 (4.25), (4.27) は式 (4.19) と同じ形をしていることに注意しておく．

ε_{pp} と ε_{CNO} の温度 T への依存性を図 4.5 に示す．太陽のような星では中心の温度が 10^7 K 程度なので，陽子–陽子連鎖がエネルギー生成で支配的な機構になっていることがわかる．より重い星では，CNO サイクルが支配的になる．

星のエネルギー生成機構に加え，天体核物理学のもう一つの目標は，宇宙の元素組成を説明することである．11.3 節で見るように，宇宙初期に核反応が起こり，ある程度の割合のバリオンがヘリウムに変換されたと考えられている．星で合成されるヘリ

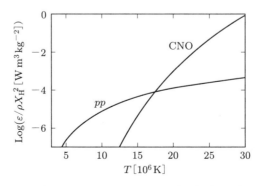

図 4.5 陽子–陽子連鎖と CNO サイクルによる水素燃焼のエネルギー生成率の温度依存性（$X_{\text{CNO}}/X_{\text{H}} = 0.02$ を仮定）．[出典：Tayler (1994, p.92)]

ウムがこの原初ヘリウムに加わる．つぎの重要な問題は，より重い元素はどのようにつくられたかということである．

ガモフは，すべての元素は宇宙初期に合成されたと考えた (Gamow, 1946)．この考えは間違いで，より重い元素は星で合成されたと考えられている．合成がどう進んだかを見てみよう．陽子-陽子連鎖反応などで水素からヘリウムがある程度つくられると，両者が混合した状態になる．この混合状態を考えよう．ここからより重い元素が合成されるには，(i) 水素とヘリウムが一つずつ結合して質量数 5 の原子核をつくるか，(ii) ヘリウム二つから質量数 8 の原子核をつくるか，のいずれかがつぎの段階となる．しかし，質量数 5 と 8 の安定な原子核は実験的に見つかっていないので，この二つの反応が重い原子核を合成するつぎの段階となることはない．この問題の解決策として，サルピータは**トリプルアルファ反応**を提案した (Salpeter, 1952)．この反応では，

$$^{4}\text{He} + {}^{4}\text{He} + {}^{4}\text{He} \to {}^{12}\text{C} + \gamma \tag{4.28}$$

のように，3 個の ^{4}He 原子核から ^{12}C がつくられる．3 個の粒子が関係しているので，2 個の場合より反応は起こりにくい．また，陽子-陽子連鎖に関係する原子核よりヘリウム原子核のクーロン障壁は高いので，より高い温度が必要になる（式 (4.19) を見れば明らかである）．宇宙初期の条件を考えると，この反応はほとんど進まず，ヘリウムを超える元素合成は起こらない．一方，星のコアでは温度が 10^8 K を超えれば進行することになるが，反応に共鳴がなければ反応率は小さい．しかし，ホイルが指摘したように (Hoyle, 1954)，この反応は実際に共鳴的で大きな断面積をもつことがほどなく実験的に示された．

詳しい計算によれば，主系列星の中心温度はトリプルアルファ反応が起こるほど上がらない．すなわち，主系列星のエネルギー生成は，陽子-陽子連鎖（軽い星の場合）や CNO サイクル（重い星の場合）で進行する．しかし，中心部（コア）で水素が使い尽くされると，水素燃焼では中心へ向かう重力に抗しきれない．するとコアは，4.5 節で論じるように，収縮を始める．次章で見るように，コアの密度が高くなると，縮退圧力で重力を食い止めることが可能になる（コアの質量が 5.3 節で導く**チャンドラセカール限界質量**を超えない限り）．コアが収縮すれば，3.2.2 項で述べたケルヴィン-ヘルムホルツの議論により，温度が上昇する．星があまり重くなければ，中心部の温度はトリプルアルファ反応が起こるほど高くはならず，ヘリウムコアをもつ白色矮星になる．一方，非常に重い星の場合は，収縮するコアの温度が上昇し，重い原子核の関係する反応が始まる．新たな核反応に火がつくと，重力収縮を止めることも可能になる．トリプルアルファ反応で炭素がつくられると，その炭素からより重い元素がつ

くられる．重い原子核をつくるさまざまな核反応については多くの文献がある．ここでは，この複雑な問題には立ち入らない．十分重い星では，最も安定な原子核である鉄まで核反応が進む．星の内部で起こりうるすべての反応についての系統的な議論は，バービッジらによって与えられている (Burbidge, Burbidge, Foweler and Hoyle, 1957)．ここで，宇宙になぜ鉄より重い元素が存在するのか，太陽は水素燃焼段階を超えていないのに，なぜヘリウムより重い元素を含むのか，という疑問が残るが，それについては 4.7 節で論じる．

4.4　詳細な星のモデルと実験的検証

　3.3 節で，星のモデルの詳細な計算法について述べた．星のモデル計算で重要な入力として，エネルギー生成がある．4.2 節と 4.3 節で，核エネルギー生成率について見てきたので，星のモデルの構築について原理的には理解できたことになる．状態方程式 $P(\rho, T, X_i)$, 不透明度 $\chi(\rho, T, X_i)$, 核エネルギー生成率 $\varepsilon(\rho, T, X_i)$ はすべて星の化学組成に依存する．少なくとも核反応の起こるコアでは，反応の進行につれて組成が常に変化することを考慮しながら，組成を指定しなければならない．ある質量の星のモデルを構築するには，まず初期条件として一様組成を仮定し，そこからモデルを計算する．このモデルは星が誕生したばかりの状態に相当する．続いて，コアの組成がある時間経過後にどう変化するかを計算する．この変化した組成を用いて計算した星のモデルは，誕生後ある程度時間が経過した星に対応する．これを繰り返すことにより，星が時間とともにどう進化するかがわかる．星のコアでは水素がヘリウムに変換されていくが，星全体の構造は大きくは変わらず，HR 図上で主系列にとどまる．水素がかなり欠乏してはじめて，劇的な変化が起こる．これについては次節で述べる．

　太陽系の年齢は，古い岩石や隕石の中の半減期が長い放射性同位体の解析などで推定されている．とくに，太陽の年齢は 4.6×10^9 yr であると考えられている．そこで，標準太陽モデルは，太陽表面の組成が元の太陽全体の組成であるとして，4.6×10^9 yr 進化させて得られる．表 4.1 に標準太陽モデルを示す．この標準モデルが最近の実験によってよく確かめられていることを見る前に，ほかの重要な点に触れておこう．

　3.4 節で，星の多くの性質は，星の構造の方程式を解かずに理解できることを見た．ここでは，詳細な星の構造のモデルから得られる重要な結果について論じる．3.4 節で，重い星は軽い星より明るく温度が高い，すなわち表面も中心部も熱いことを見た．図 4.5 より，重い星は CNO サイクルが主要な水素燃焼過程になっているが，軽い星（太陽よりわずかに重い星まで）は陽子 – 陽子連鎖が主要な過程になっていることがわ

表 4.1 標準太陽モデル．「1.56e+7」は 1.56×10^7 を示す．ρ の単位は $\mathrm{kg\,m^{-3}}$．
[出典：Bahcall and Ulrich (1988)]

$R/R_\odot$	$M_r/M_\odot$	$L_r/L_\odot$	T	ρ
0.000	0.000	0.000	1.56e+7	1.48e+5
0.053	0.014	0.106	1.48e+7	1.23e+5
0.103	0.081	0.466	1.30e+7	8.40e+4
0.151	0.192	0.777	1.11e+7	5.61e+4
0.201	0.340	0.939	9.31e+6	3.51e+4
0.252	0.490	0.989	7.86e+6	2.09e+4
0.302	0.620	0.999	6.70e+6	1.20e+4
0.426	0.830	1.001	4.73e+6	2.96e+3
0.543	0.924	1.001	3.53e+6	8.42e+2
0.691	0.974	1.000	2.38e+6	2.05e+2
0.822	0.993	1.000	1.19e+6	6.42e+1
0.909	0.999	1.000	5.25e+5	1.87e+1
1.000	0.000	1.000	5.77e+3	0.00e+0

かる．式 (4.25) と (4.27) の指数部を見ると，ε_CNO は，ε_{pp} より急速に増加する，温度の関数になっている．その結果，重い星のコアでは，CNO サイクルにより急激な温度勾配がつくり出され，シュヴァルツシルトの安定性条件（式 (3.21)）が満たされなくなり，対流が発生する．詳細な計算によれば，重い星は対流のあるコアをもち，軽い星は対流に関し安定である．軽い星の場合，表面すぐ下の外層の温度は，重い星の外層より低い．クラマース則（式 (2.79)）と図 2.8 を見ると，軽い星のほうが外層の不透明度が高いことがわかる．エネルギーフラックスが輻射輸送で運ばれる場合は，式 (3.16) より，不透明度が高いなら温度勾配も急でなければならない．不透明度が高い領域では，シュヴァルツシルトの安定性条件 (3.21) が満たされず，エネルギーフラックスは対流で輸送されることになる．まとめると，重い星は対流コアを安定な外層が取り巻いており，軽い星は安定なコアを対流外層が取り巻いている．

標準太陽モデルでは，太陽は半径 $0.7M_\odot$ まで安定なコアをもち，それより外側は温度勾配が不安定で熱は対流で運ばれる．この理論的な結論は，図 4.6 のような，太陽表面の高解像度画像で裏付けされている．この画像はまさに，対流の起こっている流体を上から我々が見下ろしているような構造をしている．浮き上がってくるガスは明るく，沈んでいくガスは暗く見え，数分で変化する粒状のパターンが形成されている．

星の構造の理論が成功した点の一つは，主系列星のさまざまな性質（質量–光度関係と色–等級関係）を説明できることである．3.4 節で，星の構造の方程式に基づく荒っぽい議論でも，これらの関係が現れることをおよそ説明できることを見た．しかし，これらの関係を説明する以外に，星の構造の理論から，多くの理論家によって長

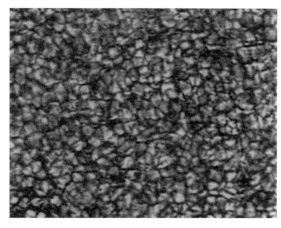

図 4.6 対流による粒状斑を示す太陽表面の画像．テネリフェにあるキッペンハウアー研究所の真空タワー望遠鏡で撮影．画像は Schmidt の厚意による．

年にわたり，詳細な星のモデルが導かれてきた．これら詳細な理論上の星のモデルが現実に近いことを調べる手段はあるだろうか？ いい換えれば，理論モデルの示すように，星の内部の密度，温度，圧力は変化しているのだろうか？ 以下に述べる二つの例によって，標準太陽モデルが太陽の内部を非常によく記述しており，ほかの質量をもつ星の理論モデルでも同様のことがいえるであろうということを確かめよう．

4.4.1 日震学

　太陽の振動の研究はライトン，ノイエスとサイモンにより開始され，太陽が数分の周期で常に振動していることが発見された (Leighton, Noyes and Simon, 1962)．我々は円筒内の空気柱がある固有振動数で振動することを知っている．太陽振動を詳細に解析すると，太陽でも同様に，多くのとびとびの振動数が含まれていることが明らかになった．つまり，観測された振動は，とびとびの固有振動数をもつ多くの振動モードの重ね合わせであることがわかってきた．現在までに，数千個の固有振動数が精密に測定されている．

　空気柱の固有振動数は，音波が柱の内部に定在波をつくることから生じるので，柱の長さとその内部の音速に依存する．同様に，太陽の固有モードも，太陽を突き抜け，また周囲を伝わる音波（可聴域にはないが「音波」とよぶ）の干渉により引き起こされる．異なるモードは太陽内部の異なる深さに対応するので，多くのモードを解析することにより，太陽内部の深さにより，どう音速が変化するかを知ることができる．このような方法を用いる研究は，**日震学** (helioseismology) とよばれている．一般に，

音速は

$$c_\mathrm{s} = \sqrt{\frac{\gamma P}{\rho}} \qquad (4.29)$$

で与えられる（8.3 節参照）．日震学からさまざまな深さの音速が得られれば，式 (4.29) を用いて，太陽の密度を深さの関数として知ることができる．図 4.7 は，日震学から推定された密度と，標準太陽モデルで計算された密度とのずれを示している．両者の差はすべての深さにおいて 2% よりかなり小さい．こうして標準太陽モデルは，日震学により非常に高い精密さで検証されている．

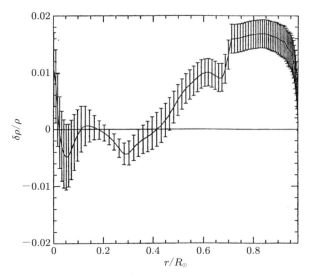

図 4.7　日震学で推定された密度と標準太陽モデルで計算された密度の差（を密度で割ったもの）を太陽半径の関数として示したプロット．[出典：Chitre and Antia (1999)[†]]

4.4.2　太陽ニュートリノ実験

星の内部で生成されるエネルギーは熱核融合によるものと信じられている．これは，我々が考え付く最も満足できる理論的な考え方であるといえる．しかし，3.4 節と 3.5 節で，星の観測データはエネルギー生成機構の詳細によらずに理解できることを見た．本当に星の内部で熱核融合が起こっているのかを，独立に実験的確認ができるだろう

[†] Chitre, S. M. and Antia, H. M., *Current Science*, **77**, 1454, 1999. Reproduced with permission, ⓒ Indian Academy of Sciences.

か？　太陽内部で起こる核反応（式 (4.20)～(4.24)）では，ニュートリノが生成される．多くの反応でニュートリノは副産物となっている．ニュートリノは弱い相互作用のみで反応するため，太陽中心部でつくられたニュートリノのほとんどは，太陽の構成物質と相互作用せずに外部に出てくる．したがって，地球でも太陽の内部から放出されるニュートリノを直接観測できる．これを観測できれば，太陽内部で核反応が起こっていることの直接証拠となる．1960 年代に，デイヴィスらにより最初の太陽ニュートリノ実験が開始された (Davis, Harmer and Hoffman, 1968)．ニュートリノフラックスの検出は成功したが，実験的に測定されたフラックスは予想値の 3 分の 1 ほどであった．その太陽ニュートリノ実験の詳細について見てみよう．

ニュートリノを生み出す核反応を詳しく見よう．式 (4.23) の最初の反応では，^{7}Be からニュートリノと ^{7}Li がつくられる．終状態に粒子が 2 個しかないので，エネルギーと運動量の保存則より，それぞれの粒子は特定のエネルギーをもつ．実際に，^{7}Be ニュートリノ（式 (4.23) の反応から生じるニュートリノ）は，0.38 MeV と 0.86 MeV の二つのエネルギーのどちらかをもつ．とくに重要なのは，(i) 式 (4.20) の最初の反応と，(ii) 式 (4.24) の 2 番目の反応である．これらはそれぞれ pp ニュートリノおよび ^{8}B ニュートリノとよばれている．いずれもニュートリノは 3 体崩壊の産物の一つであり，ニュートリノのエネルギーは分布をもつ．pp ニュートリノは 0～0.4 MeV の範囲のエネルギー，^{8}B ニュートリノは 0～15 MeV の範囲となる．図 4.8 に，標準太陽モデルで予想される，ニュートリノのスペクトルの理論的な予言値を示す．縦軸は対数目盛なので，^{8}B ニュートリノのフラックスは pp ニュートリノより数桁小さ

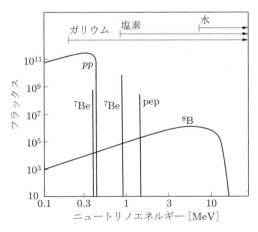

図 4.8　太陽ニュートリノのスペクトル（縦軸の単位は，ラインに対し cm^{-2}s^{-1}，連続スペクトルに対し cm^{-2}s^{-1}MeV^{-1}）．［出典：Bahcall (1999)］

いことがわかる．^{8}B ニュートリノは pp3 分枝で生成されるため，そのフラックスは太陽モデルに大きく依存する．この分枝は温度が高いと重要になる．標準モデルより中心温度が低く予言される別の太陽モデルでは，^{8}B ニュートリノのフラックスはかなり小さくなる．一方，pp ニュートリノは主要な核反応で生成される．太陽の光度から，単位時間あたりに起こる反応の数が決まり，pp ニュートリノのフラックスも定まる．したがって，このフラックスの値は太陽モデルに依存しない．

ニュートリノと物質の相互作用は弱いため，その検出は簡単ではない．デイヴィスたちの最初の実験では

$$^{37}\mathrm{Cl} + \nu_e \to {}^{37}\mathrm{Ar} + e^- \tag{4.30}$$

という反応を用いたが，図 4.8 に示すように，この反応に対するニュートリノのエネルギー閾値は 0.814 MeV である．したがって，^{8}B ニュートリノのみに感度がある．そこで，ドライクリーニングに用いられる溶媒 C_2Cl_4 を満たした 380 m^3 のタンクが，地表で起こる擾乱を避けるために地下の金鉱に設置された．この深さまで貫通する粒子はニュートリノだけであり，ときおり ^{37}Cl 原子核と相互作用して ^{37}Ar がつくられる．^{37}Ar は放射性なので，その崩壊の数からつくられた ^{37}Ar 原子核の数，したがって，太陽ニュートリノのフラックスを推定することができる．ニュートリノのフラックス測定に便利な単位は SNU (Solar Neutrino Unit) で，1 標的原子あたり毎秒 10^{-36} 回の相互作用として定義される．デイヴィスの 25 年間の塩素を用いた実験で測られた値は 2.56±0.23 SNU で，標準太陽モデルによる予想値は 7.7±1.2 SNU (Bahcall, 1999) である．長い間，デイヴィスの実験は唯一の太陽ニュートリノ実験であり，太陽の中心部の温度は標準太陽モデルより低いのではないかとする説も出された．問題の重要性から，ほかの実験も計画されるようになった．

日本における二つの実験，カミオカンデとスーパーカミオカンデでは純水を用い，エネルギーが 7 MeV 以上のニュートリノが散乱してチェレンコフ光を発する高速の電子をつくり出す．やはり ^{8}B ニュートリノのみに感度をもつが，観測されたフラックスは理論的予想値の半分ほどであった．しかし，チェレンコフ光を用いたことでニュートリノの方向をある程度決定することができ，太陽からのニュートリノであることを証明した (Hirata et al., 1990)．

こうして，予言される理論的フラックスが太陽モデルに依存しない，低エネルギーの pp ニュートリノのフラックスを測ることが決定的に重要になった．低エネルギーニュートリノはガリウムで

$$^{71}\mathrm{Ga} + \nu_e \to {}^{71}\mathrm{Ge} + e^- \tag{4.31}$$

という反応を起こすので，pp ニュートリノの検出器としてガリウムが使用できる．ガリウムを利用した二つの実験，GALLEX (Anselmann et al., 1995) と SAGE (Abdurashitov et al., 1996) が行われ，73 ± 5 SNU という観測値が得られたが，標準太陽モデルによる理論的予想値は 129 ± 8 SNU である (Bahcall, 1999)．pp ニュートリノの予想値にはほとんど不定性がないが，ガリウムはほかの反応からのニュートリノとも相互作用するので，予想値にはその誤差が含まれる．

　太陽ニュートリノ実験の結果は，太陽ニュートリノフラックスの一部に何かが起こって，その一部は地球の検出器に検出されないと解釈せざるをえない．実際，ニュートリノには，電子型，ミュー型，タウ型の3種類があることが知られている．ニュートリノがゼロでない質量をもつ場合，一つの種類のニュートリノが別の種類に自然に転換されることがありうる．このような「ニュートリノ振動」は SNO (Sudbury Neutrino Observatory) の結果によっても支持された (Ahmad et al., 2002)．太陽内部から放出されるのは電子ニュートリノであり，実験で検出されるのは（SNO を除き）電子ニュートリノのみである．おそらく太陽から地球へ飛来する間に電子ニュートリノの一部がほかの種類のニュートリノに転換され，太陽ニュートリノ実験では検出されなかったのであろう．これが測定されたフラックスが理論的予想値より小さい理由だと考えられている．

4.5　星の進化

　4.3節で，主系列星は，コアで水素がヘリウムに変換されている限り，定常的にエネルギーを生成していることを見た．主系列にある間，星の光度と表面温度はあまり変化せず，ついには，コアの水素は燃え尽きる．その後，星はどうなるのだろうか？　これが星の進化の中心課題である．しかし，その課題に答えるには，詳細な数値計算するしかなく，解析的や一般的な方法でできることはあまりない．星の進化は天体物理学者にとって重要な問題であり，多くのグループによってこの課題に対し多くの数値計算が行われた．これらの計算から現れた描像の詳細は非常に複雑である．星は多くの段階を経て進化する．また，異なる質量の星の進化は異なる．細かい天体物理学の現象論に興味のない物理学者にとっては，星の進化は雑多でわかりにくく，魅力の乏しい話題に思えるかもしれない．本書は，物理学の素養がある読者全般に興味をもってもらえるような天体物理学の内容に主眼を置いているので，星の進化の詳細には立ち入らない．筆者はこの話題について特別な知見をもたないというのもまた理由である．筆者による説明の代わりに，イベンの秀逸なレビュー (Iben, 1967, 1974) や，

キッペンハーンとワイガートの本の関連する章 (Kippenhahn and Weigert, 1990, ch.31–ch.34) を読むとよいだろう．イベンとキッペンハーンのグループは，この20～30年で星の進化に関する最も綿密な計算を行ってきている．また，あまり技術的でないがよく書かれた説明については，テイラーの本 (Tayler, 1994, ch.6) を参照されたい．ここでは，星の進化のおもな特徴についてのみ以下に述べる．

　星のコアで水素が燃え尽きると，内向きの重力に抗する十分なエネルギー生成ができなくなる．その結果，星は収縮を始め，ケルヴィン–ヘルムホルツ理論で示唆されたように（3.2.2項），重力ポテンシャルエネルギーは熱として放出される．ケルヴィン–ヘルムホルツ理論により，この過程でコアの温度は上昇し，以下の二つの重要な結果をもたらす．

　(1) 高い温度では，より高いクーロン障壁を超えることができるようになるため，より重い原子核が核反応を起こすようになる．コアの温度が十分上昇すると，ヘリウムが燃焼して炭素をつくり，ケルヴィン–ヘルムホルツ収縮を押しとどめる．ヘリウムが燃え尽きると，同様のサイクルが起こり，コアの温度は上昇して，つぎの核燃料が燃え始める．非常に重い星では，コアは最もきつく束縛された原子核である鉄になっていく．一方，非常に軽い星では，温度は（電子の縮退圧が重力収縮を止めるまでに）ヘリウムが燃焼するまで上昇せず，ヘリウムのコアにとどまる．非常に重い星は，さまざまな核燃料が温度の異なる殻で燃焼する複雑な段階を経由する．

　(2) ケルヴィン–ヘルムホルツ収縮により生み出される余分な熱は，星の外層を膨張させる．星のサイズは巨大になるが，光度はあまり変わらないため，表面温度が低下する．こうして，星は，図4.9のように，HR図上で主系列を離れて右上に動いていき，赤色巨星になる．詳細な計算によれば，重い星では，星のコアで新たな核燃料に火が点くたびに HR 図上の位置が変わるため，たどる経路はこの図に示したものより複雑である．図4.10は，詳細な計算に基づくさまざまな質量の星の理論的な HR 図上の経路である．新たな核燃料に火が点くたびに，経路は主系列側に引き戻される．経路は HR 図のある領域を超えては右側へは動いていかないが，これは林が示したように，HR 図上の右側のはずれには，星が不安定になるために存在できない禁止領域があるためである（林忠四郎 Hayashi, 1961）．

　ついには，一般的な条件で火が付くようなすべての核燃料がなくなり，重力収縮をとどめるようなエネルギー生成もなくなる．コアの質量がある限界質量未満であれば，密度が十分上昇すると，内部の重力が電子の縮退圧（5.2節で論じる）とつり合う．すると，コアの収縮は止まる．そうなると，星の膨らんだ外層は長続きしない．外層のほとんどが失われる機構には，続く二つの節で論じるが，定常的なものや急激なものなどいくつかある．外層の残った部分は再びコアに落下し，ついにはコンパクトな星

4.5 星の進化

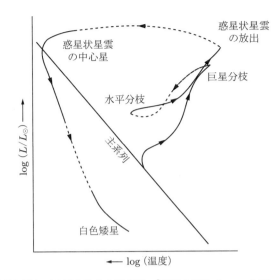

図 4.9 HR 図上での星の進化の模式図．[出典：Mihalas and Binney (1981) および Longair (1994, p.31)]

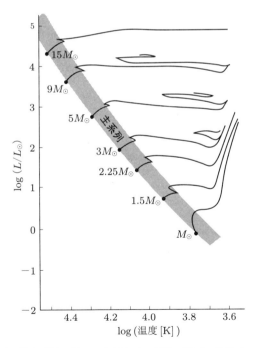

図 4.10 さまざまな質量の星の HR 図上での経路．[出典：Mihalas and Binney (1981) および Longair (1994, p.33)]

が残され,最初は熱く白い表面をもつが,だんだん冷えていく.図4.9では,進化して白色矮星になる星の経路を示している.多くの星の進化の計算では,理論の多くの要素がよく理解されていないため,この段階でのHR図上で信頼できる経路を予測することはできない.5.3節で見るように,白色矮星の限界質量はおよそ $1.4M_\odot$ である.しかし,これよりずっと重い星でも,質量のかなりの部分を失うことにより,白色矮星になることがある.最終的な質量がこの限界質量を超える場合,最終形態として考えられるのは,次章で扱う中性子星やブラックホールである.

4.5.1 連星の進化

恒星の大半は連星であると推定されている.二つの星が互いに近い近接連星の場合,その進化は孤立星の進化とは大きく異なってくる.5.5節と5.6節で,連星の進化は多くの天体物理現象を理解するうえで重要であることを見る.そこで,連星の進化について簡単に触れておくことにする.

連星系の二つの星は共通重心の周りを角速度 Ω で回転する.Ω とともに回転する座標系では,二つの星は静止している.この座標系で静止している質点に作用する力は,二つの星からの重力と遠心力である.有効ポテンシャルは

$$\Phi = -\frac{GM_1}{r_1} - \frac{GM_2}{r_2} - \frac{1}{2}\Omega^2 s^2 \tag{4.32}$$

と書ける.ただし,r_1, r_2 は二つの星それぞれの中心から質点までの距離,s は重心を通る回転軸からの距離である.図4.11に,典型的な場合の等ポテンシャル面を示す.星の表面につり合っていない水平方向の力がない限り,星の表面は等ポテンシャル面になっている.それぞれの星の表面は等ポテンシャル面に沿って伸びている.

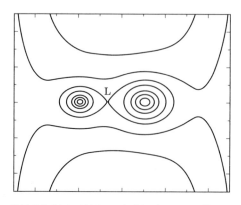

図4.11 共通重心を回る連星の回転座標系における等ポテンシャル面

図 4.11 を見ると，等ポテンシャル面は星の近くではその星のみを囲んでいるが，離れたところでは双方の星を囲むようになる．それぞれの星を囲む等ポテンシャル面が接する臨界点 L を**内ラグランジュ点**とよび，そのときの臨界面を**ロッシュ・ローブ**という．片方の星が赤色巨星になると，その表面はロッシュ・ローブに達し，表面からガスがラグランジュ点を通って相手の星に向かって流れ込む．連星の質量移動の結果については 5.5 節と 5.6 節で論じるが，このような質量移動が起こると，さまざまな複雑な状況を生む．連星の重いほうの星が主系列を終えて赤色巨星になり，多くの質量を相手の星に質量移動すると，相手の星は重くなり，より早く進化する．

4.6 星の質量放出，星風

恒星が赤色巨星になると，膨張した表面における重力は，通常の星よりずっと小さくなる．その結果，星が物質を表面に引き付けておく能力が減るため，表面の物質は逃げ出し続ける．太陽のような普通の星でも，コロナから物質が定常的に逃げ出しており，それは**太陽風**として知られている．これがなぜ起こるか見ていこう．

太陽の表面温度は約 6000 K であるが，コロナは百万度にも達する高温になっている†．コロナがこのような高温になる理由についての基礎的な議論は 8.9 節で行う．太陽風が発見される前は，コロナは静水圧平衡にあると考えられていた．パーカーによる，コロナの定常解が矛盾を引き起こすという簡単だが有名な導出を見ていこう (Parker, 1958)．実際のコロナは非対称度が高いが，第 1 近似として球対称とし，密度や圧力は半径 r のみの関数であると仮定する．コロナの質量は小さいので，コロナの重力場は太陽の質量 $M_\odot$ でつくられる逆 2 乗則に従うとみなせる．静水圧平衡の式 (3.2) をコロナに適用すると，

$$\frac{dP}{dr} = -\frac{GM_\odot}{r^2}\frac{\mu m_H}{k_B}\frac{P}{T} \tag{4.33}$$

を得る．ここで，式 (3.23) を用いて ρ を消去した．

コロナを加熱する原因はさておき，熱はコロナの下層で生成され，コロナの底近くの半径 $r = r_0$ で $T = T_0$ という境界条件を課すことによって，コロナの外層をモデル化できると仮定する．これはちょうど，片方の端が炉で加熱される金属の棒の温度分布を計算するようなものである．炉の温度が境界条件として与えられれば，炉が石炭，ガス，電気のどれで加熱されているのかを知らなくても，問題を解くことができる．コロナの希薄なガスでは，おもな熱輸送は伝導で起こる．定常状態では，一定の

---

† 訳注：この温度では低密度の物質はプラズマ状態にある．

熱のフラックスがコロナ外層の球面を次々と通過していく．半径 r の球面を考えよう．K を熱伝導度として，この面を単位時間あたり通過する熱のフラックスは $K(\mathrm{d}T/\mathrm{d}r)$ である．したがって，球面全体を通過する熱のフラックスは

$$4\pi r^2 K \frac{\mathrm{d}T}{\mathrm{d}r}$$

と表されるが，これは各半径 r において一定のはずである．プラズマ運動学理論より，プラズマの熱伝導率は温度の 5/2 乗に比例するので（たとえば，Choudhuri (1998, §13.5) を参照），

$$r^2 T^{5/2} \frac{\mathrm{d}T}{\mathrm{d}r} = 定数 \tag{4.34}$$

となり，その解は

$$T = T_0 \left(\frac{r_0}{r}\right)^{2/7} \tag{4.35}$$

であり，$r = r_0$ で $T = T_0$，$r \to \infty$ で $T = 0$ という境界条件を満たす．式 (4.35) の T を式 (4.33) に代入すると，

$$\frac{\mathrm{d}P}{P} = -\frac{GM_\odot \mu m_\mathrm{H}}{k_\mathrm{B} T_0 r_0^{2/7}} \frac{\mathrm{d}r}{r^{12/7}}$$

となる．この解のうち，$r = r_0$ で $P = P_0$ となるのは，

$$P = P_0 \exp\left[\frac{7 G M_\odot \mu m_\mathrm{H}}{5 k_\mathrm{B} T_0 r_0} \left\{\left(\frac{r_0}{r}\right)^{5/7} - 1\right\}\right] \tag{4.36}$$

である．驚くべきことに，r が無限大になっても圧力がゼロにならない．このモデルでは，P と T が無限遠でともにゼロになる解は得られない．上の解では，無限遠での P の値は星間物質の典型的な圧力より大きい．

無限遠で圧力がゼロにならないことはどういう意味があるだろうか？　無限遠で熱い太陽コロナの膨張が止まるように圧力がかからなければ，定常状態にならない，とパーカーは結論した (Parker, 1958)．コロナを包み込んで圧力をかけるものは存在しないのであるから，パーカーは，コロナの外層は太陽風として膨張を続けていると予想した．予想の数年後，人工衛星により実際に太陽風がとらえられた．もし，太陽が静水平衡に必要な無限遠での圧力より大きいガス雲に囲まれているとすれば，ガスは太陽に向かって落ちていくであろう．この過程は**降着** (accretion) とよばれ，球対称の場合についてはボンディによって理論的に解かれた (Bondi, 1952)．これは，基本的には球対称の星風の反転といえる（Choudhuri (1998, §6.8) を参照）．

太陽風は熱的に引き起こされる風の例である．コロナが高温であるため，重力では

ガスを支えきれなくなるために起こる．風を引き起こす別の機構もある．3.6 節後段で，重い星の大気外層における輻射圧が重力と同程度になりうることを見た．これは半径方向に風を引き起こす．星が高速で回転していると，遠心力で風が引き起こされる．太陽は太陽風で約 $10^{-14} M_\odot$ yr^{-1} の質量を失っている．赤色巨星では，表面重力が弱いので，星風は強くなる．そのため，赤色巨星の段階で，星は無視できない質量を失うことがありうる．質量損失の観測例として**惑星状星雲**がある．図 4.12 は惑星状星雲の例である．望遠鏡の分解能が低い時代には，惑星のように広がりのある天体として，この名が付けられた．いまでは，惑星状星雲は吹き飛ばされた星の外層であることがわかっている．中心には星の熱いコアがあり，いずれ白色矮星になっていく．もう一つの激しい質量損失の例は，次節に論じる超新星である．

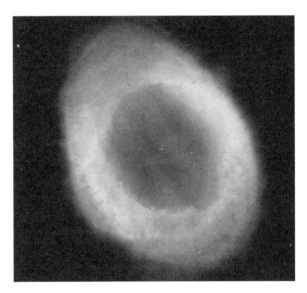

図 4.12　ハッブル宇宙望遠鏡で撮影した，こと座のリング状星雲．画像は NASA および Space Telescope Science Institute の厚意による．

4.7　超新星

1054 年におうし座に出現した**超新星** (supernova)†は，中国などの文献に記録されており，明るいため昼間でも肉眼で見ることができ，夜間には 2 年間も見えていた．

---

† 訳注：超新星と新星 (nova) は観測的にはその増光の程度で区別されているが，新星は，白色矮星と主系列星の近接連星において，ガスが白色矮星に降り積もり，表面で爆発的な熱核融合が起きて明るく輝くという原因で起こる，別種の現象である．

図 4.13 1054 年に地球から見られた超新星の残骸であるかに星雲. ハッブル宇宙望遠鏡で撮影. 画像は NASA, ESA および J. Hester and A. Loll の厚意による.

図 4.13 は，現在の望遠鏡で見た，その方向の空である．かにに似た形状から「かに星雲」とよばれる明るいガス殻を見ることができる．数年の間隔を置いて撮影した画像を比較すると，このガス殻は広がっており，その動きを逆にたどると，1054 年頃には非常にサイズが小さかったことになる．記録にある星の爆発により，**超新星残骸**として，かに星雲が残されたと考えられる．統計的には，我々の銀河では 1000 年あたり 30 個ほどの超新星爆発が起こったとされている．しかし，6.1.3 項で論じるように，可視光で我々が見ることのできるのは，銀河系のほんの一部である．チコとケプラーはそれぞれ，1572 年と 1604 年に出現した超新星を注意深く調べている．その後，望遠鏡が発明されて以来，我々の銀河系には超新星は観測されていない．しかし，1987 年に銀河系から 55 kpc ほど離れた我々の銀河の伴星雲である大マゼラン雲に超新星が出現した．これは SN1987A と名付けられ，歴史上最も詳しく調べられた超新星となって，これから超新星についてかなり多くの知識が得られた．たとえば，超新星では典型的には 10^{45} J ものエネルギーが放出される．

多数の観測例から，超新星は I 型と II 型の 2 種類に大別され，さらに細かく分類されている．とくに，Ia 型はすべて同じような超新星と考えられており，最大光度と光度の減少曲線はほぼすべて一致している．一方，II 型は個々に違いがある．

Ia 型のモデルは，すべてが同じように見えることを説明できるものでなくてはならない．近接連星系における白色矮星を考える．伴星が赤色巨星に進化するとき，4.6 節で論じたように，白色矮星に質量移動が起こりうる．白色矮星の最大質量はチャンドラセカール限界質量（約 $1.4\ M_\odot$）であり，それ以上では電子の縮退圧で重力を支えきれない．質量移動により白色矮星の質量がチャンドラセカール限界質量を少し超えたとしよう．重力を止めきれず，白色矮星は破局的な爆発を起こし，おそらく跡に何も残さず星は完全に破壊される．すべての Ia 型超新星がこのように起こるのなら，同一の条件下で同一の白色矮星が爆発するので，すべて同じように見えるはずである．

II 型超新星はより重い星で起こると考えられている．このことは，星生成が起きたばかりで，短命の重い星が存在する領域で見つかることからも推測される．重い星の核燃料が完全に尽きると，コアは密度が原子核の密度（$\approx 10^{14}\ \mathrm{g\,cm^{-3}}$）と同程度になるまで収縮する．この密度では，中性子の縮退圧が重力と均衡する．急速に収縮するコアの収縮が突然止まって崩壊が中断し，コアとともに内向きに落ち込む物質は跳ね返される．II 型超新星は，新しく生まれた中性子コアの周りの物質が爆発的に跳ね返ることで起こると考えられている．

超新星の光度の時間変化は**光度曲線**とよばれる．図 4.14 は，II 型超新星 SN1987A の光度曲線である．光度曲線は半減期約 77 日でほぼ対数的に減少している（縦軸は対数表示であることに注意）．放射性元素 ^{56}Co は半減期 77.1 日で ^{56}Fe に崩壊するので，II 型超新星で生成された大量の ^{56}Co の崩壊で光度曲線を説明できる．

4.3 節で，重い星の内部の核反応では，コアが最も強く束縛された原子核である鉄に変わり，その後は核燃焼が不可能であることを指摘した．鉄より重い原子核は，II 型超新星で合成されると考えられている (Burbidge, Burbidge, Fowler and Hoyle, 1957)．陽子と電子から中性子が生じる，

$$p + e^- \to n + \nu_e \tag{4.37}$$

という反応は可能であるが，中性子の質量は陽子と電子の質量を加えたものより大きいので，この反応は外からエネルギーが供給されない限り起こらない．超新星爆発では，電子は突然高エネルギーになるので，この反応が進行し，大量の中性子とニュートリノが生成される．質量数 A，原子番号 Z の原子核があったとする．重い原子核の静電的反発力は軽い原子核より強いので，荷電粒子は重い核には容易には近づけない．しかし，電荷をもたない中性子は重い原子核に近づくことができて，原子核に吸収され（**中性子捕獲**），質量数は $A+1$ に増加する．原子核の電荷 Z に対し質量数が大きくなりすぎると不安定になり，β 崩壊を起こす．原子核が β 線（電子）を放出すると，

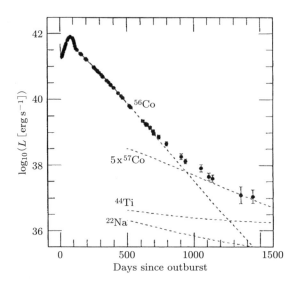

図 4.14　SN1987A の光度曲線．爆発からの日数を横軸にとっている．破線は，放射性元素 ^{56}Co と ^{57}Co の数が爆発から時間が経つにつれて減少していく様子を示している．[出典：Chevalier (1992)[†1]]

質量数 A，原子番号 Z の原子核は，質量数 $A+1$，原子番号 $Z+1$ に変わる[†2]．重い原子核はこうしてつくられる．

　我々の太陽系には，(我々の理解する限り) 超新星でしか合成されない鉄より重い元素が多く存在している．太陽系が形成される前に近傍で重い星が存在し，超新星爆発を起こして重い元素を放出し，星間ガスと混じり合い，そこから太陽系が生まれたと考えられる．

　星のコア崩壊で II 型超新星爆発が起こるとき，式 (4.37) などの反応により，大量のニュートリノが生成される．SN1987A では，カミオカンデと IMB の二つの実験で，計 20 個のニュートリノが観測された (Hirata et al., 1987; Bionta et al., 1987)．カミオカンデについては，4.4.2 項で太陽ニュートリノに関連して触れた．このニュートリノフラックスから推測すると，コア崩壊で中性子星が形成されるときに解放された

[†1] Chevalier, R. A., Nature, **355**, 691, 1992. Reproduced with permission, ⓒ Nature Publishing Group.

[†2] 訳注：具体的にはつぎのような反応である．
$$(A, Z) + n \to (A+1, Z) \to (A+1, Z+1) + e^- + \bar{\nu}_e$$
ここで，$\bar{\nu}_e$ は反電子ニュートリノである．重い原子核はこの繰り返しで生成される．この過程は非常に短時間のうちに進むので，(「速い (rapid)」の頭文字をとって) r 過程とよばれている．これに対し，赤色巨星への進化段階で，恒星の寿命のスケールで中性子捕獲により安定な鉄より重い核がつくられる過程を (「遅い (slow)」の頭文字をとって) s 過程とよぶ．

重力エネルギーの大部分は，ニュートリノによって運び去られたと考えられる．ニュートリノの観測された時刻は 12 s の広がりをもっていた．もし，すべてのニュートリノが同時に放出され，ニュートリノの質量がゼロならば，すべて光速 c で走るので，同時に地球に到着したはずである．しかし，ニュートリノの質量が有限であれば，エネルギーの低いニュートリノは遅く到着するはずで，この観測からはニュートリノの質量に対し 20 eV の上限値が得られた．導出は演習問題 4.6 として読者に委ねる．なお，これが上限値であるのは，ニュートリノがわずかに異なる時間で放出され，同じ速さで飛来したという可能性があるためである．

4.8 星の回転と磁場

星の構造の議論においては，球対称を仮定していた．星の球対称からのずれを引き起こす要因には，回転と磁場の二つがある．最も我々に近い星，太陽については，回転や磁場についてよくわかっている．ここ数年で，ほかの星の回転や磁場についても知識が増えた．通常の星に対しては，太陽のように，回転の効果あるいは磁場は球対称からのずれを引き起こすほど大きくない．しかし，星の回転や磁場は，星の構造の観点からは重要でない場合も，ほかにも多くの結果を引き起こす天体物理学的要因である．星の天体物理学の話題を終える前に，太陽の回転と磁場についてわかっていることをまとめておこう．

● 太陽の回転

かなり以前から，太陽は剛体回転をしていないことが知られている．太陽の赤道は回転軸の周りを極より速く回転し，一周は約 25 日であるが，極付近では 30 日以上かかる．いまでは，4.4.1 項で簡単に紹介した日震学を用いて，太陽内部の角速度分布の地図がつくられている．具体的な作製手順は以下のようになる．まず，太陽の振動の多くのモードの固有振動数を測定する．球座標を用いることが適当なので，通常のモードに関連した速度は

$$v(t,r,\theta,\phi) = \exp(-i\omega_{nlm}t)\xi_{nlm}(r)Y_{lm}(\theta,\phi) \qquad (4.38)$$

という形をとるはずである．ただし，$Y_{lm}(\theta,\phi)$ は球面調和関数である．太陽が回転していなければ，ω_{nlm} は m によらない．いい換えると，同じ n と l をもつが m が異なる固有関数は，同じ振動数をもつ．しかし，回転により，異なる m をもつ振動数は分かれる (Gough, 1978)．原子物理学における類例として，異なる m をもつ水素原子のエネルギー準位が，磁場がない場合には縮退していて，磁場がある場合にはこの縮

退は解け，分かれることが挙げられる．まったく同様に，太陽の回転により，異なる m をもつ固有振動数の縮退は解かれる．モードの分かれ具合は，そのモードが最大の振幅をもつ領域の角速度に依存する．太陽のさまざまな領域で，最大の振幅をもつ異なるモードの分かれ方を調べることにより，太陽内部の角速度の変化についての地図をつくることができる．図4.15 は，太陽内部の角速度分布を示す地図である．角速度の変化は太陽の $0.7R_\odot$ から $R_\odot$ までの対流層に閉じ込められており，対流層の底では角速度は動径方向の勾配をもっている．

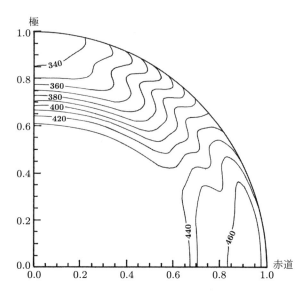

図 4.15 日震学で求められた太陽内部の角速度の等高線．等高線に付された数字は，nHz 単位の回転振動数である．340 nHz と 450 nHz の振動数は，回転周期 34.0 日と 25.7 日に相当する．図は J. Christensen-Dalsgaard and M. J. Thomson の厚意による．

● **太陽の磁場**

太陽の表面には黒点があることは，ガリレオの時代から知られている．ヘールは，太陽黒点のスペクトルにゼーマン分裂を発見し，太陽黒点は 0.3 T 程度の磁場が集中した領域であると結論した (Hale, 1908)．これは，地球以外の環境で磁場が存在することを確立した最初の例である．二つの太陽黒点が太陽のほぼ同じ緯度で並んでいるのがよく見られる．図 4.16 に，太陽黒点の対を示す．そのうち一方の黒点は，よくあることだが，数個に分裂している．ヘールらは，このような対になっている二つの太陽黒点は逆の極性をもち，磁気双極子をつくっていることを発見した (Hale *et al.*,

4.8 星の回転と磁場　　109

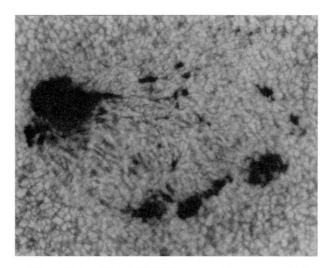

図 4.16　新たに誕生した双極性太陽黒点対．一つは分裂している．［出典：Zwaan (1985)†］

1919)．また彼らは，これらの磁気双極子が南北半球で逆に向いていることを見つけた．図 4.17 は太陽面全体の磁場の図で，正の極性をもつ領域が白で，負の極性をもつ領域が黒で示され，磁場が明らかでない領域が灰色で示されている．たいていの双極子磁場領域はおおよそ太陽の赤道に平行に並んでいることがわかる．北半球の双極子磁場領域では，正の極性（白）が負の極性（黒）の右に現れている．南半球では，これが逆になって，黒の左が白になっている．8.6 節で，このような観測を理論的にどう説明するかを論じる．

　太陽黒点が磁場の強い領域だとわかる以前から，太陽表面に見られる黒点の数は約 11 年の周期で周期的に変動することが知られていた．あまり黒点が見られない時期もある．太陽黒点は緯度 40° 付近で出現し，時間の経過につれ，新しい黒点はだんだん低い緯度で出現していく．これは，マウンダーにより最初に導入された，いわゆる**バタフライ図**を見ると明らかである (Maunder, 1904)．図 4.18 は，横軸に時間をとったバタフライ図である．ある時刻において太陽黒点の出現した緯度の範囲が縦軸に記されている．蝶の形のパターンは，太陽黒点が見られる領域が赤道に近づいていく結果である．ついには赤道付近に黒点はほとんどなくなり，再びつぎの周期として黒点は緯度 40° 付近に出現する．双極黒点の極性は 11 年周期で反転することがわかっている．いい換えれば，図 4.17 のような磁場の図をこの図よりちょうど 11 年前あるいは 11 年後につくると，北半球では黒が右に，南半球では白が右に見られるだろう．つ

---
† Zwaan, C., *Solar Physics*, **100**, 397, 1985. Reproduced with permission, © Springer.

110 4章 恒星天体物理学Ⅱ：原子核合成とその他の話題

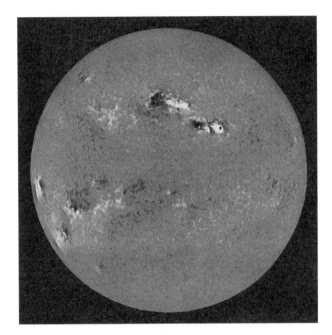

図4.17 太陽面全体の磁場．正および負の極性はそれぞれ白と黒で，磁場が弱い域は灰色で示されている．画像は K. Harvey の厚意による．

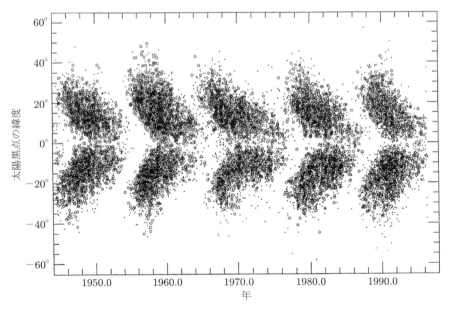

図4.18 さまざまな時期（横軸）の太陽黒点の緯度（縦軸）分布を示すバタフライ図．図は K. Harvey の厚意による．

まり，磁場の配置が元に戻ることまで考えれば，太陽の周期は正しくは22年である．

天文学者は，ほかにも多くの星で大きな黒点があり，太陽のような磁気周期があることの証拠をつかんでいる．では，なぜ星には磁場があり，なぜ磁場が周期的なふるまいを見せるのか？　この疑問に答えようとする**ダイナモ理論**とよばれる複雑な話題については，8.7節で定性的に紹介する．

4.9　系外惑星

惑星の運動の研究は，天文学の歴史的発展において鍵となる役割を果たしてきた．しかし，惑星の物理的性質についての研究は，**惑星科学**という天体物理学とは別の分野になっている．惑星科学で用いられる方法や概念は，近代の天体物理学と大きく異なるので，本書では惑星科学については立ち入らない．しかし，惑星については，天文学者の興味を常に惹きつけてきた，ほかの太陽のような星にも惑星があるのか，という問題がある．近傍の星であっても，直接惑星を検出することは現代の観測技術を用いても至難の業である．系外惑星を発見する機会が最も多いのは間接的方法である．たとえば，十分重い惑星（木星程度より重い）が恒星近傍の軌道を公転すると，重力により恒星は共通重心の周りに円あるいは楕円軌道を描く．そのため，恒星の我々に対する動径方向速度が時間とともに周期的に変動し，恒星のスペクトル線のドップラーシフトとして検出できる．系外惑星を発見したとする報告はいくつかあったが，天文学者たちに間違いないと受け入れられた最初の発見者は，マイヨールとクェロッツであり，これ以後この分野が開拓され，速いペースで発見が続くこととなった (Mayor and Queloz, 1995)．本書の執筆時点で数百個の検出が確認されており，このリストは急速に増加している．

3.6.1項で指摘し，8.3節で詳細に論じるように，星は星間物質中のガス雲が重力崩壊して生成される．惑星系もこの星形成過程の一環として生成されると考えられている．したがって，惑星は星の形成についてもヒントを与えてくれる．天体物理学者は，最近の系外惑星の発見が星形成過程についてどんな鍵となるかを解明しなければならない．

演習問題 4

4.1 電荷 $Z_1 e$ の原子核が別の電荷 $Z_2 e$ の原子核に相対運動エネルギー E で近づくとする．古典物理学的には，原子核は

$$E = \frac{1}{4\pi\epsilon_0} \frac{Z_1 Z_2 e^2}{r_1}$$

で定まる距離 r_1 より近づくことはできない．量子力学における WKB 近似を用いて，二つの原子核が核力の範囲内に近づくトンネル確率が

$$P \propto \exp\left[-2\int_{r_0}^{r_1} \left\{\frac{2m}{\hbar^2}\left(\frac{1}{4\pi\epsilon_0}\frac{Z_1 Z_2 e^2}{r} - E\right)\right\}^{1/2} dr\right]$$

で与えられることを示せ．ただし，m は換算質量で，$r = r_0$ は原子核表面のポテンシャル障壁の内端である．この積分は，$r = r_1 \cos^2\theta$ を代入して $r_1/r_0 \gg 1$ を仮定すれば，容易に計算できる．その結果が式 (4.7) となることを示せ．

4.2 2 個の陽子に対し，核エネルギー生成率の表式 (4.19) で与えられた指数の引数が，式 (4.25) のように表せることを示せ．

4.3 現在の太陽モデルによると，太陽の中心の温度は 1.56×10^7 K で，密度は 1.48×10^5 kg m^3 であり，化学組成は $X_{\rm H} = 0.64$，$X_{\rm He} = 0.34$，$X_{\rm CNO} = 0.015$ である．陽子−陽子連鎖と CNO サイクルにより，太陽中心で単位体積あたり生成されるエネルギーを推測せよ．

4.4 太陽の中心に向かって動径方向に進む音波が，太陽の一方の端から他端まで伝わるのに要する時間を概算せよ．

4.5 地球軌道近傍において，太陽風は 400 km s^{-1} の速度で，1 cm^3 あたり陽子 10 個ほどを含んでいる．太陽風が太陽の年齢 (4.5×10^9 yr とする) にわたってこの性質をもっていたと仮定して，現在までに太陽が太陽風により失った質量の割合を求めよ．

4.6 超新星 1987A からのニュートリノが 55 kpc の距離を走って，$6 \sim 39$ MeV のエネルギーで地球に飛来した．到着時間の広がり 12 s が，異なるエネルギーのニュートリノが異なる速さで走るために生じるとしたら，ニュートリノの質量が約 20 eV より大きくなることはありえないことを示せ．

5章
星の崩壊の終状態

5.1 はじめに

　通常の恒星の内部の重力は，熱核反応で生成される熱的圧力とつり合っていることを前の二つの章で見てきた．核燃料が燃え尽きると，重力とつり合う熱的圧力がなくなる．4.5節で見たように，星は収縮を始め，ほかにつり合う圧力がない限り，収縮は続く．この章では，核燃料が燃え尽きた後の状態を論じる．

　フェルミ粒子がもつある重要な性質を考える必要がある．6次元の位置 – 運動量の位相空間における体積 h^3 の単位要素を考えたとき，それぞれの要素には二つ（スピン上向きと下向き）を超えてフェルミ粒子が入ることはできない．恒星の物質中の電子はフェルミ気体となり，収縮していく星の内部の密度が十分高くなると，この電子気体は**縮退**する．すなわち，位相空間の単位要素あたり2個の粒子まで，という理論的限界に達する．5.2節で，縮退したフェルミ気体は**縮退圧**を生むことを示す．3.6節で論じた**白色矮星**は，内向きの重力が電子気体の縮退圧とつり合っている星と考えられている．白色矮星の構造は5.3節で論じるが，白色矮星は星の質量がチャンドラセカール限界質量（約 $1.4\,M_\odot$）を超えないときにのみ安定に存在する．

　もう一つの星の終状態は，**中性子星**である．5.4節で見るように，超高密度では，電子は原子核に吸収され，ほとんどが中性子で構成された物質が生み出される．中性子もフェルミ粒子なので，中性子気体も縮退圧を生む．中性子星は，重力が中性子の縮退圧とつり合っている天体である．超高密度の中性子星内部で成り立つ状態方程式は正確にわかっていないため，中性子星の構造は白色矮星ほどには理解できていない．中性子星にも白色矮星と同程度の質量の限界があるが，状態方程式の不定性のために，その限界は正確にはわかっていない．総合的な計算によると，$2\,M_\odot$ を超えないとみられている．

　中性子星の存在は1930年代に，中性子の発見後間もなく理論的に提唱されていたが，30年以上にわたり仮説的存在であった．1968年にパルサーが発見され，回転する中性子星であることがわかった．5.5節と5.6節で，中性子星の観測的研究という重要な分野についてまとめる．

星の初期質量は，必ずしも白色矮星や中性子星の質量限界より軽くなければならないわけではない．4.6 節と 4.7 節で，星は進化の遅い段階でかなりの質量を失うことを見た．そのメカニズムとして，赤色巨星段階の定常的な星風，あるいは惑星状星雲をつくるより急速な星外層の放出，あるいは超新星爆発を挙げた．多数の星の統計的研究から，約 $4\,M_\odot$ より軽い星は進化の果てに白色矮星になり，初期質量が $4\,M_\odot$ から $10\,M_\odot$ の星は超新星爆発を経るなどして中性子星になることが推測されている（たとえば，Shapiro and Teukolsky (1983, §1.3) を参照）．そして，初期質量が $10\,M_\odot$ より重い星は，おそらく白色矮星や中性子星になるほど質量を放出できず，収縮を続け，重力が光さえ逃げ出せないほど強くなり，ブラックホールになる．この**ブラックホール**の物理については 13.3 節で論じるが，5.6 節でブラックホールの観測的証拠について簡単に触れる．

5.2 フェルミ気体の縮退圧

気体の圧力は，気体を構成している粒子のランダムな運動から生じる．運動量 p の粒子の速さを v とし，運動量の分布関数が等方的であるとして，運動量が p と $p+\mathrm{d}p$ の間にある粒子の数は $4\pi p^2 f(p)\,\mathrm{d}p$ であるので，気体の圧力は運動学の基本的な表式

$$P = \frac{1}{3}\int vp f(p) 4\pi p^2\,\mathrm{d}p \tag{5.1}$$

で表される．これは，気体容器の壁の単位面積を考え，粒子の弾性散乱が与える圧力を考慮して，単位時間あたりこの面積に衝突する粒子数の分布を考えることにより導出できる．

理想気体に対し，式 (5.1) の $f(p)$ のマクスウェル分布を代入すれば，単位体積あたりの粒子数を n として，圧力は $nk_\mathrm{B}T$ と求められる（演習問題 5.1）．複数の種類の粒子を含む恒星の気体の圧力は，平均分子量 μ を用いて，$P = (k_\mathrm{B}/\mu m_\mathrm{H})\rho T$（式 (3.23)）で与えられる．粒子の熱運動から生じるこの圧力は（古典物理学が正統な範囲内では）$T=0$ でゼロになるはずである．しかし，フェルミ粒子が超高密度に圧縮される場合は，$T=0$ であっても多くの粒子はゼロでない運動量状態にとどまり，縮退圧が生じる．恒星の物質が圧縮される場合は，陽子や原子核よりずっと早く電子が縮退する．なぜなら，運動エネルギー $p^2/2m$ がさまざまな粒子に等分配されるなら，軽い電子の運動量は小さいからである．したがって，電子が運動量空間で占める体積は小さく，その体積における数密度はより重い粒子の数密度に比べ大きい．電子が縮退する密度になっても，より重い粒子はまだ縮退しない（位相空間占有度は理論限界

より低い). 実空間での体積 V, 運動量空間での運動量領域 d^3p を占める電子が, 位相空間においてとることのできる状態の数は $2V\mathrm{d}^3p/h^3$ である (2 は二つのスピン状態に対応する). d^3p が p と $p+\mathrm{d}p$ の間の殻に相当するならば, この殻内の単位体積あたりの状態の数は $8\pi p^2\mathrm{d}p/h^3$ である. これらの状態の占有度はフェルミ–ディラック統計により与えられる (たとえば, Pathria (1996, ch.8) を参照). 簡単のため, 有限温度の効果は無視し, フェルミ運動量 p_F 以下のすべての状態は占有され, p_F 以上はすべて空であると仮定する. このとき, 電子の数密度 n_e は

$$n_\mathrm{e} = \int_0^{p_\mathrm{F}} \frac{8\pi}{h^3} p^2 \mathrm{d}p = \frac{8\pi}{h^3} p_\mathrm{F}^3 \tag{5.2}$$

で与えられる. p と $p+\mathrm{d}p$ の間がすべて占有されているならば, $8\pi p^2\mathrm{d}p/h^3$ が $4\pi pf(p)p^2\mathrm{d}p$ に等しいはずで, 式 (5.1) の $f(p)$ は $p<p_\mathrm{F}$ のとき $2/h^3$, $p>p_\mathrm{F}$ のときゼロとなる. したがって,

$$P = \frac{8\pi}{3h^3} \int_0^{p_\mathrm{F}} vp^3 \mathrm{d}p \tag{5.3}$$

となる. ローレンツ因子を $\gamma = 1/\sqrt{1-v^2/c^2}$ とし, 相対論的な粒子の運動量の表式 $p = m\gamma v$ から (たとえば, Jackson (1999, §11.5) を参照),

$$v = \frac{p}{m\gamma} = \frac{pc^2}{E} = \frac{pc^2}{\sqrt{p^2c^2+m^2c^4}} \tag{5.4}$$

であるので, 縮退した電子気体の圧力は結局,

$$P = \frac{8\pi}{3h^3} \int_0^{p_\mathrm{F}} \frac{p^4c^2}{\sqrt{p^2c^2+m_\mathrm{e}^2c^4}} \mathrm{d}p \tag{5.5}$$

で表される.

つぎに, 圧力と密度を関係付ける状態方程式を求めたい. 恒星の構成物質のうち陽子や原子核は, 密度には寄与するが, 縮退していないため圧力には寄与しない. まず, 密度 ρ と電子の数密度 n_e の関係を考えよう. 水素の質量比を X とすれば, 水素原子 (電離しているため原子という形では存在していないが) の数密度は $X\rho/m_\mathrm{H}$ である. これらの原子は単位体積あたり $X\rho/m_\mathrm{H}$ 個の電子をもつ. ヘリウム原子は質量数 4 で電子を 2 個もつので, 単位質量数あたり 0.5 個の電子が寄与する. ヘリウムより重い原子でも, 寄与する電子の数は質量数あたり 0.5 に近い. いい換えると, ヘリウムおよびヘリウムより重い原子では, 電子の数は核子の数の半分である. すなわち, 恒星の物質の単位体積あたり, これらの原子は, 質量が $(1-X)\rho$ で, 核子を $(1-X)\rho/m_\mathrm{H}$ 個, 電子を $(1-X)\rho/2m_\mathrm{H}$ 個もつ. したがって, 電子の数密度 n_e は

$$n_{\rm e} = \frac{X\rho}{m_{\rm H}} + \frac{(1-X)\rho}{2m_{\rm H}} = \frac{\rho}{2m_{\rm H}}(1+X)$$

となる．これを

$$n_{\rm e} = \frac{\rho}{\mu_{\rm e} m_{\rm H}} \tag{5.6}$$

という形に書く．ただし，$\mu_{\rm e}$ は電子の平均分子量（1核子あたりの個数）で，

$$\mu_{\rm e} = \frac{2}{1+X} \tag{5.7}$$

である．式 (5.2) と (5.6) から，フェルミ運動量 $p_{\rm F}$ は

$$p_{\rm F} = \left(\frac{3h^3\rho}{8\pi\mu_{\rm e} m_{\rm H}}\right)^{1/3} \tag{5.8}$$

と表すことができる．式 (5.5) にこの $p_{\rm F}$ を代入して計算すれば，P と ρ を関係付ける状態方程式が得られる．ここでは，電子が非相対論的な場合と，超相対論的な場合のみを考える．

電子が非相対論的な場合は，

$$\sqrt{p^2c^2 + m_{\rm e}^2 c^4} \approx m_{\rm e} c^2$$

であるので，式 (5.5) は

$$P = \frac{8\pi}{15h^3 m_{\rm e}} p_{\rm F}^5$$

と積分できて，式 (5.8) を代入すると，

$$P = K_1 \rho^{5/3} \tag{5.9}$$

となる．ただし，

$$K_1 = \frac{3^{2/3}}{20\pi^{2/3}} \frac{h^2}{m_{\rm e} m_{\rm H}^{5/3} \mu_{\rm e}^{5/3}} = \frac{1.00 \times 10^7}{\mu_{\rm e}^{5/3}} \tag{5.10}$$

で，最後の数値は国際単位系 (SI) の場合である．この非相対論的な場合の状態方程式は，ファウラーにより最初に求められ，白色矮星内部の重力は電子の縮退圧で支えられていることが示された (Fowler, 1926)．

電子が超相対論的な場合は，

$$\sqrt{p^2c^2 + m_{\rm e}^2 c^4} \approx pc$$

であるので，式 (5.5) は

$$P = \frac{2\pi c}{3h^3} p_\mathrm{F}^4$$

と積分できて，式 (5.8) を代入すると，

$$P = K_2 \rho^{4/3} \tag{5.11}$$

となる．ただし，

$$K_2 = \frac{3^{1/3}}{8\pi^{1/3}} \frac{hc}{m_\mathrm{H}^{4/3} \mu_\mathrm{e}^{4/3}} = \frac{1.24 \times 10^{10}}{\mu_\mathrm{e}^{4/3}} \tag{5.12}$$

で，最後の数値は国際単位系 (SI) の場合である．

　式 (5.9) と (5.11) は，縮退した恒星物質の状態方程式の極端な二つの場合であり，理想気体の場合は式 (3.23) であった．これらは，ρ と T の値の組み合わせに応じて，使い分ける必要がある．ρ と T を軸にとったプロットをつくれば，その領域により用いる状態方程式を指定することができる．領域の境界においては，両側の状態方程式は同じ値をとるはずである．図 5.1 は，三つの式 (5.9), (5.11), (3.23) を使うべき領域を示すプロットである．温度 T の黒体輻射は $(1/3)a_\mathrm{B} T^4$ の圧力を与えるので，完全な取り扱いには含めなければならない．図はまた，輻射圧が支配的になる領域も示している．図中の破線は太陽の温度と密度の関係を示しており，太陽のような恒星では理想気体の取り扱いでよいことがわかる．

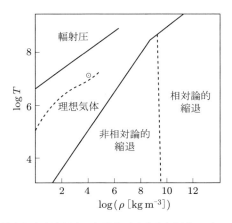

図 5.1　状態方程式を適用する領域を示す密度と温度のプロット．破線は太陽内部の密度と温度の関係を示す．［出典：Kippenhahn and Weigert (1990, p.130)］

5.3 白色矮星の構造，チャンドラセカール質量限界

前節で，縮退した物質の状態方程式は圧力と密度を関係付ける（温度によらない）ことを見た．すべて縮退した物質でできた星（白色矮星）を考えよう．P が ρ のみの関数である場合は，3章で述べた星の構造を示す四つの方程式のうち，式 (3.25) と (3.26) だけで十分である．二つの方程式に対し三つの未知の変数 ρ, P, M_r があるが，うち一つは独立でないので，二つの方程式を二つの変数に対し解くことができる．残りの式 (3.27) と (3.28) は，この場合不要である．こうして，縮退した物質でできた星のモデルの構築は，通常の星のモデルの場合より簡単になる．式 (3.25) と (3.26) から M_r を消去すれば，

$$\frac{1}{r^2}\frac{d}{dr}\left(\frac{r^2}{\rho}\frac{dP}{dr}\right) = -4\pi G\rho \tag{5.13}$$

を得る．状態方程式を $P = P(\rho)$ の形で与えれば，この式を積分することができる．

両極端の場合の式 (5.9) と (5.11) はともに

$$P = K\rho^{1+1/n} \tag{5.14}$$

の形をとり，n は非相対論的な場合と超相対論的な場合でそれぞれ 3/2 と 3 である．式 (5.14) のような密度と圧力の関係は，**ポリトロープ関係**とよばれる．星の内部の密度を

$$\rho = \rho_c \theta^n \tag{5.15}$$

という形に書く．ここで，ρ_c は中心密度であり，新しい無次元変数 θ は中心で 1 である．式 (5.15) を式 (5.14) に代入して，

$$P = K\rho_c^{(n+1)/n}\theta^{n+1} \tag{5.16}$$

を得る．もう一つの無次元変数 ξ を

$$r = a\xi \tag{5.17}$$

として導入する．ただし，a は

$$a = \left[\frac{(n+1)K\rho_c^{(1-n)/n}}{4\pi G}\right]^{1/2} \tag{5.18}$$

で定義される長さの次元をもつ定数である．式 (5.15)〜(5.18) を用いると，式 (5.13) は

$$\frac{1}{\xi^2}\frac{\mathrm{d}}{\mathrm{d}\xi}\left(\xi^2\frac{\mathrm{d}\theta}{\mathrm{d}\xi}\right)=-\theta^n \tag{5.19}$$

と書くことができ，これは**レーン–エムデン方程式**とよばれている (Hemer Lane, 1869; Emden, 1907). 星の内部の物質がポリトロープ関係を満たすなら，星の構造はレーン–エムデン方程式を用いて解くことができる．これは 2 階の微分方程式なので，積分するには二つの境界条件が必要である．一つは明らかに

$$\theta(\xi=0)=1 \tag{5.20}$$

であり，もう一つは星の中心で密度が急激に上昇しないということから，

$$\left(\frac{\mathrm{d}\theta}{\mathrm{d}\xi}\right)_{\xi=0}=0 \tag{5.21}$$

という条件とする．

ポリトロープ関係とレーン–エムデン方程式は，星の構造の研究の初期に重要な役割を果たした．エムデンやエディントンは，星の内部でポリトロープ関係が成り立つと仮定して，レーン–エムデン方程式を解くことにより，星の構造を調べようとした (Emden, 1907; Eddington, 1926). 現在では，通常の星に対してこれは粗いモデルであることがわかっているが，縮退した星に対しては標準的な手法になっている．

レーン–エムデン方程式 (5.19) を境界条件 (5.20), (5.21) のもとで解くことを考えよう．n が 0, 1, 5 の場合は，解析解が存在する．それ以外の場合は数値的に解くことになる．n が 5 より小さい場合は，有限な ξ の値 (ξ_1 とする) に対して θ はゼロに落ちる．これは星の表面と解釈することができ，式 (5.15), (5.16) で与えられる密度と圧力はゼロにならねばならない．

つぎに，レーン–エムデン方程式を実際に解くことなく出てくる重要な結論を見ておこう．ある特定の n の値をもつポリトロープ状態方程式 (5.14) を満たす物質でできた星のグループがあるとする．このグループの星はさまざまな ρ_c をもつ．ある ρ_c の値をもつ星は，対応する半径 R と対応する質量 M をもつと期待される．これらの星の ρ_c, R, M の関係を導こう．ξ が ξ_1 の値をとるとき θ がゼロになるとすれば，星の半径は

$$R=a\xi_1$$

となるが，式 (5.18) を考慮すると，

$$R\propto \rho_c^{(1-n)/2n} \tag{5.22}$$

である．なぜなら，R の表式に含まれるほかの量は同じグループの星に対して同一だからである．星の質量は

$$M = \int_0^R 4\pi r^2 \rho \, dr = 4\pi a^3 \rho_c \int_0^{\xi_1} \xi^2 \theta^n \, d\xi \tag{5.23}$$

であり，ここでも積分 $\int_0^{\xi_1} \xi^2 \theta^n \, d\xi$ は同じグループの星に対して同一である．よって，a の ρ_c に対する依存性を考えると，

$$M \propto \left(\rho_c^{(1-n)/2n}\right)^3 \rho_c$$

すなわち

$$M \propto \rho_c^{(3-n)/2n} \tag{5.24}$$

となる．

ポリトロープ関係式 (5.14) で $n = 3/2$ ととると，非相対論的状態方程式 (5.9) となる．式 (5.22), (5.24) で $n = 3/2$ とおけば，

$$R \propto \rho_c^{-1/6}, \quad M \propto \rho_c^{1/2}$$

であり，これを組み合わせると，

$$R \propto M^{-1/3} \tag{5.25}$$

を得る．これは，物質が非相対論的状態方程式を満たす場合の白色矮星に対する．重要な質量 – 半径関係式である．図 5.2 は，非相対論的状態方程式を用いて白色矮星を解いた場合に，半径が質量とともにどう変わるかを示している．質量が重くなるほど大きさは減少することが明らかである．

つぎに，超相対論的な状態方程式 (5.11) の場合を考える．これは，ポリトロープ関係式 (5.14) で $n = 3$ ととることに相当する．式 (5.24) に $n = 3$ を代入すると，質量 M は ρ_c に依存しないことがわかる．その値は式 (5.23) から求められる．式 (5.19) に ξ^2 を掛けて，$\xi = 0$ から $\xi = \xi_1$ まで積分すると，

$$\int_0^{\xi_1} \xi^2 \theta^n \, d\xi = -\xi_1^2 \left(\frac{d\theta}{d\xi}\right)_{\xi=\xi_1} \tag{5.26}$$

となる．すなわち，式 (5.23) の積分は $|\xi_1^2 \theta'(\xi_1)|$ で置き換えることができる．ただし，プライム ($'$) は ξ に関する微分を示す．さらに，式 (5.18) で与えられる a の表式を式 (5.23) に代入し，K に式 (5.12) を代入すると，結果として

5.3 白色矮星の構造，チャンドラセカール質量限界

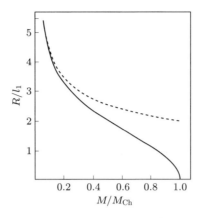

図 5.2 白色矮星の半径と質量の関係．実線は数値計算による解で，破線は非相対論的状態方程式による解．[出典：Chandrasekhar (1984)]

$$M_{\text{Ch}} = \frac{\sqrt{6}}{32\pi} \left(\frac{hc}{G}\right)^{3/2} \left(\frac{2}{\mu_e}\right)^2 \frac{\xi_1^2 |\theta'(\xi))|}{m_H^2} \tag{5.27}$$

を得る．レーン–エムデン方程式を $n=3$ の場合について解くと，$\xi_1^2|\theta'(\xi))| = 2.018$ となる．ほかの定数にも数値を入れると，つぎのようになる．

$$M_{\text{Ch}} = 1.46 \left(\frac{2}{\mu_e}\right)^2 M_\odot \tag{5.28}$$

星の物質が相対論的な状態方程式 (5.11) を満たす場合は，質量はこの値のみをとるという結論に至った．図 5.2 の横軸はこの M_{Ch} を単位にとっている．なぜこうなっているかを理解するためには，非相対論極限あるいは超相対論的極限をとるのではなく，式 (5.5) を正しく取り扱う必要がある．式 (5.13) にこの状態方程式を用いることにより，半径と質量の関係が求められる．この問題はチャンドラセカールにより数値的に解かれた (Chandrasekhar, 1935)．結果は図 5.2 に実線で示してある．軽い白色矮星（半径も大きい）では，内部の密度も大きくなく，非相対論的極限が当てはまる．したがって，図の左では，実線は非相対論的状態方程式の破線に近づく．質量が重く半径が小さくなると，式 (5.8) に従いフェルミ運動量 p_F が増大する．$p_F \approx m_e c^2$ になると，相対論的効果が重要になり，破線は実線から離れていく．式 (5.9) と (5.11) とを比較すると，相対論的効果により，状態方程式は「より硬くなくなる」あるいは「柔らかくなる」，すなわち密度の上昇に伴う圧力の増加が非相対論的な場合のように急速でなくなることがわかる．これは基本的には，粒子の速度が c で飽和するため，粒子のランダムな運動で生じる圧力が，飽和が起こる前ほどは圧力とともに上昇しないということである．柔らかい状態方程式は重力に対抗する効率が低下する．その結

果，実線は破線より下に来ることになり，ある質量の白色矮星の半径は（非相対論的状態方程式より柔らかい）完全な状態方程式を用いるほうが小さくなる．右側へ進むにつれ半径は小さく，内部の密度は高くなるので，状態方程式の超相対論的極限に近づく．超相対論的極限の状態方程式に対応する質量 M_Ch は，半径がゼロになったときの極限であり，**チャンドラセカール限界質量**とよばれる (Chandrasekhar, 1931)．白色矮星の質量がこれより大きくなることはない．

白色矮星は，水素が燃え尽きてヘリウム（場合によりそれより重い元素）になった星のコアからつくられる．水素の質量比が $X \approx 0$ ならば，式 (5.7) より $\mu_e \approx 2$ である．よって，式 (5.28) よりチャンドラセカール限界質量は約 $1.4\,M_\odot$ である．図 5.1 より，密度が $10^9\,\mathrm{kg\,m^{-3}} = 10^6\,\mathrm{g\,cm^{-3}}$ 程度になると，状態方程式は相対論的になる．これが白色矮星の典型的な内部の密度になる．質量が 10^{30} kg 程度であれば，半径は 10^7 m $\approx 10^4$ km であり，これは実際，白色矮星の典型的な半径である．

5.4 中性子ドリップと中性子星

電子の縮退圧が白色矮星の重力を支えているように，中性子の縮退圧が中性子星の重力を支えている．ランダウ (L.D. Landau) は，中性子の発見 (Chadwick, 1932) の報を聞くとただちに，中性子ばかりでできた星の存在を推測したという．陽子と異なり，中性子は電気的に中性なので，静電的反発力を受けずに集めることができる．しかし，中性子は

$$n \to p + e^- + \bar{\nu}_e \tag{5.29}$$

のように，半減期約 13 分で崩壊してしまう．逆反応

$$p + e^- \to n + \nu_e \tag{5.30}$$

は，中性子の質量が陽子と電子の質量を加えたものより大きいため，外からその欠損分に相当するエネルギーが供給された場合のみ起こる．したがって，通常の実験室環境では，逆反応は起こらず，自由中性子は式 (5.29) のように崩壊していく．

物質が超高密度になると，様相は急激に変化する．簡単のために，強く圧縮された物質が電子と陽子と中性子のみで構成されているとしよう（原子核ができている可能性は無視する）．密度が上がるとまず，電子が縮退し，それより重い粒子は縮退しないままで残る．高密度の領域にさらに電子を加えたとしよう．エネルギー準位は，電子の密度 n_e と式 (5.2) で関係付けられた，フェルミ運動量 p_F に対応するフェルミエネルギー

$$E_{\mathrm{F}} = \sqrt{p_{\mathrm{F}}^2 c^2 + m_{\mathrm{e}}^2 c^4}$$

まですべて詰まっている．低いエネルギー準位はすべて満たされているため，電子にエネルギー $E_{\mathrm{F}} - m_{\mathrm{e}} c^2$ を与えない限り，電子を高密度領域に加えることはできない．このときの超過エネルギーが，中性子の質量と陽子と電子の合計質量の差に相当する $(m_{\mathrm{n}} - m_{\mathrm{p}} - m_{\mathrm{e}}) c^2$ 以上になった場合を考える．この状況では，電子は陽子と結合して中性子になる（式 (5.30)）ほうが，自由電子でいるよりエネルギー的に得をすることになる（中性子は縮退しておらず，最低のエネルギー状態でつくられると仮定する）．この条件を式で書くと，

$$\sqrt{p_{\mathrm{F,c}}^2 c^2 + m_{\mathrm{e}}^2 c^4} - m_{\mathrm{e}} c^2 = (m_{\mathrm{n}} - m_{\mathrm{p}} - m_{\mathrm{e}}) c^2$$

となる．ここで，$p_{\mathrm{F,c}}$ は臨界フェルミ運動量である．これより，$Q = m_{\mathrm{n}} - m_{\mathrm{p}}$ とおいて，

$$m_{\mathrm{e}} c^2 \left(1 + \frac{p_{\mathrm{F,c}}^2}{m_{\mathrm{e}}^2 c^2} \right)^{1/2} = Q c^2$$

とし，臨界フェルミ運動量について解くと，

$$p_{\mathrm{F,c}} = m_{\mathrm{e}} c \left[\left(\frac{Q}{m_{\mathrm{e}}} \right)^2 - 1 \right]^{1/2} \tag{5.31}$$

となる．フェルミ運動量は密度とともに増加するから，密度が臨界密度以下になればフェルミ運動量も $p_{\mathrm{F,c}}$ 以下になる．その場合，自由電子のほうがエネルギー的に得なので，中性子は式 (5.29) のように崩壊してしまい，存在しない．フェルミ運動量が臨界値 $p_{\mathrm{F,c}}$ と等しくなる臨界密度は，式 (5.31) を評価し，式 (5.2) を用いて n_{e} を求めて，$m_{\mathrm{p}} + m_{\mathrm{e}}$ を掛ける（臨界密度以下では陽子と電子しか存在しない）ことにより，つぎのように計算できる．

$$\rho_c = 1.2 \times 10^{10}\,\mathrm{kg\,m^{-3}} \tag{5.32}$$

密度がこの値を超えると，電子は陽子と結合して中性子になり始める．この現象を**中性子ドリップ**とよぶ．臨界密度より十分高ければ，物質はほとんど中性子のみとなる．これらの中性子は，式 (5.29) の反応が抑制されるため崩壊しない．なぜなら，崩壊で生成する電子が（高いフェルミ準位より下に）自由な状態をとることができないためである．

ここまでは，原子核の生成を無視した簡単な中性子ドリップの計算を扱った．原子核

の存在を考えると，計算はずっと複雑になる (Shapiro and Teukolsky, 1983, §2.6)．適切な仮定のもとに，中性子ドリップの臨界密度は 3.2×10^{14} kg m^{-3} となる．厳密には，「中性子ドリップ」は，密度が臨界密度以上になったとき，原子核から中性子がこぼれ出ることを指す言葉である．

　星のコアが，何らかの理由で中性子ドリップを起こす密度より高い密度に圧縮されると，コアは実質的に中性子のみになる．中性子は電子と同様フェルミ粒子であり，パウリの排他律に従うので，中性子も縮退圧を生む．5.2 節で，フェルミ－ディラック統計に基づき電子の縮退圧を導出した際，粒子は相互作用しないと仮定した．これは，白色矮星中の電子気体に対しては，悪い近似ではない．しかし，中性子星の内部のように，中性子が原子核の密度に近い密度まで圧縮されるとき，隣り合う中性子は核力で相互作用するので，相互作用がないという仮定は成り立たない．そのため，超高密度の物質に対し状態方程式を定めることは非常に困難で，まだ満足のいく答えは得られていない．白色矮星のチャンドラセカール限界質量と同様，中性子星にも限界質量がある．しかし，状態方程式の知見の不確定性のために，その値は正確には求められていない．状態方程式がいくら硬くても音速が光速を超えることはない，として絶対的な理論的上限を得ることは可能である (Rhoades and Ruffini, 1974)．この値は $3.2\ M_\odot$ であるが，実際の限界質量はこれより軽く，$2\ M_\odot$ 程度と考えられている．

　詳細な計算によれば，中性子星の典型的な半径は 10 km 程度で，内部の密度は 10^{18} kg m^{-3} 程度であるとされている．一般相対論的効果は，r_S/r が 1 に比べ小さければ無視できる（$r_S = 2GM/c^2$ はシュヴァルツシルト半径）が，中性子星では，$M = M_\odot$ と $r = 10$ km を入れると，この比は 0.3 と大きい．したがって，厳密な計算では一般相対論的効果は無視できない．星の構造の静水圧平衡の式，つまり式 (3.25) と (3.26) は，一般相対論では修正する必要がある (Oppenheimer and Volkov, 1939)．

　中性子星は長い間理論的な存在であった．バーデとツヴィッキーは，超新星爆発で中性子星がつくられる可能性を指摘した (Baade and Zwicky, 1934)．$M_\odot$ の星が半径 10 km につぶれると，失われる重力エネルギーは 10^{46} J であり，超新星の爆発エネルギーに近い．内部のコアがつぶれて中性子星がつくられるときに失われるエネルギーが，何らかの形で星の外層に与えられれば，外層はそのエネルギーで爆発する．誰もこの考え方を真剣に受け取らなかったが，次節に述べるように，1960 年代の終わりに劇的な形で確認されることとなった．

5.5 パルサー

ベル，ヒューイッシュらが，1秒程度の間隔で規則的に電波パルスを繰り返し放出する天体を発見し (Hewish, Bell Burnell et al., 1968)，中性子星の存在の決定的な観測的証拠が得られた．このような**パルサー**とよばれる天体の信号例を図5.3に示す[†]．発見後間もなく，ゴールドは，パルサーが回転する中性子星であることを指摘した (Gold, 1968)．パルスの周期は回転か振動のような物理的機構と考えられた．しかし，白色矮星や中性子星の振動周期は観測されたパルサーの周期に合わなかった（通常の星の振動周期はずっと長い）．パルサーの周期がある物体の回転周期ならば，遠心力は重力を超えることはない．よって，

$$\Omega^2 r < \frac{GM}{r^2}$$

すなわち（数係数は無視して）

$$\Omega < \sqrt{G\rho} \tag{5.33}$$

を満たすはずである．回転周期が1sであれば，遠心力で回転する物体が壊れないためには，密度が10^{11} kg m^{-3} 以上でなければならないことを意味している．これまで見つかっているパルサーで最も短い回転周期は1.4 msであり，白色矮星（密度はおよそ10^9 kg m^{-3}）ではありえず，中性子星が唯一の可能性である．

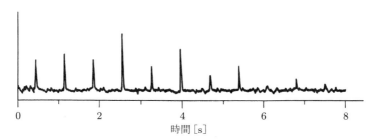

図5.3 パルサー PSR 0329+54 からの電波信号．0.714 s の周期を示す．

かに星雲 (Crab) と帆座 (Vela) の超新星残骸の中心付近にパルサーが見つかり，中性子星は超新星爆発で生まれるというバーデとツヴィッキーの説は，強力な支持を得ることになった (Baade and Zwicky, 1934)．しかし，パルサーと超新星残骸の関連

[†] 訳注：天体名 PSR 0329+54 は，PSR は Pulsating Source of Radiation の略であり，続く数字は赤経が$03^{\rm h}29^{\rm m}$，赤緯が$+54°$ であることを示す．

が明らかである例は多くなく，たいていは古くない（10^5年より若い）超新星残骸である．超新星爆発は非対称で，中性子星は運動量をもって誕生し，超新星残骸の中心から離れるため，爆発から長い時間が経っていないもののみ発見されるのかもしれない．あるいは，超新星残骸の多くは中性子星をつくらないとか，中性子星がパルサーとしては観測されないのかもしれない．

ここで肝心な問題は，なぜ回転する中性子星がパルサーとして観測されるのか，である．電波放射は中性子星の磁極付近の複雑なプラズマ過程によって発生すると考えられる．回転中に磁極が観測者のほうを向くと，観測者は電波パルスを受け取る．典型的なパルサーのデューティー比（duty cycle，電波信号が受信される時間の割合）は10%である．

パルサーから放出されるエネルギーの起源は，中性子星の回転エネルギーであると考えられている．エネルギー放出に伴い，中性子星の回転は遅くなっていく．そのため，すべてのパルサーの周期はゆっくり増加していく．典型的な増加率は$\dot{P} \approx 10^{-15}\,\mathrm{s\,s^{-1}}$である．ここから，パルサーの寿命を$P/\dot{P}$で見積もることができ，$10^7$ yr程度となる．中性子星はパルサーとして10^7 yr程度存在した後，回転が遅くなってパルサーとしては活動しなくなると考えられる．「かに」パルサーの周期増加率から回転エネルギーの減少率を（慣性モーメントを得るため質量と半径に適当な仮定をおいて）計算すると，6×10^{31} Wとなり，かに星雲全体からのエネルギー放出率と同程度であり，電波パルスに与えられるエネルギーより数桁大きい．こうして，かに星雲全体のエネルギー源はパルサーの回転エネルギーであるらしいことがわかった．

パルサーのように高速回転している天体は，極方向に少し扁平になっていると考えられる．回転が遅くなるにつれ，パルサーはより球形に近くなっていく．中性子星の殻は固体であると考えられているので，中性子星の形は連続的には変形しない．中性子星が減速することにより応力が高まっていくと，あるところで突然殻の破壊が起こり，中性子星はより球形に近い形をとることができるようになり，物体がより回転軸の近くに集まることになって，慣性モーメントが減少する．この破壊が起こると，慣性モーメントが突然変化し，角運動量保存のため角速度が突然増加する．このようなパルサー周期の突然の変化は実際に観測されており，**グリッチ**とよばれている．グリッチを除けば，パルサーの周期は定常的に増加を続ける．図5.4に，パルサー周期の時間変化の例を示す．この場合，4回のグリッチが見られる．

電磁気学の教科書には，振動する電気双極子からの輻射が扱われているが（たとえばJackson (1999, §9.2)），振動する磁気双極子（モーメントm）からの輻射の場合も同様に導かれる．

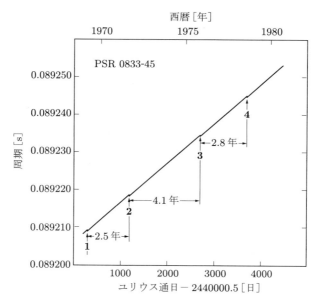

図 5.4 パルサー PSR 0833-45（ほ座パルサー）の周期の時間変化．4 回のグリッチが見られる．[出典：Downs (1981)]

$$\dot{E} = -\frac{\mu_0}{6\pi c^3}|\ddot{\bm{m}}|^2$$

磁気双極子モーメントの変化が軸と角度 α をなす回転である場合は，

$$\dot{E} = -\frac{\mu_0 \Omega^4 \sin^2 \alpha}{6\pi c^3}|\bm{m}|^2 \tag{5.34}$$

となる．ただし，Ω は回転の角速度である．パルサーからの輻射は回転する磁気双極子として近似することができる．パルサーの磁場が双極子磁場で表されるとすれば，極における磁場の大きさは

$$B_{\rm p} = \frac{\mu_0 |\bm{m}|}{2\pi R^3}$$

となる．ただし，R は中性子星の半径である．式 (5.34) の $|\bm{m}|$ を $2\pi B_{\rm p} R^3/\mu_0$ で置き換えると，

$$\dot{E} = -\frac{2\pi B_{\rm p}^2 R^6 \Omega^4 \sin^2 \alpha}{3\mu_0 c^3}$$

を得る．このエネルギー損失が回転の運動エネルギー $(1/2)I\Omega^2$（I は慣性モーメント）の変化から生じているものであるとすれば，

$$\frac{\mathrm{d}}{\mathrm{d}t}\left(\frac{1}{2}I\Omega^2\right) = I\Omega\dot{\Omega} = -\frac{2\pi B_\mathrm{p}^2 R^6 \Omega^4 \sin^2\alpha}{3\mu_0 c^3} \tag{5.35}$$

が成り立つ．観測からパルサーの Ω と $\dot{\Omega}$ が決定できれば，式 (5.35) を用い，I と R に適切な値を代入することにより[†]，パルサーの磁場 B_p が求められる．かに星雲の場合は，$\sin\alpha \approx 1$ として，

$$B_\mathrm{p} \approx 5 \times 10^8\,\mathrm{T}$$

となる．パルサーの磁場は人類の知る最も強力なものである．式 (5.35) を導いた真空中で回転する双極子磁場という仮定は近似である．ゴールドライクとジュリアンは，回転する中性子星はプラズマの満ちた磁気圏に囲まれているはずであることを示した (Goldreich and Julian, 1969)．しかし，次元解析からだけでも，式 (5.35) のような式が近似的には成り立つことはわかる．

5.5.1 連星パルサーと一般相対性理論の検証

ハルスとテーラーが発見した興味深い天体について論じよう (Hulse and Taylor, 1975)．彼らは平均周期 0.059 s のパルサーを発見した．しかし，その周期は，この平均周期の前後を約 8 時間で周期的に増減していた．最も素直な解釈は，パルサーが見えない伴星の周りを回っており，ドップラー効果でパルサー周期が変化するというものである．パルサーが我々に向かって動いていれば周期は減少し，遠ざかるように動いていれば増加する．さまざまな軌道要素を解析することにより，パルサーと伴星双方の質量を求めることができ（たとえば，Shapiro and Teukolsky (1983, §16.5) を参照），どちらも $1.4 M_\odot$ 程度であった．見えない伴星の質量は，白色矮星でありうる最大質量付近であり，中性子星である可能性が高い．

このように，これは二つの中性子星がお互いの周りを回っており，一つがパルサーとして活動しているというユニークな連星系である．軌道は離心率 0.62 の長楕円軌道である．古典電磁気学で旋回する電荷が電磁波を放射するように，一般相対性理論によれば，このような系は重力波を放射する．系が重力波でエネルギーを失うにつれ，二つの中性子星は近づき，軌道周期は減少する．精密な一般相対性理論的計算によれば，軌道周期の変化率は $\dot{P}_\mathrm{orb} = -2.40 \times 10^{-12}$ であり，観測値 $(-2.30 \pm 0.22) \times 10^{-12}$ とよく合っている．これは一般相対性理論の高精度の検証であり（13.5 節で論じる），重力波の存在の間接的証明でもある．天体からの重力波は未だに直接的に観測されて

[†] 訳注：$I \approx 10^{38}\,\mathrm{kg\,m^2}$，$R \approx 10^4\,\mathrm{m}$ 程度の値をとる．

いない[†1].

5.5.2 ミリ秒パルサーと連星パルサーの統計

　バッカーらは,周期 1.56 ms のそれまでで最も周期の短いパルサーを発見した (Backer et al., 1982). その時点で知られていた最も短い周期は,かにパルサーの 33.1 ms であった. その後も,10 ms 以下のパルサーが相次いで見つかり,連星系にあるものも見つかった. これら**ミリ秒パルサー**の周期変化率 $\dot{P}$ を測定し,式 (5.35) により磁場を推定すると,10^8 G のオーダーのものが多く,普通のパルサーの典型的な値 10^{12} G よりずっと小さい. 図 5.5 は,パルサー周期 P と磁場 B に対する散布図である. 連星パルサーは円で示されている. 普通のパルサーは右上のほうに集中し,ミリ秒パルサーは左下に分布している. 普通のパルサーで連星系にある例は少ないが,ミリ秒パルサーでは連星系にあるものが多い. 両者は別のグループを作っているようである.

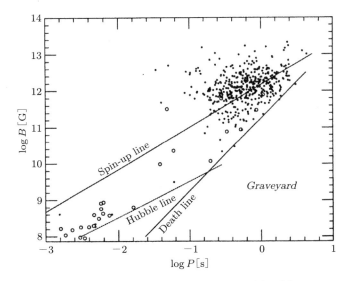

図 5.5 パルサーの周期と磁場の関係. 連星パルサーは円で示す. Death line, Hubble line については本文参照. 中性子星の回転が連星からの降着で速くなると,Spin-up line と書かれた線の少し下に落ち着いていく.
[出典:Deshpande, Ramachandran and Srinivasan (1995)[†2]. Taylor, Manchester and Lyne (1993) のパルサーパラメータに基づく.]

[†1] 訳注:p.13 の脚注参照.

[†2] Deshpande, A. A., Ramachandran, R. and Srinivasan, G., *Journal of Astrophysics and Astronomy*, **16**, 69, 1995. Reproduced with permission, © Indian Academy of Sciences.

中性子星の回転が遅いか磁場が弱ければ，パルサーとしては活動しないであろう．図5.5に **Death line** として示された線は，これ以下では中性子星がパルサーとして活動しないという境界である．この線はパルサー磁気圏の物理から理論的に導くことができる．パルサーの年齢が古くなると，周期が伸びて図 5.5 の右方に移動していくが，Death line を超えるとパルサーとして観測されなくなる．パルサーの年齢は $P/\dot{P}$ で推定される．図 5.5 の **Hubble line** は，その下方ではパルサーの年齢がハッブル時間（ハッブル定数の逆数で，おおよその宇宙年齢）を超える境界である．

普通のパルサーとミリ秒パルサーの関係については，ミリ秒パルサーが連星系で多く見つかるという事実（単独で見つかるものはどこかの段階で連星系が破壊された可能性がある）から，近年統一的な理解が進んでいる．中性子星が誕生するときは，普通のパルサーに典型的な回転周期 P と磁場 B をもっていると考えられる．中性子星が連星系であった場合，伴星がある段階で赤色巨星に進化し，ロッシュ・ローブを満たす．こうなると，3.5.3 項で論じたように，膨張した伴星から中性子星に質量移動が起こる．次節で論じる X 線連星は，連星の膨張した伴星から物質を降着している中性子星であると考えられている．伴星の軌道運動のため，中性子星に伴星から降着する物質は角運動量をもっている．このため，降着を受ける中性子星は角速度が増加し，回転周期が減少する．伴星の赤色巨星段階が終了（白色矮星か中性子星に進化）すると，角運動量をもつ物質を降着して回転が速くなった中性子星が，短い周期 P のミリ秒パルサーとして活動するようになる（図 5.5 の **Spin-up line** の少し下）．もちろん磁場が減少することを説明する必要があり，さまざまな理論的な考察が行われている．たとえば，中性子星に降着した物質が広がって磁場を効率よく埋めてしまい，表面に現れる磁場が弱くなるという説がある．

5.6 X 線連星，降着円盤

中性子星が存在することに対する別種の証拠が，パルサー発見と同じ頃に現れた．ジャッコーニらは，ロケットに搭載したガイガーカウンターを用いていくつかの X 線天体を発見した (Giacconi *et al.*, 1962)．X 線天文学に特化した Uhuru 衛星が 1970 年に打ち上げられ，これらの X 線天体が詳しく調べられた．多くは銀河面で見つかり，銀河系内の天体であることが示唆された．いくつかについては光学対応天体が見つかり，連星であることがわかった（**X 線連星**）．連星が X 線を放射する何らかの機構が存在するはずである．

重力加速度 g の重力場中で高さ h から質量 m を落下させるとする．重力ポテンシャ

ルエネルギー mgh は最初運動エネルギーに変換され，地上に落ちると，そのエネルギーは熱や音に変換される．通常，この過程で静止質量エネルギー mc^2 はごく一部しか解放されない．しかし，質量 m が無限遠から質量 M，半径 R の星に落下するとき，失われる重力エネルギーは

$$\frac{GM}{R}m = \frac{GM}{c^2 R}mc^2$$

となり，典型的な質量 $M_\odot$ と半径 10 km の中性子星では係数 $GM/c^2 R$ は 0.15 となる．この場合，重力エネルギーの損失は静止質量エネルギーのかなりの割合となり，中性子星のようなコンパクトな天体の深い重力井戸へ物質が落ち込むと，非常に高効率でエネルギーが解放されることがわかる．

4.5.1 項で，連星系には質量移動が起こることを見た．連星系の片方が中性子星かブラックホールのようなコンパクト天体で，他方がロッシュ・ローブを満たす星であるとする．コンパクト星は伴星から物質を降着し，降着する物質はコンパクト星に落ち込む際に重力ポテンシャルエネルギーの多くを失い，そのエネルギーは放射される．X線天体の多くはこのような機構で放射していると考えられる．5.5.2 項で，ミリ秒パルサーは連星の質量移動で角運動量を受け取り回転が早くなった中性子星であると述べた．X線連星でも同様の質量移動が起きる．ミリ秒パルサーはその質量移動が終息した後の姿なのかもしれない．

降着する物質は角運動量をもっているため，半径方向には落ち込まず，図 5.6 のように，**降着円盤** (accretion disk) をつくってゆっくり落ち込んでいく．ガスのある塊に注目すると，らせん状の経路を描く．降着円盤の研究はシャクラとスニャエフにより最初に行われた (Shakura and Sunyaev, 1973)．惑星が太陽の周りを円に近い軌道で回るように，ガスの塊も円に近い軌道をとる．重力と遠心力のつり合いから，距離 r 離れた場所での角速度は

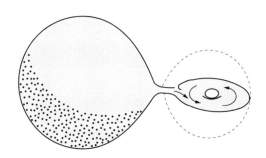

図 5.6　連星系と降着円盤のスケッチ

$$\Omega = \sqrt{\frac{GM}{r^3}} \tag{5.36}$$

と求められる．太陽を巡る惑星の角速度は実際 $r^{-3/2}$ に比例し，惑星運動に関するケプラーの第3法則が成り立っている．よって，式 (5.36) を満たす円運動は**ケプラー運動**とよばれている．降着円盤には粘性がはたらかないとすると，ガスの塊は惑星と同様，永遠にケプラー運動を続ける．しかし，異なる角速度で運動する隣り合ったガスの層の間にはたらく粘性抵抗により，物質は円盤の内側の領域に向かってらせん運動し続ける．物質が重力ポテンシャルエネルギーを失いながら降着円盤の内側にらせん運動するにつれ，エネルギーは円盤から放射される．

降着物質が質量 M, 半径 R のコンパクト星に落ち込む際，単位質量の塊は $-GM/R$ のエネルギーを失い，これが放射される．質量降着率を $\dot{M}$ とすると，この場合の光度は

$$L = \frac{GM\dot{M}}{R} \tag{5.37}$$

となることが期待される．光度を決めるのは $\dot{M}$ である．降着率が高すぎて天体が明るくなりすぎると，物質に対してはたらく輻射圧力による外向きの力が，重力による内向きの力より強くなる．光度はエディントン光度限界を超えられないことを3.5.1項で論じた．さもなければ，物質は外向きに飛ばされて降着率が低下し，光度がエディントン光度限界を超えないような値まで調整されてしまう．この議論から，最も明るい降着天体の光度はエディントン光度限界に近いと期待される．降着物質の不透明度はおもにトムソン散乱によるものである．2.5.1項のトムソン散乱の式を用いると，式 (3.94) のエディントン光度限界は

$$L_{\text{Edd}} = \frac{4\pi cGMm_{\text{H}}}{\sigma_{\text{T}}} = 1.3 \times 10^{31} \left(\frac{M}{M_\odot}\right) \text{ W} \tag{5.38}$$

と表せる．明るいX線天体の光度は 10^{31} W に近い．式 (5.37) の光度が式 (5.38) のエディントン光度限界に等しいとおくと，質量降着率は，$M = M_\odot, R = 10$ km として，

$$\dot{M} = 1.5 \times 10^{-8} M_\odot \text{ yr}^{-1} \tag{5.39}$$

となる．これは連星系における典型的な質量降着率である．光度は降着物質が落ち込む中性子表面から熱的輻射であるとすると，その領域の温度 T は

$$L = 4\pi R^2 \sigma T^4$$

から求めることができ，$L = 10^{31}$ W, $R = 10$ km とすると，2×10^7 K を得る．この温度の黒体輻射は X 線にピークをもつ．こうして，中性子星への降着の理論モデルは，自然に X 線放射を説明できる．白色矮星への降着では温度はずっと低く，おもな輻射の波長領域は X 線より長いところになる．

3.5.1 項で述べたように，星の質量は連星系であれば軌道要素から決定できる．多くの X 線連星と連星パルサーの中性子星の質量が決定されている．図 5.7 に，比較的高い精度で決定された中性子星の質量を示す．すべての例で中性子星の限界質量（正確にはわかっていないが）を下回っている．しかし，降着を起こしている X 線連星のいくつかは $3M_\odot$ を超えている．最もよく調べられている例は Cygnus X-1 であり，さまざまな時間スケールで光度が変動している．降着する天体の質量は適切な状態方程式に基づく中性子星の限界質量を超えているため，中性子星ではなくブラックホールであると考えられている．

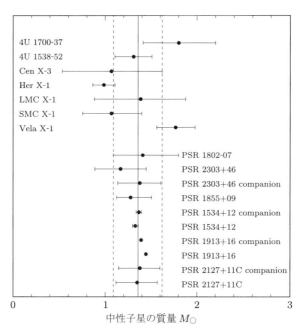

図 5.7　X 線連星と連星パルサーの中性子星の質量の推定値．図は J. Taylor による．［出典：Longair (1994, p. 114)］

演習問題 5

5.1 弾性衝突における運動量変化が圧力を与えるということを思い出して，気体容器の単位面積をとり，この面積に単位時間に衝突する粒子の分布を考えることによって，気体の圧力の一般式 (5.1) を導出せよ．また，マクスウェル分布の表式 (2.27) を用いて，この分布に対して $f(p)$ を求め，圧力が $nk_{\rm B}T$ となることを示せ．

5.2 式 (5.5) の積分を $p = m_{\rm e}c\sinh\theta$ と置換して実行し，式 (5.5) で与えられる電子縮退圧力の一般式が

$$P = \frac{\pi m_{\rm e}^4 c^5}{3h^3} f(x)$$

で与えられることを示せ．ただし，

$$f(x) = x(2x^2 - 3)\sqrt{x^2 + 1} + 3\sinh^{-1} x$$

および $x = p_{\rm F}/m_{\rm e}c$ である．また，さまざまな x に対し $f(x)$ の数値を求め，$\log \rho$ に対する $\log P$ のプロットを作成せよ．式 (5.9) と (5.11) の二つの極端な場合の表式に対応するプロットの領域を示せ．

5.3 式 (5.9)〜(5.12) までの代数計算および数値代入を実行せよ．また，本文に記された手続きに従い，図 5.1 を自分で作成せよ．そして，この手続きを丁寧な議論で正当化せよ．

5.4 レーン–エムデン方程式

$$\frac{1}{\xi^2}\frac{\rm d}{\rm d\xi}\left(\xi^2 \frac{\rm d\theta}{\rm d\xi}\right) = -\theta^n$$

を，$\xi = 0$ における境界条件

$$\theta = 1, \quad \frac{\rm d\theta}{\rm d\xi} = 0$$

のもとで解け．$n = 0$ と $n = 1$ の場合については解析解を求めよ．[**ヒント**：$n = 1$ について解くには，まず，新しい変数を χ とし，$\theta = \chi/\xi$ を代入することで，レーン–エムデン方程式が

$$\frac{\rm d^2\chi}{\rm d\xi^2} = -\frac{\chi^n}{\xi^{n-1}}$$

と変換されることを示すとよい．]

5.5 気体の圧力も輻射の圧力もともに重要な星を考えよう（全圧力は両者の和である）．式 (3.23) で与えられる気体の圧力が星の内部のどこでも全圧力の一定の割合 β であるとして，全圧力が密度と

$$P_{\rm tot} = \left(\frac{3k_{\rm B}^4}{a_{\rm B}\mu^4 m_{\rm H}^4}\right)^{1/3}\left(\frac{1-\beta}{\beta^4}\right)^{1/3}\rho^{4/3}$$

という関係にあることを示せ．つぎに，同じ組成（すなわち同じ μ）をもつが質量の異なるいくつかの星を考えよう．これらの星の内部で気体の圧力がどこでも全圧力の一定の割合 β であるとして（ただし β は星が異なれば異なる値であるとする），星の内部の β は，星の質量 M と

$$\frac{1-\beta}{\beta^4}CM^2$$

の関係にあることを示せ．ただし，C は定数であり，これも評価せよ．さらに，β は M が大きいほど小さく，星は重いほど輻射の圧力がより重要になることを意味することを示せ．これはエディントンにより最初に示された，歴史的に重要な議論である（Eddington, 1926, §84）．

5.6 コンピュータによる数値計算の得意な読者は，問題 5.2 で導出した状態方程式を用いて，構造方程式 (5.13) を解け．ある中心密度 ρ_c に対し方程式を解くと，質量 M，半径 R の星のモデルが得られる．R を M の関数としてプロットし，M がチャンドラセカール質量のとき，R がゼロになることを示せ．これがすべてできたならば，ノーベル賞を受けたチャンドラセカールの計算を再現したことになる！

5.7 太陽は約 27 日で自転している．太陽が角運動量を保ったまま白色矮星に崩壊したら，自転周期はどうなるか．また，太陽が中性子星に崩壊したらどうなるか．

5.8 かに星雲の回転周期は $P=0.0033$ s で，特性減衰時間 $P/\dot{P}=2.5\times 10^3$ yr である．式 (5.35) を用いて，エネルギー損失率と磁場を求めよ．

5.9 式 (5.25) の

$$R \propto M^{-1/3}$$

という質量–半径関係の比例定数を，$n=3/2$ に対し $\xi_1=3.65$ と $\xi_1^2|\theta'(\xi_1)|=2.71$ であることを用いて決定せよ．3.6.1 項では褐色矮星の質量限界が $0.08M_\odot$ であることを指摘したが，重力が電子縮退圧力とつり合うと仮定して，この限界褐色矮星の半径を推算せよ．また，その褐色矮星がもっと大きいサイズから重力崩壊によってつくられたとして，その際に褐色矮星が得た熱エネルギーを推算せよ．さらに，褐色矮星の温度が一様であるとして（縮退した星の熱伝導率は高いので悪い近似ではない），その温度を推算せよ．ただし，核燃焼が始まるには，温度は 10^7 K より高くなければならないことを注意しておく．

6章
天の川銀河と星間物質

6.1 天の川銀河の形と大きさ

　夜空を見回すと，星の分布は一様ではないことがわかる．淡く広がった星の帯，すなわち天の川銀河が天球の大円となっている．小さな望遠鏡であっても，天の川銀河が無数の星の集まりであることがわかる．ハーシェルは，星が円盤状に分布し，太陽系はその中心付近にあるとして，天の川の説明を試みた (Herschel, 1785)．円盤の中から円板面の方向を見ると，他の方向より多くの星が見えるため，天の川銀河の帯がつくられるとするのである．写真乾板の発達とともに，さまざまな方向の星の分布を記録することが容易になった．20世紀の初め，カプタインは，ハーシェルの説明に確かな根拠を与えるために，方向別に星を数え，各星の固有運動を測って距離を見積もるという大規模なプログラムを実行した．このデータを苦労して統計解析することにより，太陽系は厚さ数百 pc で半径数 kpc の扁平な星の円盤の中心にある，とカプタインは結論した (Kapteyn and van Rijn, 1920; Kapteyn, 1922)．このモデルは**カプタイン宇宙**とよばれているが，これが宇宙のすべてであると当時は考えられていた．これがシャプレーの仕事により覆され，今日の天の川銀河（我々の銀河）の描像が完成していくことを論じる前に，星の計数の解析について触れておこう．

6.1.1 星の計数

　星の計数 (star count) データの詳細な統計解析についてはここでは論じない．興味のある読者は Mihalas and Binney (1981, §4) を参照されたい．我々の周囲の空間には輻射を吸収する物質がないと仮定して，基本的な考察のみを行うことにする．我々は，空間に一様な密度で分布した，同じ絶対等級 M の星に取り囲まれているとしよう．見かけの等級が m より明るい星の数 $N(m)$ を求めたい．距離 d にある星の絶対等級 M と見かけの等級 m の関係式 (1.3) $(m - M = 5\log_{10}(d/10\,\mathrm{pc}))$ より，

$$d = 10^{1+0.2(m-M)}\,\mathrm{pc} \tag{6.1}$$

である．我々の周りの体積 $(4/3)\pi d^3$ の球内にあるすべての星は m より明るい．この

ような星の数 $N(m)$ は d^3 に比例するので，

$$N(m) = C_1 10^{0.6m} \tag{6.2}$$

となる．ただし，C_1 は定数である．もし，$N(m)$ の観測値がある m の値までこの式 (6.2) に従っているならば，式 (6.1) により，その m に対応する距離 d まで星は一様に分布しているということができる．$N(m)$ の観測値がある m の値以上で式 (6.2) より小さいならば，その m に対応する距離で系の終端に達している．ある種類の星が式 (6.2) に従うかどうかという計数法は，星が一様分布をしているかどうかの強力なテストになる．これは天の川銀河の周囲の銀河の分布にも当てはまる．

宇宙に星が無限に一様分布しているとしたら，空の明るさは無限大になることを示すことができ，このことは**オルバースのパラドックス**とよばれている (Olbers, 1826)．星の微分計数 $A(m)$（見かけの等級が m と $m+\mathrm{d}m$ の間にある星の数を $A(m)\mathrm{d}m$ として定義する）は

$$A(m) = \frac{\mathrm{d}N(m)}{\mathrm{d}m} = C_2 10^{0.6m} \tag{6.3}$$

で与えられる．ただし，$C_2 = 0.6 C_1 \ln 10$ である．式 (1.6) $(l_2/l_1 = 100^{(m_1-m_2)/5})$ より，見かけの等級 m の星から観測で受ける光量は

$$l(m) = l_0 10^{-0.4m} \tag{6.4}$$

と書けるから，見かけの等級が m と $m+\mathrm{d}m$ の間にある星から受ける光量は

$$l(m) A(m)\,\mathrm{d}m = l_0 C_2 10^{0.2m}\,\mathrm{d}m$$

となる．m より明るいすべての星から受ける光量は

$$\mathcal{L} = \int_{-\infty}^{m} l(m') A(m')\,\mathrm{d}m' = l_0 C_2 \int_{-\infty}^{m} 10^{0.2m'}\,\mathrm{d}m' = K 10^{0.2m} \tag{6.5}$$

となる．ただし，

$$K = \frac{l_0 C_2}{0.2 \ln 10} = 3 l_0 C_1$$

である．式 (6.5) から，m の大きい，より遠く離れた暗い星を取り込むにつれ $\mathcal{L}$ が発散するのは明らかである．天の川銀河は有限の大きさをもつので，天の川銀河についてはオルバースのパラドックスを避けることができる．しかし，天の川銀河の外のすべての銀河から受ける光量を考えると，再びパラドックスに陥る．この銀河に対するパラドックスの解決については，14.4.1 項で論じる．

ここでの星の計数の議論は，星がすべて同じ明るさであるという仮定に基づいていたが，異なる性質をもつ星の分布に対して議論を拡張することも可能である．特定のスペクトル型で絶対等級が狭い範囲にある星のみを計数することはよく行われている．その種の星の分布関数 $N(m)$ をさまざまな方向で測定し，ある方向で一様分布から多いか少ないかを調べて地図をつくることもできる．望遠鏡が見ることのできる見かけの等級 m には限界がある．見かけの等級 m で光度の小さい（M の大きい）星は近くに，光度の大きい（M の小さい）星は遠くにある．したがって，望遠鏡では遠くても光度の大きい星は見ることができるが，光度の小さい星は見えない．この効果を考えずにこの望遠鏡でとったデータを統計的に解析すると，光度の小さい星に比べ光度の大きい星が遠方では多いという結論になってしまう．これは**マルムクイスト・バイアス**とよばれ，絶対光度の異なる天体を統計的に解析するときには必ず考慮する必要がある (Malmquist, 1924)．

6.1.2 シャプレーのモデル

カプタイン宇宙についての詳細な論文 (Kapteyn and van Rijn, 1920; Kapteyn, 1922) が出版される以前から，このモデルには有力なライバルが存在した．3.6.2項では，星が百万個ほど集まったコンパクトな集団である球状星団について論じた．シャプレーは，多くの球状星団がいて座の周りにあることに気づき (Shapley, 1918)，天の川銀河の中心はいて座方向にあって，球状星団はその周りに対称に分布していると推測した (Shapley, 1919)．図6.1は，天の川銀河を横から見た概略図である．天の川銀河には，薄い円盤と回転楕円体のバルジ (bulge) がある．太陽は，図6.1に×印で示すように，円盤の外縁部にある．200個ほどの球状星団が銀河中心の周りをほぼ球状に取り巻いている．

天の川銀河の大きさを決めるためには，球状星団までの距離を知る必要がある．ある程度遠方の星の集団までの距離を測るには，セファイド (Cepheid) 型変光星および

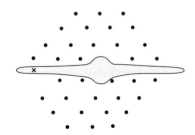

図6.1 横から見た天の川銀河の概略図．太陽の位置を×印で示す．

RR Lyrae 型星（こと座 RR 型星）とよばれる，2 種類の周期変光星が用いられている．リーヴィットは，小マゼラン雲（天の川銀河からあまり遠くない銀河）のセファイド型変光星の周期と見かけの等級に，周期が長いほど明るいという関係があることを発見した (Leavitt, 1912)．小マゼラン雲のセファイド型星はどれも我々からほぼ同じ距離にあるので，周期と絶対等級に関係があることになる．セファイド型星の周期－光度関係は，いくつかのセファイド型星の距離（したがって絶対等級）が決定されて† 確立することになった．セファイド型変光星の周期を測れば，この関係から絶対等級が推測でき，見かけの等級と比較することで距離を知ることができるわけである．いい換えると，セファイド型変光星の周期を測れば距離を決定できることになる．当初は，セファイド型変光星と RR Lyrae 型星は同じ周期－光度関係に従うと考えられており，距離の推測を誤ることがあった．バーデにより，セファイド型変光星は RR Lyrae 型星より同じ周期でも幾分明るいことが示され (Baade, 1954)，銀河系外へのさまざまな距離は修正されることになった．

シャプレーは，いくつかの球状星団の RR Lyrae 型星を用いて，その距離を推定し，銀河中心は太陽系から 15 kpc の距離にあると結論した (Shapley, 1919)．現在では，そのもっともらしい距離は 8 kpc であるとされている (Binney and Merrifield, 1998, §7.4.1)．銀河円盤の厚みは 500 pc 程度である．詳しい値は，厚みの推測にどの型の星を用いるかに依存する．明るい O 型星や B 型星は円盤の中間面に近く，これらの星を用いると，厚さは小さめになる（これらの星の数密度は中間面から 50 pc のスケールハイトで減少する）．一方，ほかの型の星は中間面からもっと離れており，典型的なスケールハイト 200〜300 pc で数が減少する (Gilmore and Reid, 1983)．O 型星や B 型星の寿命は短いので，統計的にはほかの星より若い．そこで，星が年齢を重ねるにつれ，より大きなランダム運動速度を獲得し，重力に抗して中間面から離れていくと考えられる．

シャプレーは天の川銀河の大きさと形を定めようとしたが，星雲状の天体が天の川銀河の外にあるのか中にあるのかについて，論争が起こっていた．シャプレーは中にあると信じていた (Shapley, 1921) が，まもなくハッブルが星雲中のセファイド型変光星を調べて，その距離から天の川銀河の外にあることを示した (Hubble, 1922)．銀河系外天体については 9 章で扱う．系外銀河には見事な渦巻構造をもつものがある．図 6.2 は，最も近い大きな渦巻銀河であるアンドロメダ銀河である．天の川銀河とアンドロメダ銀河は同じくらいの大きさと形をもつので，天の川銀河を外側から見たら，図 6.2 のように見えることだろう．

---

† 銀河系内の距離を測定できる星団にあるセファイド型変光星が調べられた．

図 6.2　アンドロメダ銀河 M31．写真は Robert Gendler 氏の厚意による．

6.1.3　星間吸収と赤化

　カプタイン宇宙で太陽系が中心に置かれたのは，天の川が我々の周りでかなり対称であるからである．太陽系が円盤の端にあるならば，なぜそのように対称に見えるのだろうか？　星間空間に不透明な物質があれば，銀河円盤を深く見通すことはできず，実際はある方向にずっと広がっていたとしても対称に見えてしまうからであろう．

　散開星団の統計的研究から，星間吸収の存在を最初に証明したのはトランプラーである (Trumpler, 1930)．数十個の星が緩くまとまった散開星団は，球状星団と異なり，銀河円盤部に多い．散開星団の大きさは平均的には等しいとすると，角度の広がりから距離を求めることができる．トランプラーは，遠い散開星団ほど逆 2 乗則から予想される明るさより暗く，離れた星団からくる星の光は減衰を受けていることを意味していることに気づいた．星間物質には塵とガスが含まれるが，星の光を吸収するのは塵のほうである．

　距離 d にある星の絶対等級 M と見かけの等級 m の関係式 (1.8) は逆 2 乗則のみに基づき，星間吸収を考慮していない．星間吸収を入れた式は

$$m = M + 5\log_{10} d - 5 + A_\lambda \tag{6.6}$$

と書ける．ここで，A_λ は星間塵による減光の量を示している．減光は見かけの等級 m を大きくするので，A_λ は正の量である．銀河面の星からの可視光については，d を

kpc で測ったとして，大雑把に

$$A_V \approx 1.5\, d \tag{6.7}$$

と表せる．いい換えれば，銀河面では，可視光の減光量はおよそ 1.5 等 kpc^{-1} である．A_V の V は V バンドでの減光を示している．

　塵の粒子は波長が短い（「青い」）ほど吸収が大きいので，離れた星は赤くなる．星の「赤さ」は，1 章で見たように，$(B-V)$ で表せる．星の光が星間物質を通過するにつれ，$(B-V)$ が増大する．その変化量を $E(B-V)$ と書くと，銀河面では大雑把に

$$E(B-V) \approx 0.5\, d \tag{6.8}$$

で表せる．ここでも d は kpc 単位である．A_λ も $E(B-V)$ も d に比例するので，その比 $A_\lambda/E(B-V)$ は星間吸収を d によらず λ の関数として示す量になる．図 6.3 は，類似のやはり減光を表す量 $E(\lambda-V)/E(B-V)$ のプロットであり，いくつかの星の方向で波長の逆数の関数として示している．$0.22\,\mu\mathrm{m}$ ($1/\lambda = 4.5\,\mu\mathrm{m}^{-1}$) 付近に減光のピークがあり，塵に含まれるグラファイトによるものとされている．このピークを除けば，直線によるフィットはそう悪くなく，星間吸収はおよそ λ^{-1} で変化し，分子のレイリー散乱による λ^{-4} よりずっと波長依存性は弱い．

　星間吸収と赤化のため，星の計数の解析は星間物質がない場合に比べ複雑になる．

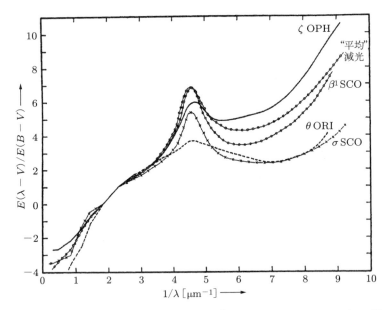

図 6.3　$E(\lambda-V)/E(B-V)$ のプロット．[出典：Bless and Savage (1972)]

たとえば，式 (6.2) は吸収なしを仮定していた．しかし，星間吸収を系統的に扱う方法は存在する．幸運なことに，星間塵は天の川銀河の中間面（太陽系は中間面に近い）±150 pc の厚さの層にほとんど閉じ込められている．したがって，銀河面から離れた方向を観測するときには，星間吸収や赤化の影響は少ない．なお，銀河面に近い狭い領域には系外の銀河が見つからないことは，**銀河欠如領域** (zone of avoidnce) として以前から知られていた．

6.1.4 銀河座標系

広く用いられている赤道座標系については 1.3 節で紹介した．銀河の観測を表現するうえでは，銀河座標系を導入するほうが便利であることが多い．この座標系では銀河面を赤道にとる．天体の銀緯 b は銀河面からの角度距離であり，銀経 ℓ は銀河中心から測る．したがって，銀河中心は $\ell = 0°$，$b = 0°$ である．

6.2 銀河回転

天の川銀河の内側あるいは近傍の重力場は銀河中心方向を向いていると考えられる．この重力とつり合う力は 2 種類ある．星が円軌道にあるなら遠心力が重力とつり合う．もう一つはランダム運動である．リンドブラッドは 1927 年，天の川銀河には二つのサブシステムがあることに気付いた (Lindblad, 1927)．たいていの星は銀河中心の周りをほぼ円軌道で回っており，これが一つ目のサブシステムである．球状星団のハローがほぼ球状に分布していることから，リンドブラッドは，重力がランダム運動とつり合って回転していないサブシステムがあると推測した．ある瞬間では球状星団は銀河中心に向かって落下しているが，そのとき得た運動エネルギーで結局は銀河の別の側から飛び出しているかもしれない．いくつかの球状星団は銀河中心に向かい，別のいくつかは飛び出すなら，統計的に見れば全体としては見かけ上時間的に変化しない．

銀河中心を巡る軌道にある太陽は，回転していない球状星団のサブシステムの中を動き回る．太陽の球状星団に対する相対速度の視線方向成分は，球状星団の星のスペクトルのドップラー効果を測ることにより決定できる．球状星団の系が銀河中心の周りで全体として回転していないと仮定すれば，このような多数の測定の統計解析から，太陽が銀河中心の周りを回転する速さを推定することができる．この速さは Θ_0 と書かれることが多いが，もっともらしい値は $\Theta_0 = 220 \text{ km s}^{-1}$ である．太陽が銀河中心から $R_0 = 8$ kpc の距離にあるとすれば，銀河中心の周りの回転周期は

$$P_{\text{rev}} = \frac{2\pi R_0}{\Theta_0} \approx 2 \times 10^8 \text{ yr} \tag{6.9}$$

となる．銀河系の年齢は 10^{10} yr 程度と推定されているので，太陽はこれまで 50 回くらい回転したことになる．天の川銀河の太陽軌道より内側の質量 M は，重力と遠心力のつり合いから，

$$\frac{GM}{R_0^2} \approx \frac{\Theta_0^2}{R_0}$$

で見積もることができる．ここで，太陽の内側の質量分布が厳密に球対称であるとし，重力の大きさは GM/R_0^2 とした．R_0 と Θ_0 に上述の値を入れると，M は $10^{11} M_\odot$ 程度となる．

天の川銀河の重力は距離とともに減少するので，円盤上でより離れた星が銀河中心の周りを回る速さは遅くなる．いい換えると，天の川銀河の回転は**微分回転**している．オールトは，太陽近傍の星の動きを調べることにより，これを以下のように示した (Oort, 1927)．ここでは，星が円軌道をとると仮定する．

図 6.4 では，銀河から R_0 離れた太陽が円軌道を速度 Θ_0 で動いている．太陽から距離 d 離れ，銀経 ℓ にある星を考える．この星は銀河中心から R 離れており，回転速度 Θ で動いている．R_0, R, d で囲まれた三角形を考え，星の速度 Θ と d のなす角を α とすれば，R_0 に向かい合う三角形の角は $90° + \alpha$ である．この三角形に対する正弦定理により，

$$\frac{R}{\sin \ell} = \frac{R_0}{\sin(90° + \alpha)} = \frac{R_0}{\cos \alpha} \tag{6.10}$$

であり，また視線方向への射影を考えると，

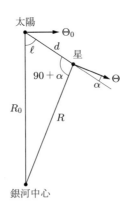

図 6.4 銀河中心を回る太陽と星の関係

である．星の太陽に関するする動径方向（視線方向）の速さは，
$$R_0 \cos \ell = d + R \sin \alpha \tag{6.11}$$

である．星の太陽に関するする動径方向（視線方向）の速さは，
$$v_\mathrm{R} = \Theta \cos \alpha - \Theta_0 \sin \ell = \left(\frac{\Theta}{R} R_0 - \Theta_0 \right) \sin \ell$$

である．ただし，式 (6.10) を用いた．星と太陽の角速度を
$$\omega = \frac{\Theta}{R}, \quad \omega_0 = \frac{\Theta_0}{R_0} \tag{6.12}$$

とすれば，
$$v_\mathrm{R} = (\omega - \omega_0) R_0 \sin \ell \tag{6.13}$$

となる．星の太陽に関する接線方向の速さは
$$v_\mathrm{T} = \Theta \sin \alpha - \Theta_0 \cos \ell = \Theta \frac{R_0 \cos \ell - d}{R} - \Theta_0 \cos \ell$$

である．ただし，式 (6.11) を用いた．角速度を用いると，
$$v_\mathrm{T} = (\omega - \omega_0) R_0 \cos \ell - \omega d \tag{6.14}$$

となる．式 (6.13), (6.14) は，銀河中心の周りを回る銀河円盤内の星の動径方向と接線方向の速度成分を与える一般的な表式で，太陽から遠く離れても成立する．

つぎに，太陽近傍 ($d \ll R_0$) の星を考えよう．その場合，近似的に
$$R_0 - R = d \cos \ell \tag{6.15}$$

である．また，角速度を用いて，
$$\omega - \omega_0 = \left(\frac{\mathrm{d}\omega}{\mathrm{d}R} \right)_{R_0} (R - R_0) = \left[\frac{1}{R_0} \left(\frac{\mathrm{d}\Theta}{\mathrm{d}R} \right)_{R_0} - \frac{\Theta_0}{R_0^2} \right] (R - R_0)$$

であり，式 (6.15) を用いると，
$$\omega - \omega_0 = \left[\frac{\Theta_0}{R_0} - \left(\frac{\mathrm{d}\Theta}{\mathrm{d}R} \right)_{R_0} \right] \frac{d}{R_0} \cos \ell \tag{6.16}$$

となる．式 (6.13) にこれを代入すると，
$$v_\mathrm{R} = \frac{1}{2} \left[\frac{\Theta_0}{R_0} - \left(\frac{\mathrm{d}\Theta}{\mathrm{d}R} \right)_{R_0} \right] d \sin 2\ell \tag{6.17}$$

を得る．式 (6.14) は

$$v_{\rm T} = \left[\frac{\Theta_0}{R_0} - \left(\frac{{\rm d}\Theta}{{\rm d}R}\right)_{R_0}\right] d\cos^2\ell - \frac{\Theta}{R}d$$

となり，$\cos^2\ell = (\cos 2\ell + 1)/2$ であるから，

$$v_{\rm T} = \frac{1}{2}\left[\frac{\Theta_0}{R_0} - \left(\frac{{\rm d}\Theta}{{\rm d}R}\right)_{R_0}\right] d\cos 2\ell - \frac{1}{2}\left[\frac{\Theta_0}{R_0} + \left(\frac{{\rm d}\Theta}{{\rm d}R}\right)_{R_0}\right] d \tag{6.18}$$

を得る．式 (6.17), (6.18) をつぎのように書く．

$$v_{\rm R} = Ad\sin 2\ell \tag{6.19}$$
$$v_{\rm T} = Ad\cos 2\ell + Bd \tag{6.20}$$

ここで，

$$A = \frac{1}{2}\left[\frac{\Theta_0}{R_0} - \left(\frac{{\rm d}\Theta}{{\rm d}R}\right)_{R_0}\right] = -\frac{1}{2}R_0\left(\frac{{\rm d}\omega}{{\rm d}R}\right)_{R_0} \tag{6.21}$$

$$B = -\frac{1}{2}\left[\frac{\Theta_0}{R_0} + \left(\frac{{\rm d}\Theta}{{\rm d}R}\right)_{R_0}\right] \tag{6.22}$$

は**オールト係数**とよばれている．

　動径方向の速度 $v_{\rm R}$ は，スペクトル線のドップラー効果から，容易に測定することができる．銀河面にある距離のほぼ等しい多数の星の $v_{\rm R}$ を測定すると，式 (6.19) より，星の銀経 ℓ に対し $v_{\rm R}$ は $\sin 2\ell$ で変化すると期待される．ジョイは，このような解析を最初に行った一人で，周期から距離のわかるセファイド型変光星を，四つの距離の異なるグループに分けて調べた (Joy, 1939)．図 6.5 に示すように，$v_{\rm R}$ は銀経に対しサイン曲線を描いた．データ点が曲線の上にぴったり載らないのは，星が完全には円軌道でないことを示している．振動の振幅は Ad なので，d がわかればオールト係数 A が定まる．もう一つのオールト係数 B を決めるには，何か回転しない座標系（銀河系外天体で定まる座標系など）に関して，多くの近傍の星の接線方向の速度 $v_{\rm T}$ を測る必要がある．A の決定より B の決定のほうが簡単ではなく，詳しくはミハラスとビネイにより論じられている (Mihalas and Binney, 1981)．A と B の最近の推定値を示す前に，A と B を表す単位を見ておこう．式 (6.19) と (6.20) から，A も B も速度を距離で割って得られることは明らかである．星の速度は通常 km s^{-1} で表し，銀河内の距離は kpc で測るので，A と B は km s^{-1} kpc^{-1} で表すのが通例である．km と kpc の変換係数を用いれば，A と B を s^{-1}（A と B の次元は時間の逆数）で表すことができるが，ここでは通例に従うことにする．オールト係数の最も信頼できる最近の値は，ヒッパルコス衛星の固有運動の観測に基づき（図 3.5 に示した近傍

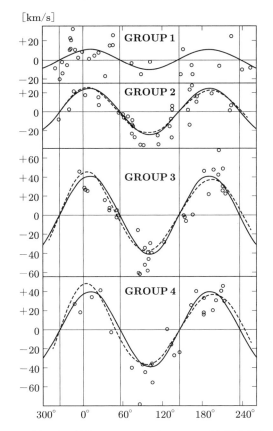

図 6.5 四つの距離にある異なるグループにあるセファイド型変光星の動径方向の速度．ここで用いられている銀河座標系は古いもので，現在の銀河中心をゼロとするものとは異なることに注意．[出典：Joy (1939)]

の星の HR 図もこの衛星のデータに基づいている)，

$$A = 14.8 \pm 0.8 \,\mathrm{km\,s^{-1}kpc^{-1}} \tag{6.23}$$

$$B = -12.4 \pm 0.6 \,\mathrm{km\,s^{-1}kpc^{-1}} \tag{6.24}$$

が得られている (Feast and Whitelock, 1997)．

6.3 星の準円軌道

6.2 節では，銀河円盤のすべての星は厳密に円軌道を進むと仮定した．しかし，太陽系の惑星が厳密には円軌道をとっていないのと同様，実際には，ほとんどの星が円

軌道をとっていない．惑星は楕円軌道，すなわち中心質量からの距離の 2 乗の逆数で減少する重力場中の軌道を進む．天の川銀河の質量は中心に集中しておらず，銀河全体に分布しているため，重力場は単純な逆 2 乗則に従わず，銀河円盤における軌道は単純な楕円ではない．円軌道からのずれは小さいと仮定して，星の軌道を求めよう．

銀河中心から距離 r 離れた円軌道を動くのに必要な速さを $\Theta_{\mathrm{circ}}(r)$ とする．この距離 r における重力加速度を f_r とすれば，

$$f_r = -\frac{\Theta_{\mathrm{circ}}^2}{r} \tag{6.25}$$

である．銀河中心から R_0 の距離にある太陽の位置での円軌道速度を $\Theta_0 = \Theta_{\mathrm{circ}}(R_0)$ とする．銀河中心の周りを速さ Θ_0 で円軌道を進む，太陽の位置の座標系を考えることができる．この座標系は**局所基準系** (local standard of rest, LSR) とよばれている．星が LSR に対して小さい速度をもつなら，摂動法を用いて，LSR に対する運動を決めることにより，星の軌道を求めることができる．

6.3.1 周転円理論

距離 R_0 の円軌道を速さ Θ_0 で進む星を考えよう．星が突然動径方向に衝撃力を受けたとする．古典力学により，その後の運動は方程式

$$\ddot{r} - r\dot{\theta}^2 = f_r$$
$$r^2\dot{\theta} = 定数$$

により定められる（たとえば，Goldstein (1980, §3.2) を参照）．θ 方向の速さ Θ は $\Theta = r\dot{\theta}$ で求められる．f_r に式 (6.25) を代入し，星に動径方向の衝撃力を与えたとき角運動量は $R_0\Theta_0$ で変化しないことを用いると，上記の二つの方程式は

$$\ddot{r} = \frac{\Theta^2}{r} - \frac{\Theta_{\mathrm{circ}}^2}{r} \tag{6.26}$$
$$r\Theta = R_0\Theta_0 \tag{6.27}$$

と書くことができる．

つぎに，

$$r = R_0 + \xi = R_0\left(1 + \frac{\xi}{R_0}\right) \tag{6.28}$$

と書き，$\xi \ll R_0$ と仮定する．なぜなら，星は動径方向に小さな衝撃力を受けた後，$r = R_0$ の円軌道からあまり離れないからである．式 (6.27) を用い，式 (6.28) を代入

して ξ の 1 次の項だけ残すと，

$$\frac{\Theta^2}{r} = \frac{R_0^2 \Theta_0^2}{r^3} \approx \frac{\Theta_0^2}{R_0}\left(1 - \frac{3\xi}{R_0}\right) \tag{6.29}$$

を得る．また，

$$\Theta_{\text{circ}}(r) \approx \Theta_{\text{circ}}(R_0) + \left(\frac{d\Theta}{dr}\right)_{R_0} \xi \approx \Theta_0 - (A+B)\xi \tag{6.30}$$

となる．ただし，A と B は式 (6.21) と (6.22) で定義されるオールト係数である．よって，

$$\frac{\Theta_{\text{circ}}^2}{r} = \frac{\Theta_0^2 \left[1 - \frac{(A+B)}{\Theta_0}\xi\right]^2}{R_0\left(1 + \frac{\xi}{R_0}\right)} \approx \frac{\Theta_0^2}{R_0}\left[1 - \frac{2(A+B)}{\Theta_0}\xi - \frac{\xi}{R_0}\right] \tag{6.31}$$

を得る．$\ddot{r} = \ddot{\xi}$ であることと，式 (6.29) と (6.31) を用いれば，式 (6.26) をつぎの近似式として書き直すことができる．

$$\ddot{\xi} = 2\frac{\Theta_0}{R_0}(A+B)\xi - 2\frac{\Theta_0^2}{R_0^2}\xi$$

この式に

$$\frac{\Theta_0}{R_0} = A - B$$

を代入すると，

$$\ddot{\xi} = 4B(A-B)\xi$$

となるので，

$$\ddot{\xi} + \kappa^2 \xi = 0 \tag{6.32}$$

と書くことができる．ただし，

$$\kappa = \sqrt{-4B(A-B)} \tag{6.33}$$

は B が負なので実数である．式 (6.32) は $r = R_0$ の円軌道の動径方向に対する星の調和振動を表す方程式になっている．動径方向の LSR に対する速度 $\Pi = \dot{r}$ も単純な調和振動になり，

$$\Pi = \Pi_0 \cos \kappa t \tag{6.34}$$

と表されるので，変位は

$$\xi = \frac{\Pi_0}{\kappa} \sin \kappa t \tag{6.35}$$

となる．

つぎに，θ 方向の運動を考えよう．角運動量 $r^2 \dot{\theta}$ は一定なので，

$$\dot{\theta} = \frac{R_0 \Theta_0}{r^2} \approx \frac{\Theta_0}{R_0}\left(1 - \frac{2\xi}{R_0}\right)$$

となる．最初の項 Θ_0/R_0 は LSR の運動に対応するので，LSR に対する星の運動は近似的に

$$\Delta \dot{\theta} = -\frac{2\Theta_0 \xi}{R_0^2}$$

で与えられる．これから，速さは，式 (6.35) を代入し，ξ の 1 次までとれば，

$$\Delta \Theta = (R_0 + \xi)\Delta \dot{\theta} = -\frac{2\Theta_0 \xi}{R_0} = -\frac{2\Pi_0 \Theta_0}{\kappa R_0} \sin \kappa t \tag{6.36}$$

となる．対応する変位は

$$\eta = \frac{2\Pi_0 \Theta_0}{\kappa^2 R_0} \cos \kappa t$$

である．式 (6.21)，(6.22) および (6.31) から，

$$\frac{\Theta_0}{\kappa^2 R_0} = \frac{A-B}{-4B(A-B)} = \frac{1}{-4B}$$

となるから，次式を得る．

$$\eta = \frac{\Pi_0}{-2B} \cos \kappa t \tag{6.37}$$

式 (6.35) と (6.37) から，図 6.6 のように，星は LSR に対して楕円軌道を描き，LSR は銀河中心の周りを回ることがわかる．古代ギリシャの天文学者ヒッパルコス（紀元前 2 世紀）とプトレマイオス（紀元 2 世紀）は，地動説において惑星の運動をこのような運動であるとした．古代天文学の用語を借りて，このような運動を**周転円運動**とよんでいる．LSR に対する星の運動は**周転円** (epicycle) を描く．式 (6.35) と (6.37) から，長半径（θ 方向）と短半径（r 方向）の比は，式 (6.33) の κ を代入して，

$$\frac{\Pi_0/2|B|}{\Pi_0/\kappa} = \sqrt{\frac{A-B}{|B|}}$$

となる．式 (6.23) と (6.24) から A と B に値を入れると，この比の値として 1.48 を

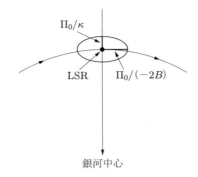

図 6.6 LSR 周りの星の周転円運動

得る．すなわち，楕円は LSR 軌道の接線方向に長く伸びている．周転円運動の振動周期 $P_{\rm osc}$ は，回転周期 $P_{\rm rev}$ と

$$\frac{P_{\rm osc}}{P_{\rm rev}} = \frac{2\pi/\kappa}{2\pi R_0/\Theta_0} = \frac{A-B}{\sqrt{-4B(A-B)}} = \frac{1}{2}\sqrt{\frac{A-B}{-B}} \quad (6.38)$$

という関係にある．A と B に値を入れると，この周期比は太陽近傍の星に対して 0.74 となる．なお，この比は銀河中心から任意の距離にある星に対して一般に有理数とならないため，星の軌道は閉じない．

6.3.2 太陽の運動

太陽近傍の星は一般に LSR に対し静止しておらず，LSR に対して周転円運動する．太陽は LSR で静止しているだろうか？　驚くことではないが，答えは「いいえ」である．太陽の現在の LSR に対する運動は**太陽運動**とよばれる．この運動は，太陽近傍の星の運動を調べ，これらの星が全体として動径方向や銀河円盤に垂直な方向に動いていかない，すなわち

$$\langle \Pi \rangle = 0, \quad \langle Z \rangle = 0 \quad (6.39)$$

と仮定することにより，求めることができる．ただし，Z は銀河円盤に垂直な速度成分であり，$\langle \ldots \rangle$ は太陽近傍の星について平均をとることを表している．6.3.1 項で，ある星について Π は周期的に変動することを示した．Z についても同様であることは，演習問題 6.4 で示す．したがって，平均がゼロであることは不思議ではない．

太陽運動の成分を $(\Pi_\odot, \Theta_\odot - \Theta_0, Z_\odot)$ としよう．スペクトル線のドップラーシフトにより，星の太陽に対する視線方向の速度成分を求めることができ，固有運動から視線と垂直方向の速度成分がわかる．これらの測定を組み合わせて，相対速度の成分

$\Pi - \Pi_\odot$ と $Z - Z_\odot$ を求め，太陽近傍の星について平均をとる．式 (6.39) により，

$$\langle \Pi - \Pi_\odot \rangle = \langle \Pi \rangle - \Pi_\odot = -\Pi_\odot \tag{6.40}$$

となる．同様に，

$$\langle Z - Z_\odot \rangle = -Z_\odot \tag{6.41}$$

となる．このように，平均値から太陽の速度成分を知ることができ，つぎのように求められた．

$$\Pi_\odot = -10.0 \pm 0.4 \,\mathrm{km\,s^{-1}}, \quad Z_\odot = 7.2 \pm 0.4 \,\mathrm{km\,s^{-1}} \tag{6.42}$$

LSR 自身は Π や Z の値をもたないので，これらの方向について LSR に対する太陽の速度成分を求めることは難しくない．θ 方向を考えよう．明らかに

$$\langle \Theta - \Theta_\odot \rangle = -(\Theta_\odot - \langle \Theta \rangle) \tag{6.43}$$

であり，これは太陽に対する星の速度の測定から求めることができる．さて，$\langle \Theta \rangle$ が LSR の速度 $\Theta_0 = \Theta_{\mathrm{circ}}(R_0)$ に等しいならば，$\Theta_\odot - \langle \Theta \rangle$ が LSR に関する太陽の運動を与えるわけだが，$\langle \Theta \rangle = \Theta_0$ は正しいだろうか？ 6.3.1 項で述べた周転円理論，とくに式 (6.36) から，星は LSR に関し単純に前後に振動し，太陽近傍の多くの星について平均をとった $\langle \Theta \rangle$ は Θ_0 になるように思える．しかし，この結果は線形性を仮定したことによるものである．線形理論を超えると，**旋回中心**とよばれる周転円の中心は，LSR よりゆっくり動く．その理由は図 6.6 を見れば難しくはない．旋回中心の経路が曲がっているために，外側（銀河中心から遠い側）の周転円の経路は，内側の周転円の経路より長い．式 (6.27) から速度 Θ は星が周転円の外側にあるときのほうが小さい．したがって，星はより長い経路をより遅い速度で動くので，実際は，その星の Θ の平均は Θ_0 より小さい．線形理論では旋回中心の経路の曲りは考慮していなかったため，6.3.1 項では，この効果は現れなかった．7.6.2 項で論じるように，太陽近傍のさまざまな星の旋回中心が銀河中心から異なる距離にあることを考慮すると，物事はさらに複雑になる．式 (6.43) から，θ 方向の太陽の運動は

$$\Theta_\odot - \Theta_0 = -\langle (\Theta - \Theta_\odot) \rangle + \langle \Theta \rangle - \Theta_0 \tag{6.44}$$

で与えられることがわかる．こうして，太陽近傍の星の運動の観測から得られる $\langle (\Theta - \Theta_\odot) \rangle$ を別として，θ 方向の太陽の運動を調べるには，$\langle \Theta_\odot \rangle$ が LSR の速度 Θ_0 とどう違うかを知る必要がある．$\langle \Theta \rangle - \Theta_0$ の求め方については 7.6.2 項で見る．

ここでは，以下に，現在までのデータに基づく最終的な結果のみを与えておく．

$$\Theta_\odot - \Theta_0 = 5.2 \pm 0.6\,\mathrm{km\,s^{-1}} \tag{6.45}$$

式 (6.42) と (6.45) の値は，ビネイとメリフィールドにより得られた (Binney and Merrifield, 1998, §10.3.1)．

太陽運動の振幅は $10\,\mathrm{km\,s^{-1}}$ 程度である．太陽近傍の星の典型的なランダム速度もこの程度である．したがって，式 (6.35) により Π_0/κ で与えられる動径方向の振動の振幅は，Π_0 が $10\,\mathrm{km\,s^{-1}}$ 程度であるとして，1 kpc 程度になる．

6.3.3 シュヴァルツシルト速度楕円

太陽近傍の星の速度の測定からは，速度分布はランダムであるという印象を受けるかもしれない．しかし，実際は，ほとんどの星は周転円運動している．動径方向の振動の振幅は典型的に 1 kpc 程度であるから，R_0（銀河中心から太陽までの距離）から両側に 1 kpc の幅の中に旋回中心をもつ星が，周転円運動により太陽近傍に入り込んでくる．星の旋回中心が銀河中心から $r = R_g$ にあるとしよう．動径方向の変位 ξ で星が太陽近傍に入り込んだとして，6.3.1 項の理論を適用する．すなわち，

$$R_0 = R_g + \xi$$

であれば，

$$\Theta_\mathrm{circ}(R_0) = \Theta_\mathrm{circ}(R_g) + \left(\frac{\mathrm{d}\Theta}{\mathrm{d}r}\right)\xi \tag{6.46}$$

となる．また，式 (6.27) の代わりに，

$$R_0\Theta(R_0) = R_g\Theta_\mathrm{circ}(R_g) = (R_0 - \xi)\Theta_\mathrm{circ}(R_g)$$

が成り立つ．ただし，$\Theta(R_0)$ は星が太陽の近傍に来たときの接線方向の速度で，明らかに

$$\Theta(R_0) = \Theta_\mathrm{circ}(R_g)\left(1 - \frac{\xi}{R_0}\right) \tag{6.47}$$

に等しい．LSR に対する星の相対接線方向速度は，式 (6.46) を式 (6.47) に代入して

$$\Theta(R_0) - \Theta_\mathrm{circ}(R_0) = -\left[\frac{\Theta_\mathrm{circ}(R_g)}{R_0} + \frac{\mathrm{d}\Theta}{\mathrm{d}r}\right]\xi$$

となる．ξ の 2 次の項を無視すると，角括弧内の項は式 (6.22) より $-2B$ に等しい．

すなわち，式 (6.35) を用いて，

$$\Theta(R_0) - \Theta_{\text{circ}}(R_0) = 2B\xi = \frac{2B}{\kappa}\Pi_0 \sin\kappa t \tag{6.48}$$

となる．星の動径方向速度は式 (6.34) より $\Pi_0 \cos\kappa t$ で与えられるから，式 (6.33) を用いると，次式を得る．

$$\frac{\langle|\Pi|\rangle}{\langle|\Delta\Theta|\rangle} = \frac{\kappa}{-2B} = \sqrt{\frac{A-B}{-B}} \tag{6.49}$$

シュヴァルツシルトは，太陽近傍の星は速度空間で楕円分布をもつと提案した (Schwarzschild, 1907)．つまり，速度成分が Π と $\Pi + \mathrm{d}\Pi$，Θ と $\Theta + \mathrm{d}\Theta$，$Z$ と $Z + \mathrm{d}Z$ の間にある星の数は

$$f(\Pi,\Theta,Z)\,\mathrm{d}\Pi\,\mathrm{d}\Theta\,\mathrm{d}Z = C\exp\left[-\frac{\Pi^2}{\sigma_\Pi^2} - \frac{(\Theta-\Theta_0)^2}{\sigma_\Theta^2} - \frac{Z^2}{\sigma_Z^2}\right]\mathrm{d}\Pi\,\mathrm{d}\Theta\,\mathrm{d}Z \tag{6.50}$$

で表されるとした．r と θ 方向のランダム速度は明らかに $\langle|\Pi|\rangle = \sigma_\Pi$ と $\langle|\Delta\Theta|\rangle = \sigma_\Theta$ であるから，式 (6.49) より，

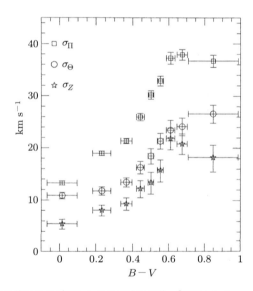

図 6.7　太陽近傍のさまざまな色の星の速度分散．［出典：Dehnen and Binney (1998)[†]］

[†] Dehnen, W. and Binney, J. J., "Local stellar kinematics from HIPPARCOS data", *Monthly Notices of Royal Astronomical Society*, **298**, 387, 1998. Reproduced by permission of Oxford University Press, © Royal Astronomical Society.

$$\frac{\sigma_\Pi}{\sigma_\Theta} = \sqrt{\frac{A-B}{-B}}$$

となり，数値を代入すると 1.48 となる．こうして，シュヴァルツシルト速度楕円の楕円度ですらオールト係数に依存する，という美しい結果が得られた．図 6.7 に，太陽近傍のさまざまな色の星のさまざまな方向のランダム速度を示す．赤い星ほどランダム速度が大きい傾向が見られる．しかし，σ_Π と σ_Θ の比は，どの色についても 1.48 からはあまり外れていない．

6.4 恒星の種族

　天の川銀河には二つのサブシステムがあり，一つは銀河中心の周りをほぼ円軌道で周回している星でできた円盤であることは，前に述べた．星間物質もこれらの星とともに周回しているので，このサブシステムに属している．もう一つのサブシステムは銀河中心の周りを全体としては周回していない球状星団などを含む．球状星団以外に，バルジなど回転楕円体の成分が含まれる．回転楕円体の成分の星に対しては，重力はランダム運動とつり合っている．さらに，天の川銀河には回転しないハロー成分の星がある．ハローの星の密度は円盤内よりずっと低いが，太陽近傍にも，ランダム運動速度が大きくハローに属すると考えられる星が 10 個程度存在する．これら二つのサブシステムの物理的性質には，いくつかのはっきりした違いがある．回転しないサブシステムの星の多くは球状星団に属し，回転楕円体成分の星は年齢が古い．このサブシステムでは，新たな星形成は起こらず，短命の O 型星や B 型星は見られない．球状星団の HR 図には明るい主系列星が見られないことについては，前に述べた．一方，円盤の星と星間物質からなる回転するサブシステムでは，星間物質から星形成が起こる．O 型星や B 型星も見られる．さらに，回転しないサブシステムの星は，回転するサブシステムの円盤の星に比べ，「金属」（天文学では He より重い元素をすべて「金属」とよぶ）が欠乏している．重い元素は星の内部でつくられ，重い星が超新星爆発を起こすときに星間物質へ放出されることについても前に述べた．超新星爆発が起こる度に，天の川銀河の星間物質は重い元素の割合が増えていく．回転しないサブシステムの古い星は，まだ金属の少ない原初の星間物質からつくられたに違いない．一方，回転するサブシステムの星は若く，金属が増えた星間物質からつくられたと考えられる．

　以上の考察から，バーデは，二つの星の種族という考え方を導入した (Baade, 1944)．**種族 I** の星は金属に富み，星間物質と明るい O・B 型星を含み，重力とつり合うように銀河中心の周りを周回する．**種族 II** の星は金属が少なく，星間物質や O・B 型星を

含まず，ランダム運動で重力とつり合う．種族Ⅰの代表例は円盤部の星であり，回転楕円体のバルジとハローに沿った球状星団は種族Ⅱに属す．星は星間物質から形成されたと考えられるので，種族Ⅱにもつくられた当時は星間物質が含まれていたに違いないが，星形成で使い尽くされたのであろう．この二分法は，複雑な状況を単純化しすぎかもしれないが，便利なので広く使われている．

6.5　星間ガスの探索

　塵による星の光の減光と赤化から星間物質の存在が明らかになったことは，6.1.3項で述べた．実際，星間空間には塵よりガスの形でより多くの物質が存在することの証拠がある．たとえば，星のスペクトルに見られる狭い吸収線は，ガスの存在の証拠である．スペクトル線は，それを生み出す物質の原子のランダムな熱運動で，幅が広がる（**熱広がり**）．星の大気による吸収線は，大気の温度に相当する熱広がりをもつと考えられる．星のスペクトルに狭い吸収線があれば，それは星と我々との間の視線方向に沿って分布する温度の低いガスで生み出されたことを示している．しかし，ほとんどのガスは（次節で述べる限られた領域を除く）可視光を放出しない．7.6.1項で，**オールト上限** (Oort, 1932) とよばれる星間物質の密度に対する重要な上限値について論じる．太陽近傍では，星間物質の質量はその領域に含まれる星の質量と同じ程度であると考えられていた．しかし，1930年代から1940年代にかけては，星間空間には相当量のガスが存在するはずであることはわかっていたのに，ガスが輻射を出さないために，それを知る方法がなかった．

　電波天文学が創始され，ファン・デ・フルストは，星間水素ガスが波長21 cmの電波を出すことを予言し，状況が打破されることとなった (van de Hulst, 1945)．水素原子の陽子と電子は両者のスピンが平行または反平行のどちらの状態をとることができるが，平行な状態はわずかにエネルギーが高く，反平行な状態に遷移が起こると波長21 cmの電波が放出される．しかし，これは「禁制線」であるので，実験室での観測は容易ではない．星間空間には密度の低い水素が大量に存在するので，高いエネルギー状態の水素は衝突で脱励起しにくいため，ファン・デ・フルストは，星間水素ガスからのこのスペクトル線の輻射が観測できるだろうと予測した．これは2, 3年のうちに，イーウェンとパーセル (Ewen and Purcell, 1951) およびムラーとオールト (Muller and Oort, 1951) により独立に検証された．21 cm線は星間ガスの分布を調べる強力な手段となった．

　輻射するガスが視線方向に沿って動径方向の速度成分をもつと，ドップラー効果により波長は21 cmからずれる．冷たいガスからの21 cm線の幅は狭いので，波長の

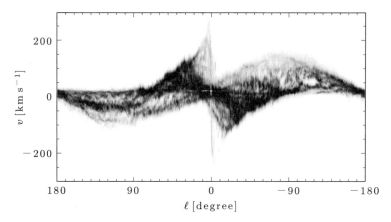

図 6.8 ℓ–v_R 平面における 21 cm 線の輻射強度 $I(\ell, b = 0°, v_R)$. これは D. Hartmann によるデータに基づく Binney and Merrifield (1998) と同様. 詳しくは Hartmann and Burton (1997) を参照. 図は D. Hartmann and M. Merrifield の厚意による.

ずれを観測すれば動径方向の速度がわかる．銀河座標 (ℓ, b) 方向で波長の関数として輻射強度 $I(\ell, b, \lambda)$ を得たとしよう．波長のずれから動径方向の速度 v_R がわかるので，これは $I(\ell, b, v_R)$ とも書ける．銀河面方向 $(b = 0°)$ がとくに興味深い．図 6.8 は，ℓ–v_R 平面にプロットした $I(\ell, b = 0°, v_R)$ である．この図から，星間ガスの分布が得られる．

銀河面における視線を図 6.9 のようにとる．星間ガスが銀河中心の周りを円軌道で周回していると仮定する．視線上各点における視線方向の速度は式 (6.13) で得られる．$|\omega - \omega_0|$ が最大のとき $|v_R|$ も最大になる．ω が銀河中心に近づくにつれ増加するとすると（実際，中心近傍を除きそうなっている），$|v_R|$ は視線が最も内側の円に接する図の点 1 で最大になる．図 6.8 を見ると，各 ℓ に対し，輻射強度はある $|v_R|$ を超えるとゼロになる．この $|v_R|$ の最大値が視線が軌道と接する点（図 6.9 の点 1）に対

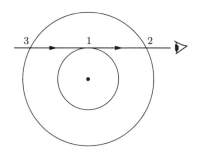

図 6.9 銀河を突き抜ける視線

応する．式 (6.13) を用いると，視線が円軌道に接する点なので，銀河中心からの距離 $r = R_0 \sin \ell$ における ω がわかる．ω は r の関数として，太陽の軌道 $r = R_0$ まで決めることができる．その外側にはこの方法は使えないので，ほかの手段が必要である．

星間ガスは塊状になっており，**星間ガス雲**とよばれている．そのことは図 6.8 に見られる非一様性からも見てとれる．ℓ–v_R 平面に局所的なピークがあるところには，ℓ の方向に v_R で動くガス雲があるといえる．図 6.9 の点 2 と点 3 では，式 (6.13) より v_R の値は等しい．この v_R の値にピークがある場合，点 2 と点 3 のどちらかに雲があると推定できる．点 2 と点 3 のいずれであるかを決定するためには，銀河面に垂直な方向の雲の角度の広がりを測ればよい．この広がりが大きければ，雲は近い側にあることが期待される．こうして図 6.8 から，銀河面のガスの分布を再構成することができる．図 6.10 に，オートらにより再構成された中性水素の分布を示す (Oort, Kerr and Westerhout, 1958)．分布は非一様で，天の川銀河の渦状腕構造に沿っていることがわかる．

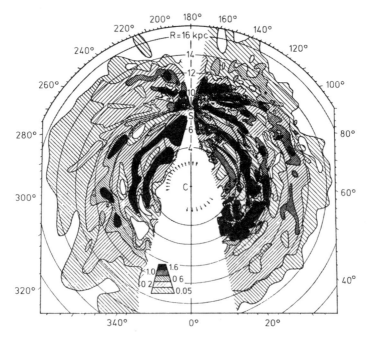

図 6.10 21 cm 線観測から得られた銀河面の中性水素の分布．[出典：Oort, Kerr and Westerhout (1958)[†]]

[†] Oort, J. H., Kerr, F. T. and Westerhout, G., "Reports on the Progress of Astronomy the Galactic System as a Spiral Nebula", *Monthly Notices of Royal Astronomical Society*, **118**, 379, 1958. Reproduced by permission of Oxford University Press, © Royal Astronomical Society.

過去数十年で，星間物質（interstellar medium, ISM と略されることが多い）は，次節で述べるような，複数の様相を含む複雑なシステムであることが明らかになってきた．

6.6 星間物質のさまざまな相と診断ツール

星間物質による輻射，あるいは星間物質を通過する輻射を解析するには，星間物質が熱平衡から大きく外れていることに注意しなければならない．すなわち，星間空間の輻射は物質と平衡状態にないため，キルヒホッフの法則（式 (2.36)）は成り立たない．そのため，星間物質中の輻射輸送はもっとミクロな視点から取り扱う必要が生じる場合がある．

ある原子の二つの準位を考えよう．これらの準位間の遷移は，エネルギー準位の差 $h\nu_0$ に等しいエネルギーをもつ光子の放出または吸収で引き起こされる．上と下の準位を添字 u と l でそれぞれ表すことにする．原子の数密度は n_u, n_l とする．多くの教科書（たとえば，Richtmeyer, Kennard and Cooper (1969, §13.12)）に従い，よく知られた輻射遷移のアインシュタイン係数を用いて議論を進めよう．自発遷移係数 A_{ul}，誘導遷移係数 B_{ul} と B_{lu} とする．単位体積・単位時間あたりの自発遷移の数は $n_u A_{ul}$ で，放出されるエネルギーは $h\nu_0 n_u A_{ul}$ である．単位体積・単位時間・単位立体角あたり放出されるエネルギーは，その $1/4\pi$ となる．これが輻射係数 j_ν をスペクトル線にわたって振動数で積分したものに等しいから，

$$\int j_\nu \, d\nu = \frac{h\nu_0 n_u A_{ul}}{4\pi}$$

である．ここで，規格化したスペクトル線の形状を $\phi(\Delta\nu)$ とする．ただし，$\Delta\nu$ はスペクトル線の中心からの振動数のずれで，$\int \phi(\Delta\nu) \, d\nu = 1$ である．これを用いると，

$$j_\nu = \frac{h\nu_0 n_u A_{ul}}{4\pi} \phi(\Delta\nu) \tag{6.51}$$

と書ける．式 (2.5)，つまり $U_\nu = \int (I_\nu/c) d\Omega$ で与えられるエネルギー密度 U_ν の輻射場が存在する場合は，単位体積・単位時間あたり上向きの誘導遷移が起こる数は $n_l B_{lu} U_\nu$，下向きは $n_u B_{ul} U_\nu$ である．よって，単位体積・単位時間あたり吸収される正味のエネルギーは

$$\mathcal{E}_{\text{abs}} = \frac{h\nu_0}{c}(n_l B_{lu} - n_u B_{ul}) \int I_\nu \, d\Omega \tag{6.52}$$

となる．一方，比強度 I_ν のビームから単位体積・単位時間あたり吸収されるエネル

ギーは $\alpha_\nu I_\nu$ である．あらゆる方向から到来する輻射から吸収されるエネルギーは，これを全立体角について積分したものになる．したがって，つぎのように，これを吸収線にわたって振動数で積分したもの（吸収が起こる近傍でのみ α_ν はゼロでない）は，$\mathcal{E}_{\rm abs}$ のもう一つの表式になる．

$$\mathcal{E}_{\rm abs} = \int d\nu \int \alpha_\nu I_\nu \, d\Omega \tag{6.53}$$

$\mathcal{E}_{\rm abs}$ を表す二つの表式を等しいとおき，簡単のため，α_ν は $\phi(\Delta\nu)$ と同じ形をしていると仮定すれば，

$$\alpha_\nu = \frac{h\nu_0}{c}(n_l B_{lu} - n_u B_{ul})\phi(\Delta\nu) \tag{6.54}$$

を得る．式 (6.51) と (6.54) から，源泉関数はつぎの式で与えられる．

$$S_\nu = \frac{j_\nu}{\alpha_\nu} = \frac{c}{4\pi} \frac{n_u A_{ul}}{n_l B_{lu} - n_u B_{ul}} \tag{6.55}$$

アインシュタイン遷移係数には，以下のような関係がある．

$$A_{ul} = \frac{8\pi h \nu^3}{c^3} B_{ul}, \quad g_u B_{ul} = g_l B_{lu} \tag{6.56}$$

ただし，g_u, g_l は上と下の準位の統計的重みである．式 (6.56) は原子の基本的な遷移に由来するので，熱力学的平衡にあるかどうかにはよらずに成立する．しかし，系が熱力学的平衡にあるなら，ボルツマンの関係式

$$\frac{n_u}{n_l} = \frac{g_u}{g_l}\exp\left(-\frac{h\nu_0}{k_{\rm B}T}\right) \tag{6.57}$$

が成り立つ．式 (6.56) と (6.57) を用いて式 (6.55) から，S_ν がプランク関数 $B_\nu(T)$ に等しくなければならないことを示すことができる．これは系が熱力学的平衡にある場合であって，系が熱力学的平衡にない場合は式 (6.57) は成り立たず，したがって，式 (6.55) も $B_\nu(T)$ にならない．

熱力学的平衡にない系に対しては，ミクロな遷移率の方程式を解いて，準位 i の数密度 n_i を決める必要がある．準位 i から準位 j への遷移確率を R_{ij} とすると，準位 i からの遷移率は $n_i \sum_j R_{ij}$ である．定常状態では，これは，i 以外のすべての準位 j から i への遷移率 $\sum_j n_j R_{ji}$ に等しい．よって，

$$n_i \sum_j R_{ij} - \sum_j n_j R_{ji} = 0 \tag{6.58}$$

が原子準位 i についてそれぞれ成り立つ．基礎理論からさまざまな準位間の遷移率 R_{ij}

を求めることができれば，連立方程式を解いて，各準位の数密度を決定することができる．

最も簡単な二つの準位 u と l のみの場合を考えよう．自発遷移と誘導遷移に加えて，系に存在する電子との非弾性衝突による上の準位から下の準位への遷移も存在する．衝突により脱励起する遷移率は，電子数 n_e と上の準位の原子の数密度 n_u の両方に比例すると考えられるので，$\gamma_{ul} n_u n_e$ と表せる．同様に，輻射による誘導遷移に加え，下の準位から上の準位への衝突による励起も存在する．定常状態では $u \to l$ と $l \to u$ はつり合うので，

$$n_u(A_{ul} + B_{ul}U_\nu + \gamma_{ul}n_e) = n_l(B_{lu}U_\nu + \gamma_{lu}n_e) \tag{6.59}$$

が成り立つ．衝突による遷移率は，輻射場が物質と平衡にあるかどうかには依存しない．したがって，熱力学的平衡にあるとして導いた関係は，輻射が物質と平衡にない場合にも通用する．アインシュタイン係数の関係式 (6.56) は常に成り立つ．熱力学的平衡のもとで，U_ν はプランクの式に従い，ボルツマン関係式 (6.57) が成り立つ．これらを用いると，式 (6.59) は

$$g_l \gamma_{lu} = g_u \gamma_{ul} \exp\left(-\frac{h\nu_0}{k_B T}\right) \tag{6.60}$$

である場合のみ成立することを示せる．この式は輻射場がないときにも成り立つ．

星間物質では，原子はしばしば衝突により高い準位に励起される．励起した原子は衝突あるいは自発的遷移で光子を放出して低い準位に戻る．輻射のエネルギー密度が無視できる場合は，式 (6.59) で $U_\nu = 0$ とおいて，

$$\frac{n_u}{n_l} = \frac{\gamma_{lu}n_e}{A_{ul} + \gamma_{ul}n_e}$$

が得られ，式 (6.60) を用いると，

$$\frac{n_u}{n_l} = \frac{g_u}{g_l} \exp\left(-\frac{h\nu_0}{k_B T}\right) \frac{1}{1 + (A_{ul}/\gamma_{ul}n_e)} \tag{6.61}$$

となる．これは，自発遷移がない（$A_{ul} = 0$）場合にはボルツマン関係式 (6.57) に戻る．自発遷移は原子を上の準位から脱励起させるので，ボルツマン関係式の場合に比べ，上の準位の数密度を減少させることになる．

この二つの準位の例では，上の準位の数密度は減少する．しかし，これは一般的に成り立つわけではなく，下の準位からの遷移が起こりやすい原子の準位が少なくとももう一つあると，上の準位の数密度が大きくなる場合もある．

以下では，星間物質のさまざまな様相を挙げ，情報を得る方法を見る．

6.6.1 中性水素ガス雲

星間空間の中性水素原子は H_I と書かれることが多い．図 6.10 で，銀河の H_I 分布は一様ではないことを見た．H_I 雲の典型的な密度は 10^6–10^8 粒子 m^{-3}，温度は 80 K 程度である．体積では星間空間の 5% を占めるにすぎないが，質量では星間物質の 40% ほどを占める．太陽近傍の銀河面に垂直な方向では，H_I 雲はほとんどが中間面から 100 pc 以内に存在する．H_I 雲を調べる最も重要な診断ツールは 21 cm 電波であるが，星間ガスによる星の光の特定の波長の吸収により引き起こされる，可視光や紫外線領域の狭い吸収線の解析も用いられる．ガスは低温なので，スペクトル線の熱的広がりは，星の大気で引き起こされた場合に比べずっと小さい．星間ガスの組成はこれら狭い吸収線の解析から得られる．炭素，酸素および窒素のような元素は，いわゆる**宇宙組成** (cosmic abundance)† に比べずっと少ない．ガス雲の中に存在する塵の微粒子の中に閉じ込められているためであると考えられている．塵の微粒子の組成はよくわかっていないが，6.1.3 項で述べたように，塵による減光曲線からは，グラファイトとしての炭素が重要な成分と考えられる．

星間空間の中性水素ガスについての情報は，21 cm 電波から得られる．6.6 節で述べたように，視線方向に沿って，天の川銀河の微分回転のために，動径方向速度の異なるガス雲が存在する．これらのガス雲はわずかに異なる波長の電波を放出する．光学的に薄い雲が視線方向に一つのみ存在するという単純な場合を考えよう．波長が 21 cm に近い幅の狭い輻射を放出するが，連続スペクトルを放出するバックグラウンド天体がある場合は，その波長で吸収線も期待される．輻射および吸収線から情報を引き出すことを考察する．

21 cm 線遷移の上の準位では，電子と陽子のスピンは平行であり，合成スピンは 1 である．量子力学によれば，この準位の統計的重みは $g_u = 3$ である．下の準位では，反平行なので合成スピンは 0 で，$g_l = 1$ である．$T = 80$ K では，これらの準位のエネルギー差 $h\nu_0$ は $k_B T$ に比べ小さく，式 (6.57) の指数因子はほぼ 1 で，$n_u/n_l = 3$ となる．水素原子の数密度を n_H とすれば，上と下の準位の数密度は

$$n_u = \frac{3}{4}n_H, \quad n_l = \frac{1}{4}n_H \tag{6.62}$$

となる．光学的に薄い天体に対しては，輻射輸送の式 (2.12) から比強度は $\int j_\nu ds$ で与えられるので，スペクトル線の全強度は

$$I = \int ds \int j_\nu \, d\nu$$

---

† 訳注：現在の宇宙の平均的な元素組成のことであるが，実際には，最もよくわかっている太陽系の元素組成で代用されることが多い．

となる. 式 (6.51) と (6.62) を代入すると,

$$I = \frac{3}{16\pi} h\nu_0 A_{ul} \int n_H \, ds \tag{6.63}$$

となる. 21 cm 遷移に対しては $A_{ul} = 2.85 \times 10^{-15}$ s^{-1} であるので, 上の準位にある原子は 10^7 yr に一回の割合で下の準位に遷移することになる. 実験室では, 衝突遷移のほうが起こりやすいため, 21 cm 遷移を起こすのは困難であることが理解できる. 式 (6.63) により, I を測れば $\int n_H \, ds$ を知ることができる. よって, ガス雲を貫く経路がわかれば, n_H を見積もることができる.

つぎに, 吸収線を考えよう. 光学的に薄い障害物に対し, 輻射輸送の式の一般解 (2.28) より, 障害物を通過した後の強度は

$$I_\nu(\tau_\nu) = I_\nu(0) e^{-\tau_\nu} \tag{6.64}$$

である. ただし, $I_\nu(0)$ は背景天体の強度である. スペクトル線の深さは, 光学的厚さ $\tau_\nu = \int \alpha_\nu \, ds$ に依存する. これを見積もろう. 式 (6.56) と (6.57) を用いると, 吸収係数の式 (6.54) は

$$\alpha_\nu = \frac{h\nu_0}{c} n_l B_{lu} \left[1 - \exp\left(-\frac{h\nu_0}{k_B T}\right) \right] \phi(\Delta\nu) \tag{6.65}$$

となるが, 21 cm 線に対しては $h\nu_0 \ll k_B T$ なので,

$$\alpha_\nu = \frac{h\nu_0}{c} n_l B_{lu} \frac{h\nu_0}{k_B T} \phi(\Delta\nu)$$

を得る. 式 (6.56) と (6.62) を用いると,

$$\alpha_\nu = \frac{3}{32\pi} n_H A_{ul} \frac{hc^2}{\nu_0 k_B T} \phi(\Delta\nu)$$

となるので, 光学的深さは

$$\tau_\nu = \frac{3}{32\pi} A_{ul} \frac{hc^2}{\nu_0 k_B} \phi(\Delta\nu) \int \frac{n_H}{T} \, ds \tag{6.66}$$

となる. 式 (6.64) より, 21 cm 吸収線の観測からは, 視線方向に沿った積分

$$\int \frac{n_H}{T} \, ds$$

を知ることができ, 式 (6.63) より, 21 cm 輝線の観測からは, 積分 $\int n_H \, ds$ を知ることができる. 両者の組み合わせにより, 中性水素ガスの温度を見積もることができる.

2.7 節で可視光が H_I 領域を通過することを考察した際は, 逆の極限 $h\nu_0 \gg k_B T$ を

とったことに注意しておく．この極限では，式 (6.65) の指数の項は無視できるので，光学的深さに対して異なる表式 (2.87) を得た．また，2.7 節の議論では振動子強度 f を用いたのに対し，いまの議論ではアインシュタイン係数を用いている．これらは明らかに関連した量である（演習問題 6.5）．

6.6.2 温かい雲間媒質

水素ガスがもっと温かかったら，輝線と吸収線がどうなるかを考えよう．スペクトル線の形状 $\phi(\Delta\nu)$ は熱的広がりのために広くなる．しかし，輝線の強度は式 (6.63) からわかるように変わらない．一方，吸収線は，式 (6.66) より，温度に反比例して強度が弱くなる．視線方向に沿って冷たいガス雲と温かいガスの両方があるとき，輝線と吸収線はどう見えるだろうか？ 温かいガスは温度が高いのであまり吸収しないため，吸収線はガス雲による幅の狭いものとなる．一方，輝線については，ガス雲からの幅の狭い輝線と温かいガスからの幅の広い輝線の両方が存在する．その結果，輝線は広い肩の上に乗った狭い線になる．すなわち，中性水素ガスが視線方向に沿って温度の異なる 2 相にある場合，21 cm の輝線と吸収線を注意深く調べることによって，原理的にはそれらを分離することが可能である．

図 6.11 に，背景電波源近傍の星間物質からの 21 cm 輝線（上），および背景電波源のスペクトルに星間物質がつくり出す 21 cm 吸収線（下）を示す．注意深く見ると，輝線の根元には広い肩があり，吸収線は狭い．したがって，21 cm 輝線と吸収線は星間空間に異なる 2 相の中性水素が含まれることを示唆している．ガス雲の間の空間（星間空間のおよそ 40%）は，温度が約 8000 K，密度が 10^5–10^6 粒子 m^{-3} の温かいガスで満たされているようである．これが星間物質の第 2 の様相で，ガス雲に比べ密度は低い．

6.6.3 分子雲

星間物質にはかなり複雑な有機分子が含まれていることがわかっている．通常，これらは星間物質の密度が高い領域に見つかっている．これら**分子雲**は，密度が 10^9 粒子 m^{-3} 以上で，温度が 10–30 K の範囲にある．星間空間を分子雲は 1% 以下しか占めないが，星間物質の質量には大きく寄与する（40% に及ぶ）．ガス雲の中で分子がどうつくられたかが問題で，それを扱う星間化学はまだ初期の段階である．多くの分子は塵の微粒子の表面で合成されたと考えられている．

星間物質中の多くの分枝は分子の電波輝線・吸収線で調べられている．最も豊富な分子は水素分子 H_2 であると考えられている．水素分子は電波輝線を出さないので，そ

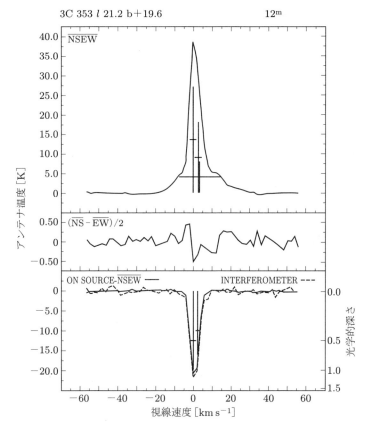

図 6.11 背景電波源 3C 353 近傍の星間物質からの 21 cm 輝線（上），および 3C 353 のスペクトルに星間物質がつくり出す 21 cm 吸収線（下）．
[出典：Radhakrishnan *et al.* (1972)]

の存在は背景天体の紫外線スペクトル中の吸収線から推測される．最もよく調べられている星間分子は一酸化炭素 CO で，さまざまな回転準位間の遷移から生じる有用な電波輝線がある．分子物理の基本的な結果として，回転スペクトルの振動数は等間隔で，基本振動数の倍数になる．CO の基本振動数は 115 GHz で，波長では 2.6 mm である．つぎの振動数は 230 GHz, 345 GHz と続く．天の川銀河の CO の分布は詳しく調べられており，中性水素 H_I の分布と少々異なる．CO は銀河中心から 10 kpc 以遠ではあまり見られないが，H_I はより遠方まで分布する．

　OH などの分子線では，いくつかの天体で異常に高い強度の輝線が見つかっている．天体がその分子線に対し光学的に厚く，比強度がプランク関数 $B_\nu(T)$ に等しいと仮定すると，その温度は 10^9 K ほどになってしまう．これは，異常な高温によるものでは

なく,メーザー機構によるものと考えられている.式 (6.61) を導いた2準位の議論では,上の準位が熱力学的平衡で期待されるより数密度が低くなる例を挙げた.多くの準位が関係するもっと複雑な状況では,上の準位の数密度が高くなりうる(演習問題 6.5 を参照).$n_u/n_l > g_u/g_l$ であれば,式 (6.54) より,吸収係数 α_ν は負になる.その場合,輻射のビームは物質を通過する際に減衰されず,むしろより強くなる.

分子雲には巨大な大きさのものもあり,星の誕生する場所とされている.多くの分子雲は自己重力で収縮し,ついにはその中心部で星が形成されると考えられている.図 6.12 は「星の卵」が出現している分子雲の例である.

図 6.12 新しい星が生まれつつある分子雲 M16(ハッブル宇宙望遠鏡).画像は NASA, ESA, Space Telescope Science Institute, J. Hester and P. Scowen. の厚意による.

6.6.4 H_{II} 領域

912 Å より波長の短い紫外線光子は,基底準位 $n = 1$ の水素原子から電子をたたき出してイオン化することができる.表面温度の高い O 型や B 型の星は多くの紫外線光子を放出する.これらの星は寿命が短いので,星形成が最近起こった領域で見つか

る．分子雲のコアでは星が誕生する．いったん星が形成されると，O 型や B 型の星からの紫外線光子が周囲の星間物質をイオン化する．イオン化した水素の領域は H$_{\text{II}}$ 領域とよばれ，典型的な温度は 6000 K である．

H$_{\text{II}}$ 領域はしばしば球形で見つかり，**ストレームグレン球**として知られている．そのような球の半径 R_{S} を見積もってみよう (Strömgren, 1939)．定常状態では，ストレームグレン球内の単位体積あたりのイオン化の数は，再結合の数とつり合う．再結合の起こる頻度は，陽子の個数 n_{p} と電子の個数 n_{e} に比例するので，単位体積・単位時間あたり再結合の数は $\alpha n_{\text{p}} n_{\text{e}}$ と書ける．ここで，α は再結合係数である．これが単位体積・単位時間あたりのイオン化の数に等しいので，ストレームグレン球内でのイオン化の数は $(4\pi/3) R_{\text{S}}^3 \alpha n_{\text{p}} n_{\text{e}}$ となる．中心の星が 91.2 nm より短い波長の紫外線光子を単位時間あたり N_γ 個放出しているとすれば，

$$N_\gamma = \frac{4}{3}\pi R_{\text{S}}^3 \alpha n_{\text{p}} n_{\text{e}} \tag{6.67}$$

となり，この関係式からストレームグレン球の半径が定まる．

再結合過程が基底準位 $n=1$ に飛び込む自由電子による場合，紫外線光子が放出される．しかし，自由電子がまず $n=2$ 準位に飛び込んでから $n=1$ に遷移する場合，2 個の光子が放出され，一つは可視光領域となる．電子はしばしば滝のように複数のエネルギー準位を落ちていき，複数の光子を放出する．H$_{\text{II}}$ 領域は可視光で調べることのできる星間物質の相の一つである．電子が高い準位間の遷移（たとえば，$n=100$ から $n=99$）をするときには電波が放出され，実際に検出されている．加えて，H$_{\text{II}}$ 領域の熱いガスからは，電波領域で連続スペクトルをもつ，制動放射が放出される．

H$_{\text{II}}$ 領域からは，水素輝線だけでなく，炭素，窒素，酸素などの元素の部分的にイオン化した原子から輝線が放出される．これらはしばしば可視光領域にあり，非常に遅い遷移率の「禁制」線に相当する．これらの輝線は，実験室では励起した原子が光子の放出でなく衝突で脱励起するため，観測が難しい．星間空間の低密度の条件では，衝突は稀であり，励起した原子は遅い遷移率であっても光子放出で脱励起するチャンスがある．それぞれのスペクトル線に対し，衝突による脱励起が卓越する臨界密度があり，その密度を超えると輝線は消失する．

6.6.5 熱いコロナガス

超新星爆発は星間空間に熱いガスをまき散らす．超新星残骸は数多く見つかっている．非常に古い超新星残骸からの熱いガスは，星間空間のそれ以外の相で満たされていない領域を満たしていく (McKee and Ostriker, 1976)．このコロナガスは 10^6 K 程度の温度をもつが，10^3 粒子 m^{-3} 程度と密度は低い．このガスは星間空間の 50% 程

度まで占めるが、星間物質の質量にはあまり寄与しない。熱いコロナガスは制動放射で光子を放出する。天の川銀河の熱いコロナガスの放つ軟 X 線は、星間物質のこの相を調べる主要な手段になっている。

6.7 銀河磁場と宇宙線

　天の川銀河の星間空間には大きなスケールで磁場が存在する。ヒルトナーは、星光の偏光を測定していて、ほとんどの星からの光は偏光していることを発見した (Hiltner, 1954)。星間微粒子は一般に非球形で、銀河磁場で整列しており、星間物質は磁場の中で偏光体のはたらきをすると考えられている。微粒子の整列は繊細な物理の問題であり、磁場の中で磁針が整列するようには行かないということに注意しておく。ここでは、デイヴィスとグリーンスタインによって調べられた、微粒子の配列と偏光の問題 (Davis and Greenstein, 1951) には立ち入らない。興味のある読者はスピッツァーの本を参照されたい (Spitzer, 1978, ch.8)。

　星の光の偏光は星のある方向に依存する。図 6.13 はさまざまな銀河座標の星の光の偏光を示す。線分の長さは偏光の度合いを、傾きは偏光の方向を表している。銀河磁場の方向には、系統的な偏光は期待されないが、図では $\ell \approx 60°$ と $\ell \approx 240°$ 付近に相当する。これらの銀経は太陽近傍の渦状腕の方向に対応する。これらの（すなわち磁場の）方向に対し垂直に見ると、最大の偏光が得られると考えられる。星の光の偏光は、天の川銀河の渦状腕に沿って磁場があることを示している。しかし、磁場の振幅を推定するには、微粒子整列の理論が必要であるが、その理論は多くの不定性を含む。

　パルサーからの信号は銀河磁場を推定する方法を与えてくれる。パルサーはそれ自身が興味深い天体であるが、パルサーからの信号はパルサーと我々の間にある星間物質の重要な情報を提供する。真空を伝わる電磁波は分散を起こさないが、プラズマを通過する電磁波の速さは波の振動数により異なる。星間空間には自由電子が存在するので、星間物質はプラズマの役割を果たす。低い振動数の電波は星間プラズマ中をゆっくり進む。もっと振動数の高い可視光では、この効果は無視できる。パルサーからのパルスを解析すると、高い振動数の波が低い振動数の波よりわずかに早く到着することがわかる。パルサーはすべての振動数で同時に波を出すが、低い振動数の波は星間物質を通過する際に遅れる。波の到着時刻の振動数による変化は

$$\frac{dT_a}{d\omega} = -\frac{e^2}{\epsilon_0 m_e c \omega^3} \int n_e \, ds \tag{6.68}$$

となることが示される。ただし、n_e は星間空間での電子の数密度で、積分はパルサーから我々までの経路に沿って行う。太陽近傍の n_e は $10^5 \, \text{m}^{-3}$ であるので、時間分散

6.7 銀河磁場と宇宙線　169

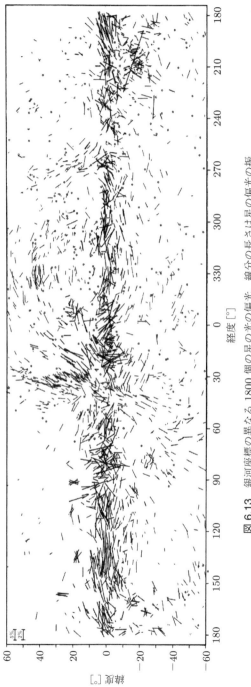

図 6.13　銀河座標の異なる 1800 個の星の光の偏光．線分の長さは星の偏光の振幅，方向は偏光面を表す．[出典：Mathewson and Ford (1970)]

の測定から得られる $\int n_e \, ds$ より，パルサーまでの距離を見積もることができる．パルサーからの信号も偏光している．プラズマ中の磁場は偏光面を回転させ，低い振動数ほど回転が大きいことを示すことができる．これは**ファラデー回転**とよばれる現象であるが，理論的な導出については Choudhuri (1998) の§12.5 と§12.6 を参照されたい．ファラデー回転による偏光面の振動数による変化は

$$\frac{d\theta}{d\omega} = -\frac{e^3}{\epsilon_0 m_e^2 c \omega^3} \int n_e B_\parallel \, ds \tag{6.69}$$

で表すことができる．ただし，$B_\parallel$ は視線方向の磁場の成分である．時間分散の積分は $\int n_e \, ds$ で，角度分散の積分は $\int n_e B_\parallel \, ds$ であるから，これらの積分の比

$$\frac{\int n_e B_\parallel \, ds}{\int n_e \, ds}$$

から磁場を見積もることができる．たくさんのパルサーの時間分散と角度分散の測定から，銀河磁場の大きさは 2–3 μG ($= 2$–3×10^{-10} T) と推定されている．前述のように，平均磁場は天の川銀河の渦状腕に沿っていると考えられているが，平均値周りのばらつきは平均そのものくらい大きな値である．

　銀河磁場に関連して，磁力線の周りを旋回する高エネルギーの荷電粒子が存在している．この**宇宙線**は大気の外から地球に常に降り注いでいることが，ヘスによって発見された (Hess, 1912)．宇宙線は超新星爆発の衝撃波で高エネルギーに加速されていると考えられている．宇宙線は磁力線の周りを旋回し，天の川銀河を満たしている．磁力線の周りを相対論的速度で旋回する荷電粒子は**シンクロトロン輻射**を放出する．銀河磁場を旋回する宇宙線からのシンクロトロンスペクトルはおもに電波の領域に放出される．電波望遠鏡では天の川銀河のみならず，ほかの銀河からの電波が観測されており，ほかの銀河でも磁場と宇宙線が存在していることを示している．

　銀河磁場に伴うエネルギー密度 $B^2/2\mu_0$ は 10^{-14} J m^{-3} 程度である．H$_\mathrm{I}$ ガス雲の典型的な乱流速度は 10 km s^{-1} 程度である．星間乱流の運動エネルギー密度 $\rho v^2/2$ も同じ程度の大きさであることは容易に算出できる．宇宙線粒子の担うエネルギー密度もまた同程度である．このように，ガス，磁場，宇宙線の間には著しい**エネルギー等分配**が成り立っている．では，銀河磁場がどうして生じたのか，また，なぜ等分配が成り立っているのか？　**ダイナモ理論**は，プラズマ中の乱流運動がある環境のもとで磁場を生成するかを説明する理論である．星間ガスの乱流引導が銀河磁場を生み，その磁場により天の川銀河における宇宙線の加速と閉じ込めが起こるため，等分配が起こること自体は不思議なことではない．しかし，定性的な議論を超えて厳密な裏付けを行うのは簡単ではない．

6.8 熱力学的考察

星間物質は非常に複雑なシステムであることがわかった．星間物質はなぜ一様に分布せず，銀河の異なる場所でいくつかの異なる相で存在するのか？　星間物質は外部の源により常に擾乱を受けている．超新星爆発は星間物質に熱いコロナガスを付け加え続けている．新しく誕生した O 型星や B 型星は星間物質の一部をイオン化して，H_{II} 領域をつくり続けている．しかし，これらの外部擾乱のみでは，なぜ中性ガスが H_I ガス雲や温かい雲間媒質として見つかるのかを説明することはできない．では，なぜ中性ガスの密度や温度はもっと連続的に分布していないのか？

星間物質のどの相もエネルギーを輻射の形で放出している．6.6 節では，さまざまな相で放出される輻射について述べた．単位体積・単位時間あたり失われるエネルギーを Λ とする．Λ は**冷却関数**とよばれることがある．系が定常状態にあるなら，同じ量のエネルギーが供給されなければならない．星間物質が単位体積・単位時間あたり受け取るエネルギーを**加熱関数**とよび，Γ で表す．超新星爆発で星間物質に渡されるエネルギーや，高温の星から放出され星間物質に吸収される紫外線光子は Γ に寄与する．宇宙線もまた加熱に寄与する．物質を通過する高エネルギー荷電粒子は原子をイオン化し，その過程において周囲の物質にエネルギーを損失する．宇宙線によるイオン化が Γ へ寄与するのである．

星間物質のどの相においても，熱平衡になる必要条件は

$$\mathcal{L} = \Lambda - \Gamma = 0 \tag{6.70}$$

であるが，十分条件ではない．フィールドによれば，熱平衡は $(\partial \mathcal{L}/\partial T) > 0$ のときにのみ起こる (Field, 1965)．詳細な分析によらずとも，この条件が必要なことは理解できる．$\mathcal{L} = 0$ で平衡にある系を考えよう．擾乱により温度がわずかに低下したとする．$(\partial \mathcal{L}/\partial T) < 0$ ならば $\mathcal{L}$ は増加する．$\mathcal{L}$ は全エネルギー損失率なので，$\mathcal{L}$ の増加は系がより速くエネルギーを損失することを意味し，温度はさらに低下する．この暴走の結果，系はどんどん冷たくなる．したがって，いったん平衡が乱されると，系は平衡からどんどん離れていく．

$\mathcal{L}$ が図 6.14 のような T の関数であったとする．この場合，A と B は $(\partial \mathcal{L}/\partial T) > 0$ で，二つの安定平衡領域である．系は A と B の温度に相当する安定平衡にあることが可能で，中間領域は排除される．フィールド，ゴールドスミスとハビングは，H_I ガス雲と温かい雲間媒質は中性ガスの二つの離れた熱平衡状態に相当すると考えた (Field, Goldsmith and Habing, 1969)．

熱的つり合いとは別に，星間物質には，つり合っていない力で引き起こされる大規

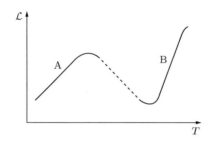

図 6.14 二つの平衡配置が可能な系の T の関数としての $\mathcal{L}$

模な運動が起こらないよう，力のつり合いがなければならない．8.2 節で見るように，星間物質のような流体系では，圧力勾配と重力場とによる二つの力が重要である．まず，圧力勾配による力について考えよう．星間物質内での圧力の大きな変位は，高圧の領域から低圧の領域へのガスの流れを引き起こす．星間物質の相はさまざまであるが，圧力は同じ程度である．これは粒子数密度 n に対して温度 T をプロットした図 6.15 に現れている．星間物質のさまざまな相はこの図で異なる場所を占めている．圧力 $nk_{\mathrm{B}}T$ は破線に沿って一定である．$\mathrm{H_I}$ ガス雲と雲間媒質は圧力平衡にあるが，ほかの相は異なる圧力にある．

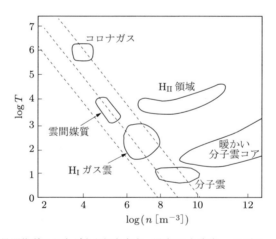

図 6.15 星間物質のさまざまな相を表す，温度 T と密度 n のプロット．圧力は破線に沿って一定になっている．

続いて，重力によるつり合いを考える．星間物質は銀河中心の周りで円運動し，遠心力は重力の主要な動径方向の成分とつり合っている．銀河面に垂直な方向では，重力場は天の川銀河の中間面に向かう．この方向には静水圧平衡が成り立つ．中性ガスの圧力と，磁場と宇宙線の圧力により，星間物質は天の川銀河の中間面の周囲に厚さ

200 pc ほどの層をつくる.

　星間物質のような複雑なシステムでは，平衡を定めるには力のつり合いだけでは十分ではない．平衡が安定かどうかを調べる必要がある．8.3 節で示すように，星間物質の十分大きな領域の密度が高まると，増加した重力によりその領域がさらに崩壊を起こす．これが**ジーンズ不安定**で，星形成の引き金となる (Jeans, 1902). 分子雲のコアはそのような崩壊領域で，最終的には星が誕生する領域であると考えられている．しかし，ジーンズ不安定は崩壊の始まりについてのみ教えてくれるにすぎず，引き続く崩壊は非常に複雑な過程であり，よくわかっていない．たとえば，簡単に見積もると，崩壊する高密度領域の質量は，個々の星よりずっと大きい．崩壊するガス雲は，崩壊の途中で個々の星に分裂するはずである (8.3 節参照)．新しく誕生する星の質量の分布は，サルピータにより観測データから導かれた (Salpeter, 1955). M と $M+\mathrm{d}M$ の間の質量で誕生する星の数を $\xi(M)\,\mathrm{d}M$ とすると，**サルピータの初期質量関数**は

$$\xi(M)\,\mathrm{d}M \propto M^{-2.35}\,\mathrm{d}M \tag{6.71}$$

で与えられる．この初期質量関数は理論的には説明されていない．

　星の形成は，現代の天体物理学でも理論的によくわかっていない問題である．分子雲に存在する塵の微粒子がコアの観測を妨げるため，この過程は可視光では直接観測できない．しかし，ガス雲が崩壊して温度が上昇すると，塵の微粒子は赤外線を放出する．赤外線観測からは非常に複雑な形成過程が明らかになった．ガス雲のコアは球対称には崩壊しない．典型的なガス雲には角運動量が存在し（天の川銀河の回転のため），崩壊するコアは円盤状になる．赤外線天文学で最も衝撃的な発見は，これら崩壊する円盤の極付近から**双極流**が見られることであろう．分子輝線のドップラー効果から，双極流の速さは $100\ \mathrm{km\,s^{-1}}$ に達することがわかっている．

演習問題 6

6.1 6.1.1 項では，すべての星が同じ絶対等級 M をもち，星間吸収がないとして，星の計数法を非常に初等的に論じた．絶対等級が M と $M+\mathrm{d}M$ の間にある星の割合が $\Phi(M)\,\mathrm{d}M$ であるとし，吸収により距離 r にある星の等級変化が $a(r)$ であるとする．また，見かけの等級が m と $m+\mathrm{d}m$ の間にある立体角 ω 内の星の数を $A(m)\,\mathrm{d}m$ とする．距離 r にある星の数密度を $D(r)$ とすれば，

$$A(m) = \omega \int_0^\infty \Phi[m + 5 - 5\log_{10} r - a(r)] D(r) r^2\,\mathrm{d}r$$

であることを示せ．この式は，すべての星の絶対等級が同じで吸収がなく，一様に分布しているなら，式 (6.3) に帰する．

6.2 銀河円盤の星間物質は星の明るさを kpc あたり 1.5 等級減じる（等級が 1.5 増える）．このとき，銀河円盤の星の明るさは距離 r とともに

$$\frac{e^{-\alpha r}}{r^2}$$

のように減衰することを示し，α の値を求めよ．

6.3 重力場が銀河のある領域で r^{-2} で減少するとしよう．式 (6.21) と (6.22) で定義される定数 A と B の値を，この領域について求めよ．周転円運動の振動数は角速度に等しいことを示せ．これは物理的にはどういうことを意味するかを考えよ．

6.4 厚さ一定で内部の密度が一定の無限な薄板として銀河円盤の簡単なモデルを考えよう．銀河の中央平面から垂直方向に変位した星は中央平面付近で単振動することを示せ（星は常に密度一定の領域にとどまるものとする）．中央平面での水素原子の密度が 5×10^6 個 m^{-3} であるとして，振動の周期を推定せよ．太陽近傍の星の銀河中心周りの回転と周期を比較せよ．

6.5 原子の下位準位 l から $h\nu_0$ 離れた上位準位 u への遷移のアインシュタイン係数を B_{lu} とする．2.7 節で導入した，この遷移の振動子強度 f は

$$\frac{e^2}{4\epsilon_0 m_e} f = h\nu_0 B_{lu}$$

を満たす．この関係が 2.7 節と 6.6 節の両方の議論に整合していることを示せ．

6.6 エネルギーが増える順に三つの準位 1, 2 および 3 をもつ原子を考えよう．上位の二つの準位 2 と 3 の間には遷移が起こらないとする．式 (6.59) のような平衡の式をつくり，存在する輻射が輻射遷移が重要になるほど強くないと仮定し，次式を示せ．

$$\frac{n_3}{n_2} = \frac{g_3(1 + A_{21}/n_e\gamma_{21})}{g_2(1 + A_{31}/n_e\gamma_{31})} e^{-E_{23}/k_B T}$$

記号の意味は明らかである．n_e が大きいときはボルツマン分布則を得ることになる．反転分布になるための条件を求めよ．上位の二つの準位に遷移がないならば，この反転分布はメーザー作用を起こさない．しかし，この単純な 3 準位系の例から，反転分布がどうして起こるかについての考え方がわかる．

6.7 6.6.3 項で，分子雲中の CO 分子は 115 GHz の倍数の振動数で放射を出すことを指摘した．分子軸に垂直な軸の周りの分子の慣性モーメントを I とすれば，分子のエネルギー準位が

$$E_J = \frac{\hbar^2}{2I} J(J+1)$$

で与えられることを示せ．ここで，J は整数値をとる．放射が選択則 $\Delta J = -1$ に従うとすれば，放射準位が見られるはずであることを示せ．また，炭素と酸素の原子の分子内での距離を推測せよ．

7章
恒星系力学の基礎

7.1 はじめに

　重力は長距離引力なので，銀河の星は，銀河のほかのすべての星を常時引っ張り続ける．簡単のため，星を点粒子として扱うことにする．すると，銀河や星団は，逆2乗則で他を引っ張り続ける点の集合とみなすことができる．恒星系力学の目標は，そのような自己重力をもつ系の動力学を調べることである．銀河の星の間にはガスがあるため，実際はもっと複雑である．しかし，恒星系力学は銀河や星団の構造を調べるのに有効であると考えられている．

　天の川銀河については6章で論じた．系外銀河については9章で扱う．不規則に見える銀河もあるが，9.2節で見るように，ほとんどの銀河は規則的な形をしている．恒星系力学の基本的な問題は，なぜ自己重力をもつ質点粒子はほかにも可能な配置があるのにある特別な配置になりやすいのか，ということである．完全に満足のいく答えはまだない．したがって，星の構造に比べ，銀河の構造の問題はまだしっかりとした基礎に基づいていない．星の重力は引力としてはたらくので，星が互いの引力によって系の中心に落ち込まないよう，運動によってつり合っていなくてはならない．これは，大気中のガス粒子が重力によって下に引っ張られるのに地面に落ちてしまわない，ということに似ている．ガス粒子のランダムな運動により，このようなことが押しとどめられているのである．7.2節で，星の運動（必ずしもランダムでなくてもよい）は系が定常状態を保つようにつり合うことができることを見て，全運動エネルギーと全重力エネルギーの関係を導く．しかし，これを超えて銀河や星団の詳細な構造を計算することは簡単ではない．

　星の構造は，質量と化学組成が与えられれば，理論的に計算できることを3章で見た．星形成の元になるガス雲の性質など，初期条件の詳細を知る必要はなかった．銀河の場合には，銀河をつくる星の質量分布と全質量がわかれば，構造を計算することが原理的に可能なのであろうか？　あるいは，銀河形成の段階の初期条件は銀河の構造を決めてしまうのであろうか？

　容器に入ったガスの粒子を考えよう．粒子の速度はマクスウェル分布（式 (2.27)）

という一般的法則に従う．統計力学の基本原理から，この分布が最大確率の分布であることを示すことができる．そのため，気体はその配置をとることがほとんどである．何らかの方法で速度分布をマクスウェル分布から大きくずらしたとしよう．その後ガスを放置すると，数回の衝突でマクスウェル分布に戻ってしまうだろう．典型的な星の系では，二つの星が物理的に衝突を起こすことは稀である．星は通常，ほかのすべての星がつくり出した滑らかな重力場の中を運動する．しかし，二つの星が互いに十分近づくと，軌跡は互いの重力相互作用で偏向する．星の系では，このような遭遇が衝突の代わりとなり，星の速度分布を緩和する．7.3 節で，星の系の衝突緩和時間の推定について論じる．簡単に見積もると，典型的には銀河の緩和時間は宇宙年齢より長く，銀河は緩和されていない系ということになる．一方，球状星団の緩和時間は短く，衝突緩和が重要な系となっている．**衝突恒星系力学**は衝突緩和が重要な恒星系を扱い，**無衝突恒星系力学**は衝突が無視できる恒星系を扱う．

衝突緩和により，星はマクスウェル分布に従う平衡配置になると期待される．7.4 節では，自己重力は熱力学的平衡と不適合であるため，この期待は実現しないことを見る．すなわち，衝突恒星系力学はかなり複雑なものであることがわかる．単純な熱力学的平衡が不可能なことを示す以外は，この問題の詳細には立ち入らない．7.5 節と7.6 節で，無衝突恒星系力学を簡単に紹介する．第一原理からは無衝突恒星系の詳細な構造を計算することはしないが，銀河の星の運動のさまざまな面は相互に関連しており，恒星系力学の解析から理解できることを見る．

この章の目的は，恒星系力学がどういう分野なのかを読者に紹介することにある点を強調しておく．恒星系力学の本格的な取り扱いはこの教科書の範囲を超えているので，ビネイとトリメインの本を参照されたい (Binney and Tremaine, 1987)．恒星系力学の解析には高度な理論的技巧が必要とされるので，天体物理学的に興味ある話題であってもここでは扱わない．たとえば，銀河の渦巻構造の理論である．渦巻構造を説明するのに最も成功しているのはリンとシューの密度波理論であるが (Lin and Shu, 1964)，複雑であるのでここでは論じない．この話題を数学技巧を用いずにうまく説明しているのはシューの本 (Shu, 1982, pp.275–281) であり，一読をお勧めする．

7.2 恒星系力学のヴィリアル定理

星の内向きの重力は熱エネルギーによりつり合うので，3.2.2 項の式 (3.10) のように，重力ポテンシャルエネルギーと熱エネルギーに関係があるというヴィリアル定理について述べた．ここでは，重力によりたがいに引き付けあう粒子の集団について考え

る．集団が定常状態にある（全体の大きさが増えも減りもしない）なら，内向きの重力とつり合うのは集団内の粒子の運動である．したがって，重力ポテンシャルエネルギーと系の全エネルギーの間には式 (3.10) のような関係があることが期待される．この関係は，以下に示すように，衝突緩和系にも非緩和系にも成立する．

i 番目の粒子（質量 m_i）の，ある瞬間における位置と速度をそれぞれ $\boldsymbol{x}_i, \boldsymbol{v}_i$ とする．粒子の運動量 $\boldsymbol{p} = m_i \boldsymbol{v}_i$ に対して，つぎの式が成り立つ．

$$\frac{\mathrm{d}}{\mathrm{d}t}(\boldsymbol{p}_i \cdot \boldsymbol{x}_i) = \frac{\mathrm{d}\boldsymbol{p}_i}{\mathrm{d}t} \cdot \boldsymbol{x}_i + \boldsymbol{p}_i \cdot \frac{\mathrm{d}\boldsymbol{x}_i}{\mathrm{d}t} = \boldsymbol{F}_i \cdot \boldsymbol{x}_i + 2T_i \tag{7.1}$$

ただし，$\boldsymbol{F}_i$ は i 番目の粒子にはたらく力で，T_i はその運動エネルギーである．式 (7.1) を十分長い時間 τ だけ積分し，両辺を τ で割ると，

$$\frac{1}{\tau}\delta(\boldsymbol{p}_i \cdot \boldsymbol{x}_i) = \overline{\boldsymbol{F}_i \cdot \boldsymbol{x}_i} + 2\overline{T_i} \tag{7.2}$$

となる．ただし，上線（‾）は時間間隔 τ に対して平均をとることを意味し，$\delta(\boldsymbol{p}_i \cdot \boldsymbol{x}_i)$ は $\boldsymbol{p}_i \cdot \boldsymbol{x}_i$ の時間間隔 τ の最初と最後の値の差である．この式は集団の各粒子について成り立つ．全粒子に対し和をとると，

$$\frac{1}{\tau}\delta\left(\sum_i \boldsymbol{p}_i \cdot \boldsymbol{x}_i\right) = \sum_i \overline{\boldsymbol{F}_i \cdot \boldsymbol{x}_i} + 2\overline{T} \tag{7.3}$$

となる．ただし，$\overline{T} = \sum_i \overline{T_i}$ は系の全運動エネルギーである．大きさが時間的に変化しない系では，$\sum_i \boldsymbol{p}_i \cdot \boldsymbol{x}_i$ の値も時間的に変化しないと期待される．すると，式 (7.3) の左辺はゼロとなり，

$$\sum_i \overline{\boldsymbol{F}_i \cdot \boldsymbol{x}_i} + 2\overline{T} = 0 \tag{7.4}$$

を得る．i 番目の粒子にほかのすべての粒子からかかる力は

$$\boldsymbol{F}_i = \sum_{j \neq i} Gm_i \frac{m_j}{|\boldsymbol{x}_j - \boldsymbol{x}_i|^3}(\boldsymbol{x}_j - \boldsymbol{x}_i)$$

であるから，

$$\sum_i \boldsymbol{F}_i \cdot \boldsymbol{x}_i = \sum_i \sum_{j \neq i} \frac{Gm_i m_j}{|\boldsymbol{x}_j - \boldsymbol{x}_i|^3}(\boldsymbol{x}_j - \boldsymbol{x}_i) \cdot \boldsymbol{x}_i \tag{7.5}$$

と書ける．右辺の 2 重の和はすべての粒子対に対する和である．ある粒子対 i と j に対しては，和には二つの項が現れることは明らかで，

$$\frac{Gm_i m_j}{|\boldsymbol{x}_j - \boldsymbol{x}_i|^3}[(\boldsymbol{x}_j - \boldsymbol{x}_i) \cdot \boldsymbol{x}_i + (\boldsymbol{x}_i - \boldsymbol{x}_j) \cdot \boldsymbol{x}_j] = -\frac{Gm_i m_j}{|\boldsymbol{x}_j - \boldsymbol{x}_i|}$$

となるので，式 (7.4), (7.5) より，

$$2\overline{T} - \sum_{\text{all pairs}} \overline{\frac{Gm_im_j}{|\boldsymbol{x}_j - \boldsymbol{x}_i|}} = 0 \tag{7.6}$$

を得る．これは

$$2\overline{T} + \overline{V} = 0 \tag{7.7}$$

と書ける．ただし，

$$\overline{V} = -\sum_{\text{all pairs}} \overline{\frac{Gm_im_j}{|\boldsymbol{x}_j - \boldsymbol{x}_i|}} \tag{7.8}$$

は全重力ポテンシャルエネルギーである．恒星系力学のヴィリアル定理 (7.7) は星の構造に対するヴィリアル定理 (3.10) と同じ形である．星の構造では，運動エネルギーでなく熱エネルギーであったが，熱エネルギーは星の内部の気体粒子の運動エネルギーであるから，どちらも基礎にある物理は同じである．

それぞれ質量 m をもつ N 個の星からなる星団を考えよう．系には $N(N-1)/2 \approx N^2/2$ 個の対があり，典型的な対の重力ポテンシャルエネルギーは

$$\frac{Gm^2}{\langle R \rangle}$$

となる．ここで，$\langle R \rangle$ は対の星の平均距離であり，星団の半径と同じ程度の大きさである．$2\overline{T} = Nm\langle v^2 \rangle$ であるから，式 (7.6) より，

$$Nm\langle v^2 \rangle \approx \frac{N^2}{2} \frac{Gm^2}{\langle R \rangle}$$

すなわち

$$\langle v^2 \rangle \approx \frac{GM}{\langle R \rangle} \tag{7.9}$$

を得る．ただし，$M = Nm$ は星団の質量である．式 (7.9) は星団の質量を推定するためにしばしば使われている．星団内の星のスペクトル線のドップラー効果の測定から速度分散 $\langle v^2 \rangle^{1/2}$ を求めることができる．星団までの距離がわかれば，星団の見かけの大きさから $\langle R \rangle$ を得る．あとは，式 (7.9) を用いれば星団の質量 M が計算できる．

質量 M と半径 R の星団の速度分散が，式 (7.9) から期待されるより小さかったとしよう．その場合，重力は星の運動ではつり合わせることができず，星団の大きさは縮まなければならない．その過程で重力ポテンシャルエネルギーは減少する．そのエ

ネルギーは星の運動エネルギーに転換され，速度分散は増加する．最終的には，速度分散は式 (7.9) を満たすまで増加し，星団の大きさの縮小は止まる．式 (7.9) を適用するには，系は重力で束縛されて定常化（**ヴィリアル化** (virialize)）している必要がある．さもないと，ヴィリアル定理の適用は間違った結果をもたらす．

7.3 衝突緩和

系が衝突緩和されているかどうかによらず，系が重力的に束縛されていて定常状態（大きさが拡大も縮小もしていない）にあれば成立するヴィリアル定理を導いたので，つぎは，恒星系の緩和時間を求めよう．

質量 m の銀河あるいは星団があるとする．ある星が速さ v で動いているとする．すぐ近くに別の星がない場合は，星は系のすべての星で集団的につくられた滑らかな重力場の中を運動する．別の星がすぐ近くにある場合は，この星の軌跡はその星の重力で偏向を受ける．これを**衝突**とよぶ．この定義はあいまいである．二つの星の相互作用が衝突とよばれるには，どのくらい近ければよいだろうか．仮の定義として，軌跡の偏向に伴う運動量の変化が，星の元の運動量の大きさ以上であるとき衝突とみなすことにしよう．この仮定義を用いて，衝突とよべる相互作用を起こす星の軌跡ともう一つの星との距離 b を求める．図 7.1 で，星は最初速さ v で直線運動をしている．別の星が軌跡から距離 b のところにある．これが衝突の限界なら，運動する星の運動量の変化は元の運動量 mv に等しい．二つの星が近づいたとき，両者の間にはたらく重力はおよそ Gm^2/b^2 である．二つの星に重力がはたらくおよその時間間隔は b/v である．したがって，運動する星の運動量変化は（元の運動量の垂直方向に）

$$\Delta p \approx \frac{Gm^2}{b^2}\frac{b}{v}$$

である．これを mv と等しいとおくと，衝突の限界距離 b が，つぎのように得られる．

$$b \approx \frac{Gm}{v^2} \tag{7.10}$$

単位時間のうちに，運動する星が衝突を起こすためには，もう一つの星は体積 $\pi b^2 v$ の

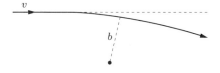

図 7.1 二つの星の衝突

中にある必要がある．よって，星の数密度を n とすれば，単位時間あたりの衝突数は $\pi b^2 v n$ となる．典型的な衝突の時間間隔はこの逆数である．この衝突時間は初期の速度分布の記憶が実質的に消える時間なので，緩和時間 $T_{\rm rel}$ とよぶことができる．それは，式 (7.10) の b を用いれば，

$$T_{\rm rel} \approx (\pi b^2 v n)^{-1} \approx \frac{v^3}{\pi n G^2 m^2} \tag{7.11}$$

となる．v を $\rm km\,s^{-1}$，n を $\rm pc^3$ あたりの個数とし，$m \approx M_\odot$ をとれば，

$$T_{\rm rel} \approx 10^{10} \frac{v^3}{n} \,{\rm yr} \tag{7.12}$$

を得る．衝突緩和のより厳密な取り扱いでは，さまざまな距離にある星の効果を積分する．厳密な取り扱いについては，Binney and Tremaine (1987, pp.187–190) を参照されたい．しかし，上の簡単な取り扱いでも，緩和時間 $T_{\rm rel}$ の大きさの程度は正しい．

表 7.1 に，さまざまな星の系の典型的な星の速度 v，星の数密度 n と衝突緩和時間 $T_{\rm rel}$（式 (7.12) による）を載せておく．宇宙年齢は 10^{10} yr なので，銀河には衝突緩和に達する十分な時間がない．一方，星団は少なくとも部分的には緩和されている．

表 7.1　さまざまな星の系の緩和時間

	v [km s^{-1}]	n [pc^{-3}]	$T_{\rm rel}$ [yr]
銀河	100	0.1	10^{17}
散開星団	0.5	1	10^{9}
球状星団	10	10^3	10^{10}

銀河の緩和時間は非常に長いので，銀河の星の速度分布はまったく緩和されておらず，原初の速度分布の痕跡が残されていると思うかもしれないが，それは正しくない．太陽近傍の星の速度分布には異方性があることが知られている．銀河が大きな体積から収縮してきたものであれば，銀河の内側の点の重力場は収縮の間劇的に変化し続ける．急速に変化する重力場は衝突と同様の効果を与えることが知られており，**激緩和** (violent relaxation) とよばれている (Lynden-Bell, 1967)．

衝突緩和の議論の最後に面白い関係式を論じよう．大きさ R の恒星系の内部を速さ v で運動する星は，系を横切るのに R/v 程度の時間を要する．したがって，式 (7.11) を用いて，

$$\frac{T_{\rm rel}}{T_{\rm cross}} \approx \frac{v^4}{\pi n G^2 m^2 R} \tag{7.13}$$

を得る．系がヴィリアル平衡にあるなら，N を系の星の全数として，式 (7.9) より，v^2 は GNm/R となる．そして，$N \approx \pi n R^3$ であるから，

$$\frac{T_{\rm rel}}{T_{\rm cross}} \approx \frac{(GNm/R)^2}{\pi n G^2 m^2 R} \approx \frac{N^2}{\pi n R^3} \approx N \tag{7.14}$$

となる．すなわち，N 個の星からなる星の系がヴィリアル平衡にあるなら，衝突緩和時間は系の典型的な星の横断時間の N 倍である．

7.4 熱力学的平衡の不適合と自己重力

　星の系が衝突緩和に十分な時間だけ存続したら，その後はどうなるのか？　一見簡単なこの疑問に答えるのは容易ではない．容器内の気体についての同様な問題の答えはわかっている．気体粒子にどのような初期速度分布を与えようとも，衝突により速度分布は，熱力学的な平衡分布であるマクスウェル分布に緩和する．緩和した星の系についても同じような熱力学的平衡になると単純には考えられる．同じ質量（単位質量とする）をもつ星の系を考えよう．位置 $\bm{x}$ にあり，速度 $\bm{v}$ をもつ星のエネルギーは

$$E(\bm{x},\bm{v}) = \frac{1}{2}v^2 + \Phi(\bm{x}) \tag{7.15}$$

である．ただし，$\Phi(\bm{x})$ は $\bm{x}$ における重力ポテンシャルである．熱平衡では，星の分布関数は，速度空間の体積 $\mathrm{d}^3 v$ 内に終点がある速度ベクトルをもつ体積 $\mathrm{d}^3 \bm{x}$ 内の星の数を $f(\bm{x},\bm{v})\,\mathrm{d}^3 x\,\mathrm{d}^3 v$ として，

$$f(\bm{x},\bm{v}) = A \mathrm{e}^{-\beta E(\bm{x},\bm{v})} = A \mathrm{e}^{-\beta[v^2/2+\Phi(\bm{x})]} \tag{7.16}$$

と書ける．ただし，A は規格化定数であり，$\beta = 1/k_{\rm B} T$ を用いた．地球の大気であまり温度の変化しない領域を考えると，大気分子は式 (7.16) のような分布関数に従うだろう．その場合，$\Phi(\bm{x})$ は地球重力のポテンシャルである．しかし，星の系では，重力ポテンシャルが系の星自身のものであるという自己無撞着条件がつく．この条件を課すと，式 (7.16) から不合理な結論が導かれることを示そう．

　自己無撞着 (self-consistency) ということについて，もう少し説明しておく．式 (7.16) のような重力ポテンシャル $\Phi(\bm{x})$ に依存する分布関数があり，$\Phi(\bm{x})$ がわかっているか，推測できるとする．その場合，式 (7.16) の位置依存性が求められるので，空間のさまざまな場所における星の密度を知ることができる．重力に対するポアソン方程式を用いれば，密度から重力ポテンシャル $\Phi(\bm{x})$ を求めることができる．この $\Phi(\bm{x})$ が，最初に用意し，分布関数から密度を求める計算に用いた $\Phi(\bm{x})$ と同じであれば，その計算は自己無撞着である．

　分布関数 (7.16) に自己無撞着条件を課すことを数学的に表現しよう．位置 $\bm{x}$ における密度は，式 (7.16) を用いて，

と書ける．ただし，ここで

$$\int_0^\infty A\mathrm{e}^{-\beta v^2/2} 4\pi v^2 \, \mathrm{d}v = \frac{C}{4\pi G}$$

$$\rho(\boldsymbol{x}) = \int f(\boldsymbol{x}, \boldsymbol{v}) \, \mathrm{d}^3 v = \frac{C}{4\pi G} \mathrm{e}^{-\beta \Phi(\boldsymbol{x})} \tag{7.17}$$

と書いた．式 (7.17) をポアソン方程式

$$\nabla^2 \Phi = 4\pi G \rho$$

に代入すると，

$$\nabla^2 \Phi = C \mathrm{e}^{-\beta \Phi} \tag{7.18}$$

を得る．よって，自己無撞着条件は，$\Phi(\boldsymbol{x})$ が式 (7.18) を満たすべきであるということになる．式 (7.18) を解いて $\Phi(\boldsymbol{x})$ を得て，分布関数式の (7.16) に用いれば，すべてが自己無撞着となる．

簡単のため，星の系を球対称とし，式 (7.18) を解くことにする．$\Phi(\boldsymbol{x})$ は r のみの関数になり，ラプラシアンの r 微分の項のみ残せばよいことになる．すなわち，式 (7.18) は

$$\frac{1}{r^2} \frac{\mathrm{d}}{\mathrm{d}r} \left(r^2 \frac{\mathrm{d}\Phi}{\mathrm{d}r} \right) = C \mathrm{e}^{-\beta \Phi(r)} \tag{7.19}$$

となる．式 (7.17) より，

$$\Phi(r) = -\frac{1}{\beta} \ln \frac{4\pi G \rho(r)}{C}$$

であるから，式 (7.19) に代入すれば，$\rho(r)$ についてのつぎの方程式を得る．

$$\frac{1}{r^2} \frac{\mathrm{d}}{\mathrm{d}r} \left(r^2 \frac{\mathrm{d}}{\mathrm{d}r} \ln \rho \right) = -4\pi G \beta \rho \tag{7.20}$$

この方程式は，原点にカスプ（尖った点）がないという境界条件

$$\frac{\mathrm{d}\rho}{\mathrm{d}r} = 0 \quad (r = 0)$$

を課して解く必要がある．式 (7.20) を厳密に解く代わりに（数値的に解くのは難しくない），r が大きいときの漸近解を求めよう．r が大きいときは

$$\rho(r \to \infty) = \frac{\rho_0}{r^b}$$

の形をとると仮定して，これを式 (7.20) に代入すると，

$$-\frac{b}{r^2} = -4\pi G\beta \frac{\rho_0}{r^b}$$

を得る．これは $b=2$ のときのみ満たされるので，自己無撞着であるには，密度は

$$\rho(r \to \infty) \propto \frac{1}{r^2}$$

で減少しなければならない．このような密度分布に対して全質量が無限大になることは，容易に示すことができる．こうして，熱力学的分布 (7.16) から始めて自己無撞着条件を課すと，系の全質量が無限大という不合理な結論に至る．よって，質量が有限の恒星系（星の数が有限）は，式 (7.16) で与えられる熱力学的緩和になることはない．

分配関数 $f(\boldsymbol{x},\boldsymbol{v})$ が式 (7.16) の指数形式と異なるエネルギー $E(\boldsymbol{x},\boldsymbol{v})$ 依存性をもつとして，球対称な星の系の自己無撞着な解を得ることは可能である．これは星の系に対する自己無撞着な解の例として数学的には興味深いが，分配関数がこの自己無撞着な解の形をとらなければならない物理的な理由は存在しない．熱力学的平衡に相当する分配関数が非物理的結果を導くという事実は，自己重力系（自らの重力で形状を保っている系）は熱力学的平衡に達しないということを示している．では，星の系の最終状態が熱力学的平衡でないなら，衝突緩和の結果はどうなるのだろうか？ おそらく，そのような系は進化を続け，中心部にブラックホールが形成されるのであろう．実際，多くの銀河や星団には中心にブラックホールがあると考えられている．ビネイとトリメインの本の第 8 章には，衝突による恒星系の進化についての紹介がある (Binney and Tremaine, 1987)．

星の系の衝突による進化の詳細はほかの文献に譲るが，重要な効果について述べておく．星の系の中心で深いポテンシャル井戸に落ちる星は，摩擦によって運動エネルギーを失う．星は物理的に衝突するわけではないので，系には摩擦は存在しないと思うかもしれないが，チャンドラセカールは星の系の中を運動する星は運動と逆の抵抗を受け，進化の方程式には摩擦の項が現れることを示した (Chandrasekhar, 1943)．定性的な説明を以下に示す．図 7.2 のように，星が点 P から点 Q に動くとする．P から Q へ動く際，星は周囲の星を自身のほうに引き付ける．したがって，PQ 付近の星の密度は Q より前方に比べわずかに大きいと考えられる．そのため，Q にある星は，全体として重力を後ろ向き（Q から P の向き）に受ける．これは，恒星系における**動摩擦**の効果として知られている．

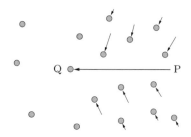

図 7.2 動摩擦．星が P から Q へ移動すると，その背後に密度の高くなった領域がつくられる．

7.5 無衝突系のボルツマン方程式

衝突恒星系で現実的な解を求めることは困難であることがわかったが，つぎは，無衝突恒星系を考えよう．初期条件が異なれば異なった種類の星の系が生み出される可能性があるので，基本原理だけから系の唯一のモデルが得られることは期待できない．無衝突系では二つの星が互いに（軌跡がかなり偏向するほど）十分近づくことは稀であるから，典型的な星は系のほかの星が集団的につくり出す滑らかな重力場の中を運動する．すべての星がこのように運動するから，星の分布 $f(x, v)$ は時間的に変化する．分布が時間とともにどう変化するかを記述する方程式を求めよう．この方程式は**無衝突ボルツマン方程式**とよばれ，ボルツマンが気体粒子の運動に対して導いた方程式の特殊な場合で，無衝突恒星系力学の基本方程式である (Boltzmann, 1872)．

位置ベクトル x と速度ベクトル v の各 3 成分からなる，6 次元の位相空間を考えよう．すべての星は同じ質量の同一粒子であると仮定する．速度 v で位置 x にある星はこの位相空間の点で表される．N 個の星からなる系は，位相空間の N 個の点で表される．分布関数 $f(x, v)$ は，この位相空間内の (x, v) における点の密度にほかならない．星の位置と速度が時間とともに変化すると，この星に対応する位相空間の点は位相空間内で軌跡を描く．位相空間のすべての点は動き続けるので，点の密度 $f(x, v)$ は時間とともに変化する．系がハミルトン系である，すなわち粒子の力学がハミルトニアン $H(x, v)$ から得られるのであれば，**リウヴィルの定理**が成り立つことが示される．リウヴィルの定理は統計力学の基本的な結果であり，多くの標準的な教科書で証明されている（たとえば，Landau and Lifshiz (1980, §3) や Pathria (1996, §2.2) や Choudhuri (1998, §1.4))．そこで，ここでは証明抜きに利用する．位相空間の点の軌跡を考えよう．軌跡の時間変化を追う際，軌跡に沿って分布関数 $f(x, v)$ を考えると，分布関数は（ハミルトン系である限り）変化しない．数学的には，

$$\frac{\mathrm{d}f}{\mathrm{d}t} = 0 \tag{7.21}$$

と書ける．ただし，$\mathrm{d}/\mathrm{d}t$ は軌跡に沿って動く時間微分である．

時刻 t における位相空間内の点 $(\boldsymbol{x}, \boldsymbol{v})$ は，点が軌跡に沿って動くため，時刻 $t + \delta t$ には $(\boldsymbol{x} + \delta \dot{\boldsymbol{x}}, \boldsymbol{v} + \delta \dot{\boldsymbol{v}})$ にずれる．したがって，

$$\frac{\mathrm{d}f}{\mathrm{d}t} = \lim_{\delta t \to 0} \frac{f(\boldsymbol{x} + \dot{\boldsymbol{x}} \delta t, \boldsymbol{v} + \dot{\boldsymbol{v}} \delta t, t + \delta t) - f(\boldsymbol{x}, \boldsymbol{v}, t)}{\delta t} \tag{7.22}$$

であり，δt の 1 次の項までテイラー展開すると，

$$f(\boldsymbol{x} + \dot{\boldsymbol{x}} \delta t, \boldsymbol{v} + \dot{\boldsymbol{v}} \delta t, t + \delta t) = f(\boldsymbol{x}, \boldsymbol{v}, t) + \sum_i \delta t \, \dot{x}_i \frac{\partial f}{\partial x_i} + \sum_i \delta t \, \dot{v}_i \frac{\partial f}{\partial v_i} + \delta t \frac{\partial f}{\partial t}$$

なので，これを式 (7.22) に代入して，

$$\frac{\mathrm{d}f}{\mathrm{d}t} = \frac{\partial f}{\partial t} + \sum_i \dot{x}_i \frac{\partial f}{\partial x_i} + \sum_i \dot{v}_i \frac{\partial f}{\partial v_i}$$

となる．したがって，式 (7.21) より，

$$\frac{\partial f}{\partial t} + \sum_i \dot{x}_i \frac{\partial f}{\partial x_i} + \sum_i \dot{v}_i \frac{\partial f}{\partial v_i} = 0 \tag{7.23}$$

を得るが，これが**無衝突ボルツマン方程式**である．すでに述べたように，この方程式は位相空間の力学がハミルトニアン $H(\boldsymbol{x}, \boldsymbol{v})$ から得られる場合にのみ成り立つ．星がすべて滑らかな重力場の中を運動するときは該当する．しかし，二つの星が**衝突**する場合は，重力場は両方の星の位置の関数になり，$H(\boldsymbol{x}, \boldsymbol{v})$ の形のハミルトニアンでは衝突は記述できない．すなわち，式 (7.23) は衝突がない場合のみ成り立つ．衝突が重要な場合は，式 (7.23) の右辺はゼロにならない（たとえば，Choudhuri (1998, §2.2) を参照）．

星の系を考えるときには，直交座標系ではなく，円筒座標系 (r, θ, z) を用いるほうが便利な場合が多い．円筒座標系での速度成分は $\Pi = \dot{r}, \Theta = r\dot{\theta}, Z = \dot{z}$ と書くと，無衝突ボルツマン方程式はがつぎのように書けることは容易に示せる．

$$\frac{\partial f}{\partial t} + \Pi \frac{\partial f}{\partial r} + \frac{\Theta}{r} \frac{\partial f}{\partial \theta} + Z \frac{\partial f}{\partial z} + \dot{\Pi} \frac{\partial f}{\partial \Pi} + \dot{\Theta} \frac{\partial f}{\partial \Theta} + \dot{Z} \frac{\partial f}{\partial Z} = 0 \tag{7.24}$$

粒子の質量を単位質量とすると，粒子（星）のラグランジアンは

$$L = \frac{1}{2}(\dot{r}^2 + r^2 \dot{\theta}^2 + \dot{z}^2) - \Phi(r, \theta, z)$$

で与えられる．これをラグランジュ方程式† (たとえば，Goldstein(1980) を参照) に代入すると，運動方程式の三つの成分は以下のようになる．

$$\ddot{r} - r\dot{\theta}^2 = -\frac{\partial \Phi}{\partial r}$$

$$\frac{d}{dt}(r^2\dot{\theta}) = -\frac{\partial \Phi}{\partial \theta}$$

$$\ddot{z} = -\frac{\partial \Phi}{\partial z}$$

これを Π, Θ, Z を用いて書くと，

$$\dot{\Pi} = \frac{\Theta^2}{r} - \frac{\partial \Phi}{\partial r}$$

$$\Pi\Theta + r\dot{\Theta} = -\frac{\partial \Phi}{\partial \theta}$$

$$\dot{Z} = -\frac{\partial \Phi}{\partial z}$$

となる．式 (7.24) は，これらを用いると，

$$\frac{\partial f}{\partial t} + \Pi\frac{\partial f}{\partial r} + \frac{\Theta}{r}\frac{\partial f}{\partial \theta} + Z\frac{\partial f}{\partial z}$$
$$+ \left(\frac{\Theta^2}{r} - \frac{\partial \Phi}{\partial r}\right)\frac{\partial f}{\partial \Pi} - \left(\frac{\Pi\Theta}{r} + \frac{1}{r}\frac{\partial \Phi}{\partial \theta}\right)\frac{\partial f}{\partial \Theta} - \frac{\partial \Phi}{\partial z}\frac{\partial f}{\partial Z} = 0 \qquad (7.25)$$

と表され，これが恒星系力学で用いられる無衝突ボルツマン方程式である．

　分布関数 $f(r, \theta, z, \Pi, \Theta, Z)$ を完全に決定することができれば，星の系の力学のすべての情報を得ることになる．非緩和系の力学は初期条件を知らなくては決まらないことから，式 (7.25) のみでは分布関数の完全な解が得られることはないのは明らかである．式 (7.25) は式 (7.21) と等価であり，分布関数は位相空間の軌跡に沿って変化しないことを示している．$I_1, I_2, ...$ が軌跡に沿って変化しない運動の定数であったとしよう．分布関数がこれらの運動の定数のみの関数であったなら，すなわち $f(I_1, I_2, ...)$ と書けるとしたら，この分布関数が式 (7.21) を満たさねばならないことは容易に示される．軸対称な星の系では，全エネルギー E と角運動量成分 L_z が運動の定数である．したがって，$f(E, L_z)$ の形の分布関数は式 (7.25) を満たす．恒星系力学の初期の研究では，運動の第 3 積分が注目されていた．重力ポテンシャル Φ が星自身によって与えられているならば，7.4 節で見たように，自己無撞着条件を課す必要がある．自己無撞着条件を満たす E と L_z の任意の関数は，無衝突ボルツマン方程式 (7.25) を満た

---

† 訳注: $\frac{d}{dt}\left(\frac{\partial L}{\partial \dot{q}}\right) - \frac{\partial L}{\partial q} = 0.$ q は一般化座標で，この場合は r, θ, z である．

す解である．したがって，この方程式からある状況に対して唯一の解を得ることはできない．

7.6 ジーンズ方程式とその応用

無衝突ボルツマン方程式 (7.25) だけでは星の系の力学は完全に解けないが，この方程式により，天の川銀河の星の運動についていくつかの重要な結論が導き出されることを示そう．

軸対称で定常状態にある銀河を考える．この場合，θ と t に関する微分はゼロなので，式 (7.25) は

$$\Pi \frac{\partial f}{\partial r} + Z \frac{\partial f}{\partial z} + \left(\frac{\Theta^2}{r} - \frac{\partial \Phi}{\partial r}\right) \frac{\partial f}{\partial \Pi} - \frac{\Pi \Theta}{r} \frac{\partial f}{\partial \Theta} - \frac{\partial \Phi}{\partial z} \frac{\partial f}{\partial Z} = 0 \qquad (7.26)$$

となる．位相空間の各点で特定の値をとる，ある力学変数 $q(r, \theta, z, \Pi, \Theta, Z)$ を考えよう．式 (7.15) で与えられるエネルギーはそのような力学変数の例である．物理空間の単位体積中のすべての星を考える．これらの星は異なる速度をもち，一般に異なる q の値をもつ．この単位体積中の星の q の値の平均 $\langle q \rangle$ は，可能なすべての速度について積分して，

$$n \langle q \rangle = \iiint q f \, d\Pi \, d\Theta \, dZ \qquad (7.27)$$

で与えられる．ただし，n は数密度で，

$$n = \iiint f \, d\Pi \, d\Theta \, dZ \qquad (7.28)$$

で与えられる．

式 (7.26) に Π を掛けてすべての速度について積分することにより，便利な方程式が得られる．速度についての積分は，r および z についての微分と順序を変えてよいから，最初の 2 項は

$$\frac{\partial}{\partial r}(n \langle \Pi^2 \rangle) + \frac{\partial}{\partial z}(n \langle \Pi Z \rangle)$$

となる．ただし，$\langle \Pi^2 \rangle$ と $\langle \Pi Z \rangle$ は式 (7.27) で定義される．第 3 項は

$$\iint \left(\frac{\Theta^2}{r} - \frac{\partial \Phi}{\partial r}\right) d\Theta dZ \int \Pi \frac{\partial f}{\partial \Pi} d\Pi = -\frac{n}{r}\langle \Theta^2 \rangle + n\frac{\partial \Phi}{\partial r}$$

となる．ただし，ここで

$$\int \Pi \frac{\partial f}{\partial \Pi} d\Pi = [\Pi f]_{-\infty}^{\infty} - \int f\, d\Pi = -\int f\, d\Pi$$

を使った. 第4項も同様にして,

$$-\iint \frac{\Pi^2}{r} d\Pi\, dZ \int \Theta \frac{\partial f}{\partial \Theta} d\Theta = n\frac{\langle \Pi^2 \rangle}{r}$$

となる. これらをすべて加え, 式 (7.26) の最後の項の寄与はゼロであることを考慮して, 次式を得る.

$$\frac{\partial}{\partial r}(n\langle \Pi^2 \rangle) + \frac{\partial}{\partial z}(n\langle \Pi Z \rangle) - \frac{n}{r}\left[\langle \Theta^2 \rangle - \langle \Pi^2 \rangle\right] = -n\frac{\partial \Phi}{\partial r} \tag{7.29}$$

つぎに, 式 (7.26) に Z を掛けて, すべての速度について積分する. まったく同様の計算で, つぎの式を得る.

$$\frac{\partial}{\partial r}(n\langle \Pi Z \rangle) + \frac{\partial}{\partial z}(n\langle Z^2 \rangle) + \frac{n\langle \Pi Z \rangle}{r} = -n\frac{\partial \Phi}{\partial z} \tag{7.30}$$

以下で見るように, 式 (7.29), (7.30) は太陽近傍の星の運動を解析するうえで有用であり, **ジーンズ方程式**とよばれている (Jeans, 1922).

$\langle \Pi Z \rangle$ という量が式 (7.29), (7.30) 両方に現れるので, その評価について論じよう. 太陽近傍の星の速度分布には異方性があることが知られている. 図 7.3 に示すように, 天の川銀河の中間面から離れた点 P を考える. この点における速度楕円体は銀河中心に向けて長軸が伸びていると期待される. 速度分布は長軸および短軸に沿った速度成分 Π' と Z' に対し楕円になる. すなわち,

$$f(\Pi', Z') = C\exp\left(-\frac{\Pi'^2}{\sigma_{\Pi'}^2} - \frac{Z'^2}{\sigma_{Z'}^2}\right) \tag{7.31}$$

となる. P における楕円体が銀河面に対し角度 α だけ傾いているならば,

$$\Pi = \Pi'\cos\alpha - Z'\sin\alpha$$
$$Z = Z'\cos\alpha + \Pi'\sin\alpha$$

であるから, 次式が成り立つ.

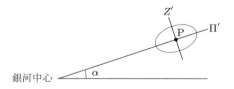

図 7.3 天の川銀河の中間面から離れた点 P における速度楕円体

7.6 ジーンズ方程式とその応用

$$\Pi Z = (\Pi'^2 - Z'^2)\sin\alpha\cos\alpha + \Pi' Z'(\cos^2\alpha - \sin^2\alpha) \tag{7.32}$$

式 (7.27) のように，平均をとろう．分布関数が式 (7.31) で与えられる場合は，明らかに $\langle \Pi' Z'\rangle = 0$ である．α が小さいときには $\sin\alpha \approx z/r$, $\cos\alpha \approx 1$ であるから，式 (7.32) より，

$$\langle \Pi Z\rangle \approx \frac{z}{r}\left[\langle \Pi'^2\rangle - \langle Z'^2\rangle\right]$$

となる．α が小さいときには $\langle \Pi'^2\rangle \approx \langle \Pi^2\rangle$, $\langle Z'^2\rangle \approx \langle Z^2\rangle$ であるから，つぎのようになる．

$$\langle \Pi Z\rangle \approx \frac{z}{r}\left[\langle \Pi^2\rangle - \langle Z^2\rangle\right] \tag{7.33}$$

以下では，太陽近傍の星の運動の観測データと比較できるジーンズ方程式の応用を考える．

7.6.1 オールト上限

太陽系近傍の銀河中心からの距離は，天の川銀河の厚みよりずっと大きいので，垂直方向の傾きは動径方向の傾きよりずっと急である．式 (7.30) で左辺の垂直方向の傾きの項が支配的であるとすると，

$$\frac{\mathrm{d}}{\mathrm{d}z}(n\langle Z^2\rangle) = n g_z \tag{7.34}$$

である．ただし，$g_z = -\partial\Phi/\partial z$ は垂直方向の重力場である．

オールトは，式 (7.34) を用いて，天の川銀河の太陽近傍の平均物質密度を求めた (Oort, 1932)．太陽近傍の物質が光を放出しておらず直接観測されないとしても，重力場をつくり出して，見えている星の運動に影響を与える．すなわち，見えている星の運動を解析することにより，太陽近傍の物質の総量を見積もることができる．ある種の星の密度 n と垂直方向の速度分散 $\langle Z^2\rangle$ が銀河面からさまざまな距離でわかれば，式 (7.34) を用いて，g_z を計算することができる．K 型巨星は明るいので銀河面から十分遠方まで観測することができ，オールトの時代でも，銀河面からさまざまな距離で数密度と視線方向の速度のよいデータが存在していた．オールトは，K 型巨星の統計を用いて，銀河面からさまざまな高さで重力場を求めた．g_z が z の関数としてわかれば，重力のポアソン方程式 $\nabla\cdot\boldsymbol{g} = -4\pi G\rho_{\mathrm{matter}}$ から，この重力場を生み出す物質密度を計算できる．いまの場合，

$$\frac{\mathrm{d}g_z}{\mathrm{d}z} = -4\pi G\rho_{\mathrm{matter}} \tag{7.35}$$

である．太陽近傍の全物質密度をこのようにして見積もったところ，

$$\rho_{\text{matter}} \approx 10 \times 10^{-21} \,\text{kg}\,\text{m}^{-3} \tag{7.36}$$

となった．一方，見えている星の物質量から計算した密度は

$$\rho_{\text{star}} \approx 4 \times 10^{-21} \,\text{kg}\,\text{m}^{-3} \tag{7.37}$$

で，太陽近傍には見えている星だけでなく，見えない物質があることになる．星間物質についてよくわかっていなかった 1932 年には，これは重要な結論であった．この解析はまた，星間物質の量に対して，その密度が $(\rho_{\text{matter}} - \rho_{\text{star}})$ を超えないという**オールト上限**を与える．

7.6.2 非対称ドリフト

太陽近傍の星の集団を考え，その Θ の平均を $\langle \Theta \rangle$ とする．個々の星に対しては，Θ の値は平均から ϑ だけ異なる．すなわち，

$$\Theta = \langle \Theta \rangle + \vartheta \tag{7.38}$$

である．両辺を 2 乗して平均をとると（$\langle \vartheta \rangle = 0$ であることに注意），次式を得る．

$$\langle \Theta^2 \rangle = \langle \Theta \rangle^2 + \langle \vartheta^2 \rangle \tag{7.39}$$

集団の星がすべて厳密に円軌道で運動するなら $\Theta = \Theta_{\text{circ}}$ である．ここで，Θ_{circ} は銀河中心周りの円軌道速度である．$\langle \Theta \rangle$ が Θ_{circ} からずれる物理的な効果を調べよう．$\langle \Theta \rangle$ は Θ_{circ} に近いとすれば，$\langle \Theta \rangle + \Theta_{\text{circ}} = 2\Theta_{\text{circ}}$ と書けるので，

$$\langle \Theta \rangle^2 - \Theta_{\text{circ}}^2 = 2\Theta_{\text{circ}}(\langle \Theta \rangle - \Theta_{\text{circ}}) \tag{7.40}$$

となる．式 (5.28)，(5.29) で導入されたオールト係数 A, B を用いると，$\Theta_{\text{circ}} = (A-B)R_0$ であるから（R_0 は銀河中心から太陽までの距離），式 (7.39) と (7.40) より，

$$2(A-B)R_0(\langle \Theta \rangle - \Theta_{\text{circ}}) = \langle \Theta^2 \rangle - \Theta_{\text{circ}}^2 - \langle \vartheta^2 \rangle \tag{7.41}$$

を得る．

つぎに，式 (7.29) を太陽近傍の星の集団に適用する．

$$-\frac{\partial \Phi}{\partial r} = -\frac{\Theta_{\text{circ}}^2}{r}$$

であることと，式 (7.33) の $\langle \Pi Z \rangle$ を用いて，式 (7.29) を

$$\langle\Theta^2\rangle - \Theta_{\text{circ}}^2 = \frac{r}{n}\frac{\partial}{\partial r}(n\langle\Pi^2\rangle) + \frac{r}{n}\frac{\partial}{\partial z}\left[n\frac{z}{r}\left(\langle\Pi^2\rangle - \langle Z^2\rangle\right)\right] + \langle\Pi^2\rangle \tag{7.42}$$

と書き換える．z に関する微分に関係した項のおもな寄与は，z の変化から生じるので，

$$\frac{r}{n}\frac{\partial}{\partial z}\left[n\frac{z}{r}\left(\langle\Pi^2\rangle - \langle Z^2\rangle\right)\right] \approx \langle\Pi^2\rangle - \langle Z^2\rangle$$

となる．

式 (7.41), (7.42) から，結局，

$$\langle\Theta\rangle - \Theta_{\text{circ}} = \frac{\langle\Pi^2\rangle}{2R_0(A-B)}\left[\frac{\partial\ln n}{\partial\ln r} + \frac{\partial\ln\langle\Pi^2\rangle}{\partial\ln r} + \left(1 - \frac{\langle\vartheta^2\rangle}{\langle\Pi^2\rangle}\right) + \left(1 - \frac{\langle Z^2\rangle}{\langle\Pi^2\rangle}\right)\right] \tag{7.43}$$

を得る．これは，星の集団の $\langle\Theta\rangle$ が Θ_{circ} からどうずれるかを与える重要な関係式である．

式 (7.43) の物理的な意味を考えよう．もし，動径方向にランダム運動がない，すなわち $\langle\Pi^2\rangle = 0$ なら，式 (7.43) の右辺はゼロで，$\langle\Theta\rangle$ は Θ_{circ} に等しい．つまり，ランダム運動がなくても，星は定常状態にあるためには，Θ_{circ} で円軌道を運動する．星の集団にランダム運動がある場合にのみ，集団は Θ_{circ} と異なる平均速度 $\langle\Theta\rangle$ で，銀河の周りを運動することができる．式 (7.43) の角括弧内の項のうち，典型的には $\partial\ln n/\partial\ln r$ が支配的になる．星の密度 n は半径とともに減少するので，この項は負である．その場合，$\langle\Theta\rangle$ は Θ_{circ} より小さく，太陽近傍の典型的な星の集団は局所静止座標系（6.3 節で定義した，太陽の位置で Θ_{circ} の速さで銀河中心の周りを回る座標系）より遅れることを意味する．式 (7.43) の角括弧内のほかの項が，$\partial\ln n/\partial\ln r$ に比べ無視できるとき，星の集団が局所静止座標系から遅れるかどうかは，n が半径とともに減少するかどうかで決まることは式 (7.43) から明らかである．なぜこのようなことになるのか？ 6.3.1 項で，局所静止座標系に対して動く星は，本当にランダムに動いているわけではなく，周転円運動していることを見た．太陽近傍では，周転円の中心がやや内側（すなわち $r < R_0$）にある星も，やや外側（すなわち $r > R_0$）にある星も，両方存在する．角運動量の保存から，周転円中心が内側にある星は Θ_{circ} より小さな Θ を，周転円中心が外側にある星は Θ_{circ} より大きな Θ をもつ．n は r とともに減少するので，内側からやってくる星の数のほうが多い．これらの星は R_0 にあるとき局所静止座標系から遅れるため，すべての星で平均した $\langle\Theta\rangle$ は Θ_{circ} より小さくなるのである．

式 (7.43) からつぎの近似式を考える．

$$\Theta_{\text{circ}} - \langle\Theta\rangle = \alpha\langle\Pi^2\rangle \tag{7.44}$$

ただし，α は比例定数である．このような関係が実際に存在するかどうかを調べるには，異なるスペクトル型に属する太陽近傍の星の運動学を研究する必要がある．大きな $B-V$ をもつ星（色が赤みを帯びている）は大きな分散 $\langle \Pi^2 \rangle$ を示すことが知られている．これらの星の，太陽に対する θ の負方向の平均速度 $\langle v \rangle$（すなわち $\Theta_\odot - \langle \Theta \rangle$）も，$B-V$ とともに増加することが観測されている．式 (7.44) から，

$$\langle v \rangle = \Theta_\odot - \langle \Theta \rangle = \Theta_\odot - \Theta_{\text{circ}} + \alpha \langle \Pi^2 \rangle \tag{7.45}$$

を得る．この関係式はストレームベルクにより導かれた (Strömberg, 1924)．図 7.4 は，さまざまなスペクトル型の星について $\langle \Pi^2 \rangle$ と $\langle v \rangle$ をプロットしたもので，右に行くほど $B-V$ は増加する．式 (7.45) から期待されるような，$\langle v \rangle$ と $\langle \Pi^2 \rangle$ の直線関係が見られ，観測結果をよくフィットしている．直線が縦軸を切る点から，$\Theta_\odot - \Theta_{\text{circ}}$ は約 $5.2\ \text{km}\,\text{s}^{-1}$ と求められる．

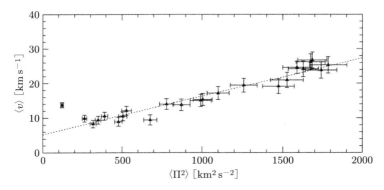

図 7.4 速度分散 $\langle \Pi^2 \rangle$ に対する $\langle v \rangle$ のプロット．[出典：Dehnen and Binney (1998)[†]]

大きな $B-V$ をもつ星は赤く，大きな速度分散を示し，寿命が長いので，小さな $B-V$ の星より統計的には年齢が古い．古い星ほど速度分散が大きい理由は，スピッツァーとシュヴァルツシルトによって理論的に示された (Spitzer and Schwarzshild, 1951)．天の川銀河は無衝突恒星系で，星どうしの近接相互作用は無視できる．しかし，星間雲の重力が星の軌道に影響を与える．星の年齢が古くなると，ガス雲との相互作用は増え，その効果は累積していく．こうして，図 7.4 のように，古い星が大きな速度分散を示すことが説明される．

[†] Dehnen, W. and Binney, J. J., "Local stellar kinematics from HIPPARCOS data", *Monthly Notices of Royal Astronomical Society*, **298**, 387, 1998. Reproduced by permission of Oxford University Press, © Royal Astronomical Society.

7.7 太陽近傍の二つのサブシステムに属する星

天の川銀河には二つのサブシステムがある．第1のサブシステムの天体は，銀河中心の周りを円に近い軌道で回っており，第2のサブシステムの天体は一般に回転速度は遅く，おもにランダム運動で重力とつり合っている．太陽近傍のほとんどの星は第1のサブシステムに属する．しかし，太陽近傍には第2のサブシステムに属する星もいくつかあることが期待される．オールトは，恒星系力学を用いた解析から，それを示した (Oort, 1928)．図7.5はオールトの論文の図で，太陽近傍の星の Π と Θ をプロットしたものである．大きな破線の円は $\sqrt{\Pi^2 + \Theta^2} = 365 \,\mathrm{km\,s^{-1}}$ を示し，天の川銀河の脱出速度であるので，それより速い星は存在しない．太陽は半径が $20\,\mathrm{km\,s^{-1}}$ に相当する小さな円の中心の点として表されている．この小さな円の中の星は選択効果の不定性を考えてプロットされていない．多くの星が太陽付近で楕円上の分布をしており，楕円の長軸は Π の方向にあることがわかる．これはシュヴァルツシルトの速度楕円とよばれる．この楕円をつくる星は，天の川銀河の第1のサブシステムに属する．多くは局所静止座標系から半径が $65\,\mathrm{km\,s^{-1}}$ に相当する円の中にある．$65\,\mathrm{km\,s^{-1}}$ より速い星は，楕円に属さず，系統的な回転をしていない天の川銀河の第2のサブシステムに属すると考えられる．

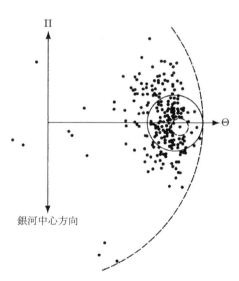

図 7.5 太陽近傍の星の Π と Θ のプロット．[出典：Oort(1928)]

演習問題 7

7.1 星系内を動く星の運動の定数（エネルギーや角運動量など）が $K(\boldsymbol{x},\boldsymbol{v})$ であるとしよう．$f(K(\boldsymbol{x},\boldsymbol{v}))$ の形の分布関数が無衝突ボルツマン方程式の時間によらない解であることを示せ．この結果は**ジーンズの定理**とよばれている．

7.2 無衝突ボルツマン方程式を円筒座標で書き表せ．仮定なしに（軸対称や定常状態を仮定せずに），速度空間について積分して，以下を示せ．

$$\frac{\partial n}{\partial t} + \frac{\partial}{\partial t}(n\langle \Pi \rangle) + \frac{1}{r}\frac{\partial}{\partial \theta}(n\langle \Theta \rangle) + \frac{\partial}{\partial z}(n\langle Z \rangle) + \frac{n\langle \Pi \rangle}{r} = 0$$

7.3 直交座標の無衝突ボルツマン方程式

$$\frac{\partial f}{\partial t} + v_i \frac{\partial f}{\partial x_i} + \frac{F_i}{m}\frac{\partial f}{\partial v_i} = 0 \tag{1}$$

を考えよう．ただし，F_i は位置 x_i にある質量 m の粒子にはたらく力である（同一項に2度現れる i などの添字については和をとるという，規約を採用していることに注意しよう）．速度空間について積分すると，

$$\frac{\partial}{\partial t}(nm) + \frac{\partial}{\partial x_i}(nm\langle v_i \rangle) = 0 \tag{2}$$

となることを示せ．ただし，n は数密度である．さらに，式 (1) に mv_j を掛けて，速度空間について積分し，

$$\frac{\partial}{\partial t}(nm\langle v_j \rangle) + \frac{\partial}{\partial x_i}(nm\langle v_i v_j \rangle) - nF_j = 0 \tag{3}$$

を導け．圧力テンソル

$$P_{ij} = nm\langle (v_i - \langle v_i \rangle)(v_j - \langle v_j \rangle) \rangle \tag{4}$$

を定義すると，式 (3) は

$$nm\left(\frac{\partial}{\partial t}\langle v_j \rangle + \langle v_i \rangle \frac{\partial}{\partial x_i}\langle v_j \rangle\right) = -\frac{\partial P_{ji}}{\partial x_i} + nF_j \tag{5}$$

と書けることを示せ．式 (2) と (5) は，次章で議論する基本的な流体方程式に似ていることがわかるであろう．

7.4 自己重力を受ける粒子の集合が，式 (7.16) と異なる分布

$$f(\boldsymbol{x},\boldsymbol{v}) = \begin{cases} A[\mathrm{e}^{-\beta E(\boldsymbol{x},\boldsymbol{v})} - 1] & (E(\boldsymbol{x},\boldsymbol{v}) < 0 \text{ のとき}) \\ 0 & (E(\boldsymbol{x},\boldsymbol{v}) > 0 \text{ のとき}) \end{cases}$$

をもつとしよう．ただし，$E(\boldsymbol{x},\boldsymbol{v})$ は式 (7.15)（$E(\boldsymbol{x},\boldsymbol{v}) = v^2/2 + \Phi(\boldsymbol{x})$）で定義され，重力ポテンシャル $\Phi(\boldsymbol{x})$ は無限遠でゼロになるよう定義されているものとする．このと

き，密度 $\rho(r)$ の表式を求めよ（表式には誤差関数が関係する）．つぎに，式 (7.19) の代わりになる方程式を書き下せ．その方程式を $-\beta\Phi(r) = 12, 9, 6, 3$ の値に対し，数値的に解け．密度 $\rho(r)$ をプロットして，ある有限の半径でゼロになり，全質量が有限であることをことを示せ．これは分布関数が式 (7.16) の場合とは異なる．このような星の力学的モデルは **King モデル**として知られている (King, 1966)．

8章
プラズマ天体物理学の基礎

8.1 はじめに

プラズマとは，少なくとも一部の原子が正電荷をもつイオンと負電荷をもつ電子に分かれているガスである．宇宙のほとんどの物質はプラズマ状態にある．星内部のガスは高温のため電離していることは，サハの式 (2.29) から容易に示される．5.5.4 項で，星間物質の H_{II} 領域は高温の星からの紫外線のために完全に電離していることを見た．H_I 領域ですら部分的に電離しており，自由な電子が存在する．この章では，天体物理で重要となるプラズマに関する力学原理と輻射過程を論じる．

読者は，プラズマ天体物理学についての章が，なぜ本書のここに置かれるかを疑問に思うかもしれない．もちろんもっと前に配置することもできたが，力学的原理を恒星系や星間物質に適用することによりこのような系に親しんでおいたほうが，天体物理学におけるプラズマ過程の重要性を認識するうえで有効と考えたのである．銀河系外天文学を論じる前に学んでおくことにも意味がある．活動銀河など，プラズマ過程がとくに重要な役割を果たす銀河系外天体を 9 章で論じるので，その前にプラズマ天体物理学の知識を身に付けておくことは有用なのである．

逆符号の電荷は引き合うため，プラズマの正電荷と負電荷の粒子はよく混ざった状態を保つ．十分な数の荷電粒子を含むプラズマの小さな体積要素をとると，その体積中の正電荷と負電荷はほぼつり合って，電気的に中性に近くなっているだろう．しかし，この体積要素の物理的性質は通常の中性ガスのものとは異なる．空気のような中性ガスは導電性が低い．一方，プラズマに電場をかけると，正電荷イオンは電場方向に動き，電子は逆方向に動いて，電流が生じる．すなわち，プラズマは良導体である．プラズマ中の電流は磁場を生じ，磁場と関連した多くの現象が起こる．たとえば，5.6 節で，天の川銀河には荷電粒子が高エネルギーに加速された宇宙線が満ちていることを論じた．8.10 節では，宇宙線粒子の加速に磁場が鍵となる役割を果たしていることを見る．磁力線に巻き付いて運動する加速された粒子は，シンクロトロン輻射を放出する．多くの天体が加速された荷電粒子を含み，シンクロトロン輻射を出すので，この輻射過程は天体物理学で重要である（8.11 節）．そして，シンクロトロン輻射の検

出と解析は多くの天体の性質を理解するうえで大切である．

水は分子からなるが，水を巨視的方程式の組で表される連続体として考え，水の流れを巨視的に取り扱うことができる．同様に，多くの (すべてではないが) プラズマに関係する現象は，プラズマを導電性の高い連続体として取り扱うことにより調べることができる．プラズマを連続体として扱う分野を**磁気流体力学** (magnetohydrodynamics, MHD) という．この章の最初の数節で，連続体モデルを構築する．電磁気現象が存在するときのみ，プラズマは通常の流体と異なるふるまいをする．電磁気現象がない場合は，プラズマは中性流体としてふるまい，MHD より簡単な方程式に従う．8.2 節と 8.3 節で，中性流体の流体力学を構築する．それから，8.4～8.9 節で，MHD を論じる．流体力学とプラズマ物理学を扱いながら天体物理学のいくつかの重要な話題を扱う．そして，8.10 節と 8.11 節では，プラズマを微視的に扱う必要がある粒子加速とシンクロトロン輻射を扱う．最後の二つの節では，天体物理学で重要なほかの輻射過程を論じる．

8.2 流体力学の基本方程式

流体力学理論を構築し，流体の配置の時間発展を調べたい．そのために必要なのは，ある瞬間の系の状態を記述する数学的な手段と，状態が時間とともにどう変化するかを記述する方程式群の二つである．まず，ある瞬間の連続体としての流体の状態を記述する数学的な手段から考えよう．シリンダーの中の気体の熱力学的状態は，密度や温度といった二つの熱力学的変数で記述できる．流体中では，一般に密度と温度は点から点へ変化する．しかし，物理的変数の変化が無視できるような微小な体積の流体を考えれば，この微小な体積の熱力学的状態は，この体積内の圧力 $\rho(\boldsymbol{x},t)$ と温度 $T(\boldsymbol{x},t)$ で定められる．さらに，流体中に動きがあれば，ある慣性系に対する微小な体積の速度 $\boldsymbol{v}(\boldsymbol{x},t)$ を知る必要がある．中性流体のある時刻 t における状態は，その時刻 t における流体のすべての点での $\rho(\boldsymbol{x},t)$, $T(\boldsymbol{x},t)$ および $\boldsymbol{v}(\boldsymbol{x},t)$ の値により完全に記述される．良導体であるプラズマでは，8.2 節で見るように，さらなる情報が必要になる．

力学理論を構築するために，力学変数 $\rho(\boldsymbol{x},t)$, $T(\boldsymbol{x},t)$ および $\boldsymbol{v}(\boldsymbol{x},t)$ が時間とともにどう変化するかを記述する方程式が必要である．時間微分に関しては，二つの異なる種類が考えられる．**オイラー微分**と**ラグランジュ微分**である．$\partial/\partial t$ と書かれるオイラー微分は固定点における時間微分である．これに対し，流体の速度 $\boldsymbol{v}$ で動く流体の要素をとり，この動く要素に関する時間微分を考えることができる．これが d/dt と書かれるラグランジュ微分である．時刻 t と $t+\delta t$ における流体要素の位置をそれ

それ $\boldsymbol{x}$ と $\boldsymbol{x} + \boldsymbol{v}\,\delta t$ とすれば，ある量 $Q(\boldsymbol{x}, t)$ のラグランジュ微分は

$$\frac{\mathrm{d}Q}{\mathrm{d}t} = \lim_{\delta t \to 0} \frac{Q(\boldsymbol{x} + \boldsymbol{v}\,\delta t, t + \delta t) - Q(\boldsymbol{x}, t)}{\delta t} \tag{8.1}$$

と書ける．テイラー展開して1次の項を残すと，

$$Q(\boldsymbol{x} + \boldsymbol{v}\,\delta t, t + \delta t) = Q(\boldsymbol{x}, t) + \delta t \frac{\partial Q}{\partial t} + \delta t\, \boldsymbol{v} \cdot \nabla Q$$

であり，これを式 (8.1) に代入すると，ラグランジュ微分とオイラー微分の関係式が得られる．

$$\frac{\mathrm{d}Q}{\mathrm{d}t} = \frac{\partial Q}{\partial t} + \boldsymbol{v} \cdot \nabla Q \tag{8.2}$$

$\rho(\boldsymbol{x}, t)$ の時間微分を与える最初の流体力学方程式を導こう．体積内の質量 $\int \rho\,\mathrm{d}V$ は，この体積を囲む境界を通過する物質の移動によってのみ変化する．面要素 $\mathrm{d}\boldsymbol{S}$ を通過する質量フラックスは $\rho \boldsymbol{v} \cdot \mathrm{d}\boldsymbol{S}$ であるから，

$$\frac{\partial}{\partial t} \int \rho\,\mathrm{d}V = -\oint \rho \boldsymbol{v} \cdot \mathrm{d}\boldsymbol{S}$$

が成り立つ．負号は，体積から出ていく質量フラックスは体積内の質量を減少させることを意味している．この式の右辺にガウスの定理を適用すると，

$$\int \left[\frac{\partial \rho}{\partial t} + \nabla \cdot (\rho \boldsymbol{v}) \right] \mathrm{d}V = 0$$

を得る．この式は任意の体積 $\mathrm{d}V$ について成り立つから，次式を得る．

$$\frac{\partial \rho}{\partial t} + \nabla \cdot (\rho \boldsymbol{v}) = 0 \tag{8.3}$$

これは**連続の方程式**とよばれている．

流体の速度に対する運動方程式を得るため，体積 δV の流体要素を考える．この流体要素の質量は $\rho\,\delta V$ で，その加速度はラグランジュ微分 $\mathrm{d}\boldsymbol{v}/\mathrm{d}t$ で与えられる．したがって，ニュートンの運動の第2法則から，

$$\rho\,\delta V \frac{\mathrm{d}\boldsymbol{v}}{\mathrm{d}t} = \delta \boldsymbol{F}_{\mathrm{body}} + \delta \boldsymbol{F}_{\mathrm{surface}} \tag{8.4}$$

を得る．ここで，流体要素に作用する力を体積力 $\delta \boldsymbol{F}_{\mathrm{body}}$ と表面力 $\delta \boldsymbol{F}_{\mathrm{surface}}$ の二つの部分に分けた．体積力は流体の内部のすべての点にはたらく力であり，重力がその例である．体積力は単位質量あたりとするのが通例なので，

$$\delta \boldsymbol{F}_{\mathrm{body}} = \rho\,\delta V\,\boldsymbol{F} \tag{8.5}$$

と書く．一方，流体要素の表面力は，流体要素を囲む表面に対しはたらく力である．境界面の面積要素を $d\boldsymbol{S}$ とすると，流体が静止していればこの面積要素にはたらく力は面に垂直で，

$$d\boldsymbol{F}_{\text{surface}} = -P\,d\boldsymbol{S} \tag{8.6}$$

となる．ただし，P は圧力で，負号は境界面の内側で流体要素にはたらく力を考えているために付けている．式 (8.6) は静止している流体については厳密に成り立つが，流体が動いている場合にも成り立つと仮定する．これは**理想流体近似**とよばれている．現実には，境界面の両側の流体層が異なる動きをする場合，面に接する方向に応力がはたらく．この応力は面の両側の差動を阻害しようとし，**粘性**が生じる．ここでの初歩的な取り扱いでは，粘性は無視し，理想流体近似を用いる．この場合，境界面全体にわたってはたらく表面力は，つぎの面積分で与えられる．

$$\boldsymbol{F}_{\text{surface}} = -\oint P\,d\boldsymbol{S}$$

この式の右辺は体積積分 $-\int \nabla P\,dV$ で置き換えられる．微小体積 δV に対しては

$$\delta \boldsymbol{F}_{\text{surface}} = -\nabla P\,\delta V \tag{8.7}$$

となる．式 (8.5) と (8.7) を式 (8.4) に代入すれば，

$$\rho \frac{d\boldsymbol{v}}{dt} = \rho \boldsymbol{F} - \nabla P \tag{8.8}$$

を得る．式 (8.2) を用いて，ラグランジュ微分からオイラー微分に移ると，

$$\frac{\partial \boldsymbol{v}}{\partial t} + (\boldsymbol{v} \cdot \nabla)\boldsymbol{v} = -\frac{1}{\rho}\nabla P + \boldsymbol{F} \tag{8.9}$$

となり，これが**オイラー方程式**である (Euler, 1755, 1759)．粘性を考慮に入れると，オイラー方程式はもっと複雑なナヴィエ–ストークス方程式で置き換えられるが，ここでは論じない．

基本方程式の議論を完結するには，温度が時間とともにどう変化するかを記述するエネルギーの方程式が必要である．一般論を展開する代わりに，断熱状態にある理想気体の場合のみをここでは考える．すなわち，気体の要素と周囲の間の伝導は無視する．気体の要素が断熱状態で動くとき，理想気体では P/ρ^γ が不変に保たれる（ポアソンの法則）．ただし，γ は比熱比である．数学的に表現すると，

$$\frac{d}{dt}\left(\frac{P}{\rho^\gamma}\right) = 0 \tag{8.10}$$

である．

　理想気体に対しては，温度より圧力を主要な力学変数として扱う方が便利である．系に作用する力 $\boldsymbol{F}$ がわかれば，式 (8.3), (8.9) と (8.10) により理想気体の完全な力学理論がつくられて，与えられた $\rho(\boldsymbol{x},t), P(\boldsymbol{x},t)$ と $\boldsymbol{v}(\boldsymbol{x},t)$ に対し，気体の状態が時間とともにどう変化するかを記述することができる．次節では，重要な天体物理学的応用を考え，これらの方程式の使い方を見る．

8.3　ジーンズ不安定性

　星は星間物質から生成されたと考えられている．星の形成は複雑で，いまだによく理解されていない現象である．ジーンズ不安定性とよばれる流体力学過程により，元々一様な星間物質が塊に変わったと考えられている．

　はじめに一様に分布した気体があり，ある領域で擾乱により気体の圧縮が起こったとしよう．この圧縮された領域の増加した圧力は音波を生み出し，圧縮が周囲の領域に広がって，気体は再び最初の一様な状態に戻る．しかし，圧縮された領域は重力も増し，さらに気体を圧縮された領域に引き寄せる．系がどう進化するかは，音波と増加した重力のどちらが勝つかに依存する．圧縮された領域が小さければ，重力は重要でなく，音波が勝つことを示すことができる．しかし，圧縮された領域がある臨界サイズを超えると，増加した重力が音波に勝ち，領域に物質をさらに引き付けて不安定性が発生する．この不安定性は，ジーンズにより最初に存在が示されたので，**ジーンズ不安定性**とよばれている (Jeans, 1902).

　流体力学的不安定性を数学的に解析するため，平衡配置の周りの摂動を考える．摂動が時間とともに成長すれば，系に存在する擾乱は平衡から遠ざかっていく．摂動が時間とともに消滅あるいは振動すれば，系は**安定**である．はじめ気体が密度 ρ_0，圧力 P_0 の静的平衡配置にあったとしよう．何らかの摂動により，圧力と密度がそれぞれ $\rho_0+\rho_1$ と P_0+P_1 になったとする．ここで，添字 0 は摂動のない平衡配置を，添字 1 は摂動を表すことにする．気体中の摂動で運動が発生しうるので，速度も考えなければならず，$\boldsymbol{v}_1$ とする（非摂動部分はゼロである）．これらの流体力学変数とは別に，重力ポテンシャル $\Phi=\Phi_0+\Phi_1$ も非摂動部分と摂動部分をもつ．このとき，式 (8.9) の力 $\boldsymbol{F}$ は

$$\boldsymbol{F}=-\nabla\Phi \tag{8.11}$$

で与えられる．

　平衡配置の周りの摂動を考えるには，まず，非摂動変数 ρ_0, P_0, Φ_0 が静的平衡の条

件を満たすようにしておく必要がある．流体力学の三つの基礎方程式 (8.3), (8.9) と (8.10) のうち，式 (8.3) と (8.10) は平衡状態ではすべての項がゼロになる．残る式 (8.9) は，式 (8.11) を用いて，

$$\nabla P_0 = -\rho_0 \nabla \Phi_0 \tag{8.12}$$

となる．流体力学の方程式に加え，重力はポアソン方程式

$$\nabla^2 \Phi_0 = 4\pi G \rho_0 \tag{8.13}$$

を満たさなければならない．一様で無限に広がる気体は式 (8.12) と (8.13) を満たさないことは明らかである．実際，式 (8.12) より P_0 が定数なら Φ_0 も定数であり，定数 Φ_0 を式 (8.13) に代入すれば，非摂動密度 ρ_0 はどこでもゼロでなければならないことになる．正当な安定解析のためには，まず正しい平衡解を求め，それからその解の周りの摂動を考えなければならない．しかし，ジーンズは，非摂動配置が平衡の式 (8.12) と (8.13) を満たしているかのように扱って，一様無限気体の摂動解析を行った (Jeans, 1902)．そのため，この方法はしばしば**ジーンズの欺瞞**とよばれている．ここでは，歴史的に重要で簡単なので，ジーンズの方法に沿ってこの解析を紹介する．現実的な圧力分布に対し，ジーンズの欺瞞に頼らずに正当な安定性解析を行うことは可能である．たとえば，自分の重力のもとで静的平衡にある気体の層を考えると，安定性解析を実行できる．よくあることではあるが，（ずっと複雑な）正しい解析による結果は，ジーンズの欺瞞による一様無限気体の摂動解析の結果と定性的には変わらない．

流体力学方程式と重力のポアソン方程式を用い，摂動 $\rho_1(\boldsymbol{x}, t), P_1(\boldsymbol{x}, t), \boldsymbol{v}_1(\boldsymbol{x}, t)$ と $\Phi_1(\boldsymbol{x}, t)$ が時間とともにどう進化するかを調べる．摂動量は小さい ($\rho_1 \ll \rho_0, P_1 \ll P_0, |\Phi_1| \ll |\Phi_0|$) と仮定し，これらの量の 2 次の項は無視する．摂動量の 1 次の項のみ残し，高次の項を無視する方法は，**摂動方程式の線形化**とよばれる．式 (8.10) から，

$$\frac{P_0 + P_1}{P_0} = \left(\frac{\rho_0 + \rho_1}{\rho_0}\right)^\gamma$$

が成り立ち，ρ_1 の 2 次以上の項は無視すると，

$$P_1 = c_s^2 \rho_1 \tag{8.14}$$

を得る．ただし，

$$c_s = \sqrt{\frac{\gamma P_0}{\rho_0}} \tag{8.15}$$

である．つぎに，連続の式 (8.3) に摂動量を代入すると，

$$\frac{\partial \rho_1}{\partial t} + \nabla \cdot [(\rho_0 + \rho_1)\boldsymbol{v}_1] = 0$$

となり，この摂動式を線形化するため，微小量どうしを掛け合わせた $\rho_1 \boldsymbol{v}_1$ を無視すれば，

$$\frac{\partial \rho_1}{\partial t} + \rho_0 \nabla \cdot \boldsymbol{v}_1 = 0 \tag{8.16}$$

を得る．さて，オイラー方程式 (8.9) から得られる

$$(\rho_0 + \rho_1)\left[\frac{\partial \boldsymbol{v}_1}{\partial t} + (\boldsymbol{v}_1 \cdot \nabla)\boldsymbol{v}_1\right] = -\nabla(P_0 + P_1) - (\rho_0 + \rho_1)\nabla(\Phi_0 + \Phi_1)$$

の線形化を考える．式 (8.12) を用いて右辺の二つの項を消し，摂動量の 1 次のみ残すと，

$$\rho_0 \frac{\partial \boldsymbol{v}_1}{\partial t} = -\nabla P_1 - \rho_0 \nabla \Phi_1$$

を得る．P_1 に式 (8.14) を代入すれば，

$$\rho_0 \frac{\partial \boldsymbol{v}_1}{\partial t} = -c_{\rm s}^2 \nabla \rho_1 - \rho_0 \nabla \Phi_1 \tag{8.17}$$

となる．最後に，式 (8.13) を完全な式 $\nabla^2 \Phi = 4\pi G \rho$ から引いて，

$$\nabla^2 \Phi_1 = 4\pi G \rho_1 \tag{8.18}$$

を得る．これで三つの摂動変数 ρ_1, P_1 および Φ_1 の満たすべき式 (8.16)〜(8.18) が得られた．これらを解けば，摂動が時間とともにどう進化するかがわかる．

方程式を完全な形で解く前に，増加した重力が無視できる特殊な場合を考えよう．たとえば，大気中の通常の音波の場合は，圧縮された領域の増加した重力はまったく無視できる．この場合，式 (8.17) の最後の項を落としてよい．式 (8.17) の発散をとり，式 (8.16) で $\nabla \cdot \boldsymbol{v}$ を置き換えると，

$$\left(\frac{\partial^2}{\partial t^2} - c_{\rm s}^2 \nabla^2\right)\rho_1 = 0 \tag{8.19}$$

となり，音波の方程式を得る．ここで，式 (8.15) で与えられる $c_{\rm s}$ は音速である．

式 (8.16)〜(8.18) を解くために，任意の摂動はフーリエ成分の重ね合わせで表すことができ，方程式が線形なので，それぞれの成分は独立に時間とともに進化することを利用する．あるフーリエ成分をとり，すべての変数が $\exp[i(\boldsymbol{k}\cdot\boldsymbol{x} - \omega t)]$ で変化するとすれば，式 (8.16)〜(8.18) から，

$$-\omega\rho_1 + \rho_0 \boldsymbol{k} \cdot \boldsymbol{v}_1 = 0$$

$$-\rho_0 \omega \boldsymbol{v}_1 = -c_s^2 \boldsymbol{k}\rho_1 - \rho_0 \boldsymbol{k}\Phi_1$$

$$-k^2 \Phi_1 = 4\pi G \rho_1$$

となり，これらの組み合わせから，

$$\omega^2 = c_s^2 (k^2 - k_J^2) \tag{8.20}$$

を得る．ただし，

$$k_J^2 = \frac{4\pi G \rho_0}{c_s^2} \tag{8.21}$$

である．$k < k_J$ ならば，式 (8.20) から ω は虚数で，

$$\omega = \pm i\alpha \tag{8.22}$$

と書ける．ただし，α は正の実数で

$$\alpha = +c_s \sqrt{k_J^2 - k^2}$$

である．すべてのフーリエ成分は $\exp(-i\omega t)$ で変化するから，式 (8.22) より一つのモードは $\exp(+\alpha t)$ で成長する．すなわち，そのようなモードが存在する摂動は，摂動が増大して暴走状態になり，不安定性を招く．一方，$k > k_J$ ならば，摂動は振動的になり，暴走状態にはならない．

こうして，式 (8.21) で与えられる k_J より波数 k が小さければ，摂動は不安定になるという結論が得られた．いい換えれば，摂動の大きさが $\lambda_J = 2\pi/k_J$ 程度のある臨界値より大きければ，増大した自己重力が音波を圧倒し，摂動は成長する．これに対応する臨界質量

$$M_J = \frac{4}{3}\pi \lambda_J^3 \rho_0$$

は**ジーンズ質量**とよばれている．これに式 (8.21) を代入し，c_s に式 (8.15) を用いて，長波長のゆっくり進化する摂動（等温的とみなす）に対し $\gamma = 1$ とすれば，

$$M_J = \frac{4}{3}\pi^{5/2} \left(\frac{k_B T}{Gm}\right)^{3/2} \frac{1}{\rho_0^{1/2}} \tag{8.23}$$

を得る．ただし，m は気体粒子の質量である．一様な気体中の摂動がジーンズ質量より大きい質量に関係していれば，摂動領域の気体は増大した重力のため収縮を続ける．こうして，初期に一様であった気体の分布が，ジーンズ不安定性のために，最終的に

は断片的になる．

　宇宙の質量が一様に分布していない基本的な理由は，ジーンズ不安定性にある．星や銀河は，ジーンズ不安定性により成長を始めた摂動の最終結果であると考えられている．星間物質のジーンズ質量を，温度 100 K で 1 cm^3 あたり 1 個の水素原子があると仮定して見積もってみると，式 (8.23) を用いて 8×10^{35} kg を得る．これは典型的な星の質量（およそ 10^{30} kg）より数桁大きい．おそらく星間物質は個々の星にではなく，まず星団に相当する大きな塊に壊れるのであろう．それから，この収縮する塊がさらに壊れて星になる．角運動量や磁場が存在すると，その過程はかなり複雑になる．星の生成という複雑な問題の紹介については，スピッツアーの本を参照されたい (Spitzer, 1978, §13.3)．

8.4　MHDの基本方程式

　流体力学の基本方程式に慣れたところで，これらを電気の良導体である流体を扱うMHDに一般化することを考えよう．8.2 節のはじめに，中性流体の状態は二つの熱力学変数と速度場 $\boldsymbol{v}(\boldsymbol{x},t)$ で指定できることに触れた．プラズマあるいは電気を通す流体は電磁相互作用を受けるから，系の状態を指定するのに電場 $\boldsymbol{E}(\boldsymbol{x},t)$ と磁場 $\boldsymbol{B}(\boldsymbol{x},t)$ も指定する必要があると思うかもしれない．しかし，実際にはプラズマの正負の電荷はよく混合しているため，電場は大きくなることはなく，磁場 $\boldsymbol{B}(\boldsymbol{x},t)$ のみが状態の指定に必要である．以下で，弱い電場は $\boldsymbol{v}(\boldsymbol{x},t)$ と $\boldsymbol{B}(\boldsymbol{x},t)$ の知識から求められることを見る．したがって，電場は力学変数として必要ではない．プラズマを取り扱う際には $\boldsymbol{E}$ と $\boldsymbol{D}$，$\boldsymbol{B}$ と $\boldsymbol{H}$ を区別する必要はない．これらの違いは導体中の電荷と電流と，周囲の物質中に誘起される電荷と電流とを区別する際にのみ有用である．

　オームの法則により，プラズマ中の電流密度 $\boldsymbol{j}$ は

$$\boldsymbol{j} = \sigma \boldsymbol{E}$$

で与えられる．ただし，σ は電気伝導度である．しかし，プラズマが磁場 $\boldsymbol{B}$ 中で速度 $\boldsymbol{v}$ で動くなら，プラズマ中の荷電粒子にかかる力は $q\boldsymbol{E}$ ではなく，$q(\boldsymbol{E}+\boldsymbol{v}\times\boldsymbol{B})$ である．したがって，オームの法則は

$$\boldsymbol{j} = \sigma(\boldsymbol{E}+\boldsymbol{v}\times\boldsymbol{B}) \tag{8.24}$$

と修正されなければならない．また，プラズマ中の電流は磁場を生み出す．これはマクスウェルの方程式

$$\nabla \times \boldsymbol{B} = \mu_0 \boldsymbol{j} + \epsilon_0 \mu_0 \frac{\partial \boldsymbol{E}}{\partial t}$$

で記述される．最後の項はマクスウェル自身が発見した変位電流である (Maxwell, 1865)．この項は電磁波の方程式を導くときに決定的であった．しかし，速さが c より小さいプラズマの運動を考える際には，この項はプラズマの力学には重要ではない．そこで，

$$\nabla \times \boldsymbol{B} = \mu_0 \boldsymbol{j} \tag{8.25}$$

としてよい．式 (8.24) と (8.25) から，電場は

$$\boldsymbol{E} = \frac{\nabla \times \boldsymbol{B}}{\mu_0 \sigma} - \boldsymbol{v} \times \boldsymbol{B} \tag{8.26}$$

で与えられる．このように，$\boldsymbol{E}$ は $\boldsymbol{v}$ と $\boldsymbol{B}$ から求められるため，MHD では独立変数ではないことがわかる．

磁場 $\boldsymbol{B}$ は MHD で重要な力学変数なので，力学理論の構築には $\boldsymbol{B}$ の時間発展を記述する方程式が必要である．マクスウェルの方程式のうち，ファラデーの電磁誘導を数学的に示した

$$\frac{\partial \boldsymbol{B}}{\partial t} = -\nabla \times \boldsymbol{E}$$

の式に，式 (8.26) の $\boldsymbol{E}$ を代入すると，

$$\frac{\partial \boldsymbol{B}}{\partial t} = \nabla \times (\boldsymbol{v} \times \boldsymbol{B}) + \eta \nabla^2 \boldsymbol{B} \tag{8.27}$$

を得る．ただし，

$$\eta = \frac{1}{\mu_0 \sigma} \tag{8.28}$$

であり，σ は位置により変化しないと仮定した．式 (8.27) は**誘導方程式**として知られる．

誘導方程式が MHD の中心的な方程式である．完全な力学理論を得るには，ほかの力学変数，すなわち，二つの熱力学量と $\boldsymbol{v}$ の時間微分の方程式が必要である．中性気体では，式 (8.3)，(8.9) と (8.10) であった．MHD では，これらがどう修正されるかを見よう．連続の式 (8.3) は質量保存を表すので，変化は受けない．また，ここでは，エネルギーの式が磁場の存在でどう修正されるかには触れないので，残ったオイラー方程式 (8.9) の修正について論じよう．プラズマ中に磁場がある場合，ほかの力に加えて磁気力がはたらく．単位体積あたりの磁気力は $\boldsymbol{j} \times \boldsymbol{B}$ であり，これを ρ で割れば，

単位質量あたりの磁気力となる（たとえば，Panofsky and Philips (1962, §7-6) を参照）．式 (8.9) の右辺にこの項を付け加え，式 (8.25) を用いて j を消去すれば，

$$\frac{\partial \boldsymbol{v}}{\partial t} + (\boldsymbol{v} \cdot \nabla)\boldsymbol{v} = \boldsymbol{F} - \frac{1}{\rho}\nabla P + \frac{1}{\mu_0 \rho}(\nabla \times \boldsymbol{B}) \times \boldsymbol{B} \tag{8.29}$$

となる．ベクトル恒等式

$$(\nabla \times \boldsymbol{B}) \times \boldsymbol{B} = (\boldsymbol{B} \cdot \nabla)\boldsymbol{B} - \nabla\left(\frac{B^2}{2}\right)$$

を用いて式 (8.29) を書き直すと，

$$\frac{\partial \boldsymbol{v}}{\partial t} + (\boldsymbol{v} \cdot \nabla)\boldsymbol{v} = \boldsymbol{F} - \frac{1}{\rho}\nabla\left(P + \frac{B^2}{2\mu_0}\right) + \frac{(\boldsymbol{B} \cdot \nabla)\boldsymbol{B}}{\mu_0 \rho} \tag{8.30}$$

を得る．磁場により圧力 $B^2/2\mu_0$ が導入された．もう一つの項 $(\boldsymbol{B} \cdot \nabla)\boldsymbol{B}/\mu_0$ は磁力線に沿った張力の性質をもつ．

このように，流体力学方程式に対し，MHD 方程式には，二つの複雑さが付け加わっている．一つ目は，式 (8.30) のように，オイラー方程式が磁場の圧力と磁場の張力の追加により修正されていることである．二つ目は，磁場の発展を表す誘導方程式 (8.27) が加わっていることである．つぎに，誘導方程式の重要な結果を論じる．

8.5 アルヴェーンの磁束凍結定理

プラズマ中の磁場の典型的な値が B で，典型的な速度場の値が V であるとし，磁場や速度場が変化する典型的な長さのスケールが L であったとしよう．誘導方程式 (8.27) の $\nabla \times (\boldsymbol{v} \times \boldsymbol{B})$ の項は VB/L 程度の大きさをもち，$\eta\nabla^2\boldsymbol{B}$ の項は $\eta B/L^2$ 程度の大きさをもつ．これらの二つの項の比は，**磁気レイノルズ数**として知られる無次元数で，

$$\mathcal{R}_\mathrm{M} \approx \frac{VB/L}{\eta B/L^2} \approx \frac{VL}{\eta} \tag{8.31}$$

で与えられる．重要な点は $\mathcal{R}_\mathrm{M}$ が L に比例することで，実験室プラズマより天体物理科学の系で大きくなる．実際，$\mathcal{R}_\mathrm{M}$ は，実験室プラズマでは 1 よりずっと小さく，天体物理学の系では 1 よりずっと大きい．すなわち，実験室プラズマを扱う場合は式 (8.27) の $\eta\nabla^2\boldsymbol{B}$ の項が支配的であり，天体プラズマを扱う場合は $\nabla \times (\boldsymbol{v} \times \boldsymbol{B})$ の項が支配的である．実験室プラズマについてはしばしば，

$$\text{実験室：}\quad \frac{\partial \boldsymbol{B}}{\partial t} \approx \eta\nabla^2\boldsymbol{B} \tag{8.32}$$

と書く．この式の解釈は難しくない．式 (8.28) から，η は電気伝導度 σ の逆数に比例し，プラズマの抵抗を意味している．系に抵抗があれば電流は減衰し，電流によって誘起される磁場も減衰する．式 (8.32) の重要性は，プラズマの磁場は抵抗のために時間とともに減衰し，その抵抗 η は拡散係数として現れる，ということにある．一方，天体プラズマの磁場は，しばしば式 (8.27) のもう一つの項によって時間発展する．すなわち，

$$\text{天体物理}: \quad \frac{\partial \boldsymbol{B}}{\partial t} \approx \nabla \times (\boldsymbol{v} \times \boldsymbol{B})$$

と書ける．つぎに，この式の重要性について論じる．

天体物理学の系の磁気レイノルズ数 $\mathcal{R}_\mathrm{M}$ が極端に大きい場合は，上式を「ほぼ等しい」から「等しい」と置き換えることができる．

$$\frac{\partial \boldsymbol{B}}{\partial t} = \nabla \times (\boldsymbol{v} \times \boldsymbol{B}) \tag{8.33}$$

この式によりプラズマが発展する場合，**アルヴェーンの磁束凍結定理**を証明することができる (Alfvén, 1942a)．渦度 $\boldsymbol{\omega} = \nabla \times \boldsymbol{v}$ についての同様の定理は，流体力学ではすでに知られていた（たとえば，Choudhuri (1998, §4.6) を参照）．証明する前に磁束凍結定理について述べる．

時刻 t_1 における プラズマ内の面 S_1 を考える．この面を通過する磁束は $\int_{S_1} \boldsymbol{B} \cdot \mathrm{d}\boldsymbol{S}$ である．ある未来の時刻 t_2 に，面 S_1 に囲まれたプラズマは移動して異なる面 S_2 をつくる．この面を通過する磁束は $\int_{S_2} \boldsymbol{B} \cdot \mathrm{d}\boldsymbol{S}$ である．磁束凍結定理は，磁場 $\boldsymbol{B}$ が式 (8.33) に従って発展するなら，

$$\int_{S_1} \boldsymbol{B} \cdot \mathrm{d}\boldsymbol{S} = \int_{S_2} \boldsymbol{B} \cdot \mathrm{d}\boldsymbol{S}$$

であるということである．もっと簡潔に書くと，

$$\frac{\mathrm{d}}{\mathrm{d}t} \int_S \boldsymbol{B} \cdot \mathrm{d}\boldsymbol{S} = 0 \tag{8.34}$$

となる．ただし，ラグランジュ微分 $\mathrm{d}/\mathrm{d}t$ は，面 S を通過する磁束 $\int_S \boldsymbol{B} \cdot \mathrm{d}\boldsymbol{S}$ の変化を，その面に囲まれるプラズマとともに動きながら考えることを意味する．

証明のために，面 S を通過する磁束 $\int_S \boldsymbol{B} \cdot \mathrm{d}\boldsymbol{S}$ の変化にはつぎの二つの理由があることに留意しておく．(i) $\boldsymbol{B}$ 自身の変化と，(ii) 面 S の運動である．数学的には，

$$\frac{\mathrm{d}}{\mathrm{d}t} \int_S \boldsymbol{B} \cdot \mathrm{d}\boldsymbol{S} = \int_S \frac{\partial \boldsymbol{B}}{\partial t} \cdot \mathrm{d}\boldsymbol{S} + \int_S \boldsymbol{B} \cdot \frac{\mathrm{d}}{\mathrm{d}t}(\mathrm{d}\boldsymbol{S}) \tag{8.35}$$

である．図 8.1 に，時刻 t における面積要素 $\mathrm{d}\boldsymbol{S}$ から時刻 $t' = t + \delta t$ における面積要

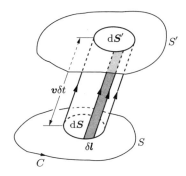

図 8.1 プラズマ中の運動による面積要素の変位

素 $\mathrm{d}\boldsymbol{S}'$ への変位を示す．$\mathrm{d}\boldsymbol{S}$ と $\mathrm{d}\boldsymbol{S}'$ は円筒の底になっている．この円筒の側面積の面積片は，$\delta\boldsymbol{\ell}$ を面積要素 $\mathrm{d}\boldsymbol{S}$ を囲む閉曲線の線要素として（図 8.1），$-\delta t\,\boldsymbol{v}\times\delta\boldsymbol{\ell}$ の大きさで表される．閉曲面について $\oint \mathrm{d}\boldsymbol{S}$ はゼロなので，この円筒の面積に対して

$$\mathrm{d}\boldsymbol{S}' - \mathrm{d}\boldsymbol{S} - \delta t \oint \boldsymbol{v} \times \delta\boldsymbol{\ell} = 0$$

が成り立つ．ただし，線積分は面積要素 $\mathrm{d}\boldsymbol{S}$ 周りに行う．したがって，

$$\frac{\mathrm{d}}{\mathrm{d}t}(\mathrm{d}\boldsymbol{S}) = \lim_{\delta t \to 0} \frac{\mathrm{d}\boldsymbol{S}' - \mathrm{d}\boldsymbol{S}}{\delta t} = \oint \boldsymbol{v} \times \delta\boldsymbol{\ell}$$

であり，これを用いると，式 (8.35) の最後の項は

$$\int_S \boldsymbol{B} \cdot \frac{\mathrm{d}}{\mathrm{d}t}(\mathrm{d}\boldsymbol{S}) = \int \oint \boldsymbol{B} \cdot (\boldsymbol{v} \times \delta\boldsymbol{\ell}) = \int \oint (\boldsymbol{B} \times \boldsymbol{v}) \cdot \delta\boldsymbol{\ell}$$

となる．ただし，二重積分 $\int\oint$ は，まず面積要素 $\mathrm{d}\boldsymbol{S}$ 周りの線積分を行い，つぎにたくさんの面積要素の線積分を足し上げ，面 S を覆う，ということを意味する．これは結局，すべての面積要素について足し上げるとき，内部の線積分からの寄与は打ち消し合うため，全面積 S 周りの閉曲線 C に沿った線積分を与える，ということは容易に示される．したがって，ストークスの定理から，

$$\int_S \boldsymbol{B} \cdot \frac{\mathrm{d}}{\mathrm{d}t}(\mathrm{d}\boldsymbol{S}) = \oint_C (\boldsymbol{B} \times \boldsymbol{v}) \cdot \delta\boldsymbol{\ell} = \int_S [\nabla \times (\boldsymbol{B} \times \boldsymbol{v})] \cdot \mathrm{d}\boldsymbol{S}$$

を得る．式 (8.35) に代入すれば，

$$\frac{\mathrm{d}}{\mathrm{d}t} \int_S \boldsymbol{B} \cdot \mathrm{d}\boldsymbol{S} = \int_S \mathrm{d}\boldsymbol{S} \cdot \left[\frac{\partial \boldsymbol{B}}{\partial t} - \nabla \times (\boldsymbol{v} \times \boldsymbol{B})\right] \tag{8.36}$$

となる．式 (8.33) および (8.36) から式 (8.34) を得るので，証明は完了である．

$\mathcal{R}_\mathrm{M}$ の大きい天体の系では，磁束がプラズマに「凍結」して，プラズマの流れとと

もに動くと考えてよい．図8.2(a)に示すように，まっすぐな磁力線がプラズマの柱を貫いているとしよう．プラズマの柱が曲がると，$\mathcal{R}_M$ が大きい極限では，図8.2(b)のように磁力線も曲がる．また，プラズマの柱の一方の端がねじれていれば，図8.2(c)のように磁力線もねじれる．磁束凍結定理の結果，天体の系の磁場は，プラズマとともに曲がったり，ねじれたり，ゆがんだりする可塑性素材と見なすことができる．このような磁場の見方は，コイルに電流を送ることでON/OFFを切り替えられるような，受動的に見える実験室での磁場とはまったく異なる．天体物理学という舞台では，磁場はまるで生命を得たかのようである．

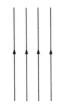  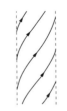

(a) まっすぐな　　(b) 柱が曲がった後　　(c) 柱をねじった後
　磁力線の柱　　　　の磁場の配位　　　　の磁場の配位

図 8.2　磁束凍結

磁場のふるまいが実験室と天体物理の環境で大きく異なるのは，磁場がそれぞれ式 (8.32) と (8.33) という異なる方程式によって発展するためである．アルヴェーンは，宇宙スケールの電磁力学を通常の実験室電磁力学と区別するために，**宇宙電磁力学**という言葉をつくった．両者はマクスウェル方程式とオームの法則から始まる点では同じである．天体物理の環境では，磁場の初期配位とプラズマの流れの性質がわかっていれば，図8.2で見たように，その後の磁場の配位がどうなるかを磁束凍結定理を基に推測することができる．人間の心は解析的に考えるより幾何学的に考えるほうが慣れている．我々は過程を記述する方程式を解くことはできるが，その過程がどう発展するかを心に描けてはじめて，その過程を理解したと感じる．宇宙電磁力学の美点は，磁束凍結定理により天体プラズマの中で磁場がどう発展するかを心に描けることにある．

天体が重力により収縮するとき，その天体の磁場は強くなることが期待される．B 程度の大きさの磁場が通っている天体の赤道面の断面積が a であるとすれば，赤道面を通過する磁束は Ba^2 程度である．磁場が完全に凍結していれば，この磁束は天体が収縮する間不変である．中性子星の磁場は 10^8 T にも達すると考えられている．この磁場が中性子星が通常の星の崩壊でつくられ，磁場が圧縮されたとして説明できるか考えよう．太陽のような星の半径は 10^9 m 程度で，極付近の磁場は 10^{-3} T 程度である．中性子星の典型的な半径は 10^4 m で，通常の星が崩壊して中性子星になるなら，

赤道面の面積は 10^{10} 分の 1 に減少する．磁束がこの崩壊の間凍結しているとすれば，10^{-3} T の磁場は 10^7 T に増幅され，中性子星の磁場と同じ程度になる．

8.6 太陽黒点と磁気浮揚

太陽黒点の性質が MHD の基本原理からどう説明できるかを論じよう．

黒点は，磁場がほとんどない周囲に比べ，磁場が濃縮している（0.3 T 程度）領域である．なぜ周囲より暗く見える限られた領域に磁場が集積しているのであろうか？ 3.4.4 項で，太陽表面のすぐ下の層ではエネルギーは対流により運ばれることを述べた．つまり，黒点は対流が起こっている領域にある磁束の束である．黒点の形成を理解するには，対流が磁場によりどう影響を受けるかを知る必要がある．これは**磁気対流**として，チャンドラセカールにより基礎が築かれた (Chandrasekhar, 1952)．式 (8.30) で磁場は張力をもち，対流に伴う気体の運動を妨げることを見た．対流の領域に磁場が存在すれば，磁場の張力によって対流が禁じられた領域に磁場は閉じ込められ，残りの領域では磁場は存在せず対流が自由に起こる．これは磁気対流の数値シミュレーションでもはっきり見られる (Weiss, 1981)．したがって，黒点は磁場が対流によって束になった領域であるということができる．黒点では磁場の張力で対流が禁じられるため，黒点内では熱の輸送効率が落ち，そこの表面温度は低下する．こうして，黒点は周囲より温度が低くなる．

4.8 節で指摘したように，ほぼ同じ緯度に極性の異なる二つの黒点が並んで出現することが多く見られる．これは，太陽表面の下にトロイダル方向に並んだ磁場の束があり，一部が図 8.3 (b) のように太陽表面から飛び出しているためと考えられる．二つの黒点は磁場の束が二か所で太陽表面を横切る場所であるとすれば，一つの黒点では磁力線が出現し，もう一つでは磁力線が突入するとして理解できる．このような磁場配位がなぜ生じるか考えよう．すでに論じたように，対流領域の磁場は狭い領域に集中されたままであると考えられる．図 8.3 (a) のように，ほぼ水平な円筒領域に磁場が濃縮しているとしよう．このように，磁場が濃縮されていて，その外には磁場がほとんどないような領域を**磁束管**という．パーカーは，水平な磁束管は浮揚することを指摘した (Parker, 1955a)．議論は単純である．磁束管内部の気体の圧力を P_i，外部を P_e とする．式 (8.30) で磁場は $B^2/2\mu_0$ の圧力を及ぼすことを見た．磁束管の境界面で圧力がつり合うためには，

$$P_e = P_i + \frac{B^2}{2\mu_0} \tag{8.37}$$

でなければならないので，

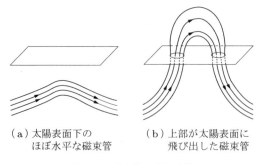

図 8.3　磁束管の磁気浮揚

$$P_i < P_e \tag{8.38}$$

である．このとき普通は（常にではないが），内部の密度 ρ_i も外部の密度 ρ_e より低い．内部と外部の温度がともに T で等しい場合には，

$$R\rho_e T = R\rho_i T + \frac{B^2}{2\mu_0}$$

であり，これから，

$$\frac{\rho_e - \rho_i}{\rho_e} = \frac{B^2}{2\mu_0 P_e} \tag{8.39}$$

を得る．すなわち，磁束管内の流体は軽いので浮揚する．$\mathcal{R}_M$ の大きい極限では，磁場はこの軽い流体に凍結している．その結果，磁束管全体が浮揚性をもち，重力に抗して浮き上がる．パーカーが発見したこの効果を**磁気浮揚**とよぶ．式 (8.38) は磁束管の内部が常に軽いということを意味しているのではないので，磁束管の一部が浮揚性をもち，それ以外はもたないことがありうる．ここでは，その理由には立ち入らない．図 8.3 (a) の磁束管の中央部が浮揚性をもったとすると，中央部は浮き上がり，ついには表面を突き破って，図 8.3 (b) のような配位をつくる．この磁気浮揚の考え方から双極磁場領域の生成を説明することができる．

　星は剛体のように回転しているのではない．赤道付近の領域は両極付近に比べ速い角速度で回転している．図 8.4 (a) のように，磁力線が太陽の内部に通っているとしよう．$\mathcal{R}_M$ が大きい場合，プラズマの磁力線はほぼ凍結しているから，緯度により異なる角速度，すなわち，**微分回転**により，図 8.4 (b) のように，磁力線は引き伸ばされる．こうして，微分回転はトロイダル方向（球座標系の ϕ 方向）に強い磁場をつくり出し，太陽内部の磁場はほぼトロイダルになると考えられる．トロイダル磁場の一部は対流との相互作用で磁束管に集中し，浮揚性となって太陽表面を突き破ると，双極の黒点を生成する．図 8.4 (b) から，双極の黒点は二つの半球で逆極性になることは

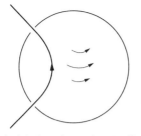 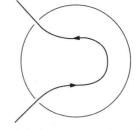

(a) 初期のポロイダル磁力線　　(b) 赤道付近における速い回転
　　　　　　　　　　　　　　　で引き伸ばされた磁力線

図 8.4　太陽表面下における強いトロイダル磁場の生成

明らかである．磁気浮揚による双極黒点の形成の 3 次元シミュレーションは，本書の著者によりはじめて行われた (Choudhuri, 1989)．

8.7　ダイナモ理論の定性的紹介

　太陽の内部に磁場があるなら，前節で見たように，磁場凍結，磁気対流，磁気浮揚の考え方を合わせて，双極の黒点が説明できる．しかし，そもそもなぜ磁場が存在するのであろうか？　ほとんどの星には磁場があると考えられている．天の川銀河にはほぼ渦状腕に沿って磁場がある．磁場は天体物理学的宇宙のどこにでも見られるようである．ダイナモ理論は，MHD に基づき天体の系で磁場が生成されることを説明しようとする基本理論である．多くの天体の磁場は，たとえば太陽黒点のバタフライ図（図 4.18）のように，複雑な空間・時間変化を示す．太陽ダイナモ理論の目的はバタフライ図を説明することである．ダイナモ理論は複雑で本書の範囲を超えるので，定性的な考え方だけを以下に述べる．

　天体の回転軸に対しトロイダル方向（球座標の ϕ 方向）の磁場の成分は**トロイダル磁場**，ポロイダル面（球座標の $B_r \hat{e}_r + B_\theta \hat{e}_\theta$ 方向）の成分は**ポロイダル磁場**とよばれる．前節の図 8.4 のように，赤道が極付近より速く回転している太陽のような天体では，微分回転によりポロイダル磁力線を引き伸ばすことで，トロイダル磁場をつくることができることを見た．しかし，ポロイダル磁場を保つことができなければ，いずれ減衰してしまい，トロイダル磁場の生成も止まる．

　有名な論文でパーカーは，ポロイダル磁場を生成する決定的な考え方を示した (Parker, 1955b)．天体に乱流的な対流があれば，上向き（下向き）に動くプラズマの塊は，磁場凍結のためトロイダル磁場を上向き（下向き）に引き伸ばす．対流が回転する座標系で起これば，上向き（下向き）に動くプラズマの塊は，浮き上がる（沈む）際にコル

ク栓のように回転する．図8.5(b)は，トロイダル磁力線がらせん状の乱流によってねじれて，子午線面への射影が磁気ループになる様子を示す．らせん状の乱流によりつくられたいくつかの磁気ループが図8.5(c)の子午線面上に示されている．地球の両半球の台風が逆向きに回転するのと同様，二つの半球のらせん状の動きは逆向きになる．このこととB_ϕが二つの半球で逆向きになることから，二つの半球の磁気ループは同じ方向に回転する．これは図8.5(b)に示されている．磁場はプラズマに一部凍結されているが，対流に伴う乱流は磁場をかき回しある程度拡散させる．その結果，図8.5(c)の磁気ループは平均化されて，大規模な磁場となる．図8.5(c)のすべてのループは同じ方向に回転するので，拡散すると破線で示した全球的な磁場となる．こうして，トロイダル磁場から始めて子午線面内のポロイダル磁場が得られることになる．

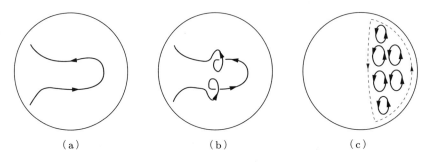

図8.5 ダイナモ過程の異なる段階

図8.6に議論の要点をまとめる．ポロイダル磁場とトロイダル磁場は，循環するフィードバック過程を通じてお互いを支えている．ポロイダル磁場は，微分回転により引き伸ばされてトロイダル磁場をつくる．トロイダル磁場は，らせん状の乱流（回転座標系の対流に伴う）によりねじられて，ポロイダル面に磁場をつくる．たいていの天体の磁場はこの図8.6に示されたような過程でつくられると考えられている．

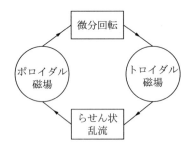

図8.6 乱流ダイナモというパーカーの考え方

8.8 パーカー不安定性

銀河の星間物質は通常，かなり非一様に分布している．図 8.7 は M81 銀河の星間物質の分布を示している．渦状腕の一部には，星間物質が糸に通したビーズのような連続した塊になっているのが見られる．一様な星間物質の分布が不安定であることを最初に示したのは，パーカーである (Parker, 1966)．この**パーカー不安定性**は磁気浮揚に関係しており，おそらく星間物質が塊に分かれる理由となっている．

銀河の磁場は星間物質に凍結していると仮定してよい．星間物質が層状に一様分布しており，直線状の磁場がそれを貫いているという初期配位を考えよう．図 8.8 (a) のように，小さな擾乱が起こり，磁力線の一部が上方向に膨らんだとしよう．対称性から

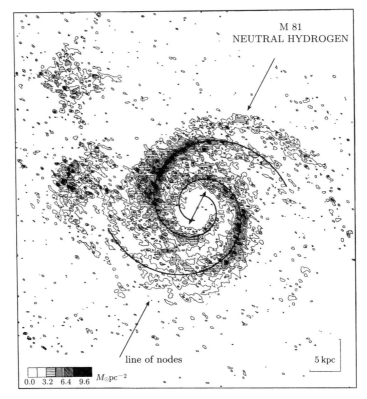

図 8.7 中性水素原子からの電波で測った M81 銀河の星間物質の分布．
[出典：Rots (1975)[†]]

[†] Rots, A. H., *Astronomy and Astrophysics*, **45**, 43, 1975. Reproduced with permission, © European Southern Observatory.

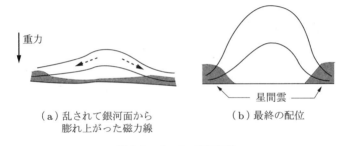

(a) 乱されて銀河面から　　　(b) 最終の配位
　　膨れ上がった磁力線

図 8.8 パーカー不安定性

重力は層の中心方向に向いている．したがって，磁力線が膨らんだ領域の重力は下向きである．磁場がプラズマに凍結しているならば，磁場が降りてきた場合のみプラズマは膨らんだ領域に降りることができる．しかし，プラズマは，図 8.8 (a) の矢印のように，磁力線に沿った方向にのみ流れ降りることができる．アルヴェーンの磁束凍結定理では，膨らんだ磁力線を下ろさずにそのような流れが許されるため，膨らんだ領域の重力により，プラズマはこのように流れることになる．プラズマが膨らんだ領域の頂部から流れ落ちる結果，この領域は軽くなり浮揚性となる．したがって，この領域はさらに浮き上がる．いい換えれば，膨らみはどんどん大きくなり，不安定性を引き起こす (Parker, 1966)．磁力線が曲がるほど，磁気張力は大きくなる．これはパーカー不安定性の数値シミュレーションでも見ることができる (Mouschovias, 1974)．図 8.8 (b) は最終的な配位を示す．磁場は銀河面から飛び出し，星間プラズマは磁力線の谷間に集まる．おそらくこれが，星間物質が断続的で塊状になっている理由である．

8.9 磁気再結合

天体の系では磁気レイノルズ数はたいてい非常に大きく，式 (8.27) の拡散項 $\eta\nabla^2 B$ は無視でき，磁束凍結条件につながったことは前に論じた．天体の系では，磁場の拡散はあまり重要でなくて，遅い過程のようである．しかし，ある条件では，磁気エネルギーの大部分が短い時間で消失することがある．太陽系内の例として，太陽フレアが挙げられる．太陽フレアは黒点の上の太陽大気で起こる爆発で，数分間に 10^{26} J ものエネルギーが放出される．8.6 節で，太陽の磁場が磁気浮揚で膨れ上がり，黒点の上の太陽大気でループをつくることを論じた．太陽フレアは，太陽大気の磁気エネルギーの大部分が熱などの形に急速に転換される現象である．磁気レイノルズ数が大きい場合，どのようにすれば磁気エネルギーが急速に散逸することが可能であろうか？これからこの問題に立ち返ることにする．

拡散係数 η が小さくても，ある領域で磁場の傾きが大きくて，$\eta\nabla^2 B$ がその領域では無視できないこともありうる．図 8.9 は，線 OP の上と下で磁場が逆向きの領域を示す．このような磁場配位は，逆向きの磁場の間に電流が集中したシートがあることを意味し，**電流シート**とよばれている．図 8.9 の中央部で磁場の傾きが大きいため，拡散項 $\eta\nabla^2 B$ が効き，磁場は中央部から離れるにつれ減衰する．磁場には圧力 $B^2/2\mu_0$ が伴うため，磁場の減少は中央部での圧力減少を引き起こす．多くの天体現象では，磁場の圧力は気体の圧力と同じ程度か大きい．その場合，図 8.9 の中央部の磁場の減衰はそこにおける全圧力の減少を引き起こし，フレッシュな磁場をもつ上下のプラズマは中央部に吸い込まれる．すると，このフレッシュな磁場も減衰し，そのため減少した圧力を補うために，さらに上下からプラズマが吸い込まれる．この**磁気再結合**とよばれる現象は，中央部にフレッシュな磁場がもたらされる限り続く．

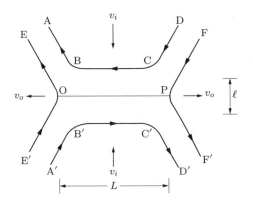

図 8.9 電流シート内での磁気再結合

磁気再結合の物理を理解するため，図 8.9 をもう少し詳しく見てみよう．磁力線 ABCD と A'B'C'D' は中央部に向かって速度 v_i で内向きに動いている．最終的に，これらの磁力線の BC と B'C' の部分は減衰する．AB の部分は EO に，A'B' は E'O に動く．これら元々は別の磁力線に属していた部分は，一本の磁力線 EOE' になる．同様に，CD と C'D' の部分は磁力線 FPF' になる．すなわち，中央部では磁力線の切断と接合が起こる．図 8.9 の上端と下端のプラズマは中央部に押し付けられ，中央部のプラズマは O と P の点から横方向に絞り出される．結果として生じる外向きの速度 v_o は，再結合した磁力線 EOE' と FPF' を再結合領域から運び去る．磁気再結合の完全な数学的解析は非常に難しい．磁気再結合の進む割合を理論的に計算する試みも行われているが (Parker, 1957; Sweet, 1958; Petschek, 1964)，その複雑な議論には立ち入らず，つぎの点だけ指摘しておこう．天体の系の全体の長さのスケール

に基づく磁気レイノルズ数が大きくても，局所的には磁気再結合が起こり，磁気エネルギーを急速にほかの形に変換することは可能である．

磁気再結合の結果，磁気エネルギーは熱などの形に変換される．プラズマが低密度で熱容量が小さいなら，磁気再結合で生み出された熱によりプラズマの温度は上昇する．太陽コロナがその例である．太陽表面は6000 K 程度であるが，4.6節で指摘したように，コロナの領域は数百万度もの温度に達する．図8.10 は，SOHO (Solar and Heliospheric Observatory) 衛星により得られた太陽の X 線画像である．太陽表面は 6000 K なので X 線を放出しないため，表面は暗く見える．X 線はおもにコロナのループ状の領域から来ているように見える．これらのループは，図8.3(b) に示すような黒点の上の磁気ループである．これらのループの中で起こる磁気再結合がコロナの温度を百万度程度まで上昇させ，強い X 線を生み出していると考えられている．これらコロナのループで何が磁気再結合を引き起こしているのかは複雑な問題であり，本書の範囲を超える．

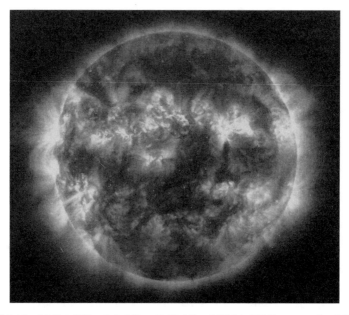

図 8.10　SOHO 衛星による太陽の X 線画像．太陽黒点が最多の 2000 年の撮影．画像は SOHO (ESA and NASA) の厚意による．

8.10　天体物理学における粒子加速

前の数節では，プラズマを連続体と考えて MHD の天体物理学的応用について論じ

た．もっとミクロな視点からの取り扱いが必要な天体現象があり，これらには MHD は適用できない．そのような問題の一つは，なぜ多くの天体の系は少数の荷電粒子を超高エネルギーまで加速するのか，というものである．

ヘスの気球実験によって，地球は地球大気の外からやってくる電離を起こす放射線にさらされていることが明らかになった (Hess, 1912)．後に，これら**宇宙線**は，電子や軽い原子核などの高いエネルギーの荷電粒子であることが確認された．根本的な問題は，宇宙線が地球と太陽系の近傍の局所的存在なのか，それとも天の川銀河や宇宙全体を満たしているのかを決定することにあった．5.6 節で，宇宙線は銀河の現象であるという説を紹介した．これらの荷電粒子は天の川銀河の中で加速され，銀河磁場によって閉じ込められる．しかし，銀河に閉じ込めることのできない 10^{20} eV もの高エネルギーに達する粒子が観測されている．核子の静止質量エネルギーが 10^9 eV 程度であるから，宇宙線はたいてい超相対論的である．ほかの銀河にも宇宙線が存在すると考えられている．次節で，磁場中を旋回する相対論的な荷電粒子が**シンクロトロン輻射**を放出することを示すが，これは電磁波のスペクトルの電波領域でしばしば（必ずではないが）見られている．電波望遠鏡により多くの銀河系外天体からのシンクロトロン輻射が見つかっており，これは，荷電粒子が超高エネルギーまで加速されることが，天体の世界ではかなり普遍的な現象であることを意味している．

図 8.11 は大気頂上における宇宙線電子のスペクトルである．10^3 eV あたりから 10^6 eV あたりまでのエネルギーで，スペクトルはべき乗則

$$N(E)\,\mathrm{d}E \propto E^{-2.6}\,\mathrm{d}E \tag{8.40}$$

によってよく表される．銀河系外天体のシンクロトロン輻射の研究から，ほかの多くの天体でも，電子は指数が 2.5 に近いべき乗則で分布していることが推測されており，宇宙線の測定で観測されるものとよい一致を見せている．粒子加速理論の目的は，観測されているべき指数をもつべき乗則を説明することである．先駆的な論文でフェルミは，有力な理論を発表した (Fermi, 1949)．

非一様な磁場中の荷電粒子の軌道を調べると，粒子は磁場が集中している領域によって反射されることを示すことができる．この結果はここでは示さないので，文献（たとえば，Jackson (2001, §12.5) や Choudhuri (1998, §10.3)）を参照されたい．星間雲は磁場を運んでいることが知られているので，その表面は磁気ミラーとしてはたらき，荷電粒子を反射する．ボールがバットで打たれてエネルギーを得るように，フェルミは，運動する磁気雲により繰り返し反射されることで荷電粒子が加速されることを示した（**フェルミ加速**；Fermi, 1949）．運動する雲との正面衝突の場合はエネルギーを得るが，追突の場合はエネルギーを失うので，平均として衝突でエネルギーを得る

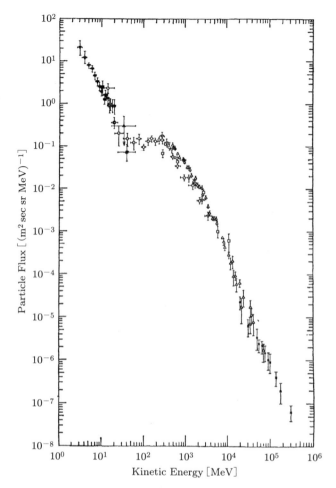

図 8.11 大気頂上における宇宙線電子のスペクトル．[出典：Meyer (1969)[†]]

ことを示さなければならない．ここでは，ニュートン力学的な取り扱いを示す．高エネルギー粒子は相対論的なので，本来は相対論的な取り扱いが必要である．Longair (1994, §21.3) には，相対論的な取り扱いと，この問題のほかの様相についての明快な議論が展開されているので，興味のある読者はそちらを参照されたい．

1次元の速度 U で運動している雲を考えよう．雲の半数はある方向に，残りの半数は逆方向に動いているとする．初期速度 u の粒子が雲と正面衝突をする．雲の静止系から見た初期速度は $u+U$ である．衝突が弾性的なら，この座標系からは，粒子が逆

[†] Meyer, P., *Annual Reviews of Astronomy and Astrophysics*, **7**, 1, 1969. Reproduced with permission, ⓒ Annual Reviews Inc.

向きで $u+U$ と同じ大きさの速度で跳ね返るように見えるだろう.観測者の座標系では,この反射された速度の大きさは $u+2U$ であるから,観測者から見たエネルギーの増加は

$$\Delta E_+ = \frac{1}{2}m(u+2U)^2 - \frac{1}{2}mu^2 = 2mU(u+U) \tag{8.41}$$

となる.追突の場合のエネルギー増加も同様にして,

$$\Delta E_- = -2mU(u-U) \tag{8.42}$$

となる.正面衝突の確率は相対速度 $u+U$ に比例し,追突の確率は相対速度 $u-U$ に比例するから,平均のエネルギー増加は

$$\Delta E_{\text{ave}} = \Delta E_+ \frac{u+U}{2u} + \Delta E_- \frac{u-U}{2u} = 4mU^2 \tag{8.43}$$

となる.相対論的な取り扱いによる平均的なエネルギー増加は,Longair (1994, §21.3) によれば,

$$\Delta E_{\text{ave}} = 4\left(\frac{U}{c}\right)^2 E \tag{8.44}$$

であるが,これは,非相対論的な極限では $E=mc^2$ とすれば,式 (8.43) に一致する.相対論の得意な読者は式 (8.44) を自力で導出してみてほしい.

式 (8.44) の肝心な点は,平均エネルギー増加がエネルギーに比例するということにある.したがって,繰り返し衝突する粒子のエネルギーは

$$\frac{dE}{dt} = \alpha E \tag{8.45}$$

という形の方程式に従って増加する.ただし,α は定数である.この式の解は,初期エネルギーを E_0 として,

$$E(t) = E_0 \exp(\alpha t) \tag{8.46}$$

で与えられる.最初すべての粒子がエネルギー E_0 であったなら,加速領域に閉じ込められている粒子は,時間

$$t = \frac{1}{\alpha}\ln\left(\frac{E}{E_0}\right) \tag{8.47}$$

の後にエネルギー E に達する.粒子は加速領域から連続的に失われ続けると考えられる.平均閉じ込め時間を τ とすれば,粒子の閉じ込め時間が t と $t+dt$ の間にある確率は

$$N(t)\,dt = \frac{\exp(-t/\tau)}{\tau}\,dt \tag{8.48}$$

となる.これは,粒子の2回の衝突の間が t と $t+dt$ の時間にある確率に対する運動学理論の結果であり,運動学理論についての基礎的な文献ではどれでも論じられている(たとえば,Reif (1965, §12.1) や Saha and Srivastava (1965, §3.30)).閉じ込め時間が t と $t+dt$ の間にある粒子のエネルギーが E と $E+dE$ にあるとすると,式 (8.48) に式 (8.47) の t と式 (8.45) の dt を代入して,

$$N(E)\,dE = \frac{\exp\left[-\frac{1}{\alpha\tau}\ln\left(\frac{E}{E_0}\right)\right]}{\tau} \cdot \frac{dE}{\alpha E}$$

が得られ,これから,

$$N(E) \propto E^{-[1+1/(\alpha t)]} \tag{8.49}$$

すなわち,べき乗スペクトルを得る.

フェルミの理論 (Fermi, 1949) はいくぶん発見的で,いくつかの場当たり的仮定に基づいてはいるものの,べき乗スペクトルがどうやって現れるかについての鍵を与えてくれる.しかし,理論には大きな弱点がある.α と τ を見積もるのは単純ではなく,べき指数は簡単には求められない.さらに,理論からはさまざまな天体の系でこの指数が普遍的であることの示唆は得られない.式 (8.44) で平均エネルギー増加は $(U/c)^2$ に比例していることを見た.雲は非相対論的速度で運動しているので,これは小さな数字になり,加速過程は非常に効率が悪い.この U の2乗の依存性のため,この過程は**フェルミの二次加速**とよばれている.

もし正面衝突のみが起こるようであれば,加速過程はもっと効率が上がる.$u \gg U$ のとき,式 (8.41) より,エネルギー増加は U の2乗でなく1乗に比例する.この状況での加速は**フェルミの一次加速**とよばれている.自然界でこのようなことが起こるだろうか? 超新星残骸の衝撃波がフェルミの一次加速が起こる場所になりうることが,1970年代に指摘された (Axford, Leer and Skadron, 1977; Krymsky, 1977; Bell, 1978; Blandford and Osctriker, 1978).拡大する衝撃波の両側には不規則な磁場があると考えられる.荷電粒子が衝撃波面に閉じ込められると,繰り返し両側の不規則な磁場で反射される.そこでの衝突は常に正面衝突で,運動する星間雲によるフェルミ加速の元々の提案よりずっと効率が上がる.この理論の詳細については,やはり Longair (1994, §21.4) を参照されたい.多くの未解決の問題はあるが,超新星残骸における粒子加速は宇宙線を生み出す最も有力なメカニズムである.

8.11 相対論的ビーミングとシンクロトロン輻射

古典電磁気学の結果として,加速された荷電粒子は電磁波を放出する.プラズマ中の荷電粒子の速度が変化すると,輻射が放出される.この節および次節で,二つの天体物理的に重要なプラズマ輻射過程を論じる.相対論的な荷電粒子が磁場中を旋回するときに放出される**シンクロトロン輻射**について,この節で論じる.荷電粒子どうしがクーロン衝突を起こす際に放出される**制動輻射**については,次節で論じる.

シンクロトロン輻射を理解するため,多くの天体物理学的問題で重要な**相対論的ビーミング**とよばれる特殊相対論的効果をまず導出する.x方向に速度vで運動する物体を考える.我々および運動する物体に付随した座標系(どちらも慣性系とする)をそれぞれSおよびS'とする.運動する物体が自分の座標系S'でx方向とθ'の角度で速度u'の投射体を放出する.我々の座標系からは,投射体はθの角度で速度uで観測される.このとき,θとθ'の関係を求めよう.

運動する座標系S'から見て,時刻t'と$t'+dt'$に投射体はそれぞれ(x',y')と$(x'+dx', y'+dy')$にあったとしよう.我々の座標系Sでは,これらの事象がtと$t+dt$にそれぞれ(x,y)と$(x+dx, y+dy)$で起こったと記録される.これらには,ローレンツ変換の式に従い,

$$dx = \gamma(dx' + v\,dt') \tag{8.50}$$

$$dt = \gamma\left(dt' + \frac{v}{c^2}dx'\right) \tag{8.51}$$

$$dy = dy' \tag{8.52}$$

の関係がある.ただし,$\gamma = 1/\sqrt{1-v^2/c^2}$はローレンツ因子である.$u_x = dx/dt$, $u_y = dy/dt$, $u'_x = dx'/dt'$, および$u'_y = dy'/dt'$であるから,式(8.50)を式(8.51)で割ると,

$$u_x = \frac{u'_x + v}{1 + vu'_x/c^2} \tag{8.53}$$

を得る.また,式(8.52)を式(8.51)で割ると,

$$u_y = \frac{u'_y}{\gamma(1 + vu'_x/c^2)} \tag{8.54}$$

を得る.角度θは,我々の座標系Sで投射体の運動がx方向となす角度であるから,式(8.53)と(8.54)から,

$$\tan\theta = \frac{u_y}{u_x} = \frac{u'_y}{\gamma(u'_x + v)} \tag{8.55}$$

を得る．$u'_x = u'\cos\theta'$, $u'_y = u'\sin\theta'$ であるから，θ と θ' を関係付ける式として

$$\tan\theta = \frac{u'\sin\theta'}{\gamma(u'\cos\theta' + v)} \tag{8.56}$$

を得る．

特別な場合として，投射体が運動する物体から放出される光である場合を考えると，$u' = c$ である．これを式 (8.56) に代入すると，

$$\tan\theta = \frac{\sin\theta'}{\gamma(\cos\theta' + v/c)} \tag{8.57}$$

となる．θ が θ' より小さくなることはすぐわかる．さらに，特別な場合として，運動する物体が運動方向と垂直に光を放出する場合を考えると，$\theta' = \pi/2$ であるから，式 (8.57) は

$$\tan\theta = \frac{c}{\gamma v} \tag{8.58}$$

となる．運動する物体が超相対論的であるとしよう．すなわち，$v \sim c$, $\gamma \gg 1$ とする．式 (8.58) から，θ は $1/\gamma$ 程度に小さい角度になる．いい換えると，相対論的に運動している物体が自身の静止系でさまざまな方向に輻射を放出しても，我々にはすべての輻射は運動の前方に頂角 $1/\gamma$ の円錐内に放出されるように見える．これが相対論的ビーミング効果で，多くの天体物理学的状況で重要である．

つぎに，磁場を旋回する相対論的荷電粒子から観測者が受け取る輻射について考えよう．シンクロトロン輻射の厳密な取り扱いは複雑なので，ここでは，物理の本質をつかむために発見的な議論を行う．らせん状の経路を進む荷電粒子は，らせんの軸に向かう加速度を受けるので，輻射を放出する．非相対論的に運動する粒子のエネルギー損失率は，電磁力学の教科書に載っている表式で与えられる（たとえば，Panofsky and Philips (1962, §20-2) を参照）．磁場中をらせん運動する相対論的粒子に対しては，その式を相対論的に一般化したものを考え，磁場に対してさまざまな角度で運動する荷電粒子について平均をとる必要がある．そうすると，ローレンツ因子 γ の超相対論的な荷電粒子に対する輻射による平均エネルギー損失率は

$$P = \frac{4}{3}\sigma_T c \gamma^2 U_B \tag{8.59}$$

で与えられることが示される．ただし，$U_B = B^2/2\mu_0$ は磁場のエネルギー密度で，σ_T は式 (2.81) で与えられるトムソン断面積である．この式の導出については，Rybicki and Lightman (1979, §6.1) あるいは Longair (1994, §18.1) を参照されたい．式 (2.81) と (8.59) から，P は m^2 に反比例することがわかる．したがって，電子は原

8.11 相対論的ビーミングとシンクロトロン輻射

子核よりも高い効率で輻射を放出する．系にさまざまな加速粒子がある場合でも，シンクロトロン輻射を出すのは電子である．

電子が相対論的であるなら，輻射が放出される方向は，相対論的ビーミング効果のために，電子の静止系で輻射がどの方向に放出されるかによらず，運動する方向の頂角 $1/\gamma$ の円錐内に放出される．観測者が頂角 $1/\gamma$ の円錐内にいる場合にのみ，観測者は電子からの輻射を受け取る．図 8.12 は円軌道を運動する電子を示す．電子が位置 A にいるとき，観測者は輻射の円錐内に入り，輻射を受け取り始める．電子が B に達すると，観測者は円錐から出るので，もう輻射を受け取ることはない．つぎに，この間の観測者が輻射を受け取る継続時間を求める必要がある．

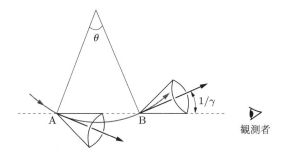

図 8.12 シンクロトロン輻射発生の模式図．観測者は荷電粒子が A から B へ進むときのみ輻射を受け取る．

A と B の間の距離を L としよう．θ が小さいときには円弧 AB に等しい．速さ v で運動する電子は，A から B まで移動するのに L/v の時間を要する．これが観測者によって見える最も早い放出と最も遅い放出の時間間隔である．B から放出される輻射が観測者に達するまでの時間は，A からの輻射に比べ L/c だけ短いから，観測者が輻射を受け取る時間間隔は

$$\Delta t = \frac{L}{v} - \frac{L}{c} = \frac{L}{v}\left(1 - \frac{v}{c}\right) \tag{8.60}$$

となる．磁場 B 中を旋回する電荷 e，静止質量 m_e の電子の旋回振動数は，$eB/\gamma m_e$ であり（たとえば，Jackson (2001, §12.2) を参照），非相対論的旋回振動数

$$\omega_{g,nr} = \frac{eB}{m_e} \tag{8.61}$$

を用いて，$\omega_{g,nr}/\gamma$ と書ける．$\theta \approx 2/\gamma$ なので，

$$\frac{L}{v} = \frac{\theta}{v/r} \approx \frac{2/\gamma}{\omega_{g,nr}/\gamma} = \frac{2}{\omega_{g,nr}} \tag{8.62}$$

を得る．また，$v \approx c$ の場合，

$$1 - \frac{v}{c} = \frac{1 - v^2/c^2}{1 + v/c} \approx \frac{1}{2\gamma^2} \tag{8.63}$$

であるので，式 (8.60) から，

$$\Delta t \approx \frac{1}{\gamma^2 \omega_{\mathrm{g,nr}}} \tag{8.64}$$

を得る．したがって，電子が磁場を旋回するにつれ，観測者は一旋回周期ごとにこの継続時間の輻射パルスを受け取る．この信号のフーリエ変換をとると，スペクトルは $\gamma^2 \omega_{\mathrm{g,nr}}$ あたりの振動数でピークをとる．

電子 1 個を考える代わりに，すべて磁場中を旋回しているエネルギー分布

$$N(E)\,\mathrm{d}E \propto E^{-p}\,\mathrm{d}E \tag{8.65}$$

をもつ電子の集団を考えよう．$\omega_{\mathrm{g,nr}} = eB/m_{\mathrm{e}}$ はすべての電子に対し共通であるから，エネルギー E の電子が放出する輻射のおもな振動数は γ^2，すなわち，E^2（特殊相対論の関係式より $E = \gamma m_{\mathrm{e}} c^2$ である）に比例する．そこで，

$$\nu = CE^2 \tag{8.66}$$

と書く．ただし，ν はエネルギー E の電子が放出する輻射の振動数である．これから，

$$\mathrm{d}E = \frac{\mathrm{d}\nu}{2\sqrt{C\nu}} \tag{8.67}$$

となる．いい換えると，エネルギーが E と $E + \mathrm{d}E$ の間にある電子は振動数が ν と $\nu + \mathrm{d}\nu$ の間の輻射を放出し，$\mathrm{d}E$ と $\mathrm{d}\nu$ の関係は式 (8.67) で与えられる．このような電子の数は式 (8.65) より $E^{-p}\mathrm{d}E$ であり，放出率は式 (8.59) より E^2 に比例するので，これらの電子による輻射の放出率は

$$E^2 E^{-p}\,\mathrm{d}E$$

に比例する．E に $\sqrt{\nu/C}$ を代入し，式 (8.67) を用いると，放出される輻射のスペクトルが

$$f(\nu)\,\mathrm{d}\nu \propto \nu^{-s}\,\mathrm{d}\nu \tag{8.68}$$

の形で表されることになる．ただし，

$$s = \frac{p-1}{2} \tag{8.69}$$

である．こうして，つぎの重要な結論にたどり着いた．天体の系に指数 p のべき乗分布に従う相対論的電子がある場合，放出されるシンクロトロンスペクトルもまた，式 (8.69) で与えられる指数 s のべき乗分布に従う．

8.10 節で，加速された粒子は典型的に $p = 2.6$ のべき指数をもつことを述べた．式 (8.69) によれば，このような電子は $s = 0.8$ のシンクロトロン輻射を放出する．多くの天体の系は，実際これと大きくは違わないべき指数のシンクロトロン輻射を放出している．シンクロトロン輻射は偏光していることを示すことができる．したがって，ある程度の偏光をもつべき乗則スペクトルは，シンクロトロン輻射の兆候を示す．天体からのシンクロトロン輻射が検出されれば，ただちにその天体には磁場と電子があることが結論できる．

8.12 制動輻射

前節で論じたシンクロトロン輻射は，**非熱的輻射**，すなわち温度以外の理由で発生する輻射の例である．熱のみにより物体が放射する輻射は，**熱的輻射**である．2.1 節で，局所熱力学的平衡 (LTE) で物質による輻射の放出を論じた．光学的に厚い天体は黒体のように輻射を放出する．これに対し，光学的に薄い天体から放出される輻射のスペクトルは放出率 j_ν で与えられる．光学的に薄く適度に熱いガスはおもにスペクトル線を放出する．しかし，数百万度のプラズマ状態の気体ではすべての原子は電離して，プラズマ中の荷電粒子がお互いのクーロン相互作用で加速されたり減速されたりするときのみ輻射を放出する．このような**制動輻射**は，太陽のような星のコロナや銀河団の熱いガスなど，多くの天体で観測されている．このように，極端に熱いプラズマからの輻射は X 線領域でしばしば観測されている．

ここでは，導出はせずに結果のみを述べる．導出については，Rybicki and Lightman (1979, ch.5) や Longair (1992, §3.4) を参照されたい．電子はイオンよりずっと軽いので，イオンとの衝突ではより容易に加速されるため，制動輻射をおもに担うのは電子である．近似的な数学的導出は難しくはない．衝突パラメータ b のクーロン衝突に対し，重力衝突に対する 7.3 節と同様な議論により，加速度に対する近似的表式を書き下すことができる．加速度のフーリエ変換をとると，角振動数 ω に対する加速度が得られるので，電磁気学の標準的な結果を用いてその角振動数における輻射の放出率が求められる．最後に，さまざまな衝突パラメータ b の値を考え，電子の速度分布（マックスウェル分布を仮定する）を考慮して平均を求める．結果として得られる放出率 $[\mathrm{W\,m^{-3}}]$ は，つぎのようになる．

$$\varepsilon_\nu = 6.8 \times 10^{-51} \frac{n_e n_i Z^2}{\sqrt{T}} e^{-h\nu/k_B T} g(\nu, T) \tag{8.70}$$

ただし，T は温度で，n_e は電子の数密度 [m^{-3}] であり，n_i は電荷 Ze のイオンの数密度 [m^{-3}]，$g(\nu, T)$ はゴーント因子 (Gaunt factor)† として知られる ν と T に弱く依存する無次元の係数で，1 程度の値をもつ．2.2.2 項で導入した放出率 j_ν は，ε_ν を単に 4π で割れば求められる．全放出率 ε [W m^{-3}] は，ε_ν をすべての振動数で積分して，

$$\varepsilon = 1.4 \times 10^{-40} \sqrt{T} n_e n_i Z^2 \bar{g} \tag{8.71}$$

となる．ただし，$\bar{g}$ は平均したゴーント因子である．式 (8.70) と (8.71) は非常に熱いプラズマからの輻射の計算に広く用いられている．

8.13 冷たいプラズマ中の電磁振動

この章の最後に，電磁波がプラズマによってどう影響を受けるかを述べる．波の電場はプラズマ中の電子を加速し，伝播に影響を及ぼす．電子の慣性のために，非常に高い振動数の波はあまり電子を動かせない．したがって，プラズマ効果は電波など低振動数の電磁波で重要であり，星間媒質や太陽風の影響を受ける．5.6 節では，パルサーからの信号を解析することにより，星間媒質について推察できることを論じた．

8.4 節では，プラズマの MHD モデルは変位電流を無視したが，電磁波を調べるには問題である．したがって，MHD を超えるために，プラズマを電子とイオンの集合体と仮定することにする．イオンは重いので，その運動は無視することができ，プラズマを中性に保つための正の電荷のバックグランドと考える．さらに，電子は熱運動せず電磁波の影響のみを受けて動く，すなわち，プラズマは**冷たい**と仮定する．熱運動を考慮すると解析はずっと複雑になることについては，Choudhuri (1998) の§12.3 と§12.4 を参照されたい．

電子気体の速度，電場，磁場をそれぞれ $\boldsymbol{v}$，$\boldsymbol{E}$ および $\boldsymbol{B}$ とする．電子の運動方程式は

$$m_e \frac{\partial \boldsymbol{v}}{\partial t} = -e\boldsymbol{E} \tag{8.72}$$

となる．これは，$|\boldsymbol{v}|$ が c に比べ小さければ，磁場による力 $\boldsymbol{v} \times \boldsymbol{B}$ はずっと小さいからである．この式をつぎの二つのマクスウェル方程式

---

† 訳注：J.A. Gaunt (1930). ガウント因子と書かれることもある．

$$\nabla \times \boldsymbol{B} = -\mu_0 n_\mathrm{e} e \boldsymbol{v} + \epsilon_0 \mu_0 \frac{\partial \boldsymbol{E}}{\partial t} \tag{8.73}$$

$$\nabla \times \boldsymbol{E} = -\frac{\partial \boldsymbol{B}}{\partial t} \tag{8.74}$$

と組み合わせる．ただし，n_e は電子の数密度で，電流を $\boldsymbol{j} = -n_\mathrm{e} e \boldsymbol{v}$ と書いた．

電磁波を考えるので，すべての量の時間依存性は $\exp(-i\omega t)$ であると仮定し，$\partial/\partial t$ を $-i\omega$ で置き換える．すると，式 (8.72) より，

$$\boldsymbol{v} = \frac{e}{i\omega m_\mathrm{e}} \boldsymbol{E} \tag{8.75}$$

を得る．式 (8.73) の $\boldsymbol{v}$ をこれで置き換えると，

$$\nabla \times \boldsymbol{B} = -\frac{i\omega}{c^2} \left(1 - \frac{\omega_\mathrm{p}^2}{\omega^2}\right) \boldsymbol{E} \tag{8.76}$$

となる．ここで，$\epsilon_0 \mu_0$ を $1/c^2$ とし，**プラズマ振動数** ω_p を

$$\omega_\mathrm{p} = \sqrt{\frac{n_\mathrm{e} e^2}{\epsilon_0 m_\mathrm{e}}} \tag{8.77}$$

と定義した．式 (8.76) の時間微分をとって，式 (8.74) を用いれば，

$$\frac{\omega^2}{c^2} \left(1 - \frac{\omega_\mathrm{p}^2}{\omega^2}\right) \boldsymbol{E} = \nabla \times (\nabla \times \boldsymbol{E}) \tag{8.78}$$

を得る．

バックグラウンドのプラズマは一様だから，擾乱量について空間的に振動する解を探すことにする．すなわち，すべての擾乱は $\exp(i\boldsymbol{k} \cdot \boldsymbol{x} - i\omega t)$ の形とする．式 (8.78) に代入すると，

$$\boldsymbol{k} \times (\boldsymbol{k} \times \boldsymbol{E}) = -\frac{\omega^2}{c^2} \left(1 - \frac{\omega_\mathrm{p}^2}{\omega^2}\right) \boldsymbol{E} \tag{8.79}$$

を得る．一般性を失うことなく，波数ベクトル $\boldsymbol{k}$ の方向を z 方向にとることができる．すなわち，$\boldsymbol{k} = k\boldsymbol{e}_z$ とする．これを式 (8.79) に代入すると，つぎのような行列方程式を得る．

$$\begin{pmatrix} \omega^2 - \omega_\mathrm{p}^2 - k^2 c^2 & 0 & 0 \\ 0 & \omega^2 - \omega_\mathrm{p}^2 - k^2 c^2 & 0 \\ 0 & 0 & \omega^2 - \omega_\mathrm{p}^2 \end{pmatrix} \begin{pmatrix} E_x \\ E_y \\ E_z \end{pmatrix} = \begin{pmatrix} 0 \\ 0 \\ 0 \end{pmatrix} \tag{8.80}$$

式 (8.80) は x と y 方向について対称であるが，$\boldsymbol{k}$ の方向である z 方向は区別される．これは，以下で論じるように，二つの物理的に異なった振動モードがあることを意味している．プラズマ中の二つのモードの存在は，トンクスとラングミュアにより指摘された (Tonks and Langmuir, 1929)．

8.13.1 プラズマ振動

行列方程式 (8.80) の一つの解は

$$E_x = E_y = 0, \quad \omega^2 = \omega_p^2 \tag{8.81}$$

である．この場合，電場は完全に波数ベクトル $\boldsymbol{k}$ 方向にあり，式 (8.72) より，すべての変位も同じ方向にある．また，群速度 $(\partial \omega / \partial k)$ もゼロである．すなわち，伝播しない縦方向の振動で，振動数はプラズマ振動数 ω_p に等しい．このような振動は**プラズマ振動**とよばれる．また，この振動の研究の開拓者の名をとって**ラングミュア振動**ともよばれる (Langmuir, 1929; Tonks and Langmuir, 1929)．

この振動の物理的性質を理解するのは難しくない．ほとんど動かず，したがって一様に分布したイオンのバックグラウンドに対し，電子ガスが圧縮された層と希薄された層ができる（$\boldsymbol{k} = \boldsymbol{0}$ で波長が無限大にならない限り）．このような荷電不均衡から生じる静電的な力によって振動が起こる．

8.13.2 電磁波

行列方程式 (8.80) の別の解は

$$E_z = 0, \quad \omega^2 = \omega_p^2 + k^2 c^2 \tag{8.82}$$

である．これは明らかに横波であり，プラズマの存在によって修正を受けた通常の電磁波にほかならない．$\omega \gg \omega_p$ であれば，$\omega^2 = k^2 c^2$ に近づき，通常の真空中の電磁波の分散関係を得る．いい換えると，波の振動数が高すぎると，イオンよりは動きやすい電子であっても十分早く反応することができず，プラズマ効果は無視できるようになる．

式 (8.82) から，$\omega < \omega_p$ なら k は虚数となり，波は消えていくことがわかる．角振動数 ω の電磁波が，ω より高いプラズマ振動数 ω_p のプラズマの塊に送り込まれると ($\omega < \omega_p$)，電磁波はこのプラズマを通り抜けることはできず，跳ね返されるのみとなる．

地球電離層のプラズマ振動数はおよそ 30 MHz である．天体からの電波は，角振動

数が 30 MHz より高い（あるいは波長が 10 m より長い）場合のみ，電離層を突き抜けることができる．電波望遠鏡は，天体からの電波を受信するためには，これより高い振動数で運用しなければならない．一方，地球表面の離れた場所と通信を行うためには，電離層で反射されるように，30 MHz より低い振動数の電波を用いなければならない．

演習問題 8

8.1 時間によらない流体の流れのパターンを考えよう．オイラー方程式から始めて，流れに沿って

$$\frac{1}{2}v^2 + \int \frac{\mathrm{d}p}{\rho} + \Phi = 定数$$

であることを示せ（Φ は重力ポテンシャル）．これは**ベルヌーイの原理**として知られている (Bernoulli, 1738)．

8.2 抵抗ゼロのプラズマ中の一定の初期磁場 $\boldsymbol{B} = B_0 \boldsymbol{e}_y$ を考えよう．速度場

$$\boldsymbol{v} = v_0 \mathrm{e}^{-y^2} \boldsymbol{e}_x$$

が時刻 $t = 0$ に掛けられたとする．磁場が時間とともにどう発展するかを調べ，速度場がかけられてからしばらく経った後の磁力線をスケッチせよ．

8.3 一様な密度の電流 $j\boldsymbol{e}_z$ が流れるプラズマの円柱を考えよう（z 軸は円柱の軸と平行にとる）．この電流から生じる磁場 $B_\theta(r)$ を求めよ（r, θ, z を円柱座標とする）．式 (8.29) から，静的な平衡条件が

$$\frac{\mathrm{d}}{\mathrm{d}r}\left(P + \frac{B_\theta^2}{2\mu_0}\right) + \frac{B_\theta^2}{\mu_0 r} = 0$$

で与えられることを示し，$P(r)$ がプラズマ円柱内でどう変化するかを決定せよ．この静的平衡条件は非常に不安定であることを注意しておくが，ここでは議論しない．

8.4 抵抗ゼロのプラズマ中の一様な磁場 $\boldsymbol{B}_0$ に擾乱が起きたとしよう．圧力と重力は磁力に比べ無視できるとして，すなわち，運動方程式が

$$\rho \frac{\mathrm{d}\boldsymbol{v}}{\mathrm{d}t} = \frac{(\nabla \times \boldsymbol{B}) \times \boldsymbol{B}}{\mu_0}$$

と書けるとして，擾乱により，$\boldsymbol{B}_0$ に沿って速度

$$\boldsymbol{v}_\mathrm{A} = \frac{\boldsymbol{B}_0}{\sqrt{\mu_o \rho}}$$

で動く波が現れることを示せ．この波動は**アルヴェーン波**とよばれ，$\boldsymbol{v}_\mathrm{A}$ は**アルヴェーン速度**とよばれる (Alfvén, 1942)．

8.5 一定の重力 g を受ける理想気体の等温大気に埋め込まれた磁場 B, 断面の半径 a の水平な磁束管を考えよう. $\Lambda = P/\rho g$ は等温大気中で一定とする. 磁気浮力により, 速さ v で浮き上がる磁束管は単位長さあたり

$$\frac{1}{2} C_D \rho v^2 a$$

の抗力を受ける. ただし, C_D は定数である. 磁束管は, 漸近的に

$$v_A \left(\frac{\pi a}{C_D \Lambda} \right)^{1/2}$$

の速度で浮上することを示せ. ただし, $v_A = B/\sqrt{\mu_0 \rho}$ である.

8.6 ［特殊相対論に通じている読者向けの問題］U または $-U$ の速さで動く 1 組の反射板で相対論的粒子が反射される 1 次元問題を考えよう. 特殊相対論を用いて, 衝突あたり平均して得られるエネルギーが式 (8.44) で与えられることを示せ.

8.7 8.13 節のプラズマ振動の取り扱いでは, イオンの運動を無視していた. 電荷 Ze, 質量 m_i のイオンも電場により運動するとしよう. プラズマが速度 $\boldsymbol{v}_e$ の電子流体と $\boldsymbol{v}_i$ のイオン流体の混合であるとして, プラズマ振動数が

$$\omega = \omega_p \sqrt{1 + \frac{Z m_e}{m_i}}$$

であることを示せ. ただし, ω_p は式 (8.77) で与えられる.

8.8 プラズマ中を伝播する電磁波の分散関係式 (8.82) から, 群速度が

$$v_{\mathrm{gr}} = c \sqrt{1 - \frac{\omega_p^2}{\omega^2}}$$

であることを示せ. パルサーから発せられ星間物質中を進む電波信号は, 距離 L にいる観測者のところに, 時刻

$$T_a = \int_0^L \frac{ds}{v_{\mathrm{gr}}}$$

に到達する. v_{gr} の表式をこれに代入し, $\omega_p \ll \omega$ を仮定して, 二項展開せよ. 異なる振動数の信号が同時に発せられたとすれば, 観測者に式 (6.68) で与えられる分散をもって到達することを示せ.

9章 銀河系外天文学

9.1 はじめに

　20世紀初頭の天文学者は天の川銀河が宇宙のすべてと考えていた，と6.1節で述べた．小さな望遠鏡でも，夜空には多くの星雲状の天体を見ることができる．18世紀，ドイツの哲学者カントは，星雲状の天体が天の川銀河の外にある島宇宙であると推察した (Kant, 1755)．当時の天文学者はこれを否定も肯定もできなかった．1920年に米科学アカデミーは，この問題についての論争の場を用意した†．シャプレーは星雲が天の川銀河の内部にあると主張し (Shapley, 1921)，カーティスは銀河系外天体であると主張した (Curtis, 1921)．セファイド型変光星により距離の測定が可能になると，ハッブルは，ウィルソン山天文台の当時最大の新しい望遠鏡を用いて，アンドロメダ銀河M31のセファイド型変光星を同定して距離を求め，天の川銀河よりはるか遠方にあることを示した (Hubble, 1922)．なお，今日では，M31までの距離は740 Mpcと推定されている．その後，まもなく多くの渦巻き銀河が天の川銀河の外側にあることが明らかになり，銀河系外天文学が成立し，宇宙を構成するのは銀河であることが示されることになった．

9.2 通常銀河

　典型的な単純な銀河からの光は，多くの星からの光が合わさったものと考えられる．この種の銀河を**通常銀河**という．この節では，このような銀河の性質を論じる．より複雑な性質をもつ銀河については9.4節で取り上げる．

9.2.1 形態学的分類

　銀河は当初，1920年代に光学望遠鏡による見え方によって分類された．美しい渦巻構造を見せる銀河は**渦巻銀河**とよばれる．図9.1は渦状銀河M51で，渦巻銀河の一

---

† 訳注："The Great Debate" とよばれている．

図 9.1 渦巻銀河 M51（ハッブル望遠鏡）．画像は NASA, ESA および Space Telescope Science Institute の厚意による．

図 9.2 楕円銀河 NGC 1132（ハッブル望遠鏡）．画像は NASA および Space Telescope Science Institute の厚意による．

つである．一方，特徴のない楕円形をした銀河もあり，**楕円銀河**とよばれる．図 9.2 はそのような銀河の画像である．渦巻銀河と楕円銀河のどちらにも当てはまらず，不規則な形状をしている銀河もあり，**不規則銀河**とよばれる．

渦巻銀河は本質的に円盤状であると考えられたので，渦巻銀河の見かけの形状は視線方向に対する傾きを示していると考えられた．一方，楕円銀河の楕円度はまちまちで，本質的な楕円度は見かけの形からは容易に推測できない．たとえば，平らな楕円銀河は短軸が我々のほうを向いていれば丸く見える．楕円銀河の見かけの形は本当の形を示していないかもしれないが，楕円銀河はその形により分類されている．最も丸く見えるものを E0 とし，楕円度が増すとともに E1, E2, E3... として，最も細長いものを E7 とする．ハッブルは，有名な銀河の分類法を開発し，E7 楕円銀河を非常にきつく巻いた渦巻銀河と似たものであるとした．渦巻銀河には，図 9.3 に示すように，中央部に棒状の構造が見られるものがある．ハッブルは渦巻銀河を通常の渦巻銀河と棒渦巻銀河に分けた．最もきつく巻かれたものをそれぞれ S0 と SB0 とし，通常の渦巻銀河は巻きが緩くなるにつれ Sa, Sb, Sc とし，棒渦巻銀河は SBa, SBb, SBc と分類した．図 9.4 に，ハッブルがこれらの銀河を順に並べた**音叉図** (tuning fork diagram)† を示す (Hubble, 1936)．

楕円銀河の光度は，明るい巨大銀河から矮小銀河まで非常に幅広い．L と $L + \mathrm{d}L$ の間の光度をもつ楕円銀河の個数は，**シェヒターの法則**

$$\phi(L)\,\mathrm{d}L \approx N_0 \left(\frac{L}{L_*}\right)^\alpha \exp\left(-\frac{L}{L_*}\right) \frac{\mathrm{d}L}{L_*} \tag{9.1}$$

図 9.3 棒渦巻銀河 NGC 1300（ハッブル望遠鏡）．画像は NASA および Space Telescope Science Institute の厚意による．

---

† 訳注：ハッブル分類ともよばれる．

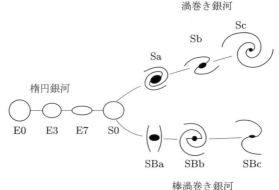

図 9.4 ハッブルによる銀河分類の音叉図

で近似される (Schechter, 1976). ただし, $N_0 = 1.2\times 10^{-2}h^3$ Mpc^{-3}, $\alpha = -1.25$, $L_* = 1.0 \times 10^{10}h^{-2}L_\odot$ である. N_0 と L_* の表式に現れる h はプランク定数ではなく, 9.3 節で導入する銀河系外天文学では重要な無次元パラメータである. 式 (9.1) から, 矮小楕円銀河の数は巨大楕円銀河より圧倒的に多いことがわかる. 楕円銀河と異なり, 渦巻銀河は大きさや光度があまり違わない. 銀河の集団で, 渦巻銀河と楕円銀河の割合は環境により異なる (Dressler, 1980). 大きな銀河団の中心領域では, 銀河のわずか 10%ほどが渦巻銀河である. 一方, 宇宙の低密度領域では, 明るい銀河の 80%近くが渦巻銀河である.

銀河の表面輝度は, 中心で最大で, 周辺に行くほど減少する. 楕円銀河の場合は, 中心からの表面輝度の減少は**ド・ヴォークルールの法則**

$$I(r) = I_e \exp\left\{-7.67\left[\left(\frac{r}{r_e}\right)^{0.25} - 1\right]\right\} \tag{9.2}$$

で表せる (de Vaucouleurs, 1948). ただし, (銀河の像が円形とみなせるとして) r_e は光度の半分が入る**有効半径**で, $I_e = I(r_e)$ である. 渦巻銀河の円盤については, 表面輝度の減少は指数則

$$I(r) = I_0 \exp\left(-\frac{r}{r_d}\right) \tag{9.3}$$

で表せる. ただし, r_d は輝度が $e^{-1}I_0 \approx 0.37I_0$ に落ちる距離で, 円盤の大きさの目安を与える.

9.2.2 物理的性質と運動学

　全体的な姿を別にして，楕円銀河と渦巻銀河の物理的性質は大きく異なる．6.4節で，星の種族という考え方を導入した．典型的な楕円銀河は種族 II の特徴を示す．楕円銀河には星間物質が非常に少なく，星形成も起こらない．ほとんどの星は年老いており，青白い星がないので，銀河全体は黄色っぽく見える．天の川銀河の種族 II のもう一つの特徴は，回転速度が小さく，重力に対してはランダム運動で支えられていることである．楕円銀河に対しても同様の考察が当てはまる．楕円銀河には通常ほとんど回転がないが，星はランダム運動のため中心に落ち込むことはない．大きい，あるいは明るい楕円銀河ほど重力が強く，定常状態を保つためにはより大きなランダム運動が必要になる．楕円銀河の速度分散 σ は，つぎの**フェイバー–ジャクソン関係**により光度と関係付けられている (Faber and Jackson, 1976)．

$$\sigma \approx 220 \left(\frac{L}{L_*}\right)^{0.25} \mathrm{km\, s^{-1}} \tag{9.4}$$

ただし，L_* の定義は式 (9.1) と同じである．

　式 (9.4) は光度 L の大きい楕円銀河ほど σ が大きいことを示す．図 9.5 に，光度に対する楕円銀河の速度分散のプロットを示す．観測データはフェイバー–ジャクソン

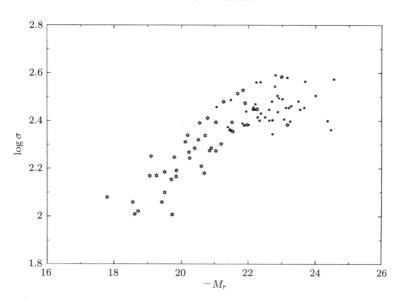

図 9.5 楕円銀河の速度分散 σ の絶対等級に対するプロット．絶対等級が光度の対数の 2.5 倍であることを考えれば，このプロットからフェイバー–ジャクソン関係が得られる．[出典：Oegerle and Hoessel (1991)]

関係に沿ってかなり緊密な関係があることがわかる．

見かけの姿や形の違いに加え，渦巻銀河には，以下の楕円銀河との基本的な性質の違いがある．

(i) 渦巻銀河はかなりの量の星間物質を含む．
(ii) 星も星間物質も渦巻銀河の中心周りのほぼ円軌道をとり，中心に向かう重力は遠心力とつり合う．

星間物質があるため，渦巻銀河の円盤内部では星形成が起こり，楕円銀河より青白く見える．渦巻銀河の円盤からはシンクロトロン輻射が観測され，磁場が存在して宇宙線粒子が磁力線の周りを旋回していることがわかる．

6.5 節では，天の川銀河の星間物質の分布と運動を調べるために 21 cm 電波が有用であることを見た．銀河系外の渦巻銀河も 21 cm 電波で調べられている．銀河が我々に向かって動いていれば，21 cm 線はドップラー効果を受ける．さらに，回転する円盤の場合は，星間物質が銀河の片側で我々に近づき，反対側が我々から遠ざかる（視線方向が円盤とちょうど垂直でない限り）．21 cm 線のドップラーシフトも渦巻銀河の両側で異なる．そのずれの量から，星間物質の回転速度 v_c が銀河の中心からの距離でどう変化するかを知ることができる．図 9.6 は銀河の可視光像に重ねたドップラーシフトの等高線である．等高線が可視光像の外側まで伸びているのは，典型的な渦巻銀河の 21 cm 線は可視光像より大きな領域から放出されているためである．すなわち，渦巻銀河は（おもに星による）可視光像の端で終わるのではなく，光を出さない星間物質の円盤が，星が見つかる領域より広がっていることを意味している．

図 9.6 のような図から，銀河内部の回転速度 v_c が中心からの距離とともにどう変わるかがわかる．回転速度 v_c が銀河中心からの距離の関数として示す曲線を**回転曲線**とよぶ．測定結果を示す前に理論的考察をしておこう．中心からの距離 r における回転速度を v_c とし，遠心力と重力がつり合うとすれば，

$$\frac{v_c^2}{r} = \frac{GM(r)}{r^2} \tag{9.5}$$

である．ただし，$M(r)$ は半径 r 以内の質量である．この式は物質が球対称に分布している場合にのみ成り立つことに注意しておく．渦巻銀河の場合は，式 (9.5) は v_c と r について定性的な関係を与えるだけである．一様な質量分布の場合に期待されるように，銀河の中心付近で $M(r) \propto r^3$ であれば，式 (9.5) より銀河の中心部で

$$v_c \propto r \tag{9.6}$$

となる．一方，質量の大部分がある領域に閉じ込められている場合は，その領域の外では

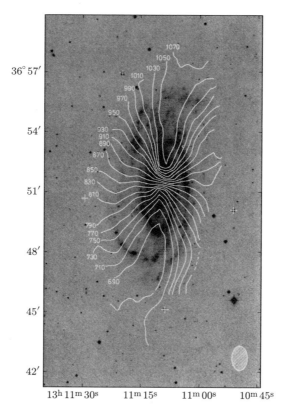

図 9.6 NGC 5033 銀河の可視光像に重ねた 21 cm 線のドップラーシフトの等高線 [km s^{-1}]. 図は Bosma (1978) より. A. Bosma の厚意による.

$$v_c = \sqrt{\frac{GM_{\text{total}}}{r}} \tag{9.7}$$

となる. ただし, M_{total} は全質量である. すなわち, 銀河の外側の領域では v_c は $r^{-1/2}$ で減少すると期待される. 図 9.7 に, 21 cm 線のドップラーシフトの観測から求めた, いくつかの渦巻銀河の回転曲線を示す. 銀河中心部の v_c は式 (9.6) から期待されるように増大しているが, 中心からの距離が増大するにつれ, v_c は増加しなくなり, ほぼ一定になっている. つまり, 式 (9.7) のような減少は見られない. これは最初に銀河の回転曲線が得られたときには大きな驚きであった (Rubin and Ford, 1970; Huchtmeier, 1975; Roberts and Whitehurst, 1975; Rubin, Ford and Thonnard, 1978). 21 cm 線は円盤部を超えても観測されることから, 星間物質は可視光を放出する領域を超えても回転していることが確かとなった.

式 (9.7) のように, v_c が $r^{-1/2}$ で減少しない理由としては, 銀河の星の円盤, さら

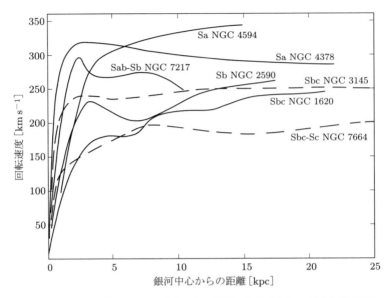

図 9.7 いくつかの銀河の v_c が中心からの距離でどう変わるかを示す回転曲線.
［出典：Rubin, Ford and Thonnard (1978)］

には 21 cm 線を放出している領域を超えて，質量分布が続いていることが考えられる．式 (9.7) を導いた質量分布の外にあるという仮定が成り立たないということである．式 (9.5) から，v_c が一定の領域では $M(r) \propto r$ であればよい．したがって，遠方で v_c の減少が見られないため，銀河の全質量を見積もることは困難である．典型的な渦巻銀河の質量は，少なくとも光る星の全質量の数倍あるらしい．いい換えれば，渦巻銀河の物質の大部分は光を出さない**暗黒物質（ダークマター）**である．暗黒物質の性質を調べることは現代天文学の主要な課題の一つである．星の円盤を超えて広がる星間物質も暗黒物質の成分の一つであるが，21 cm 線を放出する中性水素の観測される領域の端まで v_c の減少が見られないことから，この領域を超えても中性水素でない物質が存在することは明らかである．しかし，その物質の性質や分布については何の情報もない．暗黒物質は中性水素の円盤を超えて円盤として存在するのか，銀河周囲のハローとして存在するのか，その答えは明らかになっていない（13.3.2 項の重力レンズの議論を参照）．

　回転曲線の平らな部分の速さの漸近値 v_c は，渦巻銀河の質量に依存する．重い銀河ほど v_c が大きくなると考えられる．重い銀河ほど明るく輝くであろうことから，渦巻銀河の v_c の漸近値と光度には関係があると予想できる．タリーとフィッシャーは実際に，そのような関係を発見した (Tully and Fisher, 1977)．波長 2.2 μm の K バン

ドでは，タリー–フィッシャー関係はつぎのように書ける (Aaronson *et al.*, 1986).

$$v_c \approx 220 \left(\frac{L}{L_*}\right)^{0.22} \text{km s}^{-1} \tag{9.8}$$

ただし，L_* は特徴的な銀河の光度である．これは楕円銀河に対するフェイバー–ジャクソン関係式 (9.4) と似た形をしている．

9.2.3 残された問題

　3章と4章では，観測されている恒星の性質について，ほぼ完全に理論的に理解することが可能なことを見た．しかし，銀河については，天体物理学者は似たような理論的な理解はできていない．7章では，自己重力系としての星の集団の力学を調べる理論的方法を紹介した．楕円銀河は自己重力計としての星の集合のように見えるが，渦巻銀河は星間物質の存在のためにずっと複雑な系となっている．しかし，どうしてこれらの星の集合のみが銀河の取りうる形態であるのか，考えられるほかの形態が許されないのはなぜなのか，などの疑問に対しての満足のいく回答は得られていない．たとえば，ハッブルの音叉図を説明できる理論は存在しない．銀河が渦巻銀河になるのか楕円銀河になるのかを分けているものは何なのか？　銀河形成時の初期条件が決めているのか，あるいは環境に依存するのか？　銀河形成に関する我々の理解はまだ不十分で，銀河の性質を決める初期条件についてはあまりわかっていない．渦巻銀河はより大きな角運動量をもっているので，原始銀河雲の角運動量の大きさがつくられる銀河の性質に重要であるのかもしれない．密度の高い銀河団内で渦巻銀河の割合が少ないという事実は，環境もまた関係していることを示唆しているが，その役割についてはまだ明らかでない．大きな銀河団で渦巻銀河が少ないことの理由として，楕円銀河に転換された可能性が考えられる．9.5節で，大きな銀河団内の銀河が星間物質を失う仕組みを論じる．しかし，渦巻銀河が星間物質を失うだけで楕円銀河に変わるのに十分なのか？　いまでは，この疑問に対して肯定的な証拠があるが，我々はこの転換がどう起こるかについての詳細を理解していない．9.5節では，衝突する二つの銀河から大きな楕円銀河がつくられているとする兆候について触れる．

　粗く定性的な理解しかできていない銀河の性質はほかにもある．たとえば，銀河の表面輝度分布は中心から離れるにつれて減少すると期待される．しかし，式 (9.2) や式 (9.3) を第一原理から理論的に導出することには誰も成功していない．大きな楕円銀河ほど速度分散が大きく，大きな渦巻銀河ほど大きな漸近 v_c をもつことは十分予想できる．すなわち，フェイバー–ジャクソン関係 (9.4) やタリー–フィッシャー関係 (9.8) が成り立つことは定性的な議論からは期待できる．しかし，これらの関係式

がなぜこのような厳密な数学的関係を示すのかについては，定量的な理論的説明はない．銀河は宇宙の基本的構成物であると考えられるため，銀河の理解が進んでいないというのは非常に不満な状況といえる．

9.3 宇宙の膨張

音を出す物体が我々から速さ v で遠ざかり，空気中の音速が c_s であるとしよう．観測者として我々の測定する音波の振動数 $\nu_{\rm obs}$ は，音波が放出される時の振動数 $\nu_{\rm em}$ と

$$\frac{\nu_{\rm obs}}{\nu_{\rm em}} = \frac{c_s}{c_s + v} \tag{9.9}$$

という関係にあることは容易に示される（たとえば，Halliday, Resnick and Walker (2001, §18-8)）．これはドップラー効果として知られている．光の場合は，光速 c がすべての観測者について等しく，光源と観測者の相対速度 v も c を超えることができないため，もう少し面倒である．しかし，**v が c に比べ小さい場合**は，式 (9.9) の c_s を c と置き換えれば，近似的にドップラー効果を表すことができる (Halliday, Resnick and Wlker, 2001, §38-10)．光源と観測者の座標系における光の波長の関係は

$$\frac{\lambda_{\rm obs}}{\lambda_{\rm em}} = \frac{\nu_{\rm em}}{\nu_{\rm obs}} = 1 + \frac{v}{c} \tag{9.10}$$

となる†．我々から遠ざかる光源に対しては $\lambda_{\rm obs} > \lambda_{\rm em}$ であるから，光源のスペクトル中のスペクトル線は，スペクトルの赤い側に向かってずれて観測される．この現象は**赤方偏移**とよばれ，ずれの程度をつぎの式で定義される z によって表す．

$$\frac{\lambda_{\rm obs}}{\lambda_{\rm em}} = 1 + z \tag{9.11}$$

式 (9.10) と (9.11) より，

$$v = zc \tag{9.12}$$

となり，後退する光源のスペクトル線の赤方偏移を測れば，後退速度 v を得ることができる．

銀河のスペクトルを測ってスペクトル線の赤方偏移（あるいは青方偏移）を求めれば，その銀河が我々から遠ざかる（あるいは向かってくる）速さを知ることができる．スライファーは，ほとんどの銀河が赤方偏移を示しており，我々から遠ざかっている

---

† 訳注：v が c に比べ小さくない場合も含め，一般には $\dfrac{\lambda_{\rm obs}}{\lambda_{\rm em}} = \sqrt{\dfrac{1+v/c}{1-v/c}}$ と表すことができる．

ことに気づいた (Slipher, 1914). ハッブルは，いくつかの銀河の距離をセファイド型変光星を調べることにより求め，遠くにある銀河ほど速く我々から遠ざかっていることを発見した (Hubble, 1929). さらに，ハッブルは，後退速度 v と距離 ℓ との比例関係

$$v = H_0 \ell \tag{9.13}$$

を提案し，**ハッブルの法則**とよばれるようになった．定数 H_0 は**ハッブル定数**とよび，宇宙論で最も重要ともいえる量である．v と ℓ との比例関係は時間とともに進化することも考えられ，その場合は H_0 は定数ではなくなる．つまり，宇宙進化のある時期における v と ℓ の関係を表すのであり，その時期では定数である．一般に，ある時期におけるハッブル定数の値を H と書き，H_0 は現在のハッブル定数を示す.

ハッブルの法則を最初に聞いたときには，天の川銀河はそこからほかの銀河が飛び去っていく特別な中心的位置にあるのか，と疑問に思うかもしれない．しかし，もう少し考えると，この法則は宇宙が一様に膨張しており，比例関係は宇宙のどこでも成り立つものであることがわかる．簡単のため，図 9.8 のように，一様に拡張する平面に印がついているとしよう．観測者 O は二つの印 A と B を観察している．O から A と B への距離をそれぞれ ℓ_A, ℓ_B とし，つぎの関係があるとする.

$$\ell_B = \alpha \ell_A \tag{9.14}$$

平面が時間 dt の間に一様に拡張したとすると，A と B への変化した距離は同様の関係を満たす.

$$\ell_B + d\ell_B = \alpha(\ell_A + d\ell_A)$$

したがって，

$$\frac{d\ell_B}{dt} = \alpha \frac{d\ell_A}{dt}$$

である．距離を時間で微分したものは後退速度にほかならないので，

$$v_B = \alpha v_A \tag{9.15}$$

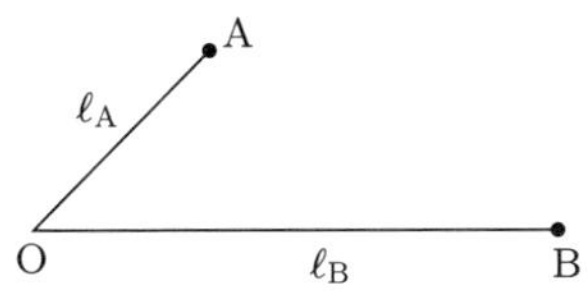

図 9.8 観測者 O のいる拡張する平面

を得る. 式 (9.14), (9.15) より,

$$\frac{v_\mathrm{B}}{v_\mathrm{A}} = \frac{\ell_\mathrm{B}}{\ell_\mathrm{A}}$$

すなわち, O から遠ざかる平面上の点の後退速度は距離に比例し, ハッブルの法則に従う. O は平面上の任意の点であるから, 平面が一様に拡張する限り, 後退速度の法則は平面上のどの点についても成り立つ. ハッブルの法則は, どの点も同等な, 一様に膨張する宇宙を示唆している.

一様に拡張する平面の例で, A と B が静止した印でなく, 平面が拡張するにつれ動く「蟻」であるとしよう. その場合, A と B の後退速度は, (i) ハッブルの法則に従う平面の拡張と, (ii) 拡張する平面に対する蟻の動き, の二つの部分からなる. もちろん, 銀河についても同様の考察が当てはまる. 銀河が膨張する宇宙の全体の流れの一部としてのみ遠ざかるなら, ハッブルの法則は厳密に成立する. しかし, 銀河がこの膨張する全体の流れに対しランダムな速度で動き回っていれば, 我々に対する相対的な速度はランダムな部分をもつ. その場合, 銀河の速度は

$$v = H_0 \ell + \delta v \tag{9.16}$$

となる. ただし, δv は 1000 km s^{-1} 程度のランダムな部分で, 膨張する背景に対する典型的な銀河の速度である. 第 1 項 $H_0 \ell$ は距離とともに増加し, 第 2 項 δv は異なる距離の銀河に対しても同じ程度の大きさである. したがって, 遠い銀河に対しては $H_0 \ell$ が支配的になり, 式 (9.16) はハッブルの法則の式 (9.13) に近づく. しかし, 近い銀河に対してはハッブルの法則からかなりのずれが起こる. 実際, 我々の近傍の大きな銀河の一つであるアンドロメダ銀河 M31 は青方変位を示し, 我々に近づいている. 9.5 節で見るように, 天の川銀河とアンドロメダ銀河は**局所群**として知られる銀河団の一部になっている. 典型的には, 銀河団は重力的に束縛された系で, 宇宙膨張とともには膨張しない. ハッブルの法則が成り立つのは, 典型的には, 銀河団の大きさ (数 Mpc) より離れた銀河の距離に対してである.

● **ハッブル定数の決定**

ハッブル定数の値を決定することは宇宙論の重要な問題の一つである. 後退速度 v は赤方偏移 z の測定から容易に求めることができる. したがって, 不確定要素を含むのは距離 ℓ である. 銀河の距離は, その銀河の中に本来の光度のわかる天体があれば求められる. そのような天体は**標準光源** (standard candle) とよばれている. 前述のように, ハッブルは標準光源としてセファイド型変光星を調べ, 近傍銀河までの距離を求めた (Hubble, 1922). セファイド型変光星が認識できないさらに遠い銀河に

対しては，すべての銀河に対して最も明るい星は同じ光度であるとして，標準光源として用いる．3.3.5 項で，Ia 型の超新星の最大光度は同じであることを述べた．Ia 型超新星は，最も明るい星よりさらに明るく，最も明るい星が識別できない非常に遠い銀河に対しても観測ができるので，標準光源として用いられる．銀河でいつでも超新星が観測できるわけではないため，楕円銀河に対してはフェイバー–ジャクソン関係（式 (9.4)），渦巻銀河に対してはタリー–フィッシャー関係（式 (9.8)）を用いて本来の光度を求め，その見かけの等級から距離を決定することができる．しかし，すべての距離決定法は距離が遠いほど不確定性が大きくなる．ハッブル定数の測定には距離と宇宙論的な後退速度の両方が必要なため，問題が発生する．近傍の銀河に対しては，距離は正確に測ることができるが，ランダムな成分のために後退速度の測定には不確定性が生じる．遠方の銀河の後退速度はおもに宇宙論的膨張によるが，距離を正確に測ることは困難である．そのため，ハッブル定数は数十年にわたって大きな誤差が付きまとう量であった．ハッブル宇宙望遠鏡の主要な目的の一つは，銀河の距離を正確に測ってこの誤差を大きく減らすことであった．これは**ハッブル・キー・プロジェクト**とよばれ，これによりハッブル定数の値は精度よく決められた．

ハッブル定数の値を記す前に，単位について述べておく．ハッブル定数の単位は時間の逆数であるが，銀河の速度は $\mathrm{km\,s^{-1}}$，距離は Mpc で与えられるので，$\mathrm{km\,s^{-1}\,Mpc^{-1}}$ とするのが通例である．ハッブルが当初与えた値は，この単位で約 500 であった (Hubble, 1929)．20 世紀後半を通じ，異なるグループが 50 と 100 の間の値を報告した．ハッブル定数は通常，

$$H_0 = 100 h \,\mathrm{km\,s^{-1}\,Mpc^{-1}} \tag{9.17}$$

と書かれる．ただし，h は観測で決定される定数である．宇宙論の多くの重要な量がハッブル定数に依存するので，それらの量の計算には式 (9.17) を代入しておくと都合がよい．そうすれば，それらの量が H_0 の値の不定性にどう影響されるかが明らかになる．たとえば，銀河の距離 ℓ を赤方偏移 z から求めるとする．式 (9.12), (9.13), (9.17) から，

$$\ell = 3000 z h^{-1} \,\mathrm{Mpc} \tag{9.18}$$

となり，h の正確な値がわかれば，式 (9.18) から距離 ℓ が決まる．もう一つの例として，宇宙の年齢を見積もってみる．銀河が宇宙の始まりからずっと同じ速さ v で我々から遠ざかっているとすれば（これは実際には正しくないが），距離 ℓ だけ動くのにかかる時間は $\ell/v = H_0^{-1}$ である．すべての銀河は現在よりおよそ H_0^{-1} 前には重なり合っていたことになる．これは**ハッブル時間**とよばれ，宇宙の年齢のおおよその推定

値を与える．式 (9.17) を用いて Mpc を km に直すと，ハッブル時間は

$$H_0^{-1} = 9.78 \times 10^9 h^{-1} \, \text{yr} \tag{9.19}$$

となる．h が 0.5 から 1.0 の間にあるなら（2000 年より前までの状況），ハッブル時間の不定性もこの式から明らかである．

各種の距離測定方法を注意深く解析して，ハッブル・キー・プロジェクトチームは，ハッブル定数の値をつぎのように報告した (Freedman et al., 2001)．

$$H_0 = (72 \pm 8) \, \text{km s}^{-1} \, \text{Mpc}^{-1} \tag{9.20}$$

図 9.9 は，いくつかの近傍銀河の後退速度をセファイド型変光星から求めた距離に対してプロットしたものであり，正確とされる距離測定の範囲内で，ハッブルの法則がどのくらいよく成り立っているかを見てとることができる．

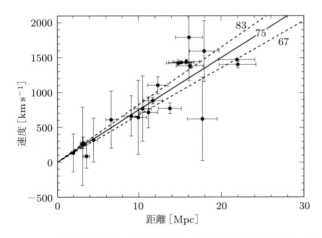

図 9.9 セファイド型変光星から求めた距離に対する銀河の後退速度のプロット．三つのハッブル定数の値に対する直線も示されている．[出典：Freedman et al. (2001)]

既知のスペクトル線の観測された波長から式 (9.11) を用いて計算される，赤方偏移 z が 1 より大きい天体もあり，その場合，式 (9.12) は $z > 1$ で c を超える速度を与えることになる．すなわち，$|v| \ll c$ の近似のときのみ成り立つ式 (9.10), (9.12) を用いることはできない．特殊相対論的に正しいドップラー効果の式によれば，v が c に近づくと z は 1 を超える．しかし，z が 1 を超えたとき起こる物理を理解するには，特殊相対論的解釈でも十分ではなく，一般相対論的解釈が必要になる．そこで，この章では，$z < 1$ の銀河系外宇宙のみ扱う．$z > 1$ の天体については後の章で扱う．

9.4 活動銀河

通常，銀河は星と星間物質からなる．銀河には，電波から X 線までいくつかの電磁波の波長帯で強い輻射を放出する核を中心部にもつものがある．それらは**活動銀河**とよばれ，その核を**活動銀河核** (active galactic nucleus) といい，AGN と略称される．

9.4.1 活動銀河の分類

活動銀河の研究は曲がりくねった路をたどってきた．今日我々が似ていると思っている天体でも，最初に見つかったときには関連があるとは考えられなかったことがよくあった．その結果，この分野の命名法は歴史の重荷を背負っている．活動銀河の種々の名前は，異なるタイプの活動銀河がどう関連しているかの手掛かりにはならない．

ことの始まりは，セイファートがある種の渦巻銀河にとくに明るい核があることに気付いたことである (Seyfert, 1943)．これらの核のスペクトルは，星のスペクトルとはまったく異なり，強い輝線があった．つまり，この種の典型的な銀河核は単に星がたくさん集まったものではない．輝線の幅が広いか狭いかにより，これらの銀河は 2 種類に分けられている．幅の広い輝線を放出する核をもつ銀河を**セイファート 1 型銀河**，幅の狭い輝線を放出する核をもつ銀河を**セイファート 2 型銀河**とよんでいる．

つぎにこの分野に刺激を与えたのは，電波天文学における発見であった．銀河には電波を出すものがある．電波望遠鏡の解像度が干渉計の発達によって向上するにつれ，これら**電波銀河**の詳細な性質が明らかになってきた．ジェニソンとダス・グプタは，Cygnus A 銀河の電波輻射が，銀河の可視光像の外の二つの脇にある二つのローブから来ていることを見つけた (Jennison and Das Gupta, 1953)．まもなく，これは特異な天体ではなく，電波銀河ではよく見られることがわかった．多くの電波銀河は銀河の外の二つの脇にある電波を放出するローブからできている．問題は，銀河からずっと離れたところでこれらのローブからの電波放出を支えるエネルギーは何か，ということであった．

電波銀河とセイファート銀河は一見何も関係ないように見える．セイファート銀河は明るい核をもつ渦巻銀河であり，電波銀河はたいてい楕円銀河に見つかり，銀河の外にあるローブから電波が放出されている．両者の共通点は，電波銀河のエネルギー源を探し始めてから明らかになっていった．電波望遠鏡の進歩により，逆向きのジェットが電波銀河の中心部から吹き出ている例が多く見つかった．これらのジェットは高速で流れるプラズマでできていて，銀河を取り囲む銀河間媒質を押しのけて進んでいるようである．ローブはジェットが銀河間媒質により止められたところである．図 9.10

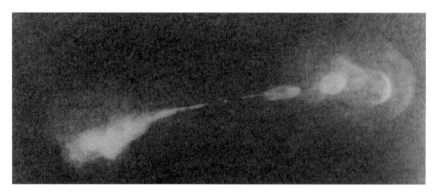

図 9.10 電波望遠鏡 VLA でとらえた電波銀河 Hercules A の電波画像．電波を放出するジェットとローブがわかる．[出典：Dreher and Feigelson (1984)[†]]

は Hercules A の電波画像で，ほぼ対称な電波ジェットが電波を放出するローブで止まっている．電波銀河の元のエネルギー源は，ジェットを生み出す核にあるらしい．ジェットはエネルギーを核からローブに運ぶ導管のはたらきをする (Blandford and Rees, 1974)．セイファート銀河と同様，電波銀河には活動銀河核がある．ジェットとローブからの電波輻射は，シンクロトロン輻射に特有なべき乗スペクトルを示し，シンクロトロン輻射であると考えられる．シンクロトロン輻射は相対論的電子が巻き付いた磁場の存在を意味している．

クエーサー (quasar) は活動銀河の最も極端な例であり，劇的に天文学に登場した．見かけの大きさが小さく，光学対応天体が星のように見える電波天体がある．しかし，これらの光学天体はスペクトルに幅の広い輝線があり，最初はその正体がわからなかった．シュミットは，クエーサー 3C 273 のスペクトル線を，$z = 0.158$ だけ赤方偏移した水素の通常のスペクトル線であると同定した (Schmidt, 1963)．当時この赤方偏移はとてつもなく大きい値だと考えられた．ほかの多くのクエーサーのスペクトル線も，大きな赤方偏移を受けた通常のスペクトル線であるとわかった．これらの赤方偏移が宇宙膨張に伴う後退速度であるとすると，式 (9.18) より，これらのクエーサーは当時知られていた通常銀河の距離を超え，非常に遠方にあることを意味していた．クエーサーがそのような遠方にあっても明るく観測されているなら，クエーサーの典型的な光度は 10^{39} W 程度となり，通常銀河の 100 倍も明るい．天文学者をさらに困惑させたのは，クエーサーからの輻射には時間的に変化するものがあり，その時間スケールが数日と短い場合があることであった．変動の典型的な時間スケールを t とすると，

[†] Dreher, J. W. and Feigelson, E. D., *Nature*, **308**, 43, 1984. Reproduced with permission, © Nature Publishing Group.

輻射を出す領域の大きさは ct を超えない．クエーサーはその莫大なエネルギーを太陽系ほどの非常に小さな核領域から出していることになる．これは信じがたいことに思われ，本当はクエーサーはそれほど遠方にはなく，本来それほど明るくないのではないかとも考えられた．その場合，赤方偏移は宇宙論的な膨張のためではないので，別の説明が必要である．クエーサーは銀河中心部の何らかの激しい爆発により，高速で放出された天体ではないかという説も出された．何年もかけて天文学者は，クエーサーが本当に遠方にある天体であり，恐ろしく多くのエネルギーを生み出す機械であることを受け入れていった．少数ではあるが，銀河の中にあって銀河核であることが示された例も出てきた．銀河核は母銀河よりずっと明るく，銀河の残りの部分は核の輝きにより覆い隠されてしまうため，母銀河の観測は簡単ではない．

　図 9.11 は，静止系の波長（観測波長を $1+z$ で割った）で表した典型的なクエーサーのスペクトルである．セイファート1型銀河の中心部のスペクトルと似ているが，セイファート2型銀河の輝線はもっと幅が狭い．スペクトルが似ていることは，セイファート銀河とクエーサーが同種の活動銀河であることを意味し，セイファート銀河はクエーサーほど極端ではなく，極端で稀なクエーサーはセイファート銀河が観測さ

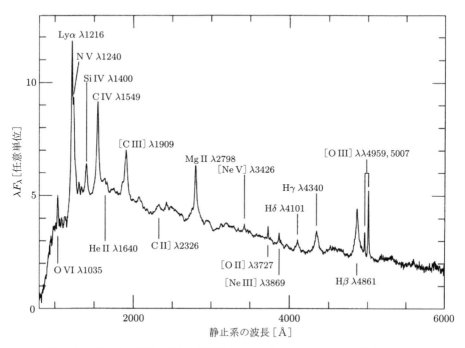

図 9.11 静止系の波長で示した典型的なクエーサーのスペクトル．多くのクエーサーのスペクトルを平均している．[出典：Francis *et al.* (1991)]

れないような遠方でも検出されると見られる．図9.11を見ると，クエーサーは強い紫外線を出している．能率的にクエーサーを探すには，星に比べ光学域より紫外線で明るく，星のように見える天体を探せばよい．そのような探索の結果，電波を出さない以外はクエーサーとよく似た天体が大量に見つかった．これら電波で暗いクエーサーは，**準星状天体** (quasi-stellar object) あるいは略して QSO とよばれている．人によってはクエーサーと QSO を区別しないこともあるので，ここでは「電波で明るい (radio-loud) クエーサー」と「電波で暗い (radio-quiet) クエーサー」とよぶことにする．電波で暗いクエーサーは電波で明るいクエーサーより数が多い．すべてのクエーサーのうち，電波を出すのはほんの数パーセントである．

9.4.2 クエーサーの超光速運動

電波銀河と電波で明るいクエーサーの共通点は，電波を出すことだけである．それ以外については，これらは大きく異なる天体で，クエーサーはコンパクトであるのに対し，電波銀河はジェットやローブを伴う広がった天体である．実際は，両者が同じ種類の天体であるということは，VLBI (Very Long Baseline Interferometry) によりクエーサーの高解像度マップが撮られ，内部に動いている部分があることがわかって，ようやく明らかになった．図9.12は異なる時期にとられた3C 273 のマップである．電波を放出するブロブ（斑点）が中心部から離れていくのが見られる．離れていく角速度とクエーサーまでの距離を掛けると，c より大きい速度となる．これは**超光速運動**とよばれる現象である．これは，遠く離れた銀河の世界では c より速い運動があることを意味するだろうか？　超光速運動が観測で見つかる前に，リースは，視線方向と微小な角度 θ で，c に近い速さ v で観測者に向かって運動する物体は，見かけ上超光速運動することを指摘していた (Rees, 1966)．図9.13のように，光源が A から B へ時間 δt かけて動くとすると，AB $= v\delta t$ である．光源が A にあるとき信号を出す（$t=0$ とする）とすると，その信号は距離 D 離れた観測者 O に時刻

$$t_{\mathrm{AO}} = \frac{D}{c}$$

に到達する．δt 後に光源が B にあるときにもう一つの信号が放出されたとすると，その信号が観測者に到達する時刻は

$$t_{\mathrm{BO}} = \delta t + \frac{D - v\delta t \cos\theta}{c}$$

である．観測者が受け取る二つの信号の時間差は

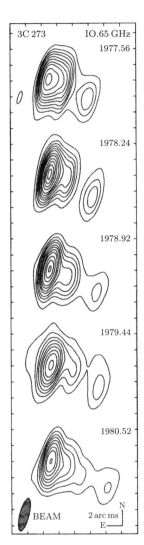

図 9.12 異なる時期に VLBI で得られたクエーサー 3C 273 の高解像度電波マップ．
［出典：Pearson *et al.* (1981)[†]］

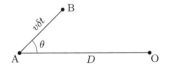

図 9.13 超光速運動が見られる仕組み

[†] Pearson, T. J. *et al.*, *Nature*, **290**, 365, 1981. Reproduced with permission, ⓒ Nature Publishing Group.

$$t_{\text{BO}} - t_{\text{AO}} = \delta t \left(1 - \frac{v}{c}\cos\theta\right)$$

である.観測者にはこの間に天空上で光源天体が $v\sin\theta\,\delta t$ 動いて観測されるから,観測者にとって視線方向に垂直に天体が移動する速度は

$$v_\perp = \frac{v\sin\theta\,\delta t}{t_{\text{BO}} - t_{\text{AO}}} = \frac{v\sin\theta}{1 - (v/c)\cos\theta} \tag{9.21}$$

であり,v が c に近く,θ が小さければ $v_\perp$ は c より大きくなる.

　超光速運動の存在は,クエーサーにはしばしば観測者に向かって相対論的な速度で動く部分があるということを意味する.動く部分は核から放出されたジェットと考えられる.この考えが正しければ,電波銀河と電波で明るいクエーサーは,異なる方向から見た同種の天体であることになる.電波銀河のジェットは視線方向に対して大きな角度をもち,ジェットは天空上で広がった天体になる.もし,ジェットが観測者の方向に視線方向と小さな角度で向いていれば,その天体はクエーサーに見える.相対論的速度で動いている光源からの輻射は前方にビーム状になって観測される.クエーサーのジェットからの電波輻射（おそらくシンクロトロン過程による）はジェットの方向にビーム状になっており,その方向にいる観測者はビーム状の輻射を受けるが,ジェットの方向に対し大きな角度で見る観測者はあまり輻射を受けない.この相対論的ビーム化のためにクエーサーからの電波輻射は増幅され,電波銀河として検出されるには遠すぎる場合でもクエーサーは観測されるのであろう.多くの電波銀河のジェットは一方向のみ観測されていることも,ジェットが相対論的に動くプラズマからなるとして,相対論的ビーム化により自然に説明することができる.観測者に向かう速度成分がジェットにあれば,相対論的ビーム化のため逆方向のジェットより明るく見える.図 9.10 では,電波銀河のジェットの終端に電波を放出するローブが見られる.ローブは相対論的には動いておらず,ローブからの輻射は相対論的ビーム化を受けないと考えられる.そのため,遠く離れたクエーサーのローブは観測されず,観測者に向かって動いているジェットからのビーム状の輻射のみを受け取るのである.

9.4.3　中心エンジンとしてのブラックホール

　活動銀河核を活動させ,小さな体積で莫大なエネルギーを生み出している源はいったい何か,という根本的な問題にとりかかろう.5.6 節では,X 線連星は,中性子星またはブラックホールの深いポテンシャル井戸に降着円盤を経由して物質が落ち込み,その際に失われた重力ポテンシャルエネルギーを別の形に変換することによってエネルギーを得ていることを見た.ゼルドビッチとノヴィコフ,およびサルピータは,活動銀

河の中心には**ブラックホール**が存在し，その周囲の降着円盤で物質が重力ポテンシャルエネルギーを失うことにより，エネルギーが供給されていると考えた (Zel'dovich and Novikov, 1964; Salpeter, 1964). 活動銀河核からのエネルギー出力がエディントン光度限界に近いとすれば，式 (5.38) を用いて，中心ブラックホールの質量を推定できる. 10^{39} W の光度を生み出すには，式 (5.38) より質量 $\approx 10^8 M_\odot$ のブラックホールが必要である. 一般相対論によると，ブラックホールの**シュヴァルツシルト半径**の内側に物質が落ち込むと，外側の世界に信号を送ることができなくなる. したがって，降着円盤で生み出される輻射はシュヴァルツシルト半径の少し外側から来ているはずである. シュヴァルツシルト半径は

$$r_\mathrm{S} = \frac{2GM}{c^2} = 3.0 \times 10^{11} M_8 \,\mathrm{m} \tag{9.22}$$

で与えられる. ただし，M_8 は $10^8 M_\odot$ 単位のブラックホール質量である. $M_8 \approx 1$ なら太陽と地球の距離程度の距離である. すなわち，$10^8 M_\odot$ の質量をもつブラックホールは，太陽系程度の大きさの領域で莫大なエネルギーを生み出している.

エネルギーを生み出している領域の温度は，エディントン光度を $4\pi r_\mathrm{S}^2 \sigma T^4$ と等しいとおいて見積もることができる. 式 (5.38) と (9.22) から

$$\frac{cGMm_\mathrm{H}}{\sigma_\mathrm{T}} = \left(\frac{2GM}{c^2}\right)^2 \sigma T^4$$

とおいて

$$T \approx 3.7 \times 10^5 M_8^{-1/4} \,\mathrm{K} \tag{9.23}$$

を得る. ブラックホールが重いほど温度が低いというのは直感からは逆のようであるが，シュヴァルツシルト半径の大きいブラックホールほど，その半径における重力ポテンシャルエネルギーが小さくなるため，温度が低いわけである. 式 (9.23) より，質量 $10^8 M_\odot$ のブラックホールは極端紫外線を中心とする輻射を放出することになる. つぎに，活動銀河核の典型的な光度 10^{39} W を生み出すのに必要な質量降着率を求めよう. 5.6 節で，降着は効率のよいエネルギー変換機構で，質量エネルギーのかなりの割合 η が熱や輻射に変換されることを見た. 条件がよければ η は 0.1 にもなる. 質量降着率を $\dot{M}$ とすれば，

$$\eta \dot{M} c^2 \approx 10^{39} \,\mathrm{W}$$

であることより，$\eta = 0.1$ として，

$$\dot{M} \approx 1.5 M_\odot \mathrm{yr}^{-1} \tag{9.24}$$

を得る.活動銀河の観測的特徴は,銀河核に $10^8 M_\odot$ のブラックホールがあって,式 (9.24) で与えられる質量降着率で物質が降着円盤から落ち込んでいけば,説明できることがわかった.ブラックホールが活動銀河のエネルギー源になっていることのより直接的な証拠は,ジャッフェらがハッブル宇宙望遠鏡により活動銀河 NGC 4261 の中心にガスと塵の円盤を撮像したことから得られた (Jaffe et al., 1993). 図 9.14 に見られるこの円盤は,内側のブラックホールに吸い込まれる降着円盤の冷たい外側の領域である.

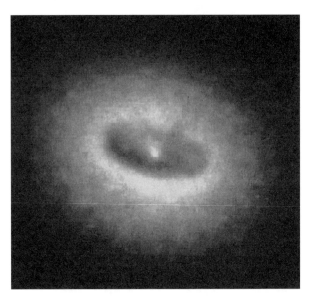

図 9.14 ハッブル宇宙望遠鏡でとらえた NGC4261 の中心部のガスと塵の円盤.円盤内側のブラックホールに吸い込まれていくと考えられる.
[出典:Jaffe et al. (1993)[†]]

多くの活動銀河の重要な特徴は,電波を放出するジェットである.ブラックホールに落ち込む物質のほんの一部が,降着円盤に垂直なジェットの形で放出される.これを理解するための理論はまだ不完全である.図 9.14 に示した活動銀河 NGC 4261 には電波を放出するジェットがあり,ジェットの軸にほぼ垂直になっている.図 9.10 に見られるようなジェットの内側の領域のように,ジェットは細く絞られている.ジェットを絞るうえでは,磁場が重要な役割を果たすと考えられている.ジェットからのシンクロトロン輻射は,相対論的なプラズマには磁場と加速された電子が存在することを

[†] Jaffe, W. et al., Nature, **364**, 213, 1993. Reproduced with permission, ⓒ Nature Publishing Group.

示している．電子が銀河核で加速され，ジェットに流れ込む磁化されたプラズマとともに運ばれたならば，電子はジェットの端に達するまでに冷え込んでしまうことを簡単な計算で示せる．すなわち，粒子加速はジェットの内部で起こっているはずである．

9.4.4 統一描像

　すべての活動銀河核が中心のブラックホールからエネルギーを得ているなら，すべての活動銀河は本質的に同種の天体であろうか？　さまざまな活動銀河は，最初に見つかったときには互いに関係はないと思われていたが，多くの共通点があることがだんだんわかってきた．セイファート銀河とクエーサーは同種の天体で，違いはクエーサーのほうが中心のエンジンが強力であることだけである．セイファート銀河の中心核にあるブラックホールのほうが軽いのであろう．電波銀河と電波で明るいクエーサーは，同じ種類の天体を別の角度から見ているだけであると考えられる．では，すべての活動銀河は，中心のエンジンの強さが違うだけの連続的な系列にあり，観測する角度の違いにより観測者には異なる天体に見えるのであろうか？

　セイファート銀河は，我々が降着トーラスに垂直方向にあって中心部を見ることができるときは，広がったスペクトル線をもってセイファート1型として観測され，降着トーラスが中心部を隠すような角度から観測するときは，狭いスペクトル線をもってセイファート2型として観測される，とオスターブロックは考えた (Osterbrock, 1978)．セイファート1型銀河のスペクトル線の幅は，典型的には 10^3 km s^{-1} 以上の速度（すなわち，$\delta\lambda > 10$ Å）に対応する．これが熱的広がりであるならば，輻射するガスは 10^8 K を超えるようなありえない高温にあることになる．よりもっともらしいのは，**ブロードライン領域** (broad-line region, BLR) とよばれる，高速で運動するガスのブロブ（斑点）が中心エンジンの近くに存在すると仮定することである．セイファート1型銀河の場合のみ，これらのブロブから放出された輻射が観測者に到達し，速く運動するガスのブロブによるドップラー効果で輝線が広がる．セイファート2型銀河の場合は，**ナローライン領域** (narrow-line region, NLR) とよばれる，中心エンジンから離れたゆっくり動くガスのブロブからの輻射のみが我々に到達するため，輝線の幅は狭い．

　活動銀河の違いで重要な点は，セイファート銀河は渦巻銀河で，電波銀河は楕円銀河であることである．クエーサーは非常に遠方にあるため，クエーサーの母銀河の性質を確かめることは難しい．しかし，多くの場合，電波で明るいクエーサーには楕円銀河が，電波で暗いクエーサーには渦巻銀河が付随しているようである．このことは，渦巻銀河に付随する活動核は電波源にならず（セイファート銀河や電波で暗いクエー

サーに対応)，楕円銀河に付随する活動核は電波を放出するジェットやローブを生み出す（電波銀河や電波で明るいクエーサーに対応）ということを示唆する．なぜ楕円銀河の活動核が電波ジェットを生み出すかについては，理論的説明はいまのところできていない．

　まとめると，さまざまな活動銀河を統一する現在の考え方は，以下のようになる．渦巻銀河の中心エンジンは，中心エンジンが強力かそうでないかにより，セイファート銀河または電波で暗いクエーサーを生み出す．セイファート銀河の二つの種類は，同種の天体を別の角度から観測しているために生じているだけである．楕円銀河の中心エンジンは，観測する角度が電波ジェットに近ければ電波で明るいクエーサーとして観測され，角度が大きければ電波銀河として観測される．これは魅力的な描像に思えるが，まだ完全に確立したわけではないことを強調しておく．このような統一描像を確立するためには，さまざまな統計テストが必要である．活動銀河は視線方向に対しすべての方向にランダムに分布していると考えられる．すべてのセイファート銀河の約 1/4 がセイファート 1 型である．降着トーラスの両側の立体角がそれぞれ約 $\pi/2$（空間の点に対する全立体角 4π の 1/8）であるとすると，観測する角度に基づく統一描像はセイファート 1 型銀河が全セイファート銀河の約 1/4 であるかを自然に説明できる．活動銀河の電波ジェットが電波で明るいクエーサーとして観測されるには視線方向からある角度以内であるとし，そうでなければ電波銀河として観測されるとすると，電波で明るいクエーサーと電波銀河の数に対して同様の統計テストを行うことができる．残念ながら，相対論的ビーミング効果のために，この統計テストはとても複雑になってしまい，まだ確かな結果は出ていない．同様に，中心エンジンの強さについても分布則があることが期待され，電波で暗いクエーサーが単にセイファート銀河の極端な場合であるならば，セイファート銀河と電波で暗いクエーサーの数の分布は同じ分布則の異なる領域に対応するはずである．これでさえ，ほとんどのクエーサーがセイファート銀河が見つからない遠方にあるため，簡単ではない．統一描像を確立するためにはさらなる観測が必要である．

9.5　銀河団

　銀河は集団をつくっている．天の川銀河は 35 個ほどの銀河からなる**局所群** (local group) の一員である．局所群の最大のメンバーはアンドロメダ銀河 M31 で，天の川銀河はこれに次ぐ．局所群の銀河の分布は不規則で，対称性は見られない．多くの銀河を含む**銀河団** (clusters of galaxies) はより対称的で規則的である．典型的な銀河

団は100個以上の銀河を含み，1 Mpc 程度の範囲に分布している．エイベルは，我々から数百 Mpc 以内にある数千個の銀河団のカタログを作成した (Abell, 1958)．銀河団は重力的に束縛された系で，宇宙の膨張とともに膨張しない．つまり，宇宙の膨張により互いに遠ざかるのは，銀河というより銀河団である．実際，ハッブル膨張に加え，局所群は最も近い銀河団であるおとめ座銀河団に向かって数百 $\mathrm{km\,s^{-1}}$ で落ち込んでいるという兆候が見られている (Aaronson et al., 1982)．おとめ座銀河団までの距離は，用いる標準光源によってわずかに異なるが，平均すると 20 Mpc よりやや小さい．この程度の距離スケールではハッブル膨張からのずれがあるようである．おとめ座銀河団は大きな銀河団であるが，分布はあまり規則的でない．かなり規則的な銀河団で最も近いのは，かみのけ座銀河団で，赤方偏移 $z = 0.023$ より距離は $69h^{-1}$ Mpc である．

図 9.15 はおとめ座銀河団である．中心には大きな楕円銀河 M87 がある．大きな銀河団には中心に大きな楕円銀河があることはよくあり，cD 銀河とよばれる特別な分類に属している．cD 銀河は複数の銀河の融合でつくられたと考えられている (Ostriker and Tremaine, 1975)．銀河内で星の占める体積の割合はごくわずかなので，銀河内部で星どうしが衝突することは稀である．しかし，銀河団内で個々の銀河が占める体積の割合はずっと大きく，衝突している最中の銀河はいくつか見つかっている．図

図 9.15　おとめ座銀河団．中央の大きな楕円銀河は M87．ハッブル宇宙望遠鏡で撮影．画像は NASA および Space Telescope Science Institute の厚意による．

9.16 は衝突している銀河対で，長く伸びた尾のような構造がつくられているのが見られる．トゥームレ兄弟は，銀河 – 銀河衝突のシミュレーションからこのような構造を理論的にモデル化することができた (Toomre and Toomre, 1972)．衝突する銀河はしばしば融合する．銀河団の中心にある cD 銀河はおそらくいくつかの大きな銀河が融合したものであろう．星団中で動く星が動力学的摩擦で減速されるのと同様，銀河団中の銀河も動力学的摩擦で減速される．いったん cD 銀河がつくられると，近くを運動する銀河は動力学的摩擦でエネルギーを失い，cD 銀河に向かって落下する．この過程は**銀河の共食い** (galactic cannibalism) とよばれている．

図 9.16 衝突している銀河 NGC 4038 と NGC 4039．チリの Antilhue Obsevatory で撮影．画像は Daniel Verschatse の厚意による．

大きな銀河団中の銀河は，典型的には 1000 km s^{-1} 程度の速度分散をもっている．7.2 節で示したように，星団の質量はヴィリアル定理を用いて推定できる．銀河団の場合も緩和されていれば，式 (7.9) を用いて推定が可能である．$\sqrt{\langle v^2 \rangle} \approx 1000$ km s^{-1} と $\langle R \rangle \approx 1$ Mpc を代入すれば，典型的な銀河団の質量として $M_{\rm gc} \approx 10^{15} M_\odot$ を得る．一方，典型的な銀河団の光度は $L_{\rm gc} \approx 10^{13} L_\odot$ であるから，典型的な銀河団に対して

$$\frac{M_{\rm gc}}{L_{\rm gc}} \approx 100 \frac{M_\odot}{L_\odot} \tag{9.25}$$

となる．銀河団中の銀河が太陽のような星のみからできているとすれば，$M_{\rm gc}/L_{\rm gc}$ は $M_\odot/L_\odot$ に等しい．もし銀河に太陽より軽い星が多く含まれていれば，エネルギー生成率が低いので，星の成分の M/L は $10 M_\odot/L_\odot$ くらいにはなりうる．しかし，式

(9.25) の係数 100 は, 銀河の星は典型的な銀河団の質量の 10% より多くを説明することができないことを意味している. 銀河団のほとんどの質量は, 輻射を出さず, 重力場でしか存在を知ることができない（銀河団の大きなランダム速度を生み出す）暗黒物質でなければならない. 銀河団に大量の暗黒物質があることは, ツヴィッキーにより最初に指摘された (Zwicky, 1933). 9.2.2 項で, 渦巻銀河の回転曲線が平坦であることから暗黒物質の存在が示唆されるのを見た. したがって, 式 (9.25) の示す暗黒物質の一部は銀河に付随するかもしれない. 詳細な解析からは, 銀河団の暗黒物質のうち銀河に付随するものはせいぜい 30% であると見られる. 残りの暗黒物質は銀河団内に存在することになる. この暗黒物質の銀河団内の分布や, そもそもその正体が何であるのかはわかっていない.

● **銀河団中の X 線を放出する高温ガス**

銀河団内の銀河以外にあるほとんどの物質についてはよくわからないが, そのごく一部は X 線を放出する熱く薄いガスであることはわかっている. 銀河系外で最初の X 線源はおとめ座銀河団の M87 であった (Byram et al., 1966). ウフル X 線衛星は, 多くの銀河団が X 線源であることを確立した (Giacconi et al, 1972). 図 9.17 は, X 線輝度の等高線をかみのけ座銀河団の光学画像に重ねたものである. X 線画像はお

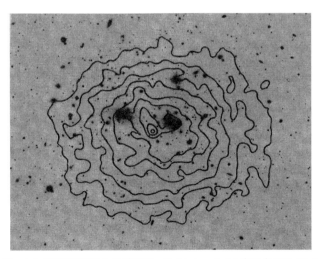

図 9.17 かみのけ座銀河団の X 線画像. アインシュタイン衛星 (1978–81, NASA による X 線天文学衛星) による X 線輝度の等高線が光学画像に重ねてある. 光学画像では, 銀河が黒い斑点として写っている. 画像は W. Forman の厚意による. [出典：Sarazin (1986). C. Jones and W. Forman による画像.]

よそ球状に分布しており，X線を放出する高温ガスは銀河団全体にほぼ一様で対称的に分布していることを示している．輻射機構は制動輻射が主であると考えられている．X線輻射のさまざまな様相は，温度が 10^8 K で粒子密度が $n_e \approx 10^{-3}$ cm^{-3} の高温プラズマによる制動輻射でよく説明される (Felten et al., 1966)．これらの数値を制動輻射の式に代入し，ガスの全体積を 1 Mpc^3 程度とすると，銀河団の全X線光度は 10^{37} W となり，銀河団で観測される典型的なX線光度に一致する．高温ガスの全質量は $10^{13} M_\odot$ 程度であり，高温ガスは銀河団の質量のほんの一部でしかないことを示している．この高温ガスの由来を論じる前に，高温ガスの冷却時間が長いことを示しておこう．数密度 $n_e \approx 10^{-3}$ cm^{-3} で体積 1 Mpc^3 なら，全粒子数は電子の数に陽子の分も考えて 2 を掛け（ガスはほとんど水素だとする），$N \approx 5 \times 10^{70}$ 粒子となる．ガスの全熱エネルギーは，$T \approx 10^8$ K として，

$$Nk_{\mathrm{B}}T \approx 7 \times 10^{55}\,\mathrm{J}$$

である．これを典型的なX線光度 10^{37} W で割ると，冷却時間は 2×10^{11} 年となり，式 (9.19) で見積もった宇宙年齢より（ずっととはいえないが）長い．よって，いったん高温ガスが銀河団に注入されると，ガスを高温に保つ機構が存在しなくても，我々が関心のある時間にわたって高温であり続ける．しかし，詳細な計算によると，制動輻射が密度の2乗に比例するため，ガス密度が高く冷却が最も速い銀河団のコアでは，冷却効果は完全には無視できないことが示唆されている．中心コアのガスが冷却されて圧力が減少すると，**冷却流** (cooling flow) とよばれる動径方向に内向きの高温ガスの流れが起こると考えられる (Cowie and Binney, 1977)．

問題は (i) 銀河団のガスはどこから生じ，(ii) なぜ高温なのか，である．11.9 節で指摘するように，銀河形成はまだよく理解されていないテーマである．おそらく銀河団が形成されるとき，原始ガスの一部が銀河団内に閉じ込められたのであろう．閉じ込められたガスは，銀河団の重力ポテンシャルの井戸に落ちていくことにより，加熱される．質量 m_p の陽子が銀河団の重力ポテンシャルに落ち，ポテンシャルエネルギーの η の割合が熱エネルギーに転換されるとしよう．すなわち，

$$\eta \frac{GM_{\mathrm{gc}}}{R_{\mathrm{gc}}} m_\mathrm{p} \approx k_{\mathrm{B}}T$$

とする．$M_{\mathrm{gc}} \approx 10^{15} M_\odot$ と $R_{\mathrm{gc}} \approx 1$ Mpc を代入すると

$$T \approx 5 \times 10^8 \eta\,\mathrm{K}$$

となり，$\eta \approx 0.2$ くらいの比較的小さな値でも銀河団のガスの高温は説明できる．

銀河団の X 線スペクトルは制動輻射であるとして説明できそうであるが，いくつかの銀河団では 7 keV に高階電離した鉄の輝線が見つかっている (Mitchell et al., 1976). 図 9.18 に，かみのけ座銀河団の X 線スペクトルを示す．この輝線の強度から，典型的な銀河団の水素原子に対する鉄原子の数の比が

$$\frac{\text{Fe}}{\text{H}} \approx 2 \times 10^{-5}$$

程度で，太陽の値の半分程度になっていることがわかる．我々の知る限り，鉄のような重元素は重い星の内部でのみ合成される．超新星により重い星の内部から星間物質に重元素が放出され，銀河の星間物質に重元素が含まれるようになる．銀河団のガスに鉄が存在することは，ガスは純粋な原始ガスではなく，銀河団の銀河の星間物質からの物質がガスと混じっていることを意味する．このことは，9.2.1 項で触れたように，大きな銀河団の中心部の渦巻銀河の割合が，宇宙の低密度領域での割合よりずっ

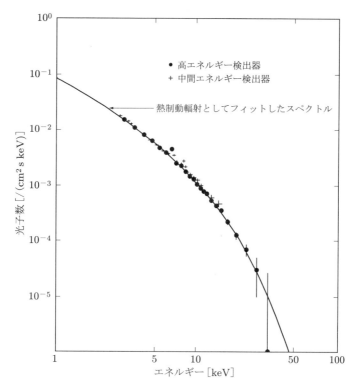

図 9.18 かみのけ座銀河団の X 線スペクトル．7 keV に輝線が見える．
[出典：Henriksen and Mushotzky (1986)]

と低いことと関連している．もっともらしい説明は，銀河団の渦巻銀河が星間物質を失って楕円銀河に転換され，この渦巻銀河から失われたガスが銀河団のガスと混じり合い，観測されるガスの鉄存在比となっている，とするものである．

どうやって渦巻銀河が星間物質を失うのか？　スピッツァーとバーデは，二つの渦巻銀河が衝突すると，銀河の星は通り抜けて，星間物質があとに残ると考えた (Spitzer and Baade, 1951)．もっと穏やかな過程で星間物質を失うとする説もある．渦巻銀河が銀河団を速く通過すると，銀河団のガスが強い風のように吹く．ベルヌーイの原理を用いて，この風が銀河に止められると，銀河に対し $(1/2)\rho v^2$ の圧力を及ぼすことを示すことができる（たとえば，Choudhuri (1998, §4.5) を参照）．これは**ラム圧**とよばれている．ガンとゴットは，ラム圧が高く，星間物質を銀河に束縛している重力より強ければ，銀河から星間物質を押し出すと考えた (Gunn and Gott, 1972)．

銀河団の渦巻銀河が楕円銀河に次々と転換されているとすれば，初期の銀河団には現在より多くの渦巻銀河があったはずである．赤方偏移の大きな銀河団を観測すれば，光が我々に到達するのに時間がかかる分だけ，より初期の銀河団を見ていることになる．ブッチャーとエムラーは，赤方偏移が $z \approx 0.4$ の銀河団には近傍の銀河団より多くの渦巻銀河があると報告した (Butcher and Oemler, 1978)．このことは，$z \approx 0.4$ の銀河団から我々までに光が届く時間（およそ $4 \times 10^9 h^{-1}$ yr）の間に，多くの渦巻銀河が楕円銀河に転換されたことを意味している．

9.6　銀河の大規模分布

銀河団が宇宙の最大の構造なのか，それともより大きな構造があるのか？　この疑問に答えるには，たくさんの銀河の3次元的分布を調べる必要がある．銀河は2次元の天球上に分布している．銀河の赤方偏移がわかれば，式 (9.18) を用いて距離を求め，3次元的な位置を決めることができる．銀河の3次元地図をつくるには，多くの銀河の赤方偏移を測る必要がある．赤方偏移を求めるために微かな銀河のスペクトルを測るには数分を要し，一晩で観測できる銀河の数には限りがあるので，これは望遠鏡による非常に多くの観測時間を必要とするプロジェクトになる．最初の先駆的な仕事はド・ラパレント，ゲラーとフクラによる CfA サーベイ (de Lapparent, Geller and Huchra, 1986) で，引き続いてラス・カンパナス・サーベイ (Shectman et al., 1996)，スローン・デジタル・スカイ・サーベイ (York et al., 2000)，2dF サーベイ (Colless et al., 2001) などより大規模プロジェクトが続いた．図 9.19 は，CfA サーベイの有名な空の切片と，その10年後のラス・カンパナス・サーベイによる同様の切

9.6 銀河の大規模分布   263

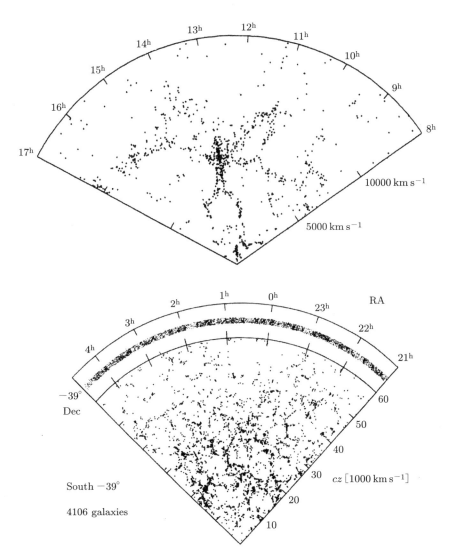

図 9.19 空の切片の銀河の分布．動径方向は赤方偏移から求めた距離（$cz = 10000 \text{ km s}^{-1}$ は $100h^{-1}$ Mpc に相当する）．図は，上が CfA サーベイ (de Lapparent, Geller and Huchra, 1986)，下がラス・カンパナスサーベイ (Shectman et al., 1996)．

片である．動径方向は赤方偏移から求めた距離である．$cz = 10000 \text{ km s}^{-1}$ は距離 $100h^{-1}$ Mpc および赤方偏移 $z = 0.033$ に相当する．ラス・カンパナス・サーベイは CfA サーベイよりずっと遠方までカバーしていることに注意しておく．CfA サーベイですら，切片に対応する距離は銀河団の大きさよりずっと大きいが，まだ分布は一様ではない．銀河団はさらに大きな**超銀河団**とよばれる壁状の構造をつくっているようである．超銀河団の間は銀河のない**ヴォイド** (void) となっており，その典型的な大きさは $30h^{-1}$ Mpc である．物質が空間に断続的に分布しているとした場合，二つの極端な分布が考えられる．一つは物質が塊になって空間にばらまかれているというものであり，もう一つは泡のように，空の空間が物質の壁で囲まれているというものである．銀河分布の大規模構造は，後者にあたるようである．銀河形成の理論はこの事実を考慮に入れる必要がある．

図 9.19 には，いくつかの動径方向に長く伸びた構造が見られる．CfA サーベイのほうに顕著である．これは赤方偏移距離空間における人為的なもので，本当の空間の構造ではないかも知れない．なぜそのようなことが起こるかを理解するには，銀河団の重力により大きなランダム速度をもつ銀河団を考えよう．いくつかの銀河は我々から遠ざかる方向のランダム速度（銀河団の後退速度に加えて）をもち，赤方偏移距離空間で銀河団の平均位置から動径方向により遠くに現れる．一方，我々に近づく方向でランダム速度をもつ銀河は近いほうに現れる．こうして，大きなランダム速度をもつ銀河団は，赤方偏移距離空間では動径方向に伸びて見える．天文学者はこの動径方向の伸びを「神の指」とよんで，赤方偏移距離を解釈するときに注意すべきこととしている．

宇宙論の指針の一つとされる「**宇宙原理**」では，物質は十分大きなスケール，すなわち局所的な非一様性のサイズより大きなスケールでは一様に分布すると仮定する．CfA サーベイ（図 9.19 上）からはこれは明らかではないが，より深いラス・カンパナス・サーベイ（図 9.19 下）では，より多くの銀河とより大きな赤方偏移を調べており，超銀河団が宇宙の最大の構造で，宇宙は $100h^{-1}$ Mpc より大きなスケールではどの部分も同じように見えることを示唆している．宇宙原理に対するもう一つの強い支持は，宇宙マイクロ波背景輻射の驚くべき一様性であり，10.5 節で紹介する．宇宙原理に基づく宇宙論モデルは，さまざまな観測データと大まかには一致している．そのため，十分大きなスケールでは宇宙原理が成り立っているのを疑う宇宙論学者はおらず，その妥当性は，銀河分布の研究によって，現在では十分に確立されたように思える．

9.7 ガンマ線バースト

　銀河系外天文学の最後に，非常に面白いがよくわかっていない天体，**ガンマ線バースト**（gamma ray burst, GRB と略称される）を取り上げよう．これは，典型的には数秒間続くガンマ線の突発的放出現象である．現在でも，どのようにガンマ線バーストが発生するのかについて，天体物理学者の間で意見の一致は見られていない．

　ガンマ線バーストの発見はドラマチックであった．アメリカのヴェラ衛星によって発見されたのであるが，この衛星は，ソビエト連邦などの国が行う秘密の核実験で放出されるガンマ線を検出するために設計されたものであった．これらの衛星で秘密の核実験が実際に検出されたかどうかは軍事機密になっているが，検出された信号には地球外起源のものがあることは，間もなく明らかになった (Klebesadel et al, 1973). ガンマ線バーストは最初，銀河内の現象だと考えられた．1991年にコンプトンガンマ線観測衛星が打ち上げられ，多くのガンマ線バーストが検出されると，分布が等方的で銀河面に集中しておらず，銀河系外起源であることがはっきりした．ガンマ線バーストが発生した直後の空の同じ場所に減光していく光学天体が見つかり (van Paradijs et al., 1997)，このような光学「残光」が多くのガンマ線バーストに付随していることがわかった．光学対応天体は微かな銀河で，赤方偏移が測られたものは距離を見積もることができた．距離がわかれば，ガンマ線バーストで放出されるエネルギーが計算できるが，輻射する物質が相対論的速度で観測者に近づいていて相対論的ビーミング効果がある場合は，計算結果は不確実となる．それでもガンマ線バーストはビッグ・バン以来の最も大きなエネルギーの爆発現象である．

　ガンマ線バーストに相対論的に運動する物質が関係していたことは別にして，天文学者の間では，ガンマ線バーストを生み出す物理機構の詳細について意見が分かれている．すべてのガンマ線バーストが同じように生み出されるのか，二つか三つの異なる機構があって同じようには生み出されないのか，それすらはっきりしない．有名な理論的アイディアの一つは，ガンマ線バーストは二つの中性子星の衝突で生じるというものであった．5.5.1節で，連星パルサーについて論じた．互いの周りを回る二つの中性子星は，重力波の放出により徐々にエネルギーを失って近づいていき，最後は衝突を起こす．このような衝突が銀河でどのくらいの頻度で起こり，ガンマ線バーストがどのくらいの頻度で期待できるかを統計的に見積もることができる．ガンマ線バーストが観測される頻度は，この理論ですべてのガンマ線バーストを説明するには大きすぎる．では，ガンマ線バーストはある種の極端な超新星爆発であるのか？　また，活動銀河核と関連があるのか？　これらの疑問については，数年のうちに答えが見つかるかもしれない．

演習問題 9

9.1 楕円銀河がヴォークルール則 (9.2) で与えられる表面輝度の減少の仕方で空に円状に見えるとする．このとき，この銀河から到来する全光量 $\int_0^\infty I(r)2\pi r\,dr$ は $7.22\pi r_e^2 I_e$ に等しいことを示せ．また，r_e 内から到来する光量はこのちょうど半分であることを示せ．

9.2 図 9.5 に基づいて，$\sigma \propto L^\alpha$ であることを論じ，べき乗指数 α を推測せよ．

9.3 クエーサーからプラズマのジェットが相対論的速度 $0.98c$ でやってくるとしよう．視線方向に対しどの角度のときに最大の超光速運動が観測されるか．また，見かけ上の最大横方向速度の値はいくつになるか．

9.4 銀河系外ジェットの内部の磁場が星間物質中の磁場と同じ程度であるとして（すなわち，10^{-10} T 程度），電波の振動数領域でシンクロトロン輻射を生み出す相対論的電子の γ を推測せよ．式 (8.59) を用いて，これらの電子のシンクロトロン輻射による冷却時間を推測せよ．この時間を，物質が中心の銀河核からスタートして速さ $0.1c$ で動くときに，1 Mpc サイズのジェットの外側のローブに達するまでにかかる時間と比較せよ．電子はジェットの中で加速されるだろうか，それとも銀河核で加速された電子がローブに達してからもシンクロトロン輻射を生み出すことができるだろうか．

9.5 銀河が銀河団を横切る典型的な時間と緩和時間を推測せよ．銀河団は明らかに緩和された系ではないが，ヴィリアル定理が成り立つにはヴィリアル化されている必要がある（7.2 節参照）．典型的な銀河団はヴィリアル化されているだろうか．

10章
宇宙の時空の力学

10.1 はじめに

　宇宙がどのように始まったか，というのは前史時代から人間の心を悩ませてきた基本的な問題である．アインシュタインの一般相対性理論によってはじめて，宇宙の進化に対する理論的モデルを構築できるようになった (Einstein, 1916)．重力のニュートン理論が宇宙を扱うのに適当でないことは，簡単に示される．物質密度 ρ で一様に満たされた無限の宇宙を考えよう．ニュートン理論によってある点における重力場 g を求めようとすると，すぐに矛盾に突き当たる．無限で一様な宇宙ではすべての方向は対称であるから，重力場ベクトルが向くべき特別な方向が存在しないため，重力場はゼロでなければならない．しかし，ニュートンの重力理論から導かれるポアソン方程式

$$\nabla \cdot g = -4\pi G\rho$$

が成立するはずである．g がすべての点でゼロであれば，この式の左辺はゼロで，ρ がゼロでなければ矛盾となる．

　一般相対性理論が定式化される前のすべての物理学の理論では，時空はさまざまな系の力学を調べる際には不活性のバックグラウンドと考えられていた．いい換えれば，時空自身は力学をもたないと考えられていた．6.2 節で，銀河の後退運動について論じた．ハッブルの法則の常識的解釈は，銀河が宇宙の空っぽな空間を互いに遠ざかっていくとするものである．しかし，一般相対性理論はまったく異なる観点を提供する．銀河は空間にとどまっているが，空間自身が膨張していて，空間に埋め込まれた銀河どうしが遠ざかっていくと仮定する．

　一般相対性理論は数学的定式化においてテンソル解析の手法を使用する．テンソルという数学的手法を学ばずに宇宙の起源と進化を扱う科学である宇宙論を学ぶことはできるだろうか？　答えはイエスでもあり，ノーでもある．宇宙論を深く理解するには，テンソル解析に基づく一般相対性理論の知識が必要である．しかし，宇宙論のある様相は一般相対性理論を学ぶ前でも理解することができる．もちろん，時空の力学は一般相対性理論によってのみ正しく扱うことができる．しかし，宇宙がなぜ現在の

姿をしているのかを理解するためには，膨張宇宙で起こるさまざまな現象を解析する必要があるが，その多くは一般相対性理論の技術的知識なしでも可能である．膨張宇宙の力学さえも一般相対性理論を導入することなしに調べることができる．我々が宇宙の中心にいて，我々の周りの宇宙が球対称に膨張していると仮定すれば，ニュートン力学から導かれる運動方程式は，一般相対性理論の詳細な解析から導かれる方程式と本質的に一致する．これは驚くべき偶然の一致で，一般相対性理論なしに宇宙論を進めることができるので，**ニュートン的宇宙論**とよばれている (Milne and McCrea, 1934). 多くのことがこの方法でははっきりしないままではあり，正当化することなしにその場しのぎのいくつかの仮定をおくことが必要ではある．

この章の目的は，膨張する時空の力学をニュートン的宇宙論の手法により調べることである．そして，次章で膨張する宇宙で起こるさまざまな物理現象を論じる．10.2 節では，一般相対性理論に対する定性的な導入を行い，読者に相対論的な扱いをしない場合にできないことを知ってもらう．それから 12 章で，テンソル解析と一般相対性理論の基礎について述べ，この理論について技術的な側面も学びたい読者に応える．最後に 14 章で，相対論的宇宙論について述べ，ニュートン的宇宙論で扱えない（この章では扱わない）いくつかの重要な話題に触れる．

10.2 一般相対性理論とは

一般相対性理論は重力場の理論である．場の理論の意味について説明するため，別の偉大な古典場の理論，すなわち電磁場の理論を考えよう．二つの電荷 q_1, q_2 が q_1 から q_2 へのベクトル r_{12} だけ離れて存在したとする．クーロンの法則より，q_1 が q_2 に及ぼす力は

$$F_{12} = \frac{1}{4\pi\epsilon_0}\frac{q_1 q_2}{r_{12}^3}r_{12} \tag{10.1}$$

で与えられる．遠隔作用の立場では，電荷とそれに及ぶ力のみを考え，周囲の空間は問題にしない．一方，場の立場では，電荷 q_1 が周囲に電場をつくり，r_{12} 離れたところで

$$E = \frac{1}{4\pi\epsilon_0}\frac{q_1}{r_{12}^3}r_{12} \tag{10.2}$$

で与えられ，q_2 は電場の中にあることによって，

$$F_{12} = q_2 E \tag{10.3}$$

の力を受けると考える．式 (10.1) を式 (10.2) と (10.3) の二つに分けただけであり，

新しいことは何もないように見える．電荷が静止している限り，場の立場は遠隔作用の立場に比べ新しいことはないが，電荷が運動している場合は状況は変化する．

電荷 q_1 がある瞬間に突然動き始めたとする．式 (10.1) の r_{12} には何を代入すべきだろうか？ 二つの電荷がある場所をある瞬間に同時に定め，そこから r_{12} を求めればよいと思うかもしれない．しかし，我々は特殊相対性理論から，空間の異なる場所の同時性というのは微妙な概念で，座標系に依存するということを知っている．ある座標系で何とか同時性を定義したとしても，式 (10.1) にはもっと深刻な問題がある．電荷 q_1 と q_2 の間隔は q_1 が動き出すと変化するので，q_2 に対する $\bm{F}_{12}$ は式 (10.1) よりただちに変化する．これは電荷 q_1 が動き始めたという情報が別の電荷 q_2 に無限大の速さで伝わることを意味し，特殊相対性理論に矛盾する．この困難はマクスウェル方程式を用いて電磁場として扱えば解消する．マクスウェル方程式から，q_1 の運動の情報は速さ c で伝わり，電荷 q_2 はその情報がその場所に伝わってから影響を受け始めることを示すことができる．こうして，遠隔作用の立場では運動する電荷の矛盾のない理論をつくることはできず，場の立場が必要であることがわかる．

重力場の場合もまったく同じ考察が存在する．二つの質点が静止している場合，ニュートンの重力の法則により，その間にはたらく力が与えられる．しかし，質点が動き始めると，運動する電荷と同じ困難が生じる．アインシュタインは，特殊相対性理論を構築した後，ニュートンの重力理論が特殊相対性理論と矛盾することに気付いた．場の理論を構築し，重力の情報が c より速く伝わらないようにしなければならない．電荷は正と負の 2 種類あるのに対して，質量は正のみの 1 種類しかないので，一見，重力場の理論のほうが電磁場の理論より簡単だと思うかもしれない．しかし実際は，重力場の理論はずっと複雑である．その理由を説明しよう．電荷 q と質量 m をもつ粒子は電場 $\bm{E}$ 中で加速度 $(q/m)\bm{E}$ を受ける．この加速度は一般に異なる粒子に対しては異なる．一方，重力場の小さな領域（重力場の変化は無視できる）に置かれたすべての粒子は同じ加速度を受ける．その結果，重力場は加速された座標系と等価である．アインシュタインは，この**等価原理**が重力場の理論の重要な一部であることに気付いた．重力場の理論が複雑になる第 2 の理由は，線形理論である電磁場の理論と異なり，非線形理論であることである．重力場にはエネルギーが伴い，エネルギーは特殊相対性理論より等価な質量をもっている．したがって，重力場は等価な質量をもっているため，自分自身が重力場の源になる．これは，場が源にはならない電磁場の理論と異なる．重力場の理論は等価原理と非線形性を取り込まねばならないため，電磁場の理論より複雑になる．

アインシュタインは，重力を時空の湾曲とみなすという深い洞察力をもっていた (Einstein, 1916)．重力場が存在しない領域では，時空は平らで，物体は直線上を運

動する．しかし，時空が湾曲している（重力が存在している）領域では，物体は直線状の経路からそれる．つまり，重力が物体の運動を曲げるという代わりに，湾曲した時空で曲がった経路をたどるということができる．この重力の幾何学的解釈は，自動的に等価原理を説明する．物体の曲がった経路は時空の湾曲のみで定まり，物体の質量に依存しない．したがって，異なる質量の物体は同じ曲がった経路をたどる．

　重力の理論を構築するためには，時空の湾曲を扱う数学的手段が必要である．まず，2次元の表面の湾曲を考えよう．湾曲を考えるためには，外部からと内部からとの二つの見方がある．我々は通常，表面が湾曲しているというとき，3次元空間に埋め込まれた表面の湾曲として認識している．このように湾曲を外部から見るのは，4次元時空を考える際には便利ではない．5次元に埋め込まれた湾曲しているものを考えねばならないだろうか？　湾曲を内部から見る方法を説明するため，再び2次元表面の例を考えよう．知的な蟻のような，3次元の概念をもたない生物がこの表面に住んでいるとする．彼らはこの2次元表面内で何かを測定して湾曲を知ることができるであろうか？　表面が平面なら，どの三角形も内角の和は180°である．しかし，湾曲した表面ではそうなるとは限らない．湾曲した表面では，直線は測地線，すなわち，表面の2点間を結ぶ表面内のみを通る最短経路と置き換える必要がある．球面の測地線は大円である．図10.1のように，二つの経線と赤道で囲まれた地球上の三角形を考えよう．この3本の測地線で囲まれた三角形の内角の和は明らかに180°を超える．したがって，2次元面上に住む知的な蟻は，任意の三角形をとり内角の和を調べることによって，表面が湾曲しているかどうかを知ることができる．このように，内部からの湾曲の見方では，湾曲した表面が高次元空間に埋め込まれているかどうかを考える必要がない．4次元時空の湾曲を考える際には，内部から湾曲を考えるほうが自然である．

　内部からの湾曲の見方は我々の日常の湾曲という概念と合っているが，そうではない場合もある．たとえば，円筒の表面は通常，湾曲した表面と考える．しかし，この表面は展開すると平面になるので，平面と同じ幾何的性質をもっている．円筒表面に

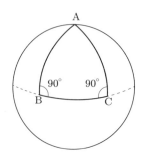

図 10.1　球面上に二つの大円と赤道で描いた三角形 ABC

描くすべての三角形の内角の和は 180° に等しい．したがって，内部からの見方では，円筒表面を平面と区別することはできないため，円筒表面は平面と考えざるをえず，一見不思議に思える視点になっている．ここでの根本的な疑問は，2 次元表面が平らだと決定するのは何であろうか，ということである．表面を**伸ばしたり縮めたりせずに平面に広げる**ことができれば，平らだとみなすべきである．球面はそうすることができないので，平らではない．そのため，地理学者が地球全体を平らなシートに表現するときには，グリーンランドをアフリカほどの大きさに広げるか，大陸の形を大きく歪めるとかして，思い切った射影をとる必要がある．

表面の一部を伸ばしたり縮めたりする際には，表面のさまざまな点間の距離が変わる．一方，表面を伸縮させずに平面に広げる際には，表面のすべての点間の距離が不変になるよう変換する．そのような変換が表面を平面に広げることができるかどうかは，さまざまな点間の距離が互いにどう関連しているかに依存する．半径 a の球面上に標準的な (θ, ϕ) 座標を導入すると，近接した 2 点 (θ, ϕ) と $(\theta+\mathrm{d}\theta, \phi+\mathrm{d}\phi)$ の間の距離は

$$\mathrm{d}s^2 = a^2(\mathrm{d}\theta^2 + \sin^2\theta\,\mathrm{d}\phi^2) \tag{10.4}$$

で与えられる．一般に，表面上の近接した 2 点の間の距離は

$$\mathrm{d}s^2 = \sum_{\alpha,\beta} g_{\alpha\beta}\,\mathrm{d}x_\alpha \mathrm{d}x_\beta \tag{10.5}$$

の形で表すことができる．ここで，$g_{\alpha\beta}$ は**計量テンソル**とよばれる．このテンソルにより，さまざまな点間の距離がどう関連しているかが決まる．すなわち，このテンソル $g_{\alpha\beta}$ が表面が平面に広げられるか，または表面が平らかどうかを決めている．このような考察はより高い次元にも当てはまる．高次元の近接する 2 点間の距離もまた式 (10.5) のような形で書くことができ，計量テンソル $g_{\alpha\beta}$ により空間が平らか湾曲しているかが定まる．12.2 節で，テンソルの計算に必要な数学的道具立てを準備し，計量テンソル $g_{\alpha\beta}$ から空間の曲率の計算ができるようにする．

極座標を用いると，平らな表面の計量テンソルは

$$\mathrm{d}s^2 = \mathrm{d}r^2 + r^2\,\mathrm{d}\theta^2 \tag{10.6}$$

と表せる．同じ座標 (x_1, x_2) を用いて，二つの計量 (10.6) と (10.4) は

$$\mathrm{d}s^2 = a^2(\mathrm{d}x_1^2 + x_1^2\,\mathrm{d}x_2^2) \tag{10.7}$$

$$\mathrm{d}s^2 = a^2(\mathrm{d}x_1^2 + \sin^2 x_1\,\mathrm{d}x_2^2) \tag{10.8}$$

と書くことができる．もう一つの 2 次元表面の計量は

$$ds^2 = a^2(dx_1^2 + \sinh^2 x_1\, dx_2^2) \tag{10.9}$$

である．12.2 節で述べる曲率の計算法によれば，計量 (10.7) は曲率ゼロ（平らな表面）であり，計量 (10.8) と (10.9) はそれぞれ一定の曲率 $2/a^2$ と $-2/a^2$ をもつ．確かに，計量 (10.8) をもつ球は一様な曲率をもっている．では，計量 (10.9) に相当する面はどのようなものであろうか？　図 10.2 は馬の鞍型の表面を示す．鞍点 P は負の曲率をもつことを示すことができる．しかし，鞍型の表面は一様な表面ではなく，点により異なる幾何学的性質をもっている．このような性質をもつ 2 次元表面を 3 次元に埋め込むことはできない．しかし，数学的にそのような面を仮定し，計量 (10.9) を解析して，その性質を調べることはできる．

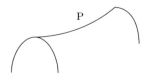

図 10.2　馬の鞍型の表面

　一般相対性理論を実際に学ぶ際には，湾曲を計算する数学的道具立てが必要であり，12.2 節で述べる．ここでは，一般相対性理論の構造が電磁場の力学と類似していることを指摘しておく．電磁気学の基本的な考え方は，電荷と電流が電磁場を生み出すということである．電荷と電流の分布がわかれば，マクスウェル方程式により電磁場を知ることができる．同様に，一般相対性理論では，質量とエネルギーが時空を湾曲させると考えられ，理論の要であるアインシュタイン方程式（12.4.2 項で導入される）により，時空の湾曲が質量およびエネルギーとどう関連するかが記述される．したがって，質量とエネルギーの分布がわかれば，原理的にはアインシュタイン方程式により時空の計量を計算することができて，時空の構造が定まる．電磁気理論を完結するには，電磁場中での電荷の運動を記述するローレンツ方程式

$$m\frac{d\boldsymbol{v}}{dt} = q(\boldsymbol{E} + \boldsymbol{v} \times \boldsymbol{B}) \tag{10.10}$$

が必要である．一般相対性理論にも質点が湾曲した時空でどう運動するかを定める類似の方程式が必要である．一般相対性理論の基本的な考え方は，質点は非重力的力が存在しないならば測地線に沿って進む，ということである．したがって，式 (10.10) の代わりに，一般相対性理論には測地線方程式（12.2.5 項で述べる）がある．表 10.1 は電磁力学と一般相対性理論の比較である．一般相対性理論では，質量とエネルギーは時空を湾曲させ，質点は湾曲した時空の測地線を進む，という考えでニュートンの重力理論を置き換える．

表 10.1　電磁力学と一般相対性理論の類似性

	電磁力学	一般相対性理論
基礎方程式	マクスウェル方程式 {電荷, 電流} ⇒ {電磁場}	アインシュタイン方程式 {質量, エネルギー} ⇒ {時空の湾曲}
場の中での質点の運動方程式	ローレンツの式 (10.10)	測地線に沿った運動 （測地線方程式 (12.51)）

10.3　宇宙の計量

前節では，定性的に一般相対性理論を簡単に紹介した．つぎに，宇宙に可能な時空の構造を論じよう．6.5 節で，空間は一様で等方であるとする**宇宙原理**を紹介した．空間はどこでも一様な曲率をもつ場合にのみ一様等方である．一様な（どこでも一定の曲率をもつ）2 次元表面で可能な計量は，式 (10.7)，(10.8) および (10.9) のみであった．一様な 3 次元空間に対し，同様な計量を書き下そう．球座標 (r, θ, ϕ) を用いて，平らな空間にある近接した，2 点間の距離は

$$ds^2 = dr^2 + r^2(d\theta^2 + \sin^2\theta \, d\phi^2) \tag{10.11}$$

で与えられる．この計量の曲率は（12.2.4 項で紹介する方法で）計算することができ，ゼロである．$r = a\chi$ と書くと，この計量は

$$ds^2 = a^2(d\chi^2 + \chi^2 \, d\Omega^2) \tag{10.12}$$

の形になる．ただし，

$$d\Omega^2 = d\theta^2 + \sin^2\theta \, d\phi^2 \tag{10.13}$$

とおいた．3 次元の計量 (10.12) は 2 次元の計量 (10.7) とよく似た形をしている．計量 (10.8) と (10.9) に類似した 3 次元の計量は

$$ds^2 = a^2(d\chi^2 + \sin^2\chi \, d\Omega^2) \tag{10.14}$$

$$ds^2 = a^2(d\chi^2 + \sinh^2\chi \, d\Omega^2) \tag{10.15}$$

で与えられる[†]．ただし，いずれも $d\Omega^2$ は式 (10.13) で定義される．12.2.4 項で論じる方法で計算すると，計量 (10.14) と (10.15) はそれぞれ $6/a^2$ と $-6/a^2$ の一様な曲率をもつ．球面上のすべての点が同等なように，計量 (10.14) と (10.15) で記述され

[†] 訳注：sinh は双曲線正弦関数（ハイパボリック・サイン）であり，$\sinh x = (e^x - e^{-x})/2$ で定義される．同様に，双曲線余弦関数（ハイパボリック・コサイン）cosh は $\cosh x = (e^x + e^{-x})/2$ で定義される．

る空間のすべての点も，いずれの計量でも同じ曲率をもつので，同等でなければならない．実際，すべての点が同等な3次元の計量の形は，式 (10.12), (10.14) と (10.15) のみである．すなわち，宇宙原理が満たされなければならないとしたら，宇宙の計量の空間部分はこれら三つの形のうちの一つでなければならない．

　計量 (10.14) で記述される空間は有限な体積をもつことを示すことができる．三つの座標方向に面をもつ体積要素を考えよう．$d\Omega^2$ は式 (10.13) で与えられるので，式 (10.14) から体積要素の3辺は $a\,d\chi$, $a\sin\chi\,d\theta$ および $a\sin\chi\sin\theta\,d\phi$ である．したがって，この体積要素の体積は

$$dV = a^3 \sin^2\chi\,d\chi\,\sin\theta\,d\theta\,d\phi$$

で与えられる．空間の体積を求めるには，これを χ, θ (0 から π) および ϕ (0 から 2π) の可能な値すべてについて積分する必要がある．χ の範囲はどうしたらよいだろうか？　計量に現れる係数 $\sin^2\chi$ は $\chi=0$ と $\chi=\pi$ で同じ値をとり，その先は同じ範囲の繰り返しである．したがって，全空間に対する積分は

$$V = a^3 \int_{\chi=0}^{\chi=\pi} d\chi\,\sin^2\chi \int_{\theta=0}^{\theta=\pi} d\theta\,\sin\theta \int_{\phi=0}^{\phi=2\pi} d\phi = 2\pi^2 a^3 \qquad (10.16)$$

となる．球面には端がないのに有限な面積をもつように，この空間は境界面がないのに有限な体積をもつ．同様に計算して，式 (10.12) と (10.15) の計量で与えられる空間は無限の体積をもつことを示すことができる．

　つぎに，異なる記法を導入しよう．式 (10.12) に $\chi=r$, 式 (10.14) に $\sin\chi=r$, 式 (10.15) に $\sinh\chi=r$ を代入する．すると，式 (10.12), (10.14) および (10.15) はそれぞれ

$$ds^2 = a^2(dr^2 + r^2\,d\Omega^2)$$

$$ds^2 = a^2\left(\frac{dr^2}{1-r^2} + r^2\,d\Omega^2\right)$$

$$ds^2 = a^2\left(\frac{dr^2}{1+r^2} + r^2\,d\Omega^2\right)$$

となる．これら三つの式は，まとめて簡潔な形

$$ds^2 = a^2\left(\frac{dr^2}{1-kr^2} + r^2\,d\Omega^2\right) \qquad (10.17)$$

に書くことができる．ただし，k はゼロ，正および負の曲率に対しそれぞれ，0, $+1$ および -1 の値をとる．

10.3 宇宙の計量

ここまでは 3 次元空間の計量を考えてきた．宇宙の時空を記述するためには，4 次元時空の計量が必要である．この計量の空間部分は式 (10.17) で記述されると期待される．特殊相対性理論を指針として，時間部分を加えよう．特殊相対性理論の計量は

$$ds^2 = -c^2\,dt^2 + dx^2 + dy^2 + dz^2$$

で与えられた．$dx^2 + dy^2 + dz^2$ が空間部分の計量であるから，$-c^2\,dt^2$ を加えることにより完全な時空の計量になる．同様に，宇宙の 4 次元時空の計量は，式 (10.17) に $-c^2\,dt^2$ を加えることにより得られると期待される．すなわち，

$$ds^2 = -c^2\,dt^2 + a(t)^2\left(\frac{dr^2}{1-kr^2} + r^2\,d\Omega^2\right) \tag{10.18}$$

である．$d\Omega^2$ に式 (10.13) を代入すると，完全な 4 次元の計量は

$$ds^2 = -c^2\,dt^2 + a(t)^2\left[\frac{dr^2}{1-kr^2} + r^2(d\theta^2 + \sin^2\theta\,d\phi^2)\right] \tag{10.19}$$

で与えられ，これは**ロバートソン–ウォーカー計量**とよばれており，宇宙原理を満たす（一様な空間部分をもつ）宇宙の計量の唯一可能な形である (Robertson, 1935; Walker 1936)．k の三つの値 0，+1 および −1 は，平ら，正と負に湾曲した宇宙の三つの種類を与える．場合によっては，ロバートソン–ウォーカー計量を r でなく，式 (10.12)，(10.14) と (10.15) のように χ で表すほうが便利である．その場合，

$$ds^2 = -c^2\,dt^2 + a(t)^2\left[d\chi^2 + S^2(\chi)(d\theta^2 + \sin^2\theta\,d\phi^2)\right] \tag{10.20}$$

となる．ただし，関数 $S(\chi)$ は k の値 0，+1 および −1 に対しそれぞれ，χ，$\sin\chi$ および $\sinh\chi$ とする．

式 (10.19) および (10.20) において，a が一般に時間の関数であることを明示するために $a(t)$ と書いたことは重要である．その物理的重要性を理解するため，球表面の計量 (10.4) を考えよう．パラメータ a は球の半径で，球が膨張するなら時間とともに増加する．同じ考え方で，式 (10.19) に現れる $a(t)$ も宇宙の大きさの目安となり，**スケール因子**とよばれている．$a(t)$ の時間発展方程式は宇宙が時間とともにどう進化するかを教えてくれる．これは，式 (10.19) を一般相対性理論の基本方程式であるアインシュタイン方程式に代入すれば得られる．これは 14.1 節で実行する．しかし，10.1 節で述べたように，奇跡的な偶然により，ある仮定のもとにニュートン力学からもまったく同じ方程式が得られる．それについては次節で論じる．

球表面の計量 (10.4) について，もう一つ有用な類似を指摘しておく．球表面にいくつか印を付けるとしよう．印の座標 (θ, ϕ) は球が膨張しても変化しない．しかし，球

の半径が増加しどの二つの印の間の（両者をつなぐ大円に沿った）距離も半径に比例して増加するため，印どうしは離れていく．相対論的宇宙論では，宇宙のスケール因子が増加するため銀河どうしが離れていくが，（ハッブル膨張に対する銀河の運動を無視する限り）銀河の空間座標 (r,θ,ϕ) は変化しないという，同様の観点がある．いい換えると，銀河はある点にとどまるが，空間が膨張していく．銀河が宇宙の膨張とともに座標を変えない座標系を**共動座標系** (co-moving coordinate system) という．通常，ロバートソン–ウォーカー計量は共動座標系に相当する計量と仮定する．天の川銀河が座標系の原点にあり，(r,θ,ϕ) にある別の銀河までの距離を知りたいとしよう．この距離の目安を得る一つの方法は，ds の空間部分を我々からその銀河まで積分することである．我々が原点にいるならば，この積分は動径方向であり，式 (10.19) から，銀河までの距離の目安は

$$\ell = a(t) \int_0^r \frac{dr'}{\sqrt{1-kr'^2}} \tag{10.21}$$

で与えられる．一般相対性理論における距離の概念については微妙なところがあり，距離の測定については 13.1 節で詳しく述べる．観測データからさまざまな銀河距離を推測する方法については 14.4 節で論じる．しかし，これら異なる距離も式 (10.21) により測られる距離も，銀河の赤方偏移が 1 に比べて小さく，宇宙の湾曲がその距離では重要でない場合は収束する．式 (10.21) により与えられる距離 ℓ により，宇宙の膨張による銀河の後退速度は

$$v = \dot{a}(t) \int_0^r \frac{dr'}{\sqrt{1-kr'^2}} \tag{10.22}$$

となる．ただし，上付きの点 (˙) はこの章では常に t に関する微分を表すとする．式 (9.13) より，ハッブル定数は

$$H = \frac{v}{\ell} = \frac{\dot{a}}{a} \tag{10.23}$$

で与えられる．

ここまでで，相対論的宇宙論の基本的な概念をいくつか紹介した．以下，この章では，ニュートン的宇宙論のみを用い，どこまで行けるかを見る．一般相対性理論の詳細を用いずに，宇宙の進化の数学的方程式を調べることができることがわかるだろう．しかし，その扱いは一貫性を欠き，一般相対性理論なしでは深い意味で満足することはできない．表 10.2 に，一般相対性理論といわゆるニュートン的宇宙論のおもな違いを列挙した．球面上のすべての点が同等であるように，計量 (10.19) で記述される一様な 3 次元空間のすべての点は同等である．しかし，ニュートン的宇宙論では，我々が

表 10.2　一般相対論的宇宙論とニュートン的宇宙論の概念の違い

	一般相対論的宇宙論	ニュートン的宇宙論
1	空間の点はすべて同等	我々は宇宙の中心にいる
2	空間は銀河とともに膨張	銀河は空間内で遠ざかる
3	赤方偏移は膨張による波長の伸びで引き起こされる	赤方偏移は銀河の後退によるドップラー効果で引き起こされる

宇宙の中心にいて，我々を中心として宇宙が動径方向に膨張しているという視点を考える．相対論的宇宙論で導入した共動座標系では，空間は膨張しており銀河を一緒に運んでいく．一方，ニュートン的宇宙論では，銀河が空間で動いていると仮定せざるをえず，銀河は力学の対象でなく不活性な背景と見なすことになる．ニュートン的宇宙論のもう一つの問題点は，スペクトル線の赤方偏移を銀河の後退によるドップラー効果と解釈せざるをえないことである．赤方偏移 z が 1 程度以上になる（強力な望遠鏡では多くの天体が該当する）と，この解釈は前述のようにうまくいかない．14.3 節で，膨張宇宙における光の伝播を論じる相対論的理論を述べる際に，光の波長は宇宙の膨張とともに伸びることを見る．すなわち，遠く離れた銀河を出発するときの宇宙のスケール因子が a で，現在のスケール因子が a_0（膨張宇宙では a より大きい）であれば，相対論的考察から，

$$1 + z = \frac{\lambda_{\mathrm{obs}}}{\lambda_{\mathrm{em}}} = \frac{a_0}{a} \tag{10.24}$$

の関係がある．宇宙論の観測可能な量の多くは，スケール因子そのものではなく，式 (10.24) のように，スケール因子の比に関連していることを見ることになる．

10.4　スケール因子に対するフリードマン方程式

式 (10.19) に現れるスケール因子 $a(t)$ が時間とともにどう発展するかを記述する方程式を導こう．ニュートン力学を用いて簡単な考察を行う．前述のとおり，図 10.3 のように，宇宙は我々一様な膨張の中心として球対称であると仮定する．こうすると，以下で得られる方程式は，アインシュタイン方程式でロバートソン–ウォーカー計量を用いて得られるものと奇跡的に一致する．

図 10.3 のように，半径 a の球殻を考えよう．球殻の単位質量あたりの運動エネルギーは $(1/2)\dot{a}^2$，単位質量あたりのポテンシャルエネルギーは $-GM/a$ である．ただし，M はこの球殻で囲まれた質量とする．一様な密度 ρ を仮定すると，ポテンシャルエネルギーは

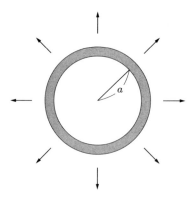

図 10.3 球対称膨張領域における球殻

$$-\frac{\frac{4}{3}\pi G\rho a^3}{a} = -\frac{4}{3}\pi G\rho a^2$$

と書けるので,運動の定数となる全運動エネルギーは

$$E = \frac{1}{2}\dot{a}^2 - \frac{4}{3}\pi G\rho a^2 \tag{10.25}$$

で与えられる.ρ の a に対する依存性がわかれば,この方程式を用いて a の時間発展を解くことができる.14.1 節で見るように,アインシュタイン方程式にロバートソン-ウォーカー計量を代入すると,式 (10.25) と同じ方程式が得られ,E は

$$E = -\frac{kc^2}{2} \tag{10.26}$$

で与えられる.ただし,k はロバートソン-ウォーカー計量 (10.19) に現れるものと同じで,+1, −1 あるいは 0 の値をとる.式 (10.26) を式 (10.25) に代入すると,

$$\frac{\dot{a}^2}{a^2} + \frac{kc^2}{a^2} = \frac{8\pi G}{3}\rho \tag{10.27}$$

となり,これは**フリードマン方程式**として知られている (Friedmann, 1924).

アインシュタイン方程式には,**宇宙項**とよばれる余分の項を付け加える余地があり,この項により宇宙にさらなる加速を引き起こす可能性があることを指摘しておく (Einstein, 1917).14.5 節で論じるように,遠方の超新星に対する最近の赤方偏移のデータは,宇宙が加速膨張しており,フリードマン方程式 (10.27) は完全な方程式ではなく,余分に宇宙項を付け加える必要があることを示唆している.たとえそうだとしても,教育的見地から,宇宙項の効果を議論する前に式 (10.27) の結果を調べておく意味がある.この章の以下の議論では,宇宙項がゼロであることを仮定し,式 (10.27)

を用いる．14章で，宇宙定数により必要となる修正を論じる．宇宙定数は数年前までゼロと考えられていたので，2000年までに書かれた標準的な宇宙論の教科書は式 (10.27) を完全な方程式とみなし，その解を論じている．14.2節で，宇宙が歳をとるほど宇宙定数が支配的になることを見る．宇宙はちょうどいま，宇宙定数項が方程式のほかの項と同じ程度の大きさになる時期を迎えているようである．とはいえ，若い宇宙を調べるには，式 (10.27) で十分である．

重力に抗して運動している物体に対し，正のエネルギー E は物体が運動を続けて無限遠まで逃げ去るということを意味するが，負のエネルギーはいずれ重力の引力のために戻ってくるということを意味する．ここでも同様の考察が当てはまる．式 (10.26) より，k は E と逆符号であるから，すぐに重要な結論を引き出すことができる．$k = -1$ であれば，宇宙は膨張を永遠に続ける．一方，$k = +1$ であれば，宇宙の膨張はいずれ止まり，宇宙は収縮してつぶれる（宇宙定数がゼロである限り）．このような宇宙は有限の時間のうちに，**ビッグ・クランチ**（「大収縮」）により終焉を迎える．10.3節で，正の曲率の宇宙 ($k = +1$) は有限な体積をもつが，負の曲率の宇宙 ($k = -1$) は無限大であることを見た．ここから，有限な空間 ($k = +1$) をもつ宇宙は有限な時間だけ続き，無限な空間 ($k = -1$) をもつ宇宙は無限に続くということが導かれる．

宇宙が無限に膨張するかどうかは，重力の強さを決める宇宙の密度によって決まるはずである．宇宙がこの二つの可能性のちょうど境界 ($k = 0$) にある密度の値は，**臨界密度**とよばれ，ρ_c と書かれる．式 (10.27) に $k = 0$ を代入して式 (10.23) を用いると，臨界密度は

$$\rho_c = \frac{3H^2}{8\pi G} \tag{10.28}$$

で与えられる．ハッブル定数に現在の値 $H_0 = 100 h \,\mathrm{km\,s^{-1}\,Mpc^{-1}}$ を用いると，現在の臨界密度の値は

$$\rho_{c,0} = 1.88 \times 10^{-26} h^2 \,\mathrm{kg\,m^{-3}} \tag{10.29}$$

となる．現在の宇宙の平均密度がこれより小さければ，宇宙は永遠に膨張を続ける．これより大きければ，宇宙はいずれ収縮に変わる．宇宙の平均密度の問題については，次節で宇宙の中身について論じるときに扱う．臨界密度に対する密度の比は**密度パラメータ**

$$\Omega = \frac{\rho}{\rho_c} \tag{10.30}$$

とよばれる．式 (10.23), (10.28) と (10.30) を用いて，式 (10.27) は

$$\frac{kc^2}{a^2H^2} = \Omega - 1 \tag{10.31}$$

という形に書くことができる．a, H および Ω は時間とともに変化することに注意しよう．ある時刻 t におけるこれらの関係は式 (10.31) で与えられる．現在の値は a_0, H_0 および Ω_0 と書かれる．式 (10.30) と (10.31) から，$k = 0, k = +1$ および $k = -1$ はそれぞれ，$\rho = \rho_c,\ \rho > \rho_c$ および $\rho < \rho_c$ の場合に対応することは明らかである．これは $k = +1$ の宇宙はやがて収縮に転じ，$k = -1$ の宇宙は永遠に膨張を続けるとした前述の結論と一致している．密度が臨界密度 ρ_c を超えた場合に限り，重力が強いため，やがて宇宙を収縮させる（$k = +1$ の場合）．密度が臨界密度 ρ_c より小さい場合は，重力が弱いため，宇宙の膨張を止めることはできない（$k = -1$ の場合）．

球殻のニュートン的表式 (10.25) において，E はどのような実数値もとれる．しかし，式 (10.26) から，E は k のとる三つの値に対応する三つの値しかとることができないという一般相対論的制約がつく．これは一見驚くべきことに見える．式 (10.27) に現れる $a, \dot{a}$ および ρ は連続的な値をとれる．k がとりうる三つの値を式 (10.27) に代入して得られる関係式により，$a, \dot{a}$ および ρ は三つの関係式のいずれかを満たさねばならない．一般相対性理論において時空の湾曲をつくり出すのは質量とエネルギーであるため，このような関係が期待される．一方，純粋にニュートン的な考察を図 10.3 の球殻に適用すると，その半径 a は密度 ρ と関係している必要はない．さまざまな半径の球殻を考え，式 (10.25) のような関係式を書くことができ，E の値はそれぞれについて別でありうる．一般相対論的宇宙論では，a は宇宙の湾曲の半径のようなもので，一般相対性理論は膨張する球殻に対するニュートン的理論には存在しない制約を課すのである．ニュートン的考察により一般相対性理論と同じ形の式 (10.25) を導いたが，両者には微妙な違いがあることに留意しておく必要がある．

ρ が a とともにどう変わるかは次節で論じる．ここでは，a により変化する ρ が得られた場合に，式 (10.27) をどう解くかについて述べておく．$k = 0$ の場合，式 (10.27) を解くのは簡単である．膨張する宇宙では $\dot{a}$ は正であるから，

$$\dot{a} = \sqrt{\frac{8\pi G\rho}{3}}\, a \tag{10.32}$$

を得る．これは ρ が a とともにどう変わるかがわかれば容易に積分できる．$k = \pm 1$ のときは，t から時間のような変数 η をつぎのように定義して用いると便利である．

$$c\, dt = a\, d\eta \tag{10.33}$$

この変数 η を用いると，ロバートソン–ウォーカー計量 (10.19) は

$$ds^2 = a(\eta)^2 \left[-d\eta^2 + \frac{dr^2}{1-kr^2} + r^2(d\theta^2 + \sin^2\theta\, d\phi^2) \right] \tag{10.34}$$

と書ける．上付きの点 (˙) は t に関する微分であるから，η に関する微分は明示しよう．式 (10.33) から，

$$\dot{a} = \frac{c}{a}\frac{da}{d\eta}$$

であるので，式 (10.27) に代入すると，

$$\frac{c^2}{a^4}\left(\frac{da}{d\eta}\right)^2 + \frac{kc^2}{a^2} = \frac{8\pi G}{3}\rho$$

となる．したがって，

$$\frac{da}{d\eta} = \pm\sqrt{\frac{8\pi G}{3c^2}\rho a^4 - ka^2}$$

であり，積分形で書くと，

$$\eta = \pm\int \frac{da}{\sqrt{\dfrac{8\pi G}{3c^2}\rho a^4 - ka^2}} \tag{10.35}$$

となる．ρ が a の関数として与えられれば，この積分を実行して a が時間的変数 η とともにどう変わるかを知ることができる．もし a の t に対する変化を知りたければ，a を η の関数として求めた後に，式 (10.33) を解いて η と t を関係付ける必要がある．10.6 節で，いくつかの場合について実際の計算を行う．

10.5　宇宙の中身，宇宙黒体輻射

　前節で指摘したように，スケール因子 a を時間の関数として解くためには，宇宙の密度 ρ が a とともにどう変わるかを知る必要がある．そのためには宇宙の中身を考えなければならない．特定の中身を論じる前に，宇宙を密度 ρ，等価エネルギー密度 ρc^2 で満たしている流体を考えよう．ρc^2 は圧力の次元をもつから，この流体の圧力を

$$P = w\rho c^2 \tag{10.36}$$

と書くことができる．時間とともに増大する宇宙の体積 a^3 を考えよう．この体積の全内部エネルギーは $\rho c^2 a^3$ である．膨張が断熱的であるとすると，熱力学の第 1 法則 $dQ = dU + PdV$ から，

$$\mathrm{d}(\rho c^2 a^3) + w\rho c^2\, \mathrm{d}(a^3) = 0$$

となるので，

$$\rho \propto \frac{1}{a^{3(1+w)}} \tag{10.37}$$

を得る．ある宇宙の成分について，式 (10.36) に現れる w がわかれば，式 (10.37) からその成分が a とともにどう変わるかを知ることができる．気体分子運動論の標準的な結果として，気体の圧力は

$$P = \frac{1}{3}\rho \overline{v^2}$$

で与えられることが知られている．ただし，v は気体分子の速度である（たとえば，Saha and Srivastava (1965, §3.12) を参照）．式 (10.36) と比較すれば，

$$w = \frac{1}{3}\frac{\overline{v^2}}{c^2} \tag{10.38}$$

を得る．非相対論的な気体に対しては

$$w \approx 0, \quad \rho \propto \frac{1}{a^3} \tag{10.39}$$

であり，粒子がみな c に近い速さで動く相対論的な気体に対しては

$$w \approx \frac{1}{3}, \quad \rho \propto \frac{1}{a^4} \tag{10.40}$$

となる．

宇宙の物質は階層的構造をつくって分布しているが，物質分布はおよそ $100h^{-1}$ Mpc を超えるスケールでは一様に見えるようになり，宇宙原理と一致しているようである．宇宙のすべての物質が光を放つ星で構成されているならば，観測データを注意深く解析した結果からは，式 (10.30) で定義した Ω は

$$\Omega_{\mathrm{Lum}} \approx 0.01 \tag{10.41}$$

程度の大きさになっているようである．しかし，9 章で述べたように，銀河の回転曲線からは銀河の星の円盤を超える量の暗黒物質の存在が示唆される．銀河団にヴィリアル定理を適用すると，さらに大量の暗黒物質の存在が示唆される．銀河団のヴィリアル質量から推定された密度パラメータは，ハッブル定数の不定性とは無関係で（演習問題 10.1 参照），

$$\Omega_{\mathrm{M},0} \approx 0.3 \tag{10.42}$$

程度である．ただし，添字 0 は物質による密度パラメータの現在の値を意味する．別の時代では異なる値であるかもしれないからである．$\Omega_{\mathrm{M},0}$ がこの値であることについては，14.5 節で，こことは独立した議論により示す．式 (10.29) と (10.30) から，現在の物質密度は

$$\rho_{\mathrm{M},0} = 1.88 \times 10^{-26} \Omega_{\mathrm{M},0} h^2 \text{ kg m}^{-3} \tag{10.43}$$

となる．式 (10.39) を用いて，任意の時期における物質密度を

$$\rho_{\mathrm{M}} = \rho_{\mathrm{M},0} \left(\frac{a_0}{a}\right)^3 \tag{10.44}$$

と書くことができる．ただし，スケール因子の現在の値を a_0，任意の時期の値を a とする．

　ハッブルの法則は，すべての銀河が**ビッグ・バン**とよばれるある時期に互いに非常に近くにあったことを意味している．いい換えると，宇宙の密度や温度といった物理パラメータは，単純な理論的考察からはその時期無限大となってしまい，我々の現在理解している物理法則はビッグ・バンより前には適用できないことになる．熱い物質は輻射を放出する．初期の宇宙は密度が高く熱かったので，物質と熱力学的平衡になる輻射で満たされていたであろう．物質と平衡にある輻射は黒体輻射になる．宇宙が膨張して密度が低下するにつれ，ある段階で宇宙は輻射に対し透明になり，輻射は物質と平衡ではなくなる．この輻射と物質の分離については 11.7 節で詳しく論じる．宇宙はこの分離後も膨張を続けるので，輻射は物質と相互作用しなくなるため断熱膨張することになる．黒体輻射の熱力学からの重要な結果として，黒体輻射は断熱膨張しても，温度は膨張とともに下がるものの黒体輻射であり続ける（たとえば，Saha and Srivastava (1965, §15.25)）．14.3 節で示すように，膨張宇宙における光の伝播の一般相対論的解析からも，黒体輻射は物質と相互作用しなくても黒体輻射であり続けるという同じ結論が得られる．すなわち，宇宙はいまでも膨張とともに温度が低下する黒体輻射で満たされているということが理論的に期待される．アルファーとハーマンは，このことを最初に指摘し，この黒体輻射の温度が 10 K 程度であることを予言した (Alpher and Herman, 1948)．この理論的予言を知らずに，ペンジアスとウィルソンは，温度 3 K と見られる輻射を偶然に発見した (Penzias and Wilson, 1965)．3 K の黒体輻射の大部分はマイクロ波領域にあるため，**宇宙マイクロ波背景輻射** (cosmic microwave background radiation)，略して **CMBR** とよばれている．

　おそらく CMBR の発見は，ハッブルの法則に次いで，観測的宇宙論の発展における最も重要な出来事であろう．ルメートルは，宇宙が熱いビッグ・バンから始まったに違いないと論じた最初の人物であった (Lemaître, 1927)．CMBR はビッグ・バンの

名残であり，その存在は宇宙が熱いビッグ・バンから生まれたというかなり説得力のある（少なくともほとんどの天体物理学者にとっては十分な説得力のある）証拠である．ペンジアスとウィルソンは，CMBR スペクトルのほんの一部を測定した．1989 年に打ち上げられた COBE (Cosmic Background Explorer) 衛星は CMBR を詳しく観測した．図 10.4 は COBE が測定した CMBR のスペクトルである (Mather et al., 1990)．これは，温度

$$T_0 = 2.735 \pm 0.06\,\text{K} \tag{10.45}$$

の黒体輻射に対するプランクのスペクトルにより，非常によくフィットされている．温度 T の黒体輻射のエネルギー密度は $a_\text{B} T^4$ で表される．ただし，a_B はシュテファン定数である（演習問題 2.1 参照）．よって，CMBR の宇宙の密度への寄与は

$$\rho_\gamma = \frac{a_\text{B}}{c^2} T^4 \tag{10.46}$$

となる．

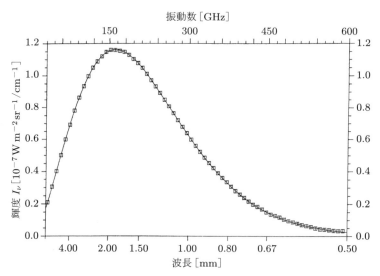

図 10.4 COBE により得られた宇宙マイクロ波背景輻射のスペクトル．
[出典：Mather et al. (1990)]

11.4 節で，宇宙には CMBR の背景光子に加え，背景ニュートリノの存在が期待されることを論じる．その詳しい性質は 11.4 節で導くが，ここでは，現在における相対論的な背景粒子（光子とニュートリノを合わせて）の全密度が

$$\rho_{\text{R},0} = 1.68 \rho_{\gamma,0} \tag{10.47}$$

となることのみ触れておく．ただし，$\rho_{\gamma,0}$ は宇宙の密度に対する現在の CMBR の寄与である．CMBR 光子もニュートリノも相対論的気体なので，式 (10.40) が成り立つため，

$$\rho_R = \rho_{R,0} \left(\frac{a_0}{a}\right)^4 \tag{10.48}$$

と書くことができる．CMBR 密度 ρ_γ のみでも a^{-4} に比例するので，式 (10.46) より，

$$T \propto \frac{1}{a} \tag{10.49}$$

が成り立ち，CMBR の温度が宇宙膨張とともにどう低下していくかがわかる．11.4 節で，ニュートリノの温度も同様に低下するが，その値は同じ時期の CMBR と異なることを見る．

式 (10.44) と (10.48) を加えて，宇宙の全密度は

$$\rho = \rho_{M,0} \left(\frac{a_0}{a}\right)^3 + \rho_{R,0} \left(\frac{a_0}{a}\right)^4 \tag{10.50}$$

と書ける．以下の議論では，光子とニュートリノをともに「輻射」とよぶことにする．式 (10.50) から明確な結果を導くことができる．宇宙の膨張とともに，輻射の密度（a^{-4} で低下する）は物質の密度（a^{-3} で低下する）より早く低下する．時間をさかのぼると，ビッグ・バンに近づけば近づくほど，a が小さくなるとともに輻射の密度は物質の密度より大きくなる．現在では

$$\rho_{M,0} \gg \rho_{R,0}$$

であるが，過去には物質と輻射の密度は等しい時期があり，その前は輻射が優勢であった．**物質－輻射平等**の時期のスケール因子を a_{eq} とすると，式 (10.44) と (10.48) を等しいとおき，式 (10.46) と (10.47) を用いて，

$$\frac{a_0}{a_{eq}} = \frac{\rho_{M,0}}{\rho_{R,0}} = \frac{\rho_{M,0} c^2}{1.68 a_B T_0^4} \tag{10.51}$$

を得る．式 (10.43) と (10.45) を代入すれば

$$\frac{a_0}{a_{eq}} = 2.3 \times 10^4 \, \Omega_{M,0} h^2 \tag{10.52}$$

となる．宇宙の歴史は二つの時期にはっきり分割することができる．スケール因子 a が式 (10.52) で与えられる a_{eq} より小さい物質－輻射平等より前の時期は，宇宙は**輻射優勢**であるといい，物質－輻射平等より後の時期は，宇宙は**物質優勢**であるという．

宇宙の進化を調べるには，ρ に式 (10.50) を代入したフリードマン方程式 (10.27) を

解く必要がある．しかし計算では，物質優勢宇宙を調べるために式 (10.44) で与えられる $\rho = \rho_M$ を仮定し，輻射優勢宇宙を調べるために式 (10.48) で与えられる $\rho = \rho_R$ を仮定しても，大きな誤差は生まない．このような簡単な場合には解析解が得られる．つぎの 2 節ではそれぞれ，物質優勢と輻射優勢の宇宙に対するフリードマン方程式を解く．

10.6 物質優勢宇宙の進化

式 (10.44) で与えられる $\rho = \rho_M$ を仮定して，物質優勢宇宙に対しフリードマン方程式 (10.27) を解こう．$k = -1, 0, +1$ の三つの場合を考える必要がある．

まず $k = 0$ の場合を考えると，フリードマン方程式は式 (10.32) となり，式 (10.44) を代入すると，

$$\dot{a} = \sqrt{\frac{8\pi G \rho_{M,0} a_0^3}{3}} a^{-1/2}$$

を得る．この方程式の解は，$a = 0$ となるビッグ・バンの時期を $t = 0$ として，

$$\frac{2}{3} a^{3/2} = \sqrt{\frac{8\pi G \rho_{M,0} a_0^3}{3}} t \tag{10.53}$$

である．$k = 0$ の場合，密度は式 (10.28) で与えられる臨界密度に等しいから，

$$\rho_{M,0} = \frac{3H_0^2}{8\pi G}$$

であり，式 (10.53) に代入すると，

$$\frac{a}{a_0} = \left(\frac{3}{2} H_0 t\right)^{2/3} \tag{10.54}$$

を得る．こうして，宇宙の大きさは時間とともに $t^{2/3}$ で増加するという重要な結論が得られた．$k = 0$ に対する解は**アインシュタイン－ド・ジッターモデル**とよばれる (Einstein and de Sitter, 1932).

$k = \pm 1$ の場合は，フリードマン方程式 (10.27) から得られた積分形 (10.35) を用いる．式 (10.35) に式 (10.44) を代入すると，つぎのようになる．

$$\eta = \pm \int \frac{da}{\sqrt{\frac{8\pi G \rho_{M,0} a_0^3}{3c^2} a - ka^2}} \tag{10.55}$$

10.6.1 閉じた解 ($k = +1$)

10.4 節で論じたように，また式 (10.31) からも明らかであるが，これは密度が臨界密度より大きい，すなわち $\Omega_{\mathrm{M},0} > 1$ の場合である．$k = +1$ であるとき，式 (10.55) を解くと[†]．

$$a = \frac{4\pi G}{3c^2}\rho_{\mathrm{M},0} a_0^3 (1 - \cos\eta)$$

となり，これを書き直すと，

$$\frac{a}{a_0} = \frac{1}{2}\left(\frac{8\pi G \rho_{\mathrm{M},0}}{3H_0^2}\right)\frac{a_0^2 H_0^2}{c^2}(1 - \cos\eta)$$

を得るが，式，(10.28), (10.30) と (10.31) を用いれば，

$$\frac{a}{a_0} = \frac{\Omega_{\mathrm{M},0}}{2(\Omega_{\mathrm{M},0} - 1)}(1 - \cos\eta) \tag{10.56}$$

となる．ただし，$\Omega_{\mathrm{M},0} = \rho_{\mathrm{M},0}/\rho_{c,0}$ は現在の物質による密度パラメータである．時間的変数 η に対する a の進化は式 (10.56) により与えられる．t に対する式にするには，式 (10.33) を用いればよく，

$$t = \frac{1}{c}\int a\,\mathrm{d}\eta = \frac{\Omega_{\mathrm{M},0} a_0}{2c(\Omega_{\mathrm{M},0} - 1)}(\eta - \sin\eta)$$

となる．H_0 を掛けて式 (10.31) を用いると，

$$H_0 t = \frac{\Omega_{\mathrm{M},0}}{2(\Omega_{\mathrm{M},0} - 1)^{3/2}}(\eta - \sin\eta) \tag{10.57}$$

を得る．二つの式 (10.56) と (10.57) により，t の関数としての a を間接的に求めることができる．式 (10.56) より η が 2π に増加すると a はゼロに向かう．いい換えると，この解は宇宙がいずれは**ビッグ・クランチ**で終わる解を表している．すでに 10.4 節で，ニュートン的理論を用いて，有限な体積をもち臨界密度より高い密度をもつ $k = +1$ の宇宙は，いずれ収縮するという結論に至ったが，ここでは解によりそれを示すことができた．図 10.5 に，t の関数として a/a_0 を示す．

[†] 訳注：たとえば，つぎの不定積分の公式を用いればよい．

$$\int \frac{\mathrm{d}x}{\sqrt{ax^2 + bx + c}} = \begin{cases} \dfrac{1}{\sqrt{a}}\log\left|2ax + b + 2\sqrt{a(ax^2 + bx + c)}\right| + 定数 & (a > 0 \text{ のとき}) \\ -\dfrac{1}{\sqrt{|a|}}\sin^{-1}\left(\dfrac{2ax + b}{\sqrt{b^2 - 4ac}}\right) + 定数 & (a < 0 \text{ のとき}) \end{cases}$$

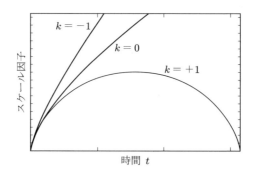

図 10.5　$k = -1, 0, +1$ の場合のスケール因子 a/a_0 の時刻 t に対する進化

10.6.2　開いた解 ($k = -1$)

これは $\Omega_{M,0} < 1$ の場合である．$k = -1$ を用いると，式 (10.56) と (10.57) の代わりに，

$$\frac{a}{a_0} = \frac{\Omega_{M,0}}{2(1 - \Omega_{M,0})}(\cosh\eta - 1) \tag{10.58}$$

$$H_0 t = \frac{\Omega_{M,0}}{2(1 - \Omega_{M,0})^{3/2}}(\sinh\eta - \eta) \tag{10.59}$$

を得る．やはり二つの式 (10.58) と (10.59) により，t の関数としての a を間接的に求めることができる．図 10.5 に t の関数として a/a_0 を $k = 0$ の場合とともに示す．$k = -1$ の解は臨界解 $k = 0$ より速い割合で無限に増加する．すでに 10.4 節で，$k = -1$ の解は臨界密度より低い密度をもつ無限宇宙に対応し，宇宙は永遠に膨張するという予測をしたが，ここでは解によりそれを示すことができた．

10.6.3　宇宙初期における近似解

図 10.5 を見ると，k の三つの値に対する解は，十分初期の段階では似たようなふるまいをしている．$\eta \ll 1$ での $k = \pm 1$ の解を求めよう．η が小さいとき，式 (10.56) と (10.58) はともに

$$\frac{a}{a_0} \approx \frac{\Omega_{M,0}}{2|1 - \Omega_{M,0}|}\frac{\eta^2}{2}$$

と表される．同様に，式 (10.57) と (10.59) は

$$H_0 t \approx \frac{\Omega_{M,0}}{2|1 - \Omega_{M,0}|^{3/2}}\frac{\eta^3}{6}$$

と表される.これら二つの式から η を消去すれば,

$$\frac{a}{a_0} \approx \left(\frac{3}{2}\Omega_{\mathrm{M},0}^{1/2} H_0 t\right)^{2/3} \tag{10.60}$$

が得られる.これは,密度パラメータ $\Omega_{\mathrm{M},0}$ が 1 のとき,臨界解の式 (10.54) に一致する.式 (10.60) は,現在では厳密には成り立たないかもしれないが,多くの簡便な計算の場合には有用である.現在 $t = t_0$ では $a = a_0$ であるから,式 (10.60) より,

$$t_0 \approx \frac{2}{3} H_0^{-1} \Omega_{\mathrm{M},0}^{-1/2} \tag{10.61}$$

であり,式 (10.60) はつぎのように書ける.

$$\frac{a}{a_0} \approx \left(\frac{t}{t_0}\right)^{2/3} \tag{10.62}$$

a/a_0 は式 (10.24) を通じて赤方偏移 z に関係しているため,スケール因子 a そのものよりも観測に結び付いた量であることを指摘しておく.光源が赤方偏移 z にあるなら,そこからの光は時刻 t に出発して,現在 t_0 に我々のところへ到達する.z と t の関係は,式 (10.24) と (10.62) から,

$$\frac{t}{t_0} \approx (1+z)^{-3/2} \tag{10.63}$$

となる.赤方偏移 $z = 1$ の銀河を観測すると,我々は宇宙が現在の年齢の $2^{-3/2} (\approx 0.35)$ 倍であったときの銀河を見ることになる.

前述のように,非常に初期の宇宙は輻射優勢であった.したがって,宇宙が物質優勢と仮定した式 (10.60) はそのような初期には用いることができない.しかし,宇宙はかなり早いうちに物質優勢に転じる.式 (10.52) と (10.62) より,物質－輻射平等の時期 t_{eq} は

$$t_{\mathrm{eq}} = 2.9 \times 10^{-7} \, \Omega_{\mathrm{M},0}^{-3/2} h^{-3} t_0 \tag{10.64}$$

で与えられる.t_0 は 10^{10} 年程度と考えられているから,宇宙はビッグ・バン後の数千年で物質優勢となる.以降はずっと,式 (10.60) や (10.62) のような式が現在に至るまで成立する.

10.6.4 宇宙の年齢

宇宙の年齢は近似的に式 (10.61) で与えられるので,$\Omega_{\mathrm{M},0}$ が大きいほど年齢は短いことがわかる.このことは容易に理解できる.大きな $\Omega_{\mathrm{M},0}$ は減速が大きいことを

意味し，$\Omega_{M,0}$ がより大きい初期宇宙の膨張率はさらに速かったことになる．膨張率が速いと年齢は短くなる．近似式 (10.61) を用いる代わりに，与えられた $\Omega_{M,0}$ に対し厳密な年齢 t_0 を求めることができる．現在は $a = a_0$ であるから，宇宙の年齢 t_0 は $a = a_0$ となる時刻 t で与えられる．$\Omega_{M,0} > 1$ であれば，式 (10.56) と (10.57) から $H_0 t_0$ の値が数値的に得られる．$\Omega_{M,0} < 1$ であれば，式 (10.58) と (10.59) を用いればよい．図 10.6 は，$\Omega_{M,0}$ の関数として $H_0 t_0$ の値を数値的にプロットしたものである．宇宙の膨張率は $\Omega_{M,0}$ がゼロであれば不変で，t_0 は**ハッブル時間** H_0^{-1} に一致する．図 10.6 から，$\Omega_{M,0}$ が大きくなると t_0 はハッブル時間より短くなり，$\Omega_{M,0} = 1$ のとき $(2/3) H_0^{-1}$ となって，式 (10.61) と一致することがわかる．

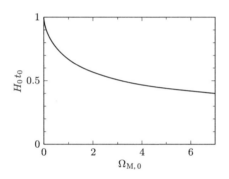

図 10.6 $\Omega_{M,0}$ に対する $H_0 t_0$ のプロット．宇宙の年齢 t_0 が $\Omega_{M,0}$ にどう依存するかを与える．

10.7 輻射優勢宇宙の進化

式 (10.64) により与えられる t_{eq} より前の，輻射が優勢な宇宙において，宇宙がどう進化したかを論じよう．物質優勢宇宙では，図 10.5 より $k = -1, 0, +1$ に対する解がごく初期にはほとんど一致していることがわかる．その理由を理解するのは難しくない．三つの解を分けているのは，フリードマン方程式 (10.27) の湾曲の項 kc^2/a^2 である．a^{-3} に比例するため a が小さいときには支配的となる質量密度の項に比べて，十分初期においてはこの項は無視できる．輻射優勢期の間は，a^{-4} に比例する輻射密度の項があり，それがいっそう支配的なので，湾曲の項 kc^2/a^2 は無視できるため，フリードマン方程式 (10.27) で $k = 0$ とおいて得られる式 (10.32) が適用できる．式 (10.32) に式 (10.48) で与えられる $\rho = \rho_R$ を代入すると，

$$a \dot{a} = \sqrt{\frac{8\pi G \rho_{R,0}}{3}} a_0^2$$

を得るが，その解は

$$\frac{a}{a_0} = \left(\frac{32\pi G\rho_{R,0}}{3}\right)^{1/4} t^{1/2} \tag{10.65}$$

となる．輻射優勢宇宙は時間とともに $t^{1/2}$ に比例して膨張し，初期の物質優勢宇宙が式 (10.62) に従い $t^{2/3}$ に比例して膨張するのと異なる．

式 (10.49) で CMBR の温度が a の逆数に比例することを見た．したがって，

$$\frac{a}{a_0} = \frac{T_0}{T}$$

であり，これを用い，式 (10.46) から $\rho_{R,0}$ を代入すれば，式 (10.65) から，

$$T = \left(\frac{3c^2}{32\pi G a_B}\right)^{1/4} t^{-1/2} \tag{10.66}$$

を得る．c, G と a_B に値を入れると，

$$T = \frac{1.52 \times 10^{10}}{\sqrt{(t/1\,\mathrm{s})}}\,[\mathrm{K}] \tag{10.67}$$

となる．ただし，T はケルヴィン，t は秒の単位とする．式 (10.66) と (10.67) は初期宇宙における相対論的粒子は光子のみであるという仮定のもとに導かれたことを注意しておく．次章で見るように，ほかにも相対論的粒子は存在するため，これらの式はより正確な計算では修正しなければならない．

温度 T の黒体輻射の光子は典型的に $E = k_B T$ のエネルギーをもつので，電子ボルト (eV) 単位のエネルギーは温度

$$T = 1.16 \times 10^4 \left(\frac{E}{1\,\mathrm{eV}}\right)\,[\mathrm{K}] \tag{10.68}$$

に対応する．温度を eV などのエネルギーの単位で表す方が便利な場合があり，そうすると，式 (10.67) は

$$T = \frac{1.31}{\sqrt{(t/1\,\mathrm{s})}}\,[\mathrm{MeV}] \tag{10.69}$$

となる．これは，ビッグ・バン後の時刻 t における 1 光子（あるいはほかの粒子）あたりの典型的なエネルギーを与える重要な式である．式 (10.69) は次章でたびたび用いることになる．

湾曲の項 kc^2/a^2 を無視してきたが，ここで，ビッグ・バンに近づくとフリードマン方程式 (10.27) でほかの項に対して実際に無視できることを示しておく．式 (10.31)

から式 (10.23) を用いて,

$$|\Omega - 1| = \frac{c^2}{a^2 H^2} = \frac{c^2}{\dot{a}^2}$$

となる. a は $t^{1/2}$ に比例するから,

$$|\Omega - 1| \propto t \tag{10.70}$$

となる. 湾曲の項 kc^2/a^2 自身は a がゼロに近づくと発散するが, $t \to 0$ のとき密度パラメータ Ω は 1 に限りなく近づき, ほかの項に比べてまったく重要ではなくなる.

演習問題 10

10.1 銀河の後退速度はスペクトルの赤方偏移からかなり正確に決定できるので, ハッブルの法則を用いた距離の決定には, ハッブル定数の値が不確かなら h^{-1} のような不定性がある. ヴィリアル定理により銀河団の質量を推測することによって, 宇宙の平均密度が求められるならば, そこから計算される密度パラメータ Ω はハッブル定数の不定性によらないことを示せ.

10.2 $z = 1$ と $z = 4$ のクエーサーを考えよう. これらのクエーサーから光が発せられたときの宇宙の年齢を (現在の年齢との比率として) 求めたい. まず, 単純に $\Omega_{M,0} = 1$ の場合に推測せよ. それから, $\Omega_{M,0} = 0.5$ と $\Omega_{M,0} = 1.5$ であった場合の誤差の割合を推測せよ.

10.3 宇宙が物質優勢であるとして, さまざまな $\Omega_{M,0}$ の値に対して宇宙の年齢を数値的に計算し, 図 10.6 のようにプロットせよ.

10.4 宇宙がかつて輻射のみで物質が存在しなかったとしよう. k の値が 0, $+1$, および -1 に対してフリードマン方程式を解け. この三つの場合について, 時間の関数としてスケール因子 a をプロットせよ.

10.5 定常宇宙論 (Bondi and Gold, 1948; Hoyle, 1948) によれば, 宇宙が膨張するにつれ連続的に物質が創成されることにより, 宇宙の平均密度は一定に保たれる. 式 (9.17) と (10.43) を用いて, 宇宙の平均密度を一定に保つために体積 1 km^3 あたり 1 年につくられなければならない水素原子の数を推算せよ.

11章
宇宙の熱史

11.1 年表の設定

現在の宇宙の一様な膨張は，過去には宇宙が密度無限大の特異な状態にあったことを示唆している．そのような特異な状態では，ほとんどの既知の物理法則は適用できないので，この特異な時期以前まで外挿することはできない．この特異な時期，**ビッグ・バン**より後のみを考えることにする．10.6 節と 10.7 節で論じた解では，時刻 t はビッグ・バンから測ることにしていた．

10 章で論じた時空力学は宇宙の舞台を設定する．この時空を背景として，これまで展開された，また展開されつつある，この壮大なドラマの登場人物を挙げていこう．

初期宇宙で温度が時刻とともにどう変わるかは式 (10.67) と (10.69) で与えられる．ビッグ・バン後 1 s 経過したとき，典型的な光子のエネルギーは 1 MeV よりやや大きい．このような光子は電子－陽電子対を生成することができるから，このような初期宇宙には，光子と同じ程度の多くの数の電子と陽電子が存在した．さらに，初期で光子のエネルギーが 2 GeV を超えていたときには，陽子－反陽子対，中性子－反中性子対，およびほかの多くの粒子－反粒子対が存在した．さらに，初期のより高いエネルギーでは，素粒子を構成するクォークが自由になっていた．この非常に初期の宇宙は，クォークとレプトンおよびそれらの反粒子と，さまざまな基本的相互作用を媒介するボゾンからできていた．よくいわれるように，初期宇宙はかつて存在した粒子の最良の実験室であった．しかし，昔は最良の実験室であったとしても，実験室の記録はすべて消え失せてしまったので，現在の我々にとってはあまり興味がない．この章では，現在観測される多くのことが初期宇宙でかつて起こったことと関連していることを見る．

図 11.1 は，K と eV 単位の温度とともに時刻の対数に対して書かれた年表である．温度が 1 GeV より高かったときには，粒子物理学の時代に入り込む．これら非常に初期の理論的考察の多くは推測の域にあり，観測データと直接関連がないので，本書では粒子物理学時代以前については論じない．典型的な核反応は MeV 程度のエネルギーが関与する．およそ $t=1$ s から $t=10^2$ s の間の時期，宇宙の粒子は核反応の

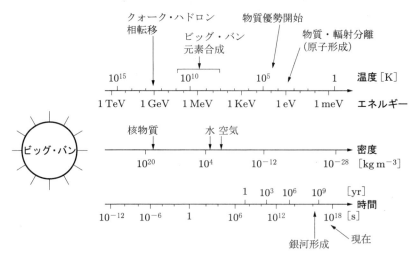

図 11.1 宇宙の熱史のおもな出来事．[出典：Kolb and Turner (1990, p.73)]

起こるエネルギーにあったので，さまざまな核反応が起こったはずである．原初元素合成の問題については 11.3 節で詳しく述べる．式 (10.64) から，宇宙が輻射優勢から物質優勢に変わったのは，年齢が 2000–3000 年の頃であったことがわかる．この重要な時期は図 11.1 に示されている．もう一つの重要な出来事は，その少し後の T が 1 MeV を切ったときに，原子が形成されたことである．典型的なイオン化エネルギーは eV 程度なので，T がこれより大きいときは，物質は自由電子と裸の原子核の形で存在し，原子はできていなかったと考えられる．式 (10.69) は宇宙がすでに物質優勢になっている原子形成の時期では成り立たないが，式 (10.69) で $T = 1$ eV とおいてこの時期の時刻 t を近似的に求めることができ，原子形成の時刻は $t \approx 5 \times 10^4$ yr となる．原子の形成は重要な結果を生んだ．この時期の前には，輻射はおもにトムソン散乱により物質と相互作用した．原子が形成されると，すべての電子は原子に閉じ込められ，トムソン散乱を起こす自由な電子はなくなった．したがって，輻射は物質と分離し，宇宙は突然輻射に対し透明になった．これについては 11.7 節で論じる．この章では，図 11.1 に示された宇宙の歴史をもっと詳しく論じ，現在の観測と関連付ける．

11.2 熱力学的平衡

A, B, C, ... が組み合わさって L, M, N, ... をつくる反応を考えよう．

$$A + B + C + \cdots \leftrightarrow L + M + N + \cdots \tag{11.1}$$

11.2 熱力学的平衡

この反応はどちらの向きにも進む．通常の環境において，A, B, C, ..., L, M, N, ... の濃度が順方向と逆方向の進行率がつり合い，濃度が変化しないようになったとき，この反応は**化学平衡**になると考えられる．式 (11.1) が「化学」反応ではなく，原子核の関与する核反応であっても化学平衡という用語を用いることに注意しておく．式 (11.1) の化学平衡の条件は

$$\mu_A + \mu_B + \mu_C + \cdots = \mu_L + \mu_M + \mu_N + \cdots \tag{11.2}$$

と書くことができる．ここで，μ は化学ポテンシャルである．この有名な条件は，どの標準的な教科書でも扱われているので，ここでは詳細な議論には立ち入らない（たとえば，Reif (1965, §8.9) を参照）．

初期宇宙ではさまざまな原子核および粒子反応が可能であった．基本的な問題は，これらの反応が化学平衡に達したかどうかである．宇宙が膨張率 $H = \dot{a}/a$ で膨張するにつれ，化学平衡の条件は変化し続けた．反応がこの膨張率より速く進行した場合のみ，反応は平衡に達すると考えられる．1 粒子あたりの反応率，すなわち，1 個の粒子が単位時間あたり相互作用を起こす回数を Γ とする．時間 $\sim 1/\Gamma$ のうちに，たいていの粒子は相互作用を 1 回起こし，平衡からあまりかけ離れていない状態から始まったならば平衡に達すると考えられる．もし $\Gamma \gg H$ ならば，反応は化学平衡に達することができ，宇宙が膨張するにつれ，時刻の各瞬間における物理条件にふさわしい化学平衡状態に次々と達しながら進化するだろう．一方，$\Gamma \ll H$ ならば，反応に関係する粒子の濃度を変えるほど反応は早く進行しないだろう．反応が化学平衡に達する条件を

$$\frac{\Gamma}{H} \gg 1 \tag{11.3}$$

と書こう．相互作用率 Γ は宇宙の密度に依存するから，Γ は宇宙の膨張とともに減少すると考えられる．H もまた時間とともに減少するが（たとえば，a が t のべき乗 t^n で変化するなら H は t^{-1} で減少する），Γ の減少のほうがたいてい早い．したがって，$\Gamma \gg H$ という条件は宇宙の進化につれ $\Gamma \ll H$ に変わる．その状況では，最初は化学平衡を保っていた反応も，平衡から外れることになる．反応に関与する粒子の濃度は，反応が平衡から外れた後は変化しない．したがって，濃度は $\Gamma \approx H$ で反応が平衡からまさに外れようとするときの値に凍結される．この段落で述べた考え方は粗い見積もりであることを強調しておく．より正確な結果を得るには，膨張する宇宙における反応の詳細な計算（通常は計算機による数値計算）が必要である．

反応が化学平衡に達することができるとき，反応に関与するさまざまな種類の粒子の濃度は，熱力学的平衡の標準的な結果で与えられる．運動量 p の量子状態を占める

粒子の数は

$$f(\bm{p}) = \left[\exp\left(\frac{E(\bm{p})-\mu}{k_\mathrm{B}T}\right) \pm 1\right]^{-1} \tag{11.4}$$

で与えられる．ただし，フェルミ－ディラック統計 (Fermi, 1926; Dirac, 1926) に従うフェルミオンには正の符号，ボーズ－アインシュタイン統計 (Bose, 1924; Einstein, 1924) に従うボソンには負の符号を用いる．また，$E(\bm{p}) = \sqrt{p^2c^2 + m^2c^4}$ は運動量 $\bm{p}$ に対応するエネルギーである．式 (11.4) から実際に数密度を求めるには，6次元の位相空間の体積要素 $\mathrm{d}V\,\mathrm{d}^3p$ ($\mathrm{d}V$ は通常の体積要素) には $g\,\mathrm{d}V\,\mathrm{d}^3p/h^3$ 個の量子状態が含まれることに注意しなければならない．ただし，g は縮退度で，電子と光子についてはともに2であり，それぞれ二つのスピン状態と二つの偏光自由度に対応する．したがって，単位体積あたりの粒子の数密度は，式 (11.4) に $g\,\mathrm{d}V\,\mathrm{d}^3p/h^3$ を掛けて可能なすべての運動量に対して積分すれば，つぎのように得られる．

$$n = \frac{g}{(2\pi)^3}\int f(\bm{p})\frac{\mathrm{d}^3p}{\hbar^3} \tag{11.5}$$

また，この種類の粒子による密度への寄与は

$$\rho = \frac{g}{(2\pi)^3}\int \frac{E(\bm{p})}{c^2} f(\bm{p})\frac{\mathrm{d}^3p}{\hbar^3} \tag{11.6}$$

となる．

式 (11.2) と (11.4) に現れる化学ポテンシャル μ についてコメントしておこう．すぐに生成される，あるいは破壊される光子に対しては $\mu = 0$ である．光子が粒子反粒子対を生成するなら，粒子と反粒子の化学ポテンシャルの和がゼロである場合のみ式 (11.2) は満足される．いい換えると，粒子の化学ポテンシャルが $+\mu$ なら，反粒子の化学ポテンシャルは $-\mu$ である．式 (11.4) から，この化学ポテンシャルの違いにより，粒子と反粒子の数密度は異なるものになることがわかる．

ほとんどの粒子が静止質量エネルギーよりずっと大きいエネルギーをもち相対論的になっている，すなわち，$E \approx pc$ であるような $k_\mathrm{B}T \gg mc^2$ の場合を考えよう．そのような高温では，宇宙はこれらの粒子とその反粒子で満ちており，同数程度存在している．これは μ が $k_\mathrm{B}T$ よりずっと小さい場合にのみ可能である．$\mathrm{d}^3p = 4\pi p^2\,\mathrm{d}p$, $E = pc$ および $\mu = 0$ とすると，式 (11.4) と (11.5) から，

$$n = \frac{g}{2\pi^2\hbar^3}\int_0^\infty \frac{p^2\,\mathrm{d}p}{\mathrm{e}^{pc/k_\mathrm{B}T} \pm 1} \tag{11.7}$$

を得る．同様に，式 (11.4) と (11.6) から，

$$\rho = \frac{g}{2\pi^2 c\hbar^3} \int_0^\infty \frac{p^3\,\mathrm{d}p}{\mathrm{e}^{pc/k_\mathrm{B}T} \pm 1} \tag{11.8}$$

を得る．式 (11.7) と (11.8) はともに解析的に積分することができる．ボゾンとフェルミオンに対しそれぞれ式 (11.7) を積分すると，

$$n = \begin{cases} \dfrac{\zeta(3)}{\pi^2} g \left(\dfrac{k_\mathrm{B}T}{\hbar c}\right)^3 & \text{(ボゾン)} \\ \dfrac{3}{4} \dfrac{\zeta(3)}{\pi^2} g \left(\dfrac{k_\mathrm{B}T}{\hbar c}\right)^3 & \text{(フェルミオン)} \end{cases} \tag{11.9}$$

となる（たとえば Abramowitz and Stegun (1986, ch.24)）．ただし，$\zeta(3) = 1.202\cdots$ はリーマンのゼータ関数†である．同様に，式 (11.8) から，

$$\rho = \begin{cases} \dfrac{g}{2c^2} a_\mathrm{B} T^4 & \text{(ボゾン)} \\ \dfrac{7}{8} \dfrac{g}{2c^2} a_\mathrm{B} T^4 & \text{(フェルミオン)} \end{cases} \tag{11.10}$$

を得る．ただし，

$$a_\mathrm{B} = \frac{\pi^2 k_\mathrm{B}^4}{15\hbar^3 c^3} \tag{11.11}$$

はシュテファン定数である．光子に対し $g=2$ をとると，式 (11.10) からエネルギー密度 ρc^2 は $a_\mathrm{B} T^4$ となり，温度 T の黒体輻射のエネルギー密度の標準的表現と一致する．この相対論的ボゾンあるいはフェルミオンのガスのエントロピー密度を求めておこう．熱力学の第 1 法則

$$T\,\mathrm{d}S = \mathrm{d}U + P\,\mathrm{d}V \tag{11.12}$$

から始める．体積 V の中にある内部エネルギー U は $\rho c^2 V$ である．エントロピー密度を s とすると，$S = sV$ である．これらを式 (11.12) に代入すると，

$$TV\,\mathrm{d}s = Vc^2\,\mathrm{d}\rho + [(\rho c^2 + P) - Ts]\,\mathrm{d}V \tag{11.13}$$

を得る．式 (11.10) より ρ は T のみの関数である．エントロピー密度 s も T のみの関数であると考えられる．s も ρ も V に依存しないならば，式 (11.13) の $\mathrm{d}V$ の係数はゼロになるはずである．すなわち，

---

† 訳注：リーマンのゼータ関数は $\zeta(s) = \sum\limits_{n=1}^{\infty} \dfrac{1}{n^s} = \dfrac{1}{\Gamma(s)} \int_0^\infty \dfrac{u^{s-1}}{\mathrm{e}^u - 1} \mathrm{d}u$ と表される．たとえば，演習問題 2.1 では，$\zeta(4) = \dfrac{\pi^4}{90} = 1.082\cdots$ を用いた．

$$s = \frac{\rho c^2 + P}{T} \tag{11.14}$$

が成り立つ．相対論的ガスでは $P = (1/3)\rho c^2$（10.5 節の議論参照）であることを用い，式 (11.10) の ρ を代入すれば，

$$s = \begin{cases} \dfrac{2g}{3} a_{\rm B} T^3 & （ボゾン） \\ \dfrac{7}{8} \dfrac{2g}{3} a_{\rm B} T^3 & （フェルミオン） \end{cases} \tag{11.15}$$

を得る．

前段落では，ほとんどの粒子が相対論的な $k_{\rm B} T \gg mc^2$ の場合を考えたが，逆に，$k_{\rm B} T \ll mc^2$ の場合を考えてみよう．この場合，式 (11.4) において，

$$E(\bm{p}) \approx mc^2 + \frac{p^2}{2m}$$

である．式 (11.4) を式 (11.5) に代入すると，非相対論的極限における粒子密度は

$$n = \frac{g}{\hbar^3} \left(\frac{m k_{\rm B} T}{2\pi} \right)^{3/2} \exp\left(-\frac{mc^2 - \mu}{k_{\rm B} T} \right) \tag{11.16}$$

となる．指数因子は非相対論的極限では非常に小さくなることに注意しよう．したがって，熱力学的平衡下の非相対論的粒子の数密度は，相対論的粒子に比べ無視してよい．

10.5 節で，CMBR の光子は，もはや物質と平衡でなくなっているのに，熱力学的平衡に対応するスペクトル分布をしていることを指摘した．したがって，現在の CMBR 光子の数密度の計算には，式 (11.9) を用いることができる．式 (10.45) の T をとり，$g = 2$ とすれば，式 (11.9) から現在の光子数密度は

$$n_{\gamma,0} = 4.14 \times 10^8 \, {\rm m}^{-3} \tag{11.17}$$

と計算される．これを現在のバリオン数密度（単位体積あたりの陽子と中性子の数）と比較しよう．密度パラメータに対するバリオンの寄与を $\Omega_{\rm B,0}$ とすれば，バリオンの数密度 $n_{\rm B,0}$ は $\Omega_{\rm B,0} \rho_{c,0} / m_{\rm p}$ となる．ただし，$m_{\rm p}$ は陽子の質量である．式 (10.29) を用いれば，

$$n_{\rm B,0} = 11.3 \, \Omega_{\rm B,0} h^2 \, {\rm m}^{-3} \tag{11.18}$$

となる．バリオンと光子の数密度の比は，重要な無次元量で，その値は

$$\eta = \frac{n_{\rm B,0}}{n_{\gamma,0}} = 2.73 \times 10^{-8} \, \Omega_{\rm B,0} h^2 \tag{11.19}$$

である．宇宙が膨張するにつれ，光子の数密度 n_γ は T^3 で減少し，また式 (10.49) より，n_γ は a^{-3} で減少する．バリオン数密度も明らかに a^{-3} で減少する．よって，これらの数密度の比は時間とともに変化しない．つまり，式 (11.19) で与えられるこの比の値は，現在の値のみならず過去あるいは未来の値でもある（突然 n_γ や n_B を変えるような反応が起こらない限り）．このように，η は宇宙論では重要な数値であり，後でその重要性について触れることにする．

11.3 原始元素合成

　図 11.1 に示したように，ビッグ・バン後 1 s から 10^2 s の時期は原子核相互作用に適していた．ガモフは，ほとんどの重い原子核がビッグ・バン直後のこの短い時期に合成されたと考えた (Gamow, 1946)．恒星内部の熱核反応のところで述べたように，質量数 5 と 8 に安定な原子核が存在しないため，ヘリウムより重い原子核を核反応で合成するのは簡単ではない．重い星の内部では，この質量数の間隙はトリプルアルファ反応 ($3\,^4\text{He} \to {}^{12}\text{C} + \gamma$) で埋められる．しかし，この反応は三体過程であるので，ヘリウム原子核の数密度が十分高くないと起こらない．詳細な計算によれば，初期宇宙の条件ではこの反応は起こりそうもなく，重い原子核は合成されない．現在では，^{12}C 以上のすべての重い原子核は星の内部でつくられたと考えられている．

　宇宙初期の元素合成の実際的な計算は数値的に行う必要がある．宇宙が本当に熱いビッグ・バンから始まったことを証拠付けた CMBR の発見後間もなく，ピーブルス，またワゴナーとファウラーとホイルは，最初の計算コードを開発した (Peebles, 1966; Wagoner, Fowler and Hoyle 1967)．ワゴナーが完成させたコードは，その後の計算の基礎となる「標準コード」となった (Wagoner, 1973)．計算結果は式 (11.19) で導入される η に依存する．η が大きいと，単位体積あたりより多くのバリオンが存在し，核反応が起こりやすくなる．図 11.2 は，初期宇宙で合成されるさまざまな原子核の質量比を，η の関数として示したものである．この図は数値計算の結果によるものであるが，一般的な議論から結果の一部だけでも理解してみよう．

　まず，ヘリウムの生成について考えよう．陽子 2 個と中性子 2 個からヘリウム原子核がつくられる．核反応の時期にわたって，陽子と中性子は，中性子内部の反応として考えられる $n \to p + e + \bar{\nu}$ や $p + e \to n + \nu$ のような反応に関与し続ける．これらの反応は弱い相互作用で引き起こされる．問題は，これらの反応が式 (11.3) で与えられる条件を満たして，化学平衡に達するかどうかである．この問題に答えるには，反応率 Γ を求める必要があるが，これは弱い相互作用の結合定数に依存し，自由中性子の半

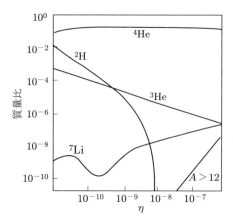

図 11.2 η の関数としての軽い原子核の原始組成の理論的計算値.
[出典：Wagoner (1973)]

減期の知識から計算することができる．自由中性子は半減期 10.5 分で $n \to p + e + \bar{\nu}$ の反応で崩壊する．弱い相互作用の理論に詳しくない読者を考え，導出は省略して結果を引用すると,

$$\frac{\Gamma}{H} \approx \left(\frac{T\,[\text{MeV}]}{0.8\,\text{MeV}}\right)^3 \tag{11.20}$$

である．これから，式 (11.3) の化学平衡の条件は $T\,[\text{MeV}] \gg 0.8\,\text{MeV}$ で満足されることがわかる．この場合，式 (11.16) を用いて陽子と中性子の数密度を計算することができる．化学ポテンシャルは静止質量に比べて小さいと考えられるので，式 (11.16) から，これらの数密度の比は

$$\frac{n_\text{n}}{n_\text{p}} = \exp\left[-\frac{(m_\text{n} - m_\text{p})c^2}{k_\text{B} T}\right] \tag{11.21}$$

となる．ここで用いたいくつかの記号の意味は明らかである．式 (11.21) は簡単に理解することができる．陽子はバリオンの基底状態で，中性子は第一励起状態とみなすことができる．すると，式 (11.21) は，この状況にボルツマン分布則を適用しただけにすぎない．温度が下がり続けるとき，式 (11.21) は $T \approx 0.8$ MeV まで正しいと考えられ，その後は反応は熱力学的平衡を保つことができなくなり，比 n_n/n_p はほぼ凍結されるだろう．$(m_\text{n} - m_\text{p})c^2 = 1.29$ MeV であるから，凍結される比の値はつぎのようになる．

$$\frac{n_\text{n}}{n_\text{p}} \approx e^{-1.29/0.8} \approx 0.20 \tag{11.22}$$

中性子の数が凍結した後，これらの中性子はヘリウムの合成に使われる．単位体積あたり n_n 個の中性子が n_p 個の陽子と結び付いてヘリウムが合成され，$n_p - n_n$ 個の陽子が陽子のままであったとしよう．このとき，ヘリウムの質量比は，式 (11.22) を代入して，

$$\frac{2n_n}{n_n + n_p} = \frac{2(n_n/n_p)}{1 + (n_n/n_p)} = 0.33 \tag{11.23}$$

となる．比 n_n/n_p は元素合成の起こる 100 s 程度の時間にわたって完全に凍結しているわけではなく，熱力学的平衡でなくなった後も起こり続ける中性子の崩壊によって減少していくことに注意しよう．したがって，この比は式 (11.22) で与えられる 0.20 より幾分小さくなり，ヘリウムの比も式 (11.23) で与えられる値より小さくなる．詳しい数値シミュレーションからは，ヘリウムの質量比として約 0.25 が求められている．図 11.2 から，ヘリウムの質量比は η にほとんど依存しないが，小さな η に対してはわずかに小さくなることがわかる．その理由を理解することは難しくない．小さな η はバリオン数密度が低いことを意味し，ヘリウムをつくり出す核反応の進行が遅くなり，ヘリウムに取り込まれる前に中性子がより多く崩壊し，ヘリウムの質量比が小さくなるのである．

観測データからわかっていることを述べておく．重い元素の質量比はさまざまな天体でかなり異なる値をとっているが，ヘリウムの質量比は広い範囲のさまざまな天体でかなり似た値をとっており，0.23–0.27 の範囲にある．ほとんどのヘリウムが原始元素合成によって生み出され，星の内部の核反応が後にいくらか寄与すると仮定することにより，この観測値がかなり自然に説明できることは，ビッグ・バン宇宙論の成功の一つとされている．理論的に計算されたヘリウムの割合は，観測データと完全に一致する．重い元素の組成が天体ごとにかなり異なることは，それらが初期宇宙で生み出されたのではないことを意味している．初期宇宙でつくられたならば，現在もっと一様に分布しているはずである．

重水素 ^{2}H の組成について考えよう．これは，陽子－陽子連鎖反応のところで述べたように，ヘリウム合成の中間生成物である．η が大きく，核反応率が高いならば，重水素のほとんどは元素合成期にヘリウムに変換される．しかし，η が小さく核反応率が低いならば，元素合成期にヘリウム合成の効率が悪く，重水素が残される．図 11.2 を見ると，重水素の割合は η とともに急激に減少している．観測からは，宇宙の重水素の組成は 10^{-5} より大きく，η について $\eta < 10^{-9}$ の上限値がつく．η が大きいと，観測された重水素が原始元素合成の後に残されていることが許されない．

この η の上限値は非常に重要な意味をもっている．式 (11.19) より，η の上限値は $\Omega_{B,0}$ の上限値に対応し，$\Omega_{B,0} < 0.037 h^{-2}$ となる．ハッブル・キー・プロジェクト

で得られたハッブル定数の値 $(H_0 = (72 \pm 8) \mathrm{km\,s^{-1}Mpc^{-1}})$ の範囲内の最も小さい値に相当する $h = 0.64$ をとっても $\Omega_{B,0} < 0.09$ である．一方，$\Omega_{M,0}$ については，式 (10.42) で銀河団のヴィリアル質量に基づく 0.3 という値を引用した．14.5 節で論じるように，$\Omega_{M,0}$ が 0.3 に近い値であることを示唆する証拠はほかにもある．この結果と $\Omega_{B,0} < 0.09$ の矛盾をどう考えたらよいだろうか？ 唯一の解決法は，宇宙の物質の大部分は非バリオン的性質をもっていて，$\Omega_{B,0}$ あるいは η の見積もりには含まれていない，とすることである．これは驚くべき結論である．我々の周囲にある物体，そして我々自身もバリオン物質でできた原子核を含む原子でできている．宇宙の物質の大部分が非バリオン的であるということは，我々の知る通常の原子でできているのではない，ということになる．10.5 節で論じたように，宇宙の物質の多くは光を出さず，暗いと考えられている．これら銀河や銀河団の**暗黒物質**の分布についてはよくわかっていない．以上のように，この暗黒物質の主要な成分は通常の原子でできているのではないと結論できる．では，何でできているのか？ 11.5 節でこの問題を論じる．

11.4　宇宙背景ニュートリノ

初期宇宙のさまざまな熱的過程により光子がつくられ，現在でも宇宙黒体背景輻射 (CMBR) として観測されている．同様に，初期宇宙において弱い相互作用の関係した $n \to p + e + \bar{\nu}$ や $p + e \to n + \nu$ といった過程でつくられたニュートリノが，現在も**背景ニュートリノ**として存在していることが期待される．宇宙の膨張率より弱い相互作用のほうが速かったときには，これらのニュートリノは物質と熱力学的平衡状態にあり，フェルミオンに対する式 (11.9), (11.10) および (11.15) が満たされていた．弱い相互作用が遅くなった後は，ニュートリノは物質と分離して，そこからは断熱的に進化した．14.3 節で示すように，熱力学的平衡にある（すなわち，黒体輻射スペクトルに従う）光子は，断熱膨張のもとでは熱力学的平衡であり続ける．ニュートリノの質量がゼロであるか，あるいは相対論的であり続ける（熱的エネルギーが静止質量エネルギー $m_\nu c^2$ より大きい状況が続く）ならば，背景ニュートリノについても同様の考察が成り立つはずである．いい換えると，ニュートリノは，物質と分離した後でも，a^{-1} で低下する温度 T の熱力学的平衡に相当する分布をとり続ける．初期宇宙では，光子，ニュートリノおよび物質粒子は熱力学的平衡にあり，同じ温度にあった．光子もニュートリノも両方の温度が分離後 a^{-1} で下がるなら，現在でも同じ温度になっているだろうか？

ニュートリノがほかの粒子と分離した後，CMBR 光子の温度を変える出来事がな

い限り，背景ニュートリノは CMBR 光子と同じ温度をもつ．だが，光子の温度を変えたと考えられる重要な現象がある．ニュートリノが分離したとき，電子はまだ相対論的であった．したがって，宇宙は式 (11.9) で与えられる数密度で電子と陽電子で満たされていた．温度が下がると，電子と陽電子は対消滅して光子をつくり出し，背景光子にさらにエネルギーを注ぎ込んだ．電子陽電子対消滅前の温度（電子と陽電子，および光子の温度）を T_i，対消滅後の上昇した温度を T_f としよう．これは断熱過程なので，エントロピーは保存する．対消滅前後でエントロピーが等しいとすることで，T_i と T_f の関係を導こう．対消滅前のエントロピー s_i は，式 (11.15) で与えられる光子，電子と陽電子の寄与を加える．これらの粒子に対しては，光子は二つの偏光状態があり，電子と陽電子は二つのスピン状態があるから，ともに $g = 2$ である．電子と陽電子はフェルミオンであることから，

$$s_i = \left(\frac{4}{3} + \frac{7}{8} \times \frac{4}{3} + \frac{7}{8} \times \frac{4}{3}\right) a_B T_i^3 = \frac{11}{4} \times \frac{4}{3} a_B T_i^3 \tag{11.24}$$

を得る．一方，対消滅後のエントロピー s_f は光子だけなので，

$$s_f = \frac{4}{3} a_B T_f^3 \tag{11.25}$$

となる．これら二つの式を等しいとおいて，

$$\frac{T_f}{T_i} = \left(\frac{11}{4}\right)^{1/3} \tag{11.26}$$

を得る．すなわち，光子の温度はこの比だけ飛び上がったが，ニュートリノは物質と分離した系になっているのでその温度は変わらなかった．その後，光子の温度もニュートリノの温度も a^{-1} で変化するので，光子の温度はずっと $(11/4)^{1/3}$ の比だけ高くなった．現在の温度は，式 (10.45) で与えられる CMBR の現在の温度を T_0 として，

$$T_{\nu,0} = \left(\frac{4}{11}\right)^{1/3} T_0 \tag{11.27}$$

となる．$T_0 = 2.735\,\mathrm{K}$ をとると，

$$T_{\nu,0} = 1.95\,\mathrm{K} \tag{11.28}$$

を得る．背景ニュートリノのエネルギー密度は式 (11.10) で与えられる．ニュートリノは 3 種（電子型，ミューオン型，タウ型）あり，それぞれに反ニュートリノがあるので，$g = 6$ をとると，式 (11.10) より，現在の背景ニュートリノの密度は

$$\rho_{\nu,0} = \frac{7}{8} \frac{3}{c^2} a_B \left[\left(\frac{4}{11}\right)^{1/3} T_0\right]^4 = 0.68 \frac{a_B}{c^2} T_0^4 = 0.68 \rho_{\gamma,0} \tag{11.29}$$

となる．ただし，$\rho_{\gamma,0}$ は CMBR の現在の密度である．式 (10.47) を書いたときすでにこれを用いたが，光子の密度にニュートリノの密度を加えて得られたものである．

この節を終えるにあたり，節の最初で述べた点をもう一度強調しておく．ニュートリノの密度への寄与は，ニュートリノが相対論的であるときのみ，式 (11.29) で与えられる．ニュートリノが質量をもち，温度が下がって熱エネルギーが $m_\nu c^2$ より小さくなると，ニュートリノによる密度への寄与には下限があるため，より多くの密度への寄与をすることになる．質量 m_ν のニュートリノは少なくとも m_ν の寄与をする．これについては次節で論じる．

11.5 暗黒物質の性質

宇宙の大部分の物質が光を放出していないことについてはすでに述べた．**暗黒物質**の証拠は，渦巻銀河の回転曲線や銀河団のヴィリアル定理の適用から得られる．実際，10.5 節で述べたように，光る物質は宇宙の全物質密度にはほんの少ししか寄与しない．11.3 節で記した原始元素合成の計算から，暗黒物質は非バリオン的である．すなわち，通常の原子からできていないという驚くべき結論が得られた．この節では，暗黒物質を構成するものが何であるかを簡潔に論じる．

ニュートリノは非常に軽い粒子であるが，その質量がゼロなのか，小さな質量をもつのかについては，長い間答えが得られずにいた．ニュートリノが質量をもち，3 種のニュートリノの質量が異なっていれば，ニュートリノがある種類から別の種類に転換されるニュートリノ振動が起こりうる．この振動は異なる種類のニュートリノの質量差に依存するので，ニュートリノ振動の発見から $|\Delta m^2|$ は 5×10^{-5} eV^2 程度であるという結論が得られた (Ahmad et al., 2002)．それぞれの種類のニュートリノの質量はわからないが，ニュートリノには質量があることになる．では，背景ニュートリノは暗黒物質の非バリオン成分になりえるだろうか？

この疑問に答えるため，まず，ニュートリノの数密度を考えよう．ニュートリノが相対論的ならば，数密度は式 (11.9) で与えられる．非相対論的になっても，T が膨張宇宙で a^{-1} に比例して低下する量である限り，ニュートリノの数密度は式 (11.9) で計算することができる（一般相対性理論を用いて，膨張宇宙の粒子の力学を解析して，これを示すことができる）．$g = 6$ をとり，式 (11.28) の温度を代入すると，式 (11.9) から，

$$n_{\nu,0} = 3.36 \times 10^8 \text{ m}^{-3} \tag{11.30}$$

を得る．ニュートリノ質量の平均を m_ν とすると，$m_\nu n_{\nu,0}$ を式 (10.29) の $\rho_{c,0}$ で割

れば，ニュートリノによる密度パラメータ $\Omega_{\nu,0}$ が得られ，その値は

$$\Omega_{\nu,0} = 3.18 \times 10^{-2} h^{-2} \left(\frac{m_\nu}{\text{eV}}\right) \quad (11.31)$$

となる．ここで，m_ν は eV 単位とする．式 (10.42) で $\Omega_{M,0}$ は 0.3 程度の値となることを見た．密度パラメータに対するニュートリノ質量の寄与はこれを超えないから，式 (11.31) で与えられる $\Omega_{\nu,0}$ も 0.3 より小さいとすることにより，以下の上限値を得る．

$$m_\nu < 9.4 h^2 \, \text{eV} \quad (11.32)$$

これは**カウシック–マクレランド上限**として知られ，最初に指摘されたときには，ニュートリノ質量の上限値について，実験室における実験よりも厳しい制限を与えるものであった (Cowsik and McClelland, 1972)．これは，天体物理学的考察が素粒子物理学と関係している一例である．

ニュートリノ質量がカウシック–マクレランド上限 (11.32) に近い値をもつと仮定すれば，ニュートリノが暗黒物質に推定された質量を担い，非バリオン的暗黒物質の謎を解くことができることになる．しかし，暗黒物質が式 (11.32) よりわずかに小さい質量をもったニュートリノであるとするこの仮説には，重大な問題がある．暗黒物質の分布については十分わかっていないが，観測からは宇宙で一様に分布しているのではないことが示唆されている．渦巻銀河と銀河団の質量の見積もりからは，暗黒物質がこれらの系に重力的に束縛されていると考えられている．そのようなことが起こるためには，暗黒物質の典型的な運動エネルギーが，重力的な束縛エネルギー $m_\nu |\Phi|$ を超えないはずである．ただし，Φ は銀河や銀河団のような構造に伴う重力ポテンシャルである．この条件は，m_ν の上限値が式 (11.32) で与えられるなら，満たすのは困難である．暗黒物質粒子が式 (11.32) を満たすなら，そのような暗黒物質は**熱い暗黒物質**であるという．熱い暗黒物質は銀河や銀河団のような重力的構造に固まることなしに宇宙全体に分布する傾向がある．もし，暗黒物質がこのような重力的構造に束縛されるなら，もっと重い粒子で，与えられた温度でゆっくりと動いていて（熱運動の速度は $\sqrt{2 k_\text{B} T/m}$ で与えられるため），銀河や銀河団に重力的に束縛されるような暗黒物質，すなわち，**冷たい暗黒物質**が必要である．11.9 節で構造形成を論じる際，冷たい暗黒物質は構造形成の要求も満たすのに役立つことを見る．

式 (11.32) を考えると，この上限を超えるような重い粒子を含む冷たい暗黒物質は可能なのだろうか？ 式 (11.32) は，分離のとき相対論的であった粒子のみに適用できる式 (11.9) から導いた．粒子が重くて分離のときにすでに非相対論的であったなら，数密度は式 (11.9) でなく式 (11.16) で与えられる．素粒子物理学の超対称性理論では，質量が数 GeV 程度を超える粒子の存在が予言され，これらの粒子はほかの

粒子とは弱い相互作用のみを行う．そのような粒子は温度が MeV であったとき，宇宙のほかの構成物と分離したと考えられる．この粒子は分離の前に熱力学的平衡にとどまり，分離のときの数密度は式 (11.16) で与えられる．式 (11.16) の指数因子により，この粒子の数密度は小さくなる．詳細な計算によると，粒子がおよそ 3 GeV より重ければ，この数密度は指数因子により十分抑えられ，密度パラメータへは観測から見積もられた値（すなわち，$\Omega_{M,0} \approx 0.3$）を超えるような寄与はしない．このような，冷たい暗黒物質が 3 GeV より重くなくてはならないという制限は，**リー–ワインバーグ制限**として知られている (Lee and Weinberg, 1977)．

こうして，暗黒物質は 10 eV から 3 GeV の範囲の質量をもつことはできないことがわかった．10 eV より軽い（熱い暗黒物質）か，3 GeV より重い（冷たい暗黒物質）かでなければならない．現在のさまざまな証拠は後者の可能性，すなわち，宇宙の暗黒物質は 3 GeV より重い粒子からなる冷たい暗黒物質である，ということを示唆している．この点については 11.9 節で論じる．

11.6 宇宙開闢期に関する考察

11.3 節で，宇宙の温度が MeV $\approx 10^{10}$ K 程度であった原子核反応期について論じた．つぎの 2 節で，この時期に分離した粒子の運命を追う．式 (10.67) あるいは (10.69) より，この時期はおよそ 10^{-1} s から 10^2 s まで続いた．ここ数十年の素粒子物理学の進歩により，温度が GeV 程度であった時期よりさらに早い時期に何が起こったかについて関心が高まった．この非常に初期の宇宙を**宇宙開闢期** (very early Universe) とよぶことにする．宇宙開闢期の研究は思索的な面があり，現在の天体物理学的データとあまり関連がなく，本書の範囲を超えるので，天体物理学的に関連のある二つの話題のみ触れることにする．

11.6.1 地平線問題とインフレーション

宇宙は激しいビッグ・バンで始まったため，一様な系としてつくられたとは考えられない．それでは，なぜ宇宙は現在一様なのだろうか？　容器に入った気体の中に突然非一様性が現れたとしよう．高密度領域の気体は，低密度領域に移動して，再び一様になろうとするだろう．音速を c_s とすれば，時間 t で大きさ $c_s t$ の領域が一様になるだろう．宇宙の年齢が t である現在，ct を超える領域から発せられた情報は現在までに我々に届かないため，ct より遠い領域からの情報を我々は受け取っていない．我々の周囲の半径 ct の領域を**地平線**という．我々は地平線の内側でのみ因果的な接触をも

つことができる．宇宙は地平線の大きさの領域にわたって一様であることができるが，それを超えては一様であることは期待できない．膨張する宇宙における地平線の計算には，もっと注意深い光の伝播の解析が必要であることを注意しておく（14.3 節で論じる）．しかし，詳細まで立ち入る必要はない．

宇宙が地平線より大きな領域にわたって一様であることには十分な証拠がある．10.5 節で CMBR について論じた．CMBR の光子は，宇宙年齢程度の時間をかけて空間を伝わって我々まで届くことを 11.7 節で見る．CMBR の光子が空の正反対の二つの方向からやってくるとしよう．これら二つの領域は因果的に我々とつながっているが，一つの領域からの情報はたったいま我々のところに到着したばかりで，もう一つの領域には届く時間がなかったため，お互いにはつながっていない．しかし，CMBR の等方性は，これらの因果的な接触がなかったはずの二つの領域が，同じ性質の CMBR を生み出すのであるから同じ物理的特徴をもっている，ということを意味している．お互いの地平線の外にあって，因果的な接触がなかったはずの領域がなぜ一様でありえるのか？ これが宇宙論における**地平線問題**である．

グースは，地平線問題の解決策を提案した (Guth, 1981)[†]．本書の範囲を超える場の理論を論拠として，宇宙開闢期の一時期に宇宙が非常に早く膨張し，何桁も大きくなったという考えを示した．これが**インフレーション**である．これが本当なら，インフレーション以前の宇宙はインフレーションが起こらなかった場合に比べずっと小さかったことになる．インフレーション以前の小さな宇宙では，宇宙の異なる部分は因果的に接触があり，したがって，宇宙の一様性がつくられたと考えられる．

11.6.2　バリオン生成

式 (11.19) のように，光子の数密度 $n_{\gamma,0}$ はバリオンの数密度 $n_{B,0}$ よりほぼ 8 桁も大きい．光子やバリオンが新たにつくられない限り，これらの数はともに a^{-3} で減少し，その比は変わらない．光子が物質から分離したときでさえ，この比はこの値だったはずである．では，なぜバリオンより光子が多いのだろうか？

宇宙初期に温度が数 GeV より高くてバリオン–反バリオン対をつくることができたとき，バリオンの数や反バリオンの数は式 (11.9) で与えられるので，どちらも光子の数と同程度であったはずである．しかし，温度が数 GeV より下がったときに起こるバリオン–反バリオン消滅の後にいくらかバリオンが残るためには，バリオンの数は反バリオンの数より少しだけ多かったはずである．消滅前にバリオン数密度が反バ

[†] 訳注：同時期に佐藤勝彦とスタロビンスキーも，独立に同様の理論を提案している (Sato, 1981; Starobinsky, 1980)．なお，インフレーションという用語を最初に用いたのはグースである．

リオン数密度より Δn_B だけ大きかったとすれば，消滅後にバリオン–光子比が上記の値になるためには，

$$\frac{\Delta n_B}{n_B} \approx 10^{-8} \tag{11.33}$$

であったはずである．

　物理学者の多くは，宇宙がこのように小さな不均衡をもってつくられたとするより，宇宙はバリオンと反バリオンが同数でつくられたとするほうが自然だと考えている．もし，本当にバリオンと反バリオンがはじめに同数あったならば，最初ゼロであった Δn_B が後にゼロでない値に変わったことになる．バリオン数は我々が現在調べているすべての素粒子相互作用で保存される量だと考えられている．宇宙がバリオンと反バリオンが同数でつくられたならば，バリオンの反バリオンに対する超過は，宇宙開闢期にバリオン数保存が破れていたときにのみ起こりうる．この**バリオン生成** (baryogenesis) は，素粒子理論家を惹きつけている問題である．

11.7　原子の形成と最終散乱面

　元素合成期の物理とその結果を 11.3 節から 11.5 節で論じた後，11.6 節でさらに初期の理論的問題に簡単に触れた．宇宙の進化の歴史に戻り，その後の出来事について見てみよう．11.4 節で論じた電子–陽電子消滅の後，宇宙は通常の物質，すなわち，陽子，ヘリウムの原子核，および電子と，非バリオン的物質と相対論的粒子（光子とニュートリノ）で構成されていた．式 (10.52) で，宇宙の大きさが現在より $1+z = 2.3 \times 10^4 \Omega_{M,0} h^2$ だけ小さかったときに物質優勢になったのを見た．これは式 (10.64) から示されるように，ビッグ・バン後約 10^4 年で起こった．そのときの温度は 2.735 K にこの赤方偏移因子を掛けたものであるから，宇宙は原子が形成されるにはまだ熱すぎた．

　初期宇宙の物質と輻射は平衡状態にあった．物質と輻射のこの結合はいつまで続いたのだろうか．光子は電子とトムソン散乱を通じて相互作用する．電子が自由である限り，トムソン散乱により物質と輻射は平衡になっていると考えられる．原子が形成され，電子がすべて原子内部に閉じ込められると，輻射は物質と分離するサハの式 (2.29) を用いて，自由電子の数の目安を与える電離度を推定することができる．水素のイオン化ポテンシャルは $\chi = 13.6$ eV で，式 (10.68) より温度 1.5×10^5 K に相当する．しかし，単純にサハの式を適用すると，温度が約 3000 K という低い値になった場合にのみ，自由電子の数が無視できることになる．したがって，宇宙は温度が 3000 K 以下に下がったときに光子に対し透明になり，輻射が物質と分離することがわかる．面白いことに，図 2.8 の不透明度のプロットも，温度がほぼこの値まで下がると，星

の物質も透明になることを示している．現在のCMBRの温度は2.735 Kなので，式(10.49)を適用すると，温度が3000 Kであったとき，宇宙の大きさは1000分の1であったことになる．詳細な計算によれば，物質と輻射の分離の時期には赤方偏移が$z_{\text{dec}} \approx 1100$であった．この分離の後，宇宙は透明になり，光子はもはや物質と相互作用しない．

今日我々まで到達するすべてのCMBR光子が最後に物質と相互作用したのは，赤方偏移$z_{\text{dec}} \approx 1100$の時期である．これらの光子は温度3000 Kの黒体輻射として出発した．赤方偏移1100のために現在の温度2.735 Kの黒体輻射になった．太陽と見るとき，太陽表面と我々の間の空間は可視光に対し透明なため，我々が見るのは太陽表面で物質と相互作用した光子である．すなわち，太陽から到来する光子は太陽の表面を示している．同様に，あらゆる方向から到来するCMBR光子は，赤方偏移$z_{\text{dec}} \approx 1100$で存在した我々を取り囲む原始物質の表面を示しており，**最終散乱面**とよばれている．赤方偏移$z_{\text{dec}} \approx 1100$の原始物質が完全に一様であれば，この最終散乱面も一様で，そこから到来するCMBRも完全に等方的である．一方，最終散乱面に非一様性があれば，CMBRの角度分布の異方性として現れる．

11.7.1 CMBRの初期異方性

原始宇宙における物質の分布はかなり等方的であったと考えられている．宇宙論の標準的な枠組みでは，物質密度に小さな初期摂動があり，宇宙膨張とともに成長して，我々が今日見るような星，銀河や銀河団といった構造が形成されたとする．この枠組みが正しければ，最終散乱面にはいくらか密度の揺らぎがあり，CMBRにも異方性があるはずである．10.5節で，COBE衛星によりCMBRは完璧な黒体輻射であることが示されたことを述べた (Mather et al., 1990)．COBEはCMBRの異方性を探し続け，発見に至った (Smooth et al., 1992)．CMBRはどの方向でも正確な黒体輻射のように見えたが，黒体輻射の温度は方向によりわずかに変動していることが示された．その温度の変動はおよそ

$$\frac{\Delta T}{T} \approx 10^{-5} \tag{11.34}$$

程度であった．図11.3の上側はCOBEにより示された温度の異方性である (Smooth et al., 1992)．COBEの角度分解能は7°程度であったため，それより小さい角度スケールの温度変動を見ることはできなかったが，後にWMAP衛星により成し遂げられた．図11.3の下側がそのWMAPにより得られた温度異方性である (Bennett et al., 2003)．11.9節で，この最終散乱面の非一様性がどう成長して構造を形成するか

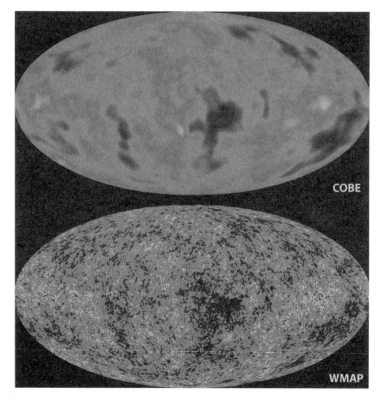

図 11.3 CMBR の温度分布地図. 画像は上が COBE (Smoot et al., 1992), 下が WMAP (Bennett et al., 2003) より.

について論じる. 異方性の典型的な角度スケールはさまざまな宇宙論パラメータに重要な制限を課すのに役立つ. この話題は 14.5 節で扱う. 最終散乱面の不規則性から生じる CMBR の異方性は, しばしば**一次異方性**とよばれ, 最終散乱面からの CMBR 光子が伝播中に発生する異方性と区別される.

11.7.2 スニャエフ–ゼルドビッチ効果

最終散乱面からの光子は物体と相互作用せずに我々まで到達すると述べた. 最終散乱面から我々までの間の空間には自由電子が少ないため, これはほぼ正しいが, 重要な例外がある. 銀河団は熱いガスを含み, これはイオン化しているため自由電子がある. したがって, 銀河団を通過する CMBR 光子は熱いガスの自由電子と相互作用する. 通常のトムソン散乱では, 光子はエネルギーを変えずに電子により散乱される. 光子と電子の間でエネルギー交換を伴う散乱は**コンプトン効果**とよばれる (Compton, 1923).

トムソン散乱の数学的理論は光子を古典電磁波として取り扱うことでつくれるが，コンプトン効果の理論は光子を粒子として扱う必要がある．コンプトン効果は，光子のエネルギーが電子の静止質量エネルギーに比べて無視できなくなる場合（X線光子など）に重要になり，光子のエネルギーの一部が電子に移される（たとえば，Yarwood (1958, §7.20) を参照）．一方，高い運動エネルギーをもった電子が低エネルギーの光子と相互作用して，エネルギーが電子から光子に移る過程が，**逆コンプトン効果**である．銀河団ガスの温度は高いため，CMBR光子が銀河団の自由電子と相互作用するときにこれが起こる．熱い銀河団ガスからCMBR光子にエネルギーが移ることは，**スニャエフ–ゼルドビッチ効果**として知られている (Sunyaev and Zel'dovich, 1972). その結果，CMBRの一部の電波光子が散乱されてX線光子になり，銀河団方向の電波領域のCMBR光子強度が減少する．この強度の減少から，銀河団ガスを通過するCMBR光子の（通常は $\ll 1$ の）光学的深さを見積もることができる．半径 R_c の球対称銀河団で内部の電子密度が n_e であるとして，中心での最大の光学的深さは $2\sigma_T n_e R_c$ となる．ただし，σ_T はトムソン散乱の断面積である．

スニャエフ–ゼルドビッチ効果の重要な応用として，銀河団までの距離を推定し，ハッブル定数の決定に用いることができる．CMBR強度の減少から $n_e R_c$ が得られる．銀河団の角度サイズは $2R_c$ を距離で割ったものに等しい．銀河団ガスのX線放射は制動放射が主で，単位体積あたりの放射率を求めることができる．銀河団から我々が観測するX線フラックスを測定し，銀河団の角度サイズやCMBRの強度減少などの測定量と組み合わせることにより，銀河団までの距離がわかる（演習問題11.5を参照）．スニャエフ–ゼルドビッチ効果から導かれたハッブル定数は，ほかの方法により得られた値より，なぜかわずかに小さい．

11.8 $z \sim 1$–6 における進化の証拠

宇宙の物質的天体からの情報は，それが輻射を出すか，そこを通過する輻射を吸収するかすれば得ることができる．輻射から分離する瞬間の原始物質の分布は，この物質の放出するCMBRを調べることによりわかる．しかし，物質–輻射分離の後，宇宙の物質は透明になり，ずっと後に星や銀河がつくられるまで，もはや輻射を放出しない．物質–輻射分離 ($z \sim 1100$) の時期と最初の星がつくられる時期の間の時代は，宇宙論では「暗黒時代」とよばれることがある．暗黒時代を通じて，物質は今日我々が検出できる輻射を放出しないが，物質から分離したCMBRは存在し続け，宇宙の膨張につれて低温に赤方偏移していった．暗黒時代の終わり頃，我々が今日発見しよ

うとしている輻射を放出する天体が再び現れた頃に宇宙がどう見えたかを論じよう．

赤方偏移が $z \sim 1$–6 の範囲にある天体を研究する新しい分野は，ハッブル宇宙望遠鏡 (HST) のような望遠鏡により，それまで研究できなかったような遠く微かな天体が観測できるようになって，花開いた．ここでは，この新しく出現しつつある分野のすべてをカバーせず，高赤方偏移で宇宙がどう見えていたか，とくに宇宙が現在とは大きく違って見えていたのか，そして進化の兆候が見られるか，ということに絞って論じる．もう一つ重要なのは，高赤方偏移の観測により，重要な宇宙論パラメータ（$\Omega_{M,0}$ など）を決めることができるか，ということである．この話題には相対論的宇宙論の知識が必要なので，後に 14 章で論じる．

11.8.1 高赤方偏移のクエーサーと銀河

クエーサーは通常銀河より絶対光度が明るいので，通常銀河に比べ高赤方偏移で発見されやすい．そのため，クエーサーは高赤方偏移で天文学者が系統的に研究した最初の天体になった．共動体積中のクエーサーの数密度を赤方偏移の関数としてプロットしたものが，図 11.4 である．赤方偏移が大きいほど早い時間を意味しており，クエーサーの数密度が宇宙の年齢とともに変化し，$z \sim 2$ 近辺で最も高かったことがこのプロットから見てとれる．クエーサーの数密度の進化は，天文学者が見つけた銀河の世界の進化の証拠として最初のものである．クエーサーのエネルギー放射は超大質量ブラックホールに落ち込むガスによって起こると考えられている．銀河の形成後，超大質量ブラックホールが中心に発達するにはある程度時間を要したであろう．大多

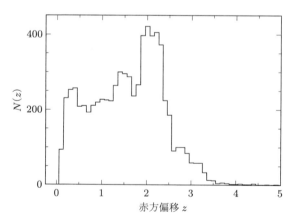

図 11.4 共動体積中のクエーサーの数密度の赤方偏移の関数としてのプロット．図は Hewitt and Burbidge (1993) のカタログデータに基づく．
[出典：Peterson (1997, p.17)]

数の銀河はクエーサーが最も多い赤方偏移 $z \sim 2$ よりずっと以前につくられたが，中心のブラックホールの形成には時間がかかったと考えられる．クエーサーの活動を生み出すためにはブラックホールにガスを落ち込ませる必要があるので，多くのガスがあるほど活動は優勢であると考えられる．星形成にガスが使われるため，銀河の年齢が古くなるほど利用できるガスは減っていくと考えられる．このシナリオは，クエーサーの数密度がなぜ $z \sim 2$ 付近で最大になるかの定性的な説明を与える．それ以前には中心に超大質量ブラックホールをもつ銀河は多くなかった．それ以後は，ブラックホールに与えるガスが減少した．この考え方によれば，現在の宇宙には「死んだ」（活動を停止した）クエーサーがたくさんあることになる．すなわち，中心に超大質量ブラックホールをもつ銀河で，かつてはクエーサーとして活動したが，いまは中心エンジンに与えるガスが尽きてしまった銀河である．

　巨大望遠鏡は数百万もの銀河を検出することができるため，この膨大な数から高赤方偏移の銀河を分離することは困難である．高赤方偏移の通常銀河は（14.4.1 項で示すように）非常に暗いので，撮像には長時間露出が必要である．1995 年 12 月に HST は，とくに特徴のない空の小さな領域を約 10 日間にわたって撮像した (Williams et al., 1996). この**ハッブル・ディープ・フィールド**とよばれる画像を図 11.5 に示す．さまざまな進化の段階にある 1500 個ほどの銀河が写っており，一部の銀河はこれまで撮像されたことがないほど暗いものであった．ハッブル・ディープ・フィールドの

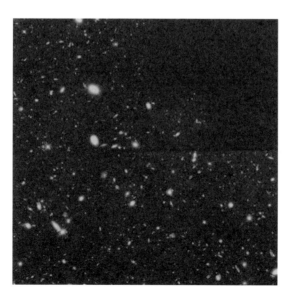

図 11.5　ハッブル宇宙望遠鏡で撮像したハッブル・ディープ・フィールド．
　　　　［出典：Williams *et al.* (1996)］

解析から，星形成は赤方偏移 $z \sim 1\text{--}1.5$ で最大であったと結論されている (Hughes et al., 1998).

まとめておくと，銀河やクエーサーには $z \sim 6$ 以前につくられたものもあるだろうが，クエーサー活動や星形成はそれよりずっと後に最大になった．しかし，最遠のクエーサーや最遠の通常銀河の観測により明らかになった宇宙は，現在の宇宙と大きく異なっており，間違いなく進化の証拠が存在する．つぎに，銀河間の空間に存在する物質を考え，この物質が最初の銀河を調べる鍵となるかどうかを考える．

11.8.2 銀河間媒質

銀河団のガスは別として，銀河団の間で銀河の外の空間領域に物質はあるだろうか？ 銀河間空間に物質があるとしても，問題はどうやって検出するかである．銀河団の外にある銀河間媒質は，電磁波スペクトルのどの波長帯においても検出されていない．銀河間媒質の存在を調べるには，遠く離れた天体のスペクトルの吸収線を探すしかない．クエーサーはスペクトルをとることができるほど明るく最も遠い天体なので，銀河間媒質を探す最良の方法は，クエーサーのスペクトルに吸収線を探すことである．

中性水素原子の $1s \rightarrow 2p$ 遷移により引き起こされるライマン α 吸収線を考えよう．吸収系がおもに中性水素からできているなら，この線は最も強い吸収線であると考えられる．この線の静止波長は $\lambda_{L\alpha} = 1216$ Å である．クエーサーが赤方偏移 z_{em} にあるとしよう．典型的なクエーサーのスペクトルは広がっているため，ライマン α 線が赤方偏移した波長 $(1+z_{em})\lambda_{L\alpha}$ に広がった線があることが期待される．もし，中間的な赤方偏移 $z_{abs} (0 < z_{abs} < z_{em})$ で視線上に吸収する物質があるならば，波長 $(1+z_{abs})\lambda_{L\alpha}$ に吸収線があることが期待される．もし，視線に沿ってずっと中性水素があるならば，z_{abs} の連続的に変化する値に応じて，クエーサーのスペクトルには $\lambda_{L\alpha}$ から $(1+z_{em})\lambda_{L\alpha}$ まで吸収の谷があることが期待される．遠方のクエーサーのスペクトルにこのような吸収の谷の存在の有無から，視線に沿って存在する中性水素の量を見積もることができる (Gunn and Peterson, 1965).

図 11.6 は赤方偏移 $z_{em} = 2.6$ のクエーサーのスペクトルで，ライマン α 輝線が 4380 Å にある．しかし，1216 Å から 4380 Å で連続的な吸収の谷が見られない．谷の代わりに，吸収線が狭い間隔で多数見られ，**ライマン α の森**とよばれている．これは視線に沿って中性水素が一様には分布していないことを意味する．さまざまな赤方偏移のところに多くの中性水素の雲があり，吸収線をつくっているのに違いない．図 11.6 の例では，3650 Å（赤方偏移 $z_{abs} = 2.0$ に相当）に顕著な吸収の兆候があり，輻射はほぼゼロ強度まで落ちている．この赤方偏移 $z_{abs} = 2.0$ に大きな雲があるよう

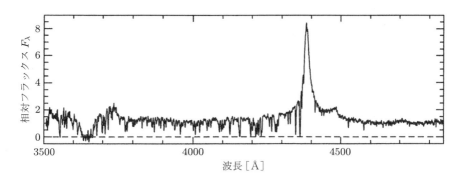

図 11.6 $z_{\rm em} = 2.6$ のクエーサーのスペクトル．[出典：Wolfe et al. (1993)]

である．巨大な水素雲の存在を示す大きなギャップは，多くの遠方のクエーサーのスペクトルに見られる．

クエーサーのスペクトルに見られるこれらの兆候の定量的な解析については，Peebles (1993, §23) を参照されたい．おもな結論を以下に定性的にまとめておく．吸収の谷が存在するかを調べることは**ガン–ピーターソン検定**とよばれ，谷が存在しなければ水素雲の外に中性水素ガスがほとんどないことを意味し，水素原子の数密度がおよそ 10^{-6} m^{-3} より小さいことになる (Gunn and Peterson, 1965)．比較のため，銀河団のＸ線を放出するガスの密度は 10^3 粒子 m^{-3} であることを挙げておく．図 11.6 における 3650 Å のへこみのように，クエーサーのスペクトルに顕著なへこみを生み出す大きな水素雲の質量は，典型的な銀河程度と見積もられている．すぐに考えられる可能性は，形成されつつある銀河である．ライマン α の森の吸収線を生み出すより小さな雲の質量はずっと小さく，数百 $M_\odot$ 程度である．観測データからは，この小さな雲は赤方偏移 $z \approx 2$–3 で最も多く，より小さい赤方偏移では少なくなることがわかる．

図 11.6 に示した遠いクエーサーのスペクトルから，中性水素はおもに孤立した雲の内部に存在することがわかる．これらの雲の外には中性水素はほとんどない．しかし，これは，雲の外には物質はほとんど存在せず，その領域は空っぽであることを意味しているのだろうか？ よりもっともらしい仮定は，雲の外にも水素が存在するが，電離しているためライマン α 吸収線を生み出さない，とすることである．11.7 節で示したように，物質は $z \approx 1100$ 以前は電離していた．そして，中性原子が形成され，物質と輻射は分離した．最初の星，銀河およびクエーサーが形成されたとき，これらの天体からの輻射により銀河間媒質は再び電離されたとみられる．これを**再電離**という．遠方のクエーサーと我々の間に中性水素がないことは，（ライマン α 雲は別として）この再電離の結果であると考えられる．しかし，再電離以前に非常に遠方のクエーサーが発した光は最初に中性水素で満たされた空間を通過するため，スペクトルの赤方偏

移したライマン α 線の低振動数側にガン–ピーターソンの谷があると期待される．赤方偏移が $z \approx 6$ より大きいクエーサーには，スペクトルにそのような谷が存在するという兆候がある (Becker et al., 2001)．

赤方偏移 $z \sim 2$–6 の宇宙は現在の宇宙と大きく異なっていることを見てきた．そこでは，すでにクエーサーがいくつか形成され，銀河間媒質を電離していた．この電離した媒質中に質量数百 $M_\odot$ 程度の中性水素雲（おそらく高密度のため内部は電離を起こす光子から遮蔽されていた）が存在した．形成途中の銀河らしき，もっと大質量の雲も存在した．

11.9 構造形成

11.7.1 項で論じたように，物質と輻射が分離した $z \approx 1100$ の時期には物質はかなり一様に分布しており，この時期の密度揺らぎは 10^{-5} 程度であった．一方，11.8 節で論じた観測からは，$z \approx 6$ より前に，最初の星や銀河，クエーサーがつくられていたことが示唆されている．この二つをどう結び付けるのか？ おそらく $z \approx 1100$ の時期の微小な摂動は重力不安定性により成長し，$z \approx 6$ 以前に最初の星や銀河になったのであろう．これがどう起こったのか，詳細を理解するのが**構造形成**の問題である．これは極めて複雑な問題で，現在でも多くの研究が行われている．ここでは，鍵となるいくつかの点にのみ触れることにする．

8.3 節で，ジーンズにより最初に調べられた重力不安定性について論じた (Jeans, 1902)．ジーンズ質量より大きい質量をもつ密度が増した領域は，その領域の強い重力のために成長を続ける．8.3 節では，膨張しない領域にあるガスについて解析した．膨張宇宙における密度揺らぎの成長を理解するには，膨張する背景に対してジーンズの解析を行う必要がある．この解析はやや複雑で，ほかの多くの教科書 (Kolb and Turner, 1990, §9.2; Narlikar, 1993. §7.2) で取り上げられているので，ここでは導出を再現することはせず（ただし，演習問題 11.6 を参照），結論のみをまとめておく．

1. 摂動は宇宙が輻射優勢である限り凍結したままで成長しない．
2. 宇宙が物質優勢になってはじめて，式 (8.21) で与えられる k_J より小さい波数 k に対して摂動が成長する．
3. 摂動が指数関数的に成長するという 9.3 節の結果とは異なり，物質優勢の膨張宇宙における密度揺らぎは

$$\frac{\delta \rho}{\rho} \propto t^{2/3} \tag{11.35}$$

のように成長する．

式 (10.60) によれば，物質優勢宇宙のスケール因子 a も t の 2/3 乗で成長する．式 (10.60) と (11.35) から，

$$\frac{\delta\rho}{\rho} \propto a \tag{11.36}$$

と書くことができる．この結果は 9.3 節と同様，線形解析によるものであることに注意しておく．摂動が 1 の程度に成長すると，非線形の効果が重要になり，摂動は式 (11.35) で与えられるよりずっと速く成長する．

式 (11.35) の結果は困難を引き起こす．密度揺らぎは $z \approx 1100$ の時期に 10^{-5} 程度であった．その時期から現在までスケール因子は 10^3 倍大きくなったので，式 (11.35) を単純に適用すると，現在の $\delta\rho/\rho$ は 10^{-2} 程度にしかならない．これは，現在我々が目にする宇宙のさまざまな構造の存在と矛盾する．10^{-2} は 1 よりかなり小さいので，この困難は非線形効果を取り入れても解消する見込みはない．どこで議論を間違ったのだろうか？

この謎を解く鍵を見つけるため，式 (8.21) で与えられる臨界波数 k_J の表式を調べよう．初期の物質優勢期に $a \propto t^{2/3}$ とすれば，フリードマン方程式 (10.27) で初期には重要でない曲率項 kc^2/a^2 を無視して，

$$\rho \approx \frac{1}{6\pi G t^2} \tag{11.37}$$

を得る．式 (8.21) の ρ_0 に代入すれば，

$$k_J^2 = \frac{2}{3c_s^2 t^2} \tag{11.38}$$

となる．これに相当するジーンズ波長は

$$\lambda_J = \frac{2\pi}{k_J} = \sqrt{6}\pi c_s t \tag{11.39}$$

である．摂動は波長が λ_J より大きい場合のみ成長する．式 (11.39) に現れる音速 c_s について考えよう．物質–輻射の分離後，音速は式 (8.15) で与えられる．しかし，原子形成以前，物質密度の摂動は，物質と結合した輻射場の摂動を伴っていただろう．輻射場の圧力は $P = (1/3)\rho c^2$ であるから，輻射場の音速は

$$c_s = \frac{1}{\sqrt{3}}c$$

と大きい．これを式 (11.39) に代入すると，

$$\lambda_J = \sqrt{2}\pi c t \tag{11.40}$$

を得る．これは，物質‐輻射分離前には地平線の大きさ（およそ ct）より大きかったジーンズ長が，分離後に c_s が通常のガスの音速に等しくなったとき，突然式 (11.39) で与えられる値よりずっと小さくなることを意味している．原理的には摂動は宇宙が物質優勢になった後も成長するが，ほとんどの摂動は式 (11.40) のジーンズ長より波長が短く，物質と輻射が結合している限り成長しない．輻射が分離してはじめて，ジーンズ長が小さくなり，それより大きい摂動が成長を始める．

　11.5 節で，宇宙の多くの物質は非バリオン的な冷たい暗黒物質であると論じた．これが正しいなら，状況はいくぶん微妙になる．バリオン物質のみが輻射と相互作用し，原子の形成まで結合していると考えられる．冷たい暗黒物質は弱い相互作用しかしないため，温度が MeV 程度以下に下がったときに，宇宙のほかの成分から分離したはずである．宇宙が物質優勢になるときまでに，冷たい暗黒物質は完全に分離し，冷たい暗黒物質に対するジーンズ長は，c_s を冷たい暗黒物質の音速として，式 (11.39) で与えられる．このジーンズ長は原子形成前に式 (11.40) で与えられるバリオン物質のジーンズ長よりずっと小さい．したがって，宇宙が物質優勢になって摂動が成長できるようになるとすぐ，ジーンズ長より大きな冷たい暗黒物質の摂動は成長し始める．原子が形成されると，バリオン物質も分離して，そのジーンズ長も急激に小さくなり，ジーンズ長より大きな摂動が成長できるようになる．そのときまでに，冷たい暗黒物質の摂動はかなり大きくなり，その領域に重力井戸を生み出して，冷たい暗黒物質は塊になるだろう．一度バリオン的摂動が原子形成後成長できるようになると，バリオン物質は冷たい暗黒物質のつくり出す重力井戸に素早く落ち込むだろう．

　図 11.7 に摂動の成長の様子を示す．宇宙が $t = t_{eq}$ まで輻射優勢であったとき，バリオン物質と冷たい暗黒物質の摂動は同程度の振幅で，成長できなかった．バリオン物質の摂動は分離時間 $t = t_{dec}$ まで凍結され，CMBR の観測から t_{dec} における摂動の振幅は 10^{-5} とわかっているので，原始摂動もこの振幅をもっていたと考えられる．冷たい暗黒物質の摂動は式 (10.52) で与えられる $a = a_{eq}$ であった $t = t_{eq}$ から成長を始め，摂動の成長率は式 (11.36) で与えられるので，暗黒物質の摂動は現在には 1 に近い値となっていると考えられる．図 11.7 に示すように，$t = t_{eq}$ の後，バリオン物質の摂動は冷たい暗黒物質のポテンシャル井戸に落ち込み，冷たい暗黒物質の摂動に追従するようになった．摂動が 1 に対し小さくなくなると，非線形効果が重要になり始め，さまざまな構造を生み出す物質の凝集がより速く進んだ．この非線形効果による進化は，詳細な数値シミュレーションによって調べられている．

　デイヴィスたちの初期の仕事 (Davis *et al.*, 1985) に引き続いて，多くの構造形成の数値シミュレーションが複数のグループによって行われている．これらのシミュレーションは，物質が最後には星をつくることを示せるほど現実的ではない．まず，たい

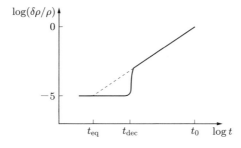

図 11.7 バリオン物質（実線）と冷たい暗黒物質（破線）における摂動の成長

ていのシミュレーションでは，格子間隔は星の大きさよりずっと大きい．さらに，星の形成は複雑な物理過程が関係し，大きなスケールの摂動を追うシミュレーションに組み込むのは難しい．しかし，これらのシミュレーションにより，バリオン物質に加えて冷たい暗黒物質が宇宙に十分な量だけ含まれていれば，確かに今日我々が目にするような構造がつくられることが示されている．これは，宇宙の暗黒物質が熱くなく，冷たいことの証拠にもなっている．宇宙に大量の暗黒物質がある場合にのみ，$t_{\rm dec}$ で 10^{-5} 程度の振幅であったバリオン物質の摂動が，冷たい暗黒物質のつくるポテンシャル井戸に落ち込むことにより，現在までに十分成長することができ，現在観測される構造を説明することができる．

演習問題 11

11.1 (a) リーマンのゼータ関数の定義

$$\zeta(n) = \sum_{k=1}^{\infty} k^{-n}$$

を用いて，ボゾンに対し式 (11.7) から式 (11.9) を導出せよ．また，ボゾンに対する式 (11.8) を $\zeta(4)$ で表し，$\zeta(4) = \pi^4/90$ を用いて，ボゾンに対する式 (11.10) を導出せよ．[**ヒント**：式 (11.7) と (11.8) の積分の評価には

$$\frac{1}{e^x - 1} = e^{-x} + e^{-2x} + e^{-3x} + e^{-4x} + \cdots$$

を用いることができる．]

(b) 定義

$$I_n^{\pm} = \int_0^{\infty} \frac{x^n {\rm d}x}{e^x \pm 1}$$

を用いて，$I_n^- - I_n^+ = 2^{-n} I_n^-$ を示せ．そして，この関係を用いて，ボゾンに対する表現からフェルミオンに対する式 (11.9) と (11.10) を導け．

11.2 反応 $p + \nu_e \longleftrightarrow p + e^-$ の反応率が $T \approx 0.4$ MeV で宇宙の膨張率より遅くなるとしたら，宇宙のヘリウムの存在比はどうなるか．

11.3 電子・陽電子消滅前の初期宇宙で，電子の数密度は陽電子の数密度よりわずかに多くなければならない．このことは電子と陽電子の化学ポテンシャルがゼロでないことを意味することを示せ．これらの化学ポテンシャルを理論的に計算するにはどうしたらよいか．

11.4 $z \approx 1100$ に対応する時期の宇宙の気体圧力を推算せよ．水素気体がこの圧力に保たれているとする．サハの式 (2.29) を用いて，さまざまな温度 T に対する電離度 x を数値的に計算し，T の関数として x をプロットせよ．x は 0 に近い値から 1 に近い値にあまり広くない温度範囲で変化することがわかる．この遷移が起こる温度はおよそ何度か．

11.5 スニャエフ–ゼルドビッチ効果から銀河団の中を通過する CMBR 光子の光学的深さ τ がわかり，銀河団の熱いガスから放射される振動数 ν の X 線フラックス f_ν を測ったとする．熱いガスが内部が一様な電子密度 n_e の半径 R_c の球をつくるとすると，明らかに $\tau = 2\sigma_T R_c n_e$ であって，

$$f_\nu = \frac{\frac{4}{3}\pi R_c^3 \epsilon_\nu}{4\pi D^2}$$

となる．ただし，ϵ_ν は熱いガスの単位体積あたりの放射率であり，D は銀河団までの距離である．式 (8.70) より，

$$\epsilon_\nu = \frac{An_e^2}{\sqrt{T}} e^{-h\nu/k_B T}$$

と書くことができる．このとき，

$$D = \frac{A\,\Delta\theta}{24\sigma_T^2 \sqrt{T}} e^{-h\nu/k_B T} \frac{\tau^2}{f_\nu}$$

であることを示せ．ただし，$\Delta\theta = 2R_c/D$ は X 線を放射するガス球が観測される角度サイズである．

11.6 時刻 t に半径が $a(t)$ である球殻の動径方向への膨張を考えることにより，フリードマン方程式は古典的に得られることを 10.4 節で示した．半径 $a(t)$ が $a(t) + l(t)$ となるような中央部の摂動を考えよう．$l(t)$ が小さい場合に

$$\frac{d^2 l}{dt^2} = \frac{2GM}{a^3} l = \frac{8\pi G}{3}\rho(t) l$$

であることを示せ．ただし，M は球殻内側の質量で，

$$\rho = \frac{3}{4\pi}\frac{M}{a^3}$$

である．もし，球殻 $a(t)$ 内の物質がフリードマン方程式から期待されるものとわずかに

異なる進化をするなら，摂動なしの密度との密度の差からパラメータ

$$\delta = \frac{\delta\rho}{\rho} = -3\frac{l}{a}$$

が導かれる．かろうじて臨界的な場合（すなわち，摂動なしの球殻の全運動エネルギーがゼロであるような状況）に，δ に対する方程式

$$\ddot{\delta} + \frac{4}{3t}\dot{\delta} - \frac{2}{3t^2}\delta = 0$$

を導出せよ．この方程式は膨張の中心領域の密度摂動がどう成長するかを与えるものである．膨張する物質優勢宇宙の密度揺らぎの進化の方程式は，$k \ll k_{\rm J}$ ならば厳密にこの方程式に一致する．その解が

$$\delta \propto t^{2/3}$$

であることを示せ．

12章
テンソルと一般相対性理論の基礎

12.1 はじめに

　10.2節で，一般相対性理論では時空の湾曲を扱い，このような湾曲を取り扱うにはテンソルが自然な数学的言語であることを述べた．ここでは，テンソル解析の導入を行い，一般相対性理論を技術的な面から紹介する．読者は，この章を読む前に，10.2節で紹介された定性的概念を知っておくと役に立つだろう．

　一般相対性理論は取り組みがいのある対象なので，純粋に数学的な話題と，一般相対性理論の物理的な概念とをはっきり区別しておくとよい．次節でテンソル解析について論じる際は，一般相対性理論をもち出すことなく，純粋に数学的な問題として扱う．10.2節で導入した2次元の計量 (10.7)，(10.8) および (10.9) は，さまざまな点を明確にするための例としてたびたび用いることになる．テンソル解析のさまざまな公式を2次元より高い次元の計量に適用すると，計算は非常に大変になる．そこで，テンソルに慣れるにはまず，2次元面の重要な結果を適用することを勧める．

　テンソル解析の基本を次節で紹介した後，12.3節からは一般相対性理論の基本概念を導入していく．一般相対性理論はいまや天体物理学の多くの分野で用いられているので，天体物理学を学習する学生には，専門分野にかかわらず，一般相対性理論の最低限の知識が必要である．この章で学ぶことは最低限にすぎないので，より深く学ぶには多くの優れた教科書でさらに学んでほしい．

12.2 テンソルの世界

　テンソルに慣れるには練習が必要である．ここではすべての基本概念を説明するが，簡潔に記述するので，事前にテンソル代数に慣れていたほうが，ここの議論を追いやすいだろう．

12.2.1 テンソルとは何か

　物理の初等的な教科書では，スカラーとベクトルという二つの種類の物理量が紹介

される．ベクトルは大きさと方向の両方をもつ量として定義される．しかし，ベクトルを別の方法で定義することができる．ベクトルは一つの座標軸ごとに一つの成分をもち（ベクトル A は x, y および z 軸に対しそれぞれ A_x, A_y および A_z をもつ），ある座標系から別の座標系に移ったときにある方法で成分は変換される．このベクトルの定義はテンソルの世界への自然な入口になるので，ベクトルの成分が座標系が変わるときどう変換されるかについて考えてみることにしよう．

ベクトルの成分がどう変換されるかを見るには，まず座標系でベクトルの成分がどう定義されるかを知る必要がある．解析力学で登場する一般化速度と一般化座標を具体的な例として考えよう（たとえば，Goldstein (1980, §1-4) や Landau and Lifshitz (1976, §1) を参照）．系の一般化座標を x^i と書くことにする．ただし，i は $i = 1, 2, ..., N$ の値をとる．i を下付きでなく上付きの添字として書くことの理由は後に明らかになる．一般化速度の成分は $\mathrm{d}x^i/\mathrm{d}t$ であり，一般化された力の成分は V をポテンシャルとして $-\partial V/\partial x^i$ である．一般化速度と一般化された力の成分を別の座標系 $\bar{x}^i$ で同様に定義したとすると，偏微分の連鎖律 (chain rule)[†1] より，

$$\frac{\mathrm{d}\bar{x}^i}{\mathrm{d}t} = \sum_{k=1}^{N} \frac{\mathrm{d}x^k}{\mathrm{d}t} \frac{\partial \bar{x}^i}{\partial x^k} \tag{12.1}$$

$$\frac{\partial V}{\partial \bar{x}^i} = \sum_{k=1}^{N} \frac{\partial V}{\partial x^k} \frac{\partial x^k}{\partial \bar{x}^i} \tag{12.2}$$

である．これらの変換則はわずかに異なることに注意しよう．$\mathrm{d}x^i/\mathrm{d}t$ のように変換するベクトルは**反変ベクトル** (contravariant vector) といい，上付きの添字で表し，$\partial V/\partial x^i$ のように変換するベクトルは**共変ベクトル** (covariant vector) といい，下付きの添字で表す（微分の分母に現れる x^i や $\bar{x}^i$ の i は下付きの添字として扱う）．また，つぎの有名な**和の規約** (summation convention)[†2] を導入する：ある項に添字が上付きとして 1 回，下付きとして 1 回ずつ，2 回繰り返し現れたなら，その添字の可能な値について和をとることを自動的に意味し，和をとる記号を明示する必要はない．この和の規約を用いて，反変ベクトル A^i と共変ベクトル A_i の変換則は

$$\bar{A}^i = A^k \frac{\partial \bar{x}^i}{\partial x^k} \tag{12.3}$$

$$\bar{A}_i = A_k \frac{\partial x^k}{\partial \bar{x}^i} \tag{12.4}$$

[†1] 訳注：複数の関数が合成された合成関数を微分するとき，その導関数がそれぞれの導関数の積で与えられるという関係式のこと．$(f \cdot g)'(x) = \{f(g(x))\}' = f'(g(x))g'(x)$．

[†2] 訳注：アインシュタインの規約ともいう．

と書ける．ただし，$\overline{A}^i$ と $\overline{A}_i$ はこれら反変および共変ベクトルの座標系 $\bar{x}^i$ における成分である．式 (12.3) を式 (12.1) と，また式 (12.4) を式 (12.2) と比較すれば，一般化速度 dx^i/dt は反変ベクトル，一般化された力の成分 $-\partial V/\partial x^i$ は共変ベクトルとして変換することは明らかである．ある直交座標系から別の直交座標系への変換（たとえば，2 次元で，ある座標系から別の座標系への回転による変換）を考えると，

$$\frac{\partial \bar{x}^i}{\partial x^k} = \frac{\partial x^k}{\partial \bar{x}^i}.$$

であることは簡単に示すことができる．すなわち，直交座標系どうしの変換では反変と共変のベクトルの違いはないことがわかる．

ベクトルの成分は一つの座標軸のみと関係付けられている．一般の**テンソル**の場合，成分は複数の座標軸と関係付けられることがある．したがって，成分は一般に複数の添字をもつ．一般のテンソルの変換則はつぎの形になる．

$$\overline{T}^{ab..d}_{l..n} = T^{\alpha\beta..\delta}_{\lambda..\nu} \frac{\partial \bar{x}^a}{\partial x^\alpha} \frac{\partial \bar{x}^b}{\partial x^\beta} \cdots \frac{\partial \bar{x}^d}{\partial x^\delta} \frac{\partial x^\lambda}{\partial \bar{x}^l} \cdots \frac{\partial x^\nu}{\partial \bar{x}^n} \quad (12.5)$$

添字のいくつかは上付きで，いくつかは下付きになっており，対応する変換則が反変ベクトルであるか，あるいは共変ベクトルであるかに依存する．

変換則 (12.5) から，二つのベクトル A_i，B_k の積 $A_i B_k$ は二つの共変成分 i と k をもつテンソルと同様に変換することが示される．これは，二つのテンソルの積は高階のテンソルになるという結果に一般化することができる．重要な操作の一つにテンソルの**縮約** (contraction) がある．テンソル $\overline{T}^{ab..d}_{l..n}$ で $n = d$ であるとしよう．和の規約により，$n = d$ のすべての可能な値について和をとると，式 (12.5) より，

$$\overline{T}^{ab..d}_{l..d} = T^{\alpha\beta..\delta}_{\lambda..\nu} \frac{\partial \bar{x}^a}{\partial x^\alpha} \frac{\partial \bar{x}^b}{\partial x^\beta} \cdots \frac{\partial \bar{x}^d}{\partial x^\delta} \frac{\partial x^\lambda}{\partial \bar{x}^l} \cdots \frac{\partial x^\nu}{\partial \bar{x}^d}.$$

となる．ここで，

$$\frac{\partial \bar{x}^d}{\partial x^\delta} \frac{\partial x^\nu}{\partial \bar{x}^d} = \delta^\nu_\delta$$

であることを用いると，クロネッカーの δ の性質から $T^{\alpha\beta..\delta}_{\lambda..\nu} \delta^\nu_\delta = T^{\alpha\beta..\delta}_{\lambda..\delta}$ であることにより，容易に

$$\overline{T}^{ab..d}_{l..d} = T^{\alpha\beta..\delta}_{\lambda..\delta} \frac{\partial \bar{x}^a}{\partial x^\alpha} \frac{\partial \bar{x}^b}{\partial x^\beta} \cdots \frac{\partial x^\lambda}{\partial \bar{x}^l} \cdots \quad (12.6)$$

を得ることができる．δ^i_k はテンソルのようにふるまうが，δ_{ik} や δ^{ik} はそうではないことを示すことは，読者への演習問題にしておく（クロネッカーの δ は添字の上下によ

らず，$i=k$ なら 1，それ以外は 0 の値をもつ）．式 (12.6) から，$T^{\alpha\beta..\delta}_{\lambda..\delta}$ は $T^{\alpha\beta..\delta}_{\lambda..\nu}$ より反変添字が一つと共変添字が一つ少ないテンソルのようにふるまうことが明らかである．すなわち，テンソルの縮約はテンソルの階数を（反変の階数を一つと共変の階数を一つ）下げる．

12.2.2 計量テンソル

10.2 節で，空間中で近接する 2 点の間の距離は式 (10.5) で与えられることを見た．現在の記法と和の規約を用いると，つぎのように書ける．

$$ds^2 = g_{ik}\,dx^i\,dx^k \tag{12.7}$$

x^i はベクトルのようには変換しないが，dx^i は明らかに反変ベクトルである．したがって，$g_{ik}\,dx^l\,dx^m$ は 2 回縮約するとスカラーになるため，ds^2 もスカラーである．

10.2 節で，空間が湾曲しているかどうかを決めるのは**計量テンソル** g_{ik} であることを見た．ここで，曲率を計算する数学的道具を開発する．この道具を計量に適用すれば，

$$ds^2 = dr^2 + r^2 d\theta^2 \tag{12.8}$$

$$ds^2 = a^2(d\theta^2 + \sin^2\theta\,d\phi^2) \tag{12.9}$$

について，式 (12.8) が極座標による平面，式 (12.9) が球の表面に対応することがわかる．また，

$$ds^2 = a^2(dx_1^2 + \sinh^2 x_1\,dx_2^2) \tag{12.10}$$

がすべての点で鞍点になっている曲面に対応する．10.2 節で，これら三つの計量が似たような記法で式 (10.7)〜(10.9) の形に書かれることを見て，これらが三つの可能な一様 2 次元面（すべての点が同等な面）に対応することを論じた．式 (12.7) は $g_{12}dx^1 dx^2$ のような交差項を許容することがわかる．しかし，計量 (12.8)〜(12.10) は 2 次項のみを含み，交差項は含まない．座標系が直交系なら，ds^2 の表現に交差項は含まれない．本書では，交差項を含まない直交座標系に相当する簡単な計量のみを論じる．いい換えると，行列で表したときに対角項のみがゼロでない計量テンソル g_{ik} のみに限る．計量 (12.8)〜(12.10) に対しては，計量テンソルの成分はそれぞれ

$$g_{rr} = 1, \quad g_{\theta\theta} = r^2, \quad g_{r\theta} = g_{\theta r} = 0 \tag{12.11}$$

$$g_{\theta\theta} = a^2, \quad g_{\phi\phi} = a^2\sin^2\theta, \quad g_{\theta\phi} = g_{\phi\theta} = 0 \tag{12.12}$$

$$g_{11} = a^2, \quad g_{22} = a^2\sinh^2 x_1, \quad g_{12} = g_{21} = 0 \tag{12.13}$$

である．天体物理学には，回転するブラックホールのカー計量のように，交差項が重要になる場合があるが，基礎的な内容を扱う本書の範囲を超える．

反変ベクトル A^i から，対応する共変ベクトルを

$$A_i = g_{ik} A^k \tag{12.14}$$

によってつくり出すことができ，この操作を**添字を下げる**ということがある．これは計量が対角的なら簡単である．たとえば，(A^r, A^θ) が計量テンソル (12.11) で表される平面のベクトルの反変成分であれば，対応する共変成分は $(A_r = A^r, A_\theta = r^2 A^\theta)$ である．dx^i と dx^k に，式 (12.14) によって得られる共変ベクトル dx_i と dx_k が対応するとすれば，計量を

$$ds^2 = g^{ik} dx_i dx_k \tag{12.15}$$

の形に書くことができる．式 (12.7) と (12.15) で与えられる ds^2 が同じものであることを要求することにより，読者は

$$g^{ik} g_{kl} = \delta^i_l \tag{12.16}$$

であることを示されたい．対角的計量テンソル g_{ik} に対しては，対応する g^{ik} を求めることはとくに簡単で，式 (12.16) を満たすために，対角要素は逆数をとり，非対角要素はゼロとすればよい．たとえば，球の表面に相当する計量テンソル (12.12) では，

$$g^{\theta\theta} = \frac{1}{a^2}, \quad g^{\phi\phi} = \frac{1}{a^2 \sin^2\theta}, \quad g^{\theta\phi} = g^{\phi\phi} = 0 \tag{12.17}$$

が式 (12.16) を満たすことはすぐわかる．共変計量テンソル g^{ik} が導入されたので，これを用いて**添字を上げる**ことにより，共変ベクトルから反変ベクトルを

$$A^i = g^{ik} A_k \tag{12.18}$$

のようにつくり出すことができる．反変ベクトル A^i から始めて，式 (12.14) を用いて添字を下げ，さらに式 (12.18) を用いて添字を再び上げると，式 (12.16) から同じベクトル A^i に戻ることがわかる．以下では，さまざまな単純な計算段階を残しておくので，読者は自ら実行してテンソルの操作に習熟してほしい．

ベクトルの座標軸方向の成分を扱うことがよくある．たとえば，平面を動く粒子に対し，極座標での速度成分は $(\dot{r}, r\dot{\theta})$ である．これは**ベクトル成分**とよぶことができる．異なる直交座標系のベクトル成分は式 (12.3) や (12.4) では変換できないことは明らかである．しかし，速度のベクトル成分をそれぞれ $\sqrt{g_{rr}} = 1$ と $\sqrt{g_{\theta\theta}} = r$ で割

ると，極座標での反変速度ベクトル $(\dot{r}, \dot{\theta})$ が得られる．一般に，直交座標系のベクトルの第 i ベクトル成分を $\sqrt{g_{ii}}$ で割ることを各成分について行うと，反変ベクトルに対する式 (12.3) の規則に従って，直交座標系間で変換するベクトルの成分を得ることができる．同様に，ベクトル成分に $\sqrt{g_{ii}}$ を掛けると，対応する共変ベクトルを得る．例として，平面上の定ベクトル $\boldsymbol{A}$ を考え，$\boldsymbol{A}$ が反変ベクトルのように変換すると仮定して，極座標での成分を求めよう．図 12.1 に示すように，$\boldsymbol{A}$ の方向からの角度 θ を測ることにする．座標 (r, θ) の点 P において，極座標での $\boldsymbol{A}$ のベクトル成分は $(A\cos\theta, -A\sin\theta)$ である．式 (12.11) を用いると，極座標での定ベクトルの反変形は

$$A^r = A\cos\theta, \quad A^\theta = -A\frac{\sin\theta}{r} \tag{12.19}$$

であることがわかる．共変形は

$$A_r = A\cos\theta, \quad A_\theta = -Ar\sin\theta \tag{12.20}$$

である．各成分に対するこれらの表現が，式 (12.3) と (12.4) を直交座標成分 $A^x = A_x = A$, $A^y = A_y = 0$ に適用すれば得られることを示すのは簡単である．ベクトルが反変か共変かの問題は，任意の座標系の成分をどうとるかを決めない限り，意味がないことは明らかである．たとえば，一般化速度や一般化した力を異なる座標系でどう定義するかを知ることで，式 (12.1) と (12.2) を用いて，反変ベクトルか共変ベクトルか，どちらのように変換するかを結論付けることができる．

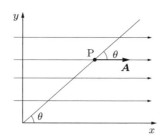

図 12.1 定ベクトル場 $\boldsymbol{A}$ とこのベクトル場の成分を考える点 P

12.2.3 テンソルの微分

反変ベクトル場 $A^k(x^m)$ を考えよう．別の座標系 $\bar{x}^l$ において同じベクトルは $\overline{A}^i(\bar{x}^l)$ と書かれ，変換則は式 (12.3) である．式 (12.3) から，

$$\frac{\partial \overline{A}^i}{\partial \bar{x}^l} = \frac{\partial A^k}{\partial x^m}\frac{\partial x^m}{\partial \bar{x}^l}\frac{\partial \bar{x}^i}{\partial x^k} + A^k\frac{\partial x^m}{\partial \bar{x}^l}\frac{\partial^2 \bar{x}^i}{\partial x^m \partial x^k}.$$

を得る．右辺第 2 項の存在から，微分 $\partial \overline{A}^i / \partial \bar{x}^l$ はテンソルのようには変換しないことがわかる．このことの物理的意味を考えるため，式 (12.19) で与えられる定ベクトル場の反変形を考える．式 (12.19) より，

$$\frac{\partial A^r}{\partial \theta} = -A \sin \theta.$$

である．定ベクトル場の微分はゼロであることを期待するのが，そうなっていない．これはおそらく曲線座標系を用いているためである．もっと物理的意味のある微分の表現を得るには，微分から，座標系の湾曲からくる部分を除かなければならない．以下でこれを論じる．

ベクトル場 $\boldsymbol{A}$ を微分するには，$\boldsymbol{A}(\boldsymbol{x}+\mathrm{d}\boldsymbol{x})$ から $\boldsymbol{A}(\boldsymbol{x})$ を引かなければならない．ベクトルの和や差は同じ点にあるときのみ実行するのが賢明であるといえる．そこで必要なのは，$\boldsymbol{A}(\boldsymbol{x}+\mathrm{d}\boldsymbol{x})$ から引く前に，$\boldsymbol{A}(\boldsymbol{x})$ を $\boldsymbol{x}+\mathrm{d}\boldsymbol{x}$ に**平行移動**することである．$\boldsymbol{A}$ はそのような平行移動により $\boldsymbol{A}+\delta\boldsymbol{A}$ に変化するだろう．たとえば，平面上でベクトル $\boldsymbol{A}$ を移動するときでさえ，極座標の成分 (A^r, A^θ) は一般に変化する．物理的理由から，x^l から $x+\mathrm{d}x^l$ への平行移動における A^i の変化 δA^i は，変位およびベクトル自身に比例する．すなわち，

$$\delta A^i = -\Gamma^i_{kl} A^k \, \mathrm{d}x^l \tag{12.21}$$

と書くことができる．ここで，Γ^i_{kl} は**クリストッフェル記号**とよばれ，これを導入したクリストッフェルにちなんで名付けられた (Christoffel, 1868)．クリストッフェル記号は，δA^i がテンソルでないため，テンソルではない．ここで，A^i の正しい微分は

$$\frac{\mathrm{D}A^i}{\mathrm{D}x^l} = \lim_{\mathrm{d}x^l \to 0} \frac{A^i(x^l + \mathrm{d}x^l) - [A^i(x^l) + \delta A^i]}{\mathrm{d}x^l}$$

で与えられると考えられるので，式 (12.21) の δA^i を代入して，

$$A^i(x^l + \mathrm{d}x^l) = A^i(x^l) + \frac{\partial A^i}{\partial x^l} \mathrm{d}x^l$$

と書けば，

$$\frac{\mathrm{D}A^i}{\mathrm{D}x^l} = \frac{\partial A^i}{\partial x^l} + \Gamma^i_{kl} A^k \tag{12.22}$$

を得る．これは**共変微分**とよばれる．通常の微分 $\partial A^i / \partial x^l$ および共変微分 $\mathrm{D}A^i / \mathrm{D}x^l$ は，それぞれ $A^i_{,l}$ と $A^i_{;l}$ と書かれることがある．別の表記では，これらの微分は $\partial_l A^i$ と $\nabla_l A^i$ と書かれる．しかし，本書では，簡潔な一般相対性理論の議論にあまり多く

の新しい記法を導入することを避け，簡約化しない記法を用いることにする．

　ベクトルの共変微分を計算するには，共変微分の式 (12.22) に現れるクリストッフェル記号をどう評価するかを知らなければならない．クリストッフェル記号は計量テンソルから計算できる．クリストッフェル記号と計量テンソルの関係を導出するためには，共変ベクトル A^i および高階のテンソルの共変微分の表式を見つけ出さなければならない．$A_i B^i$ はスカラーなので，$\delta(A_i B^i) = 0$ でなければならないから，

$$B^i \, \delta A_i = -A_i \, \delta B^i = A_i \Gamma^i_{kl} B^k \, \mathrm{d}x^l$$

である．和をとる添字（上と下で2回繰り返される添字）については，文字を入れ変えてもまったく影響がないので，これはつぎのように書き直せる．

$$B^i \, \delta A_i = A_k \Gamma^k_{il} B^i \, \mathrm{d}x^l$$

したがって，

$$\delta A_i = \Gamma^k_{il} A_k \, \mathrm{d}x^l \tag{12.23}$$

となり，ここから，

$$\frac{\mathrm{D} A_i}{\mathrm{D} x^l} = \frac{\partial A_i}{\partial x^l} - \Gamma^k_{il} A_k \tag{12.24}$$

を得る．テンソル A_{ik} の共変微分が以下のように表せることは各自で確認してみてほしい．

$$\frac{\mathrm{D} A_{ik}}{\mathrm{D} x^l} = \frac{\partial A_{ik}}{\partial x^l} - \Gamma^m_{kl} A_{im} - \Gamma^m_{il} A_{mk} \tag{12.25}$$

　つぎに，クリストッフェル記号が下付きの二つの添字について対称であることを示そう．ベクトル

$$A_i = \frac{\partial V}{\partial x^i}$$

を考える．ただし，V はスカラー場である．このとき，

$$\frac{\mathrm{D} A_i}{\mathrm{D} x^k} - \frac{\mathrm{D} A_k}{\mathrm{D} x^i} = (\Gamma^l_{ki} - \Gamma^l_{ik}) \frac{\partial V}{\partial x^l}$$

であることは容易に示せる．左辺はテンソルの変換則に従って座標系間で変換するテンソルである．左辺は直交座標系ではゼロなので，どの座標系でもゼロでなければならないのは明らかである．すなわち，右辺もゼロであり，

$$\Gamma^l_{ik} = \Gamma^l_{ki} \tag{12.26}$$

を意味している．

さて，A_i が A^i に対応する共変ベクトルであるならば，

$$\frac{\mathrm{D}A_i}{\mathrm{D}x^l} = \frac{\mathrm{D}}{\mathrm{D}x^l}(g_{ik}A^k) = g_{ik}\frac{\mathrm{D}A^k}{\mathrm{D}x^l} + A^k\frac{\mathrm{D}g_{ik}}{\mathrm{D}x^l}$$

であり，A_i と A^i は同じ物理的実体に対応するので，これらの共変微分は

$$\frac{\mathrm{D}A_i}{\mathrm{D}x^l} = g_{ik}\frac{\mathrm{D}A^k}{\mathrm{D}x^l}$$

のような関係になければならない．すなわち，

$$\frac{\mathrm{D}g_{ik}}{\mathrm{D}x^l} = 0 \tag{12.27}$$

でなければならない．式 (12.25) と (12.27) から，

$$\frac{\partial g_{ik}}{\partial x^l} = \Gamma^m_{kl}g_{im} + \Gamma^m_{il}g_{mk} \tag{12.28}$$

となり，添字の順序を変えると，以下の式も得られる．

$$\frac{\partial g_{li}}{\partial x^k} = \Gamma^m_{ik}g_{lm} + \Gamma^m_{lk}g_{mi} \tag{12.29}$$

$$\frac{\partial g_{kl}}{\partial x^i} = \Gamma^m_{li}g_{km} + \Gamma^m_{ki}g_{ml} \tag{12.30}$$

式 (12.29) と (12.30) の和を式 (12.28) から引くと，クリストッフェル記号の対称性 (12.26)（および計量テンソルの対称性）を用いて，

$$2\Gamma^n_{ik}g_{ln} = \frac{\partial g_{li}}{\partial x^k} + \frac{\partial g_{kl}}{\partial x^i} - \frac{\partial g_{ik}}{\partial x^l}$$

となる．この式に g^{ml} を掛けて式 (12.16) を用いると，最終的な式として，

$$\Gamma^m_{ik} = \frac{1}{2}g^{ml}\left(\frac{\partial g_{li}}{\partial x^k} + \frac{\partial g_{lk}}{\partial x^i} - \frac{\partial g_{ik}}{\partial x^l}\right) \tag{12.31}$$

を得る．これが計量テンソルを用いて表したクリストッフェル記号の最終的な表式である．空間に対して計量テンソルがあれば，式 (12.31) を用いてクリストッフェル記号を計算し，共変微分を行うことができる．直交座標系に対しては，クリストッフェル記号はゼロになることは明らかである．空間が湾曲していても，局所的に直交座標系を計量テンソルの空間微分がゼロでクリストッフェル記号もゼロになるようにとれ

ることを示すことができる．しかし，一般的な状況で計量テンソルの高階微分をゼロにすることはできない．

いくつかの次元の空間に対するクリストッフェル記号の計算には，計量テンソルがあまり複雑でなく，計算が単純な場合であっても，かなりの演算が必要である．たとえば，4次元の場合，Γ^m_{ik} の ik には対称性を考えても10個の独立な組み合わせがある．m が四つの値をとるので，クリストッフェル記号は4次元時空に対し40個の成分をもつことになる．12.2.4項で，クリストッフェル記号から時空の曲率を求めるためには，さらに計算が必要なことを見る．一般相対性理論の応用では，多くの成分をもつ量に関係した長い計算をしなければならない場合がしばしば発生する．ここでは，例として，2次元計量 (12.8) と (12.9) のみを考える．これらの計量テンソルは式 (12.11) と (12.12) に具体的に書かれている．式 (12.11) を式 (12.31) に代入すると，極座標で表した平面に対するクリストッフェル記号は

$$\Gamma^r_{\theta\theta} = -r, \quad \Gamma^\theta_{r\theta} = \frac{1}{r} \tag{12.32}$$

およびほかの四つはゼロとなる（2次元ではクリストッフェル記号は6個の独立な成分をもつ）．球の表面に対する計量テンソル (12.12) に対しては，ゼロでない成分は

$$\Gamma^\theta_{\phi\phi} = -\sin\theta\cos\theta, \quad \Gamma^\phi_{\theta\phi} = \cot\theta \tag{12.33}$$

となる．式 (12.19) で与えられる定ベクトルの通常の微分はゼロでないことを見た．共変微分では定ベクトル場で期待されるとおりゼロになることを見よう．式 (12.22) を用いると，

$$\frac{\mathrm{D}A^r}{\mathrm{D}\theta} = \frac{\partial A^r}{\partial \theta} + \Gamma^r_{k\theta}A^k = \frac{\partial A^r}{\partial \theta} + \Gamma^r_{\theta\theta}A^\theta$$

となる．ほかの項は $\Gamma^r_{r\theta} = 0$ であるからゼロである．式 (12.19) から (A^r, A^θ) を代入し，$\Gamma^r_{\theta\theta} = -r$ を用いれば，

$$\frac{\mathrm{D}A^r}{\mathrm{D}\theta} = 0$$

を得る．共変微分のほかの成分も同様にゼロであることが示せる．共変微分は正しいテンソルで，直交座標系（この場合，微分は通常の微分に帰する）の定ベクトル場の共変微分はゼロであるから，ほかの座標系でもゼロだと考えられる．読者はこれを実際に計算して示し，計算のやり方を学んでほしい．

12.2.4 曲率

平面上のベクトル A^i を閉曲線に沿って平行移動させ，元の場所に戻すとしよう．最後のベクトルは最初のベクトルと一致すると考えられる．しかし，面が湾曲していると，任意の閉曲線に沿って平行移動させても，元のベクトルと一致しないかもしれない．式 (12.23) から，A_k を閉曲線 C に沿って平行移動すると，A_k の変化は

$$\Delta A_k = \oint_C \Gamma^i_{kl} A_i \, \mathrm{d}x^l \tag{12.34}$$

となるであろう．面が平坦か湾曲しているかは，式 (12.34) の右辺が任意の閉曲線についてゼロかそうでないかで推測できる．高次元についても同様の考察が成立する．任意の閉曲線について $\oint_C \Gamma^i_{kl} A_i \, \mathrm{d}x^l$ が常にゼロであれば，空間の湾曲はゼロである．一方，ある閉曲線についてこの線積分がゼロでなければ，空間は湾曲していることになる．

先に進むために，式 (12.34) の線積分を面積分に拡張しよう．通常のベクトル解析のストークスの定理をテンソルの記法で書き下そう．通常の直交座標系を考える．面積要素 $\mathrm{d}s$ は擬ベクトルであるが，これからテンソル

$$\mathrm{d}f^{ik} = \begin{pmatrix} 0 & \mathrm{d}s_z & -\mathrm{d}s_y \\ -\mathrm{d}s_z & 0 & \mathrm{d}s_x \\ \mathrm{d}s_y & -\mathrm{d}s_x & 0 \end{pmatrix}$$

をつくることができる．この記法を用いて，ストークスの定理は

$$\oint_C A_i \, \mathrm{d}x^i = \frac{1}{2} \int \mathrm{d}f^{ik} \left(\frac{\partial A_k}{\partial x^i} - \frac{\partial A_i}{\partial x^k} \right) \tag{12.35}$$

と書くことができる．このストークスの定理のテンソル表現は湾曲した空間および高次元でも成り立つが，ここではそれを示すことはしない．式 (12.34) の右辺をストークスの定理により面積分に直すと，

$$\Delta A_k = \frac{1}{2} \int \left[\frac{\partial}{\partial x^l}(\Gamma^i_{km} A_i) - \frac{\partial}{\partial x^m}(\Gamma^i_{kl} A_i) \right] \mathrm{d}f^{lm}$$

$$= \frac{1}{2} \int \left[\frac{\partial \Gamma^i_{km}}{\partial x^l} A_i - \frac{\partial \Gamma^i_{kl}}{\partial x^m} A_i + \Gamma^i_{km} \frac{\partial A_i}{\partial x^l} - \Gamma^i_{kl} \frac{\partial A_i}{\partial x^m} \right] \mathrm{d}f^{lm}$$

を得る．現在の状況での A_i の変化は，元の位置からの平行移動で生じる．したがって，A_i の変化は式 (12.23) によって与えられるので，

$$\frac{\partial A_i}{\partial x^l} = \Gamma^n_{il} A_n$$

であり，これを用いて，

$$\Delta A_k = \frac{1}{2} \int \left[\frac{\partial \Gamma^i_{km}}{\partial x^l} - \frac{\partial \Gamma^i_{kl}}{\partial x^m} + \Gamma^n_{km}\Gamma^i_{nl} - \Gamma^n_{kl}\Gamma^i_{nm} \right] A_i \mathrm{d}f^{lm}$$

を得る．これを

$$\Delta A_k = \frac{1}{2} \int R^i_{klm} A_i \, \mathrm{d}f^{lm} \qquad (12.36)$$

と書く．ただし，ここで，

$$R^i_{klm} = \frac{\partial \Gamma^i_{km}}{\partial x^l} - \frac{\partial \Gamma^i_{kl}}{\partial x^m} + \Gamma^n_{km}\Gamma^i_{nl} - \Gamma^n_{kl}\Gamma^i_{nm} \qquad (12.37)$$

である．前述のように，空間が平らか湾曲しているかは ΔA_k が常にゼロかどうかで決まる．これは，式 (12.36) から明らかなように，R^i_{klm} がゼロかゼロでないかに依存する．こうして，空間の湾曲の測度は式 (12.37) の R^i_{klm} で与えられ，これは，空間の湾曲について開拓的仕事をしたリーマンにちなみ，**リーマン曲率テンソル**とよばれている (Riemann, 1868).

式 (12.37) で与えられる R^i_{klm} の定義から，つぎの対称性がわかる．

$$R^i_{klm} = -R^i_{kml} \qquad (12.38)$$

$$R^i_{klm} + R^i_{mkl} + R^i_{lmk} = 0 \qquad (12.39)$$

もう一つの重要な結果は，**ビアンキの恒等式**とよばれているもので，

$$\frac{\mathrm{D}R^n_{ikl}}{\mathrm{D}x^m} + \frac{\mathrm{D}R^n_{imk}}{\mathrm{D}x^l} + \frac{\mathrm{D}R^n_{ilm}}{\mathrm{D}x^k} = 0 \qquad (12.40)$$

である．この恒等式を示すには，直交座標系に移って式 (12.5) を適用し，直交座標系でテンソルの成分がすべてゼロならば，ほかのすべての座標系においてもゼロということを用いるとよい．さて，考えている空間が湾曲しているなら，直交座標系は局所的にしか導入できない．クリストッフェル記号 Γ^i_{km} は局所直交座標系でゼロにできるが，その微分はゼロとは限らない．そして，共変微分は局所直交座標系では通常の微分に一致するので，式 (12.37) からこの局所点では，

$$\frac{\mathrm{D}R^n_{ikl}}{\mathrm{D}x^m} = \frac{\partial^2 \Gamma^n_{il}}{\partial x^m \partial x^k} - \frac{\partial^2 \Gamma^n_{ik}}{\partial x^m \partial x^l}$$

となるはずである．式 (12.40) のほかの項に対しても同様にして和をとると，局所直交座標系で恒等式が成立することがわかる．テンソルの性質から，ビアンキの恒等式はすべての座標系で正しい一般的な恒等式であることになる．

曲率テンソル R^i_{klm} から，i と l を縮約して，つぎのように低階のテンソルをつくる

ことができる．

$$R_{km} = R^i_{kim} = \frac{\partial \Gamma^i_{km}}{\partial x^i} - \frac{\partial \Gamma^i_{ki}}{\partial x^m} + \Gamma^n_{km}\Gamma^i_{ni} - \Gamma^n_{ki}\Gamma^i_{nm} \qquad (12.41)$$

このテンソル R_{km} は**リッチ・テンソル** (Ricci tensor) とよばれる．R_{km} が対称であること，つまり

$$R_{km} = R_{mk}$$

はすぐにわかる．最後に，つぎのようにして，**スカラー曲率**を得る．

$$R = g^{mk} R_{mk} \qquad (12.42)$$

ここまでの曲率の議論は完全に形式論であった．読者は，球面に対応する計量 (12.9) を代入することで，これらのテンソルの道具の理解を深められるだろう．この場合のゼロでないクリストッフェル記号は式 (12.33) に与えられている．スカラー曲率の計算には $R_{\theta\theta}$ と $R_{\phi\phi}$ が必要である．ここで，

$$R_{\theta\theta} = R^\theta_{\theta\theta\theta} + R^\phi_{\theta\phi\theta} = R^\phi_{\theta\phi\theta}$$

である．なぜなら対称性 (12.38) より $R^\theta_{\theta\theta\theta} = 0$ であるからである．すなわち，$R_{\theta\theta}$ を求めるには，たった一つの曲率テンソルの成分 $R^\phi_{\theta\phi\theta}$ を計算すればよい．式 (12.33) のクリストッフェル記号の表式を用いれば，曲率テンソルの定義式 (12.37) から容易に，

$$R_{\theta\theta} = R^\phi_{\theta\phi\theta} = 1$$

が得られる．同様にして，

$$R_{\phi\phi} = R^\theta_{\phi\theta\phi} = \sin^2\theta$$

が得られるから，スカラー曲率は式 (12.17) を用いて，つぎのように得られる．

$$R = g^{\theta\theta} R_{\theta\theta} + g^{\phi\phi} R_{\phi\phi} = \frac{1}{a^2} \cdot 1 + \frac{1}{a^2 \sin^2\theta} \cdot \sin^2\theta = \frac{2}{a^2} \qquad (12.43)$$

リーマンテンソルには多くの成分があるが，スカラー曲率を求めるにはあまり多くの計算を必要としなかった．簡単な2次元の計量の曲率を求めるのはそう複雑ではない．それに対し，4次元の計量の曲率の計算は通常は単純だが，とてつもない量の計算が必要である．式 (12.43) からスカラー曲率は球の表面に対して一定であることがわかるが，これは面が一様であることから期待されるとおりである．計量 (12.10) に対するスカラー曲率が $-2/a^2$ であることを示すことは，読者の演習問題に残しておく．計量

(12.9) と (12.10) は 2 次元で可能な一様に湾曲した 2 種類の面，すなわち一つは一様に正の，もう一つは一様に負の曲率をもった面を与える．平面に対応する計量 (12.8) の曲率テンソルの成分がすべてゼロであることは簡単に示せる．こうして，空間（あるいは時空）の計量が与えられれば，それが湾曲しているか平らかを判断できる道具を手に入れることができた．

曲率の議論の最後に，後にわかるように，一般相対性理論で非常に重要となるテンソルをもう一つ導入する．それは

$$G_{ik} = R_{ik} - \frac{1}{2}g_{ik}R \tag{12.44}$$

で定義される**アインシュタイン・テンソル** (Einstein tensor) である．重要な特徴の一つは，

$$\frac{\mathrm{D}G_{ik}}{\mathrm{D}x_k} = 0 \tag{12.45}$$

のように，発散がゼロのテンソルであることである．定義 (12.44) より，これは

$$\frac{\mathrm{D}R_{ik}}{\mathrm{D}x_k} - \frac{1}{2}g_{ik}\frac{\partial R}{\partial x_k} = 0 \tag{12.46}$$

であることを意味する．その証明には，ビアンキの恒等式 (12.40) から始める必要がある．式 (12.40) の二つ目の項で $R_{imk}^n = -R_{ikm}^n$ とし，(i) n と k で縮約し，(ii) g^{im} を掛ける．こうして，式 (12.27) で示したように計量テンソルの共変微分がゼロであることと，スカラーの共変微分は通常の微分になることを用いて，

$$\frac{\mathrm{D}R_l^m}{\mathrm{D}x^m} - \frac{\partial R}{\partial x^l} + \frac{\mathrm{D}}{\mathrm{D}x^n}(g^{im}R_{ilm}^n) = 0 \tag{12.47}$$

を得る．ここで，式 (12.47) の最後の項は最初の項と等しく，式 (12.46) と実質的に同じ式を与えることになる．演習問題 12.3 に $g^{im}R_{ilm}^n = R_l^n$ となることのヒントを示してある．こうして，アインシュタイン・テンソルは式 (12.45) に見られるように発散がゼロであることが示されるが，このことは一般相対性理論を定式化するうえで決定的に重要である．

12.2.5 測地線

平面あるいは平らな空間の 2 点間の最短経路は直線である．面あるいは空間が湾曲している場合は，2 点間の最短経路は**測地線** (geodesic) とよばれる．10.2 節で，一般相対性理論の中心的な考えの一つは，粒子が 4 次元時空で測地線に沿って進むことであると述べた．一般相対性理論の物理に進む前に，計量テンソルがわかっているある

空間において測地線はどう得られるか，という最後の数学的問題を扱う．

任意の 2 点 A と B の間の任意の経路を考えよう．この経路の微小部分の距離 $\mathrm{d}s$ は式 (12.7) で与えられる．したがって，経路全体の距離は

$$s = \int_A^B \sqrt{g_{ik}\frac{\mathrm{d}x^i}{\mathrm{d}\lambda}\frac{\mathrm{d}x^k}{\mathrm{d}\lambda}}\,\mathrm{d}\lambda \tag{12.48}$$

で求められる．ただし，λ は経路に沿って測るパラメータである．ここで，

$$L = \sqrt{g_{ik}\frac{\mathrm{d}x^i}{\mathrm{d}\lambda}\frac{\mathrm{d}x^k}{\mathrm{d}\lambda}} \tag{12.49}$$

と書くと，経路の距離は

$$s = \int_A^B L\,\mathrm{d}\lambda$$

となる．経路が極値をとる条件は，ラグランジュ方程式

$$\frac{\mathrm{d}}{\mathrm{d}\lambda}\left[\frac{\partial L}{\partial(\mathrm{d}x^i/\mathrm{d}\lambda)}\right] - \frac{\partial L}{\partial x^i} = 0$$

で決定される（たとえば，Mathews and Walker (1979, §12-1) を参照）．式 (12.49) で与えられる L の表式をこのラグランジュ方程式に代入し，

$$\sqrt{g_{ik}\frac{\mathrm{d}x^i}{\mathrm{d}\lambda}\frac{\mathrm{d}x^k}{\mathrm{d}\lambda}} = \frac{\mathrm{d}s}{\mathrm{d}\lambda}$$

であることを用いると，数段階の計算の後，

$$\frac{\mathrm{d}}{\mathrm{d}s}\left(g_{ik}\frac{\mathrm{d}x^k}{\mathrm{d}s}\right) - \frac{1}{2}\frac{\partial g_{kl}}{\partial x^i}\frac{\mathrm{d}x^k}{\mathrm{d}s}\frac{\mathrm{d}x^l}{\mathrm{d}s} = 0 \tag{12.50}$$

を得る．この式の第 1 項は

$$\frac{\mathrm{d}}{\mathrm{d}s}\left(g_{ik}\frac{\mathrm{d}x^k}{\mathrm{d}s}\right) = g_{ik}\frac{\mathrm{d}^2 x^k}{\mathrm{d}s^2} + \frac{\partial g_{ik}}{\partial x^l}\frac{\mathrm{d}x^l}{\mathrm{d}s}\frac{\mathrm{d}x^k}{\mathrm{d}s}$$

$$= g_{ik}\frac{\mathrm{d}^2 x^k}{\mathrm{d}s^2} + \frac{1}{2}\left(\frac{\partial g_{ik}}{\partial x^l} + \frac{\partial g_{il}}{\partial x^k}\right)\frac{\mathrm{d}x^l}{\mathrm{d}s}\frac{\mathrm{d}x^k}{\mathrm{d}s}$$

となる．これを式 (12.50) に代入すると，

$$g_{ik}\frac{\mathrm{d}^2 x^k}{\mathrm{d}s^2} = -\frac{1}{2}\left(\frac{\partial g_{ik}}{\partial x^l} + \frac{\partial g_{il}}{\partial x^k} - \frac{\partial g_{kl}}{\partial x^i}\right)\frac{\mathrm{d}x^k}{\mathrm{d}s}\frac{\mathrm{d}x^l}{\mathrm{d}s}$$

となり，これに g^{mi} を掛けると，最終的に

$$\frac{\mathrm{d}^2 x^m}{\mathrm{d}s^2} = -\Gamma^m_{kl}\frac{\mathrm{d}x^k}{\mathrm{d}s}\frac{\mathrm{d}x^l}{\mathrm{d}s} \tag{12.51}$$

を得る．Γ^m_{kl} は式 (12.31) で定義したクリストッフェル記号である．式 (12.51) は，空間内の曲線がその空間の測地線であるときに満たすべき，**測地線方程式**である．

重要なテンソル関係式が現れるたびに例として 2 次元計量のうちの一つに適用してきたが，ここでもそうすることにする．計量 (12.8) は平面に対応するので，この計量に対する測地線は直線になるはずである．すなわち，この計量に測地線方程式 (12.51) を適用すると，直線になると期待される．計量 (12.8) のゼロでないクリストッフェル記号は，式 (12.32) に与えられている．これらを式 (12.51) に代入すると，以下の二つの式を得る．

$$\frac{\mathrm{d}^2 r}{\mathrm{d}s^2} = r\left(\frac{\mathrm{d}\theta}{\mathrm{d}s}\right)^2 \tag{12.52}$$

$$\frac{\mathrm{d}^2 \theta}{\mathrm{d}s^2} = -\frac{2}{r}\frac{\mathrm{d}r}{\mathrm{d}s}\frac{\mathrm{d}\theta}{\mathrm{d}s} \tag{12.53}$$

式 (12.53) の係数 2 は，$\Gamma^\theta_{r\theta}$ と $\Gamma^\theta_{\theta r}$ という，二つの等しい項があることから来ている．式 (12.53) は

$$\frac{1}{r^2}\frac{\mathrm{d}}{\mathrm{d}s}\left(r^2\frac{\mathrm{d}\theta}{\mathrm{d}s}\right) = 0$$

と同一で，$r^2(\mathrm{d}\theta/\mathrm{d}s)$ が測地線に沿って定数であることになる．したがって，l を定数として，

$$\frac{\mathrm{d}\theta}{\mathrm{d}s} = \frac{l}{r^2} \tag{12.54}$$

と書くことができる．計量 (12.8) を $\mathrm{d}s^2$ で割ると，

$$\left(\frac{\mathrm{d}r}{\mathrm{d}s}\right)^2 = 1 - r^2\left(\frac{\mathrm{d}\theta}{\mathrm{d}s}\right)^2 = 1 - \frac{l^2}{r^2}$$

を得る．したがって，

$$\frac{\mathrm{d}r}{\mathrm{d}s} = \pm\sqrt{1 - \frac{l^2}{r^2}} \tag{12.55}$$

となる．式 (12.54) を式 (12.55) で割ると，

$$\frac{\mathrm{d}\theta}{\mathrm{d}r} = \pm\frac{l/r^2}{\sqrt{1 - l^2/r^2}}$$

を得るが，その解は

$$\theta = \theta_0 \pm \cos^{-1}\left(\frac{l}{r}\right)$$

である．ただし，θ_0 は積分定数である．この解は

$$r\cos(\theta - \theta_0) = l \tag{12.56}$$

の形に書くことができ，直線の式になっていることがわかる．こうして，極座標を用いると，数学的に明らかではないが，平面の測地線は直線になっていることが示された．

12.3 弱い重力場の計量

　一般相対性理論の定式化に必要な数学的道具立てが準備できたので，一般相対性理論の物理の議論に移ろう．複雑で難しい主題であるので，注意しながら進むことにする．弱い重力場中の粒子の運動を考えよう．重力場に「弱い」という形容詞を付けたことの定量的な意味はすぐに明らかになる．重力場が十分弱ければ，粒子の運動をニュートンの重力理論で扱うことができる．しかし，一般相対性理論によってもこの問題を解くことができる．この場合，ニュートン理論と一般相対性理論は同じ結果を与えるべきであり，両者とも正しい．一般相対性理論の最初の概念を紹介するために，ニュートン理論が成立する弱い重力場での非相対論的な粒子の運動を論じることにする．

　10.2 節で指摘したように（表 10.1 参照），重力場での粒子の運動は，一般相対性理論では運動は測地線に沿うという事実によって得られる．12.2.5 項で，二つの時空点 A と B の間の測地線は，経路の距離 $s = \int_A^B ds$ が極値をとる経路であることを見た．ただし，ds は式 (12.7) で与えられる．したがって，4 次元時空の二つの時空点 A と B の間の経路は，一般相対性理論では，s が極値をとる経路として求められる．一方，古典力学では，運動は作用 $I = \int_A^B L\,dt$ が A と B の間で極値をとるというハミルトンの原理から運動を解く（たとえば，Goldstein (1980, ch.2) や Landau and Lifshitz (1976, ch.2) を参照）．弱い重力場中の非相対論的粒子の運動に対しては，古典力学と一般相対性理論が両方とも正しい結果を与えるべきであり，その結果は同じでなければならない．いい換えると，$s = \int_A^B ds$ の極値と $I = \int_A^B L\,dt$ の極値は同じ経路にならなければならない．それが可能なのは一般相対性理論の重力場に対する ds と，古典力学の $L\,dt$ が実質的に同じものである場合に限られる（付加定数あるいは定数因子を除いて）．重力場 Φ 中を運動する粒子のラグランジアン L は

$$L = \frac{1}{2}mv^2 - m\Phi$$

で与えられる．したがって，非相対論的な作用は

$$I_{\rm NR} = \int_A^B \left(\frac{1}{2}mv^2 - m\Phi\right){\rm d}t - mc^2 \int_A^B {\rm d}t \tag{12.57}$$

となる(たとえば,Goldstein (1980, §1–4) や Landau and Lifshitz (1976, ch.5) を参照).最後の項は定数 $-mc^2(t_B - t_A)$ であり,極値の計算には関係しないが,この項を含めた意味は先に進むと明らかになる.この場合,${\rm d}s$ をどうとれば $\int_A^B {\rm d}s$ の極値が式 (12.57) で与えられる $I_{\rm NR}$ の極値と同じ結果になるかを調べていこう.

弱い重力場の場合を考える前に,まず重力場がゼロの場合を考えよう.重力場がない場合は,一般相対性理論は特殊相対性理論に帰する.時空座標を,その微分が反変ベクトルをなすことを考えて,上付き添字を用いて $x^0 = ct, x^1, x^2, x^3$ と書く.近傍の二つの時空事象の間隔を ${\rm d}s$ とすれば,${\rm d}s^2$ は,$-c^2 {\rm d}\tau^2$ とも書くが,特殊相対論的状況で

$$ {\rm d}s^2 = -c^2 {\rm d}\tau^2 = -({\rm d}x^0)^2 + ({\rm d}x^1)^2 + ({\rm d}x^2)^2 + ({\rm d}x^3)^2 \tag{12.58}$$

である.これは

$$ {\rm d}s^2 = -c^2 {\rm d}\tau^2 = \eta_{ik}\, {\rm d}x^i {\rm d}x^k \tag{12.59}$$

と書ける.ここで,特殊相対論的計量 η_{ik} は

$$\eta_{ik} = \begin{pmatrix} -1 & 0 & 0 & 0 \\ 0 & 1 & 0 & 0 \\ 0 & 0 & 1 & 0 \\ 0 & 0 & 0 & 1 \end{pmatrix} \tag{12.60}$$

で与えられる.この(平坦な)時空での測地線が直線になることは簡単に示すことができる.特殊相対論的時空の直線は,一様に動く粒子の世界線に相当する.したがって,測地線が粒子の経路を与えるなら,粒子は重力場がないとき一様に運動することになる.

式 (12.58) で与えられる ${\rm d}\tau$ を用いた $\int_A^B {\rm d}\tau$ の極値は,特殊相対論的な場合の測地線(すなわち直線)を与えることは明らかである.$\int_A^B {\rm d}\tau$ に $-mc^2$ を掛けた量

$$I_{\Phi=0} = -mc^2 \int_A^B {\rm d}\tau \tag{12.61}$$

が自由粒子(ゼロ重力場の粒子)の作用になっていることを示そう.式 (12.61) が古典的な作用を与えるならば,測地線は作用が極値をとる経路であり,古典力学に従って,粒子が進む経路が時空の測地線である.運動する粒子が短い間隔の最初と最後で

それぞれ時空点 (x^0, x^1, x^2, x^3) と $(x^0 + \mathrm{d}x^0, x^1 + \mathrm{d}x^1, x^2 + \mathrm{d}x^2, x^3 + \mathrm{d}x^3)$ にあるとしよう．粒子の速度は $\mathrm{d}x^0 = ct$ であることから，

$$v^2 = \frac{(\mathrm{d}x^1)^2 + (\mathrm{d}x^2)^2 + (\mathrm{d}x^3)^2}{\mathrm{d}t^2} = c^2 \frac{(\mathrm{d}x^1)^2 + (\mathrm{d}x^2)^2 + (\mathrm{d}x^3)^2}{(\mathrm{d}x^0)^2} \tag{12.62}$$

で与えられる．すると，式 (12.58) から，

$$\mathrm{d}\tau = \frac{\mathrm{d}x^0}{c}\sqrt{1 - \frac{v^2}{c^2}} = \mathrm{d}t\sqrt{1 - \frac{v^2}{c^2}} \tag{12.63}$$

となる．これを式 (12.61) に代入すると，

$$I_{\Phi=0} = -mc^2 \int_A^B \mathrm{d}t \sqrt{1 - \frac{v^2}{c^2}} \tag{12.64}$$

を得る．$v^2 \ll c^2$ であれば，平方根をテーラー展開して[†]，

$$I_{\Phi=0} \approx -mc^2 \int_A^B \mathrm{d}t + \int_A^B \frac{1}{2}mv^2\,\mathrm{d}t$$

となる．これは，式 (12.57) の I_{NR} で $\Phi = 0$ とおいたものと同じである．すなわち，式 (12.61) の非相対論的極限は通常の自由粒子の作用を与える．したがって，式 (12.61) を作用にとれば，非相対論的状況で正しい経路が得られ，時空の測地線となる．ここでは非相対論的な粒子の運動を論じたが，式 (12.61) は，粒子が相対論的に動く場合でも，自由粒子の正しい作用となっていることを述べておく (Landau and Lifshitz, 1975, ch.8)．

弱い重力場が存在する場合は，式 (12.61) に重力による項を付け加える必要がある．そこで，つぎのようにおく．

$$I = -mc^2 \int_A^B \mathrm{d}\tau - \int_A^B m\Phi\,\mathrm{d}t$$

これは，式 (12.63) を用いると，

$$I = -\int_A^B \mathrm{d}t \left(mc^2 \sqrt{1 - \frac{v^2}{c^2}} + m\Phi \right) \tag{12.65}$$

となる．この式 (12.65) の非相対論的極限 ($v^2 \ll c^2$) が式 (12.57) であることは明らかである．式 (12.65) の形は弱い重力場の定量な意味を明らかにしている．重力場のため作用に付け加えられた項は，作用のほかの項に比べ小さくなければならない．弱

[†] 訳注：$|x| \ll 1$ のとき，$(1+x)^a \approx 1 + ax$ と近似できる．

い重力場であることの条件は，式 (12.65) から，

$$\Phi \ll c^2 \tag{12.66}$$

となる．ニュートンの重力理論が当てはまるのは，式 (1.11) で定義した $f \,(= 2GM/c^2 r)$ が 1 に比べ小さいという条件であった．これが実際に式 (12.66) と同じ条件であることは容易に示すことができる．式 (12.66) が満たされるとき，式 (12.65) はほぼ

$$I \approx -mc^2 \int_A^B dt \sqrt{1 - \frac{v^2}{c^2} + \frac{2\Phi}{c^2}}$$

であり，これを書き直すと，

$$I \approx -mc \int_A^B \sqrt{\left(1 + \frac{2\Phi}{c^2}\right) c^2 dt^2 - v^2 dt^2}$$

となるが，これは式 (12.62) を用いると，

$$I \approx -mc \int_A^B \sqrt{\left(1 + \frac{2\Phi}{c^2}\right) (dx^0)^2 - (dx^1)^2 - (dx^2)^2 - (dx^3)^2} \tag{12.67}$$

となる．4 次元時空の計量を

$$ds^2 = -c^2 d\tau^2 = -\left(1 + \frac{2\Phi}{c^2}\right) (dx^0)^2 + (dx^1)^2 + (dx^2)^2 + (dx^3)^2 \tag{12.68}$$

ととると，この時空の測地線は，式 (12.67) で与えられる作用の極値として得られる経路と一致する．式 (12.67) は非相対論的状況では弱い重力場の式 (12.57) に帰するので，弱い重力場中を動く非相対論的粒子の運動は，式 (12.57) が極値をとるようにして求められるが，式 (12.68) で与えられる測地線に沿う．これは，式 (12.68) が弱い重力場の時空の計量であることを示している．ただし，Φ は古典的重力ポテンシャルである．式 (12.68) は

$$ds^2 = g_{ik} \, dx^i dx^k \tag{12.69}$$

と書くことができるが，ここで弱い重力場があるときの計量テンソル g_{ik} は

$$g_{ik} = \begin{pmatrix} -\left(1 + \frac{2\Phi}{c^2}\right) & 0 & 0 & 0 \\ 0 & 1 & 0 & 0 \\ 0 & 0 & 1 & 0 \\ 0 & 0 & 0 & 1 \end{pmatrix} \tag{12.70}$$

で与えられる．一般相対性理論の計量テンソル (12.70) は，重力場がないとき特殊相対論の計量テンソル (12.60) に一致する．

式 (12.70) により与えられる計量テンソルに対して測地線方程式 (12.51) を適用し，弱い重力場中の非相対論的運動に対する古典方程式と同じものが得られることを確認しよう．以下の議論では，上付き添字 α は 0 を除く 1, 2, 3 を表すことにする．非相対論的運動に対し，時間間隔 dt における粒子の位置の変化 dx^α は $dx^0 = c\,dt$ よりずっと小さい．したがって，式 (12.51) で支配的な項は

$$\frac{d^2 x^m}{ds^2} = -\Gamma^m_{00} \frac{dx^0}{ds} \frac{dx^0}{ds} \tag{12.71}$$

である．ここでは和はとらない．先に進むためには，式 (12.31) に見られるように，計量テンソルの微分を含むクリストッフェル記号 Γ^m_{00} を計算しなければならない．重力ポテンシャル Φ が時刻によらないならば，計量テンソル (12.70) のゼロでない微分は

$$\frac{\partial g_{00}}{\partial x^\alpha} = -\frac{2}{c^2} \frac{\partial \Phi}{\partial x^\alpha}$$

のみである．これを用いて，式 (12.31) から小さな量 Φ の 2 次の項を無視して

$$\Gamma^\alpha_{00} = \frac{1}{c^2} \frac{\partial \Phi}{\partial x_\alpha} \tag{12.72}$$

となる．これを式 (12.71) に代入し，$ds = ic\,d\tau$ を用いると，

$$\frac{d^2 x^\alpha}{d\tau^2} = -\frac{1}{c^2} \frac{\partial \Phi}{\partial x_\alpha} \frac{dx^0}{d\tau} \frac{dx^0}{d\tau} \tag{12.73}$$

を得る．式 (12.62) と (12.68) を用いれば，

$$c\,d\tau = dx^0 \sqrt{1 + \frac{2\Phi}{c^2} - \frac{v^2}{c^2}} \tag{12.74}$$

となる．Φ の 2 次の項が無視できる弱い重力場中の非相対論的運動に対しては，式 (12.73) に

$$\frac{dx^0}{d\tau} = c$$

を代入し，$d\tau = dt$ とすればよい．結局，式 (12.73) から，

$$\frac{d^2 x^\alpha}{dt^2} = -\frac{\partial \Phi}{\partial x_\alpha}$$

が得られるが，これは古典的な運動方程式である．これで式 (12.68) が弱い重力場に対する計量であれば，一般相対性理論と通常の古典力学が同じ結果を与えることが証明された．

12.4 一般相対性理論の定式化

一般相対性理論を用いて弱い重力場を調べる議論を終えたので，一般相対性理論の完全な定式化に進もう．10.2 節で指摘したように，一般相対性理論の中心となる方程式はアインシュタイン方程式で，時空の湾曲が時空に存在する質量－エネルギーの密度とどう関係しているかを指定する．12.2.4 項で，時空の湾曲に関連するいくつかのテンソルを紹介した．式 (12.44) で定義されるアインシュタイン・テンソル G_{ik} が理論の定式化のうえでとくに有用である．質量－エネルギー密度を記述する適切な 2 階のテンソルが見つかれば，そのテンソルが G_{ik} に比例するとして，時空の湾曲が質量－エネルギーによることを意味する方程式がつくれる．G_{ik} の発散は式 (12.45) よりゼロであり，質量－エネルギー密度を与えるテンソルも発散もゼロでなければならない．したがって，まずは質量－エネルギー密度を記述する発散がゼロの 2 階のテンソルを探す必要がある．これは**エネルギー－運動量テンソル**とよばれている．つぎの項で，このように都合のよいテンソルが存在することを示す．

12.4.1 エネルギー－運動量テンソル

当面は相対論のことは忘れ，古典的な流体力学方程式を発散がゼロの 2 階のテンソルの形にできることを示していこう．そして，このテンソルを一般化し，一般相対性理論に向けてエネルギー－運動量テンソルを求めよう．前節と同様，ct を x^0，三つの空間座標を x^1, x^2, x^3 と書く．ローマ文字の添字 $i, j, \ldots$ は $0, 1, 2, 3$ の値をとり，ギリシャ文字の添字 $\alpha, \beta, \ldots$ は $1, 2, 3$ のみをとることにする．12.2.1 項で，一般化された速度は反変ベクトルとして変換することを述べた．そこで，速度成分には反変ベクトルであることを示す上付きの添字をつける．容易に示せるように，連続の方程式 (8.3) はつぎの形に書ける．

$$\frac{\partial S^i}{\partial x^i} = 0 \tag{12.75}$$

ただし，S^i は成分 $(\rho c, \rho v^1, \rho v^2, \rho v^3)$ をもつ四元ベクトルであり，2 回繰り返される添字 i については $0, 1, 2, 3$ にわたって和をとる．つぎに，

$$\frac{\partial}{\partial t}(\rho v^\alpha) = v^\alpha \frac{\partial \rho}{\partial t} + \rho \frac{\partial v^\alpha}{\partial t}$$

に対して，$\partial \rho / \partial t$ に連続の方程式 (8.3)[†]，$\partial v^\alpha / \partial t$ に $\boldsymbol{F}$ をゼロとしたオイラー方程式

[†] 訳注：$\partial \rho / \partial t + \nabla \cdot (\rho \boldsymbol{v}) = 0$

(8.9)† を代入すると，

$$\frac{\partial}{\partial t}(\rho v^\alpha) = -v^\alpha \frac{\partial(\rho v^\beta)}{\partial x^\beta} - \rho v^\beta \frac{\partial v^\alpha}{\partial x^\beta} - \frac{\partial P}{\partial x_\alpha}$$

を得る．ここで，ギリシャ文字の添字 α, β が 2 度現れるときは空間成分 1, 2, 3 のみで和をとる．この式は

$$\frac{\partial}{\partial t}(\rho v^\alpha) + \frac{\partial T^{\alpha\beta}}{\partial x^\beta} = 0 \tag{12.76}$$

の形に書き換えられることは容易に示せる．ただし，

$$T^{\alpha\beta} = P\delta^{\alpha\beta} + \rho v^\alpha v^\beta \tag{12.77}$$

である．式 (12.75) と (12.76) を組み合わせて，簡潔な形

$$\frac{\partial (\mathcal{T}_{\mathrm{NR}})^{ik}}{\partial x^k} = 0 \tag{12.78}$$

で表すことができる．ただし，$(\mathcal{T}_{\mathrm{NR}})^{ik}$ は非相対論的四元エネルギー－運動量テンソルで，その成分は

$$(\mathcal{T}_{\mathrm{NR}})^{00} = \rho c^2, \quad (\mathcal{T}_{\mathrm{NR}})^{0\alpha} = (\mathcal{T}_{\mathrm{NR}})^{\alpha 0} = \rho c v^\alpha, \quad (\mathcal{T}_{\mathrm{NR}})^{\alpha\beta} = T^{\alpha\beta} \tag{12.79}$$

で与えられる．式 (12.78) を得る際に相対論を用いていないことに注意しておく．ct に対し x^0 と書くことは記法の問題にすぎない．式 (12.78) は，連続の式と古典流体力学の運動とを組み合わせ，非相対論的に発散がゼロの 2 階テンソル $(\mathcal{T}_{\mathrm{NR}})^{ik}$ をつくれることを示しただけである．つぎに，$(\mathcal{T}_{\mathrm{NR}})^{ik}$ を一般化し，完全に相対論的なエネルギー－運動量テンソルを求めなければならない．

まず，速度の概念を一般相対性理論でどう一般化するか考えよう．無限小時間間隔の前後で粒子の位置がそれぞれ x^i と $x^i + \mathrm{d}x^i$ であったとしよう．差分 $\mathrm{d}x^i$ は四元ベクトルで，これをスカラーで割った商も四元ベクトルである．式 (12.58) や (12.68) のように，時間的間隔 $\mathrm{d}\tau$ を

$$\mathrm{d}s^2 = -c^2 \mathrm{d}\tau^2 = g_{ik} \mathrm{d}x^i \mathrm{d}x^k \tag{12.80}$$

で定義して導入する．前節の議論から，弱い重力場の非相対論的運動に対しては $\mathrm{d}\tau \to \mathrm{d}t$ である．式 (12.80) で導入した $\mathrm{d}\tau$ はスカラーだから，$\mathrm{d}x^i$ を $\mathrm{d}\tau$ で割ったものは四元ベクトルである．相対論的な速度四元ベクトルを

---

† 訳注：$\partial \boldsymbol{v}/\partial t + (\boldsymbol{v}\cdot\nabla)\boldsymbol{v} = -(1/\rho)\nabla P + \boldsymbol{F}$

$$u^i = \frac{1}{c}\frac{\mathrm{d}x^i}{\mathrm{d}\tau} \tag{12.81}$$

で定義しよう．非相対論的極限では，明らかに

$$u^i \to \left(1, \frac{v^1}{c}, \frac{v^2}{c}, \frac{v^3}{c}\right) \tag{12.82}$$

となる．速度四元ベクトルの性質として，

$$u^i u_i = -1 \tag{12.83}$$

を挙げておく．これは，式 (12.14) を用いて u^i から u_i をつくり，式 (12.80) と (12.81) を用いれば，容易に示せる．つぎに，エネルギー－運動量テンソルを

$$\mathcal{T}^{ik} = \rho c^2 u^i u^k + P(g^{ik} + u^i u^k) \tag{12.84}$$

と定義しよう．これが非相対論的極限では式 (12.79) で与えられる非相対論的テンソルに帰することは，読者への練習問題として残しておく．非相対論的流体に対し $P \ll \rho c^2$ と仮定する必要がある．ρ や P のような量は流体の静止系に対して定義する．

$\mathcal{T}^{ik}$ は正当な相対論的 2 階テンソルで，極限では非相対論的表現に帰するから，エネルギー－運動量テンソルの相対論的一般化であると考えることができる．式 (12.78) も一般化しよう．$(\mathcal{T}_\mathrm{NR})^{ik}$ を $\mathcal{T}^{ik}$ で置き換えるだけでなく，通常の微分を共変微分に置き換えると，

$$\frac{\mathrm{D}\mathcal{T}^{ik}}{\mathrm{D}x^k} = 0 \tag{12.85}$$

となり，これで発散がゼロの正当な相対論的 2 階テンソルが得られ，時空の湾曲の源としてはたらくと考えることができる．

エネルギー－運動量テンソルの議論を終える前に，このテンソルの重要で特殊な場合を考えよう．静止した流体を考える．この場合，四元ベクトルの空間成分はゼロである．すなわち，

$$u^i = (u^0, 0, 0, 0) \tag{12.86}$$

で，式 (12.83) から，

$$u^0 u_0 = -1 \tag{12.87}$$

である．式 (12.14) を用いて式 (12.84) の添字 k を下げると，

$$\mathcal{T}^i_k = \rho c^2 u^i u_k + P(\delta^i_k + u^i u_k)$$

が得られ，式 (12.86) と (12.87) を用いると，

$$\mathcal{T}^i_k = \begin{pmatrix} -\rho c^2 & 0 & 0 & 0 \\ 0 & P & 0 & 0 \\ 0 & 0 & P & 0 \\ 0 & 0 & 0 & P \end{pmatrix} \quad (12.88)$$

を得る．10.3 節で，ロバートソン – ウォーカー計量 (10.19) は宇宙の物質が静止している共動座標系に対応することを見た．すなわち，共動座標系を用いるとき，宇宙のエネルギー – 運動量テンソルは式 (12.88) で与えられる．14.1 節で，相対論的宇宙論を展開するとき，この結果を用いる．

12.4.2 アインシュタイン方程式

式 (12.44) で定義される G_{ik} も，式 (12.84) で定義される $\mathcal{T}^{ik}$ も，発散がゼロのテンソルで，それぞれ時空の湾曲の度合いとエネルギー – 運動量密度の度合いを与えるので，

$$G_{ik} = \kappa \mathcal{T}_{ik} \quad (12.89)$$

と書けばよいように思える．ただし，κ は定数である．この方程式は時空の湾曲がエネルギー – 運動量密度で生み出されることを意味し，一般相対性理論の基本的要請に合致している．式 (12.89) は導き出されたものではなく，そのような方程式が期待されるという議論をしてきたにすぎないということを強調しておく．両辺とも発散がゼロであるので，式 (12.89) の発散をとっても数学的な矛盾は生じない．時空の湾曲が質量 – エネルギーにより生み出されるのであれば，式 (12.89) のような方程式は自然な可能性の一つである．式 (12.89) が本当に正しい方程式なのかどうかは，式 (12.89) により導かれる結果が実験により確認されるかどうかで決定される．次章で，一般相対性理論の実験的検証の例について論じる．

議論を完結させるためには，定数 κ を定めなければならない．ある特殊な場合について κ の値を定めれば，普遍的な定数である限り，それはどのような場合でも正しい値であろう．12.3 節で，弱い重力場に対して一般相対性理論をどう定式化すればよいかを論じた．ここでは，式 (12.89) を弱い重力場に適用して κ を定め，ニュートンの重力理論と比較しよう．

式 (12.44) を用いると，式 (12.89) は

$$R^i_k - \frac{1}{2}\delta^i_k R = \kappa \mathcal{T}^i_k \quad (12.90)$$

という形に書ける．4次元時空ではiは0, 1, 2, 3の値をとるため，$\delta_i^i = 4$であることに注意して，添字iとkを縮約すると，

$$-R = \kappa \mathcal{T}$$

となる．ただし，$\mathcal{T} = \mathcal{T}_i^i$である．式(12.90)の$R$に$-\kappa\mathcal{T}$を代入すると，

$$R_k^i = \kappa \left(\mathcal{T}_k^i - \frac{1}{2}\delta_k^i \mathcal{T} \right)$$

を得る．この方程式のうち，つぎの特定の成分を考える．

$$R_0^0 = \kappa \left(\mathcal{T}_0^0 - \frac{1}{2}\delta_0^0 \mathcal{T} \right) \tag{12.91}$$

式(12.91)を我々の座標系で静止している物質分布によって生み出される弱い重力場の場合に適用しよう．静止した物質のエネルギー – 運動量テンソルは式(12.88)で与えられる．$P \ll \rho c^2$であれば，

$$\mathcal{T} \approx \mathcal{T}_0^0 = -\rho c^2$$

となる．これを式(12.91)に代入すると，

$$R_0^0 = -\frac{1}{2}\kappa\rho c^2 \tag{12.92}$$

を得る．あとは，弱い重力場に対する計量(12.68)からR_0^0の表式を得ればよい．式(12.41)から，弱い重力場に対してクリストッフェル記号の2次の項を無視すれば，

$$R_{00} = R_{0i0}^i = \frac{\partial \Gamma_{00}^i}{\partial x^i} - \frac{\partial \Gamma_{0i}^i}{\partial x^0} \tag{12.93}$$

を得る．静止した質量を考えているので，重力場は時間によらないため，$x^0 = ct$についての微分はすべてゼロとなる．したがって，式(12.93)は

$$R_{00} = \frac{\partial \Gamma_{00}^\alpha}{\partial x^\alpha}$$

となる．ただし，いつものように，2回繰り返されるαは1, 2, 3についての和を意味する．弱い重力場に対するクリストッフェル記号は式(12.72)で与えられている．これを代入すると，

$$R_{00} = \frac{\partial}{\partial x^\alpha}\left(\frac{1}{c^2}\frac{\partial \Phi}{\partial x_\alpha} \right) = \frac{1}{c^2}\nabla^2 \Phi$$

となる．R_0^0を得るには，Φの2乗の項は無視できるので，R_{00}に$g^{00} \approx -1$を掛けれ

ばよい．したがって，式 (12.92) から，

$$\nabla^2 \Phi = \frac{\kappa c^4}{2} \rho \tag{12.94}$$

となる．

ニュートンの重力理論からは，重力のポアソン方程式

$$\nabla^2 \Phi = 4\pi G \rho$$

が導かれるので，これを式 (12.94) と比較すれば，

$$\kappa = \frac{8\pi G}{c^4} \tag{12.95}$$

が結論できる．式 (12.89) に κ の値を代入すれば，

$$G_{ik} = \frac{8\pi G}{c^4} \mathcal{T}_{ik} \tag{12.96}$$

を得る．これが有名な**アインシュタイン方程式**であり，物質 – エネルギーがどう時空の湾曲の源となるかを定めている (Einstein, 1916)．

簡潔なテンソル記法により，アインシュタイン方程式 (12.96) は一見，簡単に見える．数理物理学の最も美しい方程式の一つであるが，扱うのが最も困難な方程式の一つでもある．粒子は測地線に沿って運動し，測地線を決めるには計量テンソルの知識が必要なので，一般相対性理論のたいていの実際的な問題においては，与えられた質量 – エネルギー分布に対して計量テンソルを決定することが必要である．計量テンソル g_{ik} とアインシュタイン・テンソル G_{ik} の関係は，式 (12.31), (12.41), および (12.44) で与えられる．ある状況においてエネルギー – 運動量テンソル $\mathcal{T}_{ik}$ がわかれば，アインシュタイン方程式 (12.96) によりアインシュタイン・テンソル G_{ik} が与えられる．しかし，そこから計量テンソル g_{ik} を決定することは簡単ではない．アインシュタイン方程式を満たす計量テンソルを決定できる実用上重要な例は大変少ない．続く二つの章で，一般相対性理論の応用を考え，アインシュタイン方程式の解をいくつか示す．

演習問題 12

12.1 以下の計量に対し，クリストッフェル記号，リーマン・テンソル，リッチ・テンソルのすべての成分と，スカラー曲率を計算せよ．

$$\begin{aligned}
\mathrm{d}s^2 &= \mathrm{d}r^2 + r^2 \mathrm{d}\theta^2 \\
\mathrm{d}s^2 &= a^2(\mathrm{d}\theta^2 + \sin^2\theta \, \mathrm{d}\phi^2) \\
\mathrm{d}s^2 &= a^2(\mathrm{d}\chi^2 + \sinh^2\chi \, \mathrm{d}\eta^2)
\end{aligned}$$

12.2 二つの共変微分は一般に交換しないことを示せ．とくに，反変ベクトル A^i に対して
$$\left(\frac{\mathrm{D}}{\mathrm{D}x^k}\frac{\mathrm{D}}{\mathrm{D}x^l} - \frac{\mathrm{D}}{\mathrm{D}x^l}\frac{\mathrm{D}}{\mathrm{D}x^k}\right) A^i = -R^i_{mlk} A^m$$
であることを示せ．

12.3 式 (12.37) で定義されるテンソル R^i_{klm} に対して，テンソル
$$R_{iklm} = g_{in} R^n_{klm}$$
を構成して，
$$R_{iklm} = \frac{1}{2}\left(\frac{\partial^2 g_{im}}{\partial x^k \partial x^l} + \frac{\partial^2 g_{kl}}{\partial x^i \partial x^m} - \frac{\partial^2 g_{il}}{\partial x^k \partial x^m} - \frac{\partial^2 g_{km}}{\partial x^i \partial x^l}\right) + g_{np}(\Gamma^n_{kl}\Gamma^p_{im} - \Gamma^n_{km}\Gamma^p_{il})$$
を示し，つぎの対称性が成り立つことを示せ．
$$R_{iklm} = -R_{kilm}, \quad R_{iklm} = -R_{ikml}, \quad R_{iklm} = R_{lmik}$$

アインシュタイン・テンソルが発散ゼロであることの証明を完結するには，式 (12.47) に現れる $g^{im}R^n_{ilm}$ が R^n_l に等しいことを示さなければならない．すぐ上で得た対称性を用いて，これを示せ．[**ヒント**：$g^{im}R^n_{ilm} = g^{im}g^{nk}R_{kilm}$ と書いて，R_{kilm} の対称性を用いよ．]

12.4 $x^i(s)$ と $x^i(s) + \delta x^i(x)$ を無限小離れた二つの測地線上にある点としよう．ただし，パラメータ s はこれらの測地線のいずれかに沿って測るものとする．測地線間の距離を示す δx^i が
$$\frac{\mathrm{D}^2}{\mathrm{D}s^2}\delta x^i = -R^i_{klm}\delta x^l \frac{\mathrm{d}x^k}{\mathrm{d}s}\frac{\mathrm{d}x^m}{\mathrm{d}s}$$
を満たすことを示せ．ただし，$\mathrm{D}/\mathrm{D}s = (\mathrm{d}x^i/\mathrm{d}s)\mathrm{D}/\mathrm{D}x^i$ はいずれかの測地線に沿った共変微分である．

12.5 球面上の赤道（大円）は測地線であるが，それ以外の赤道に平行な等緯線は測地線ではないことを示せ．

12.6 特殊相対論的計量は
$$\mathrm{d}s^2 = -c^2\mathrm{d}t^2 + \mathrm{d}x^2 + \mathrm{d}y^2 + \mathrm{d}z^2$$
である．この系の z 軸に対し一様に回転する座標系
$$t' = t, \quad z' = z, \quad x' = x\cos\Omega t + y\sin\Omega t, \quad y' = -x\sin\Omega t + y\cos\Omega t$$
を考えよう．この座標系の計量 g_{ik} と g^{ik} を求め，
$$g^{ik}g_{km} = \delta^i_m$$
であることを明示的に確かめよ．

12.7 計量

$$ds^2 = -\left(1 + \frac{2\Phi}{c^2}\right)c^2 dt^2 + dx^2 + dy^2 + dz^2$$

は弱い重力場中の非相対論的粒子の運動を記述する．ただし，Φ はある密度分布 ρ による非相対論的重力ポテンシャルである．この計量に対しアインシュタイン・テンソル G_{xx} を計算し，アインシュタイン方程式の対応する成分が満たされるかどうかを確認せよ．満たされない場合は，どう説明したらよいか考えよ．

13章
一般相対性理論の応用例

13.1 時間と距離の測定

12.4節で述べた一般相対性理論の定式化はやや形式的であったが，物理的理論は最終的には測定の結果と関係する．一般相対性理論の応用を論じる前に，時間と距離の測定が，数学的理論の量の表現とどう関係しているかを理解する必要がある．

ローマ文字の添字 $i, j, \ldots$ は $0, 1, 2, 3$ の値を，ギリシャ文字の添字 $\alpha, \beta, \ldots$ は $1, 2, 3$ のみの値をとるという約束を引き続き用いる．時空の計量を時間部分を分離して，

$$ds^2 = g_{00}(dx^0)^2 + 2g_{0\alpha}\,dx^0\,dx^\alpha + g_{\alpha\beta}\,dx^\alpha\,dx^\beta \tag{13.1}$$

と書くことができる．ただし，x^0 は時間的座標である．式 (13.1) の計量テンソルの成分 $g_{0\alpha}$ は時間と空間の交差項を与える．本書における一般相対性理論の基本的な取り扱いでは，$g_{0\alpha} = 0$ の例のみを考えることにする．$g_{0\alpha}$ がゼロでない場合は数学的理論はもっと複雑になるが，系に回転がある場合に対応する．たとえば，回転するブラックホールの周りの計量（カー計量）では $g_{0\alpha}$ がゼロでない．本書では，そのような場合は扱わない．$g_{0\alpha} = 0$ であれば，式 (13.1) は

$$ds^2 = g_{00}(dx^0)^2 + g_{\alpha\beta}\,dx^\alpha\,dx^\beta \tag{13.2}$$

と簡略化できる．

観測者が時刻 x^0 に位置 x^α，時刻 $x^0 + dx^0$ に位置 $x^\alpha + dx^\alpha$ にいるとしよう．特殊相対論的な場合は，観測者の時計により測定される時間間隔 $d\tau$ は，ds と

$$ds^2 = -c^2\,d\tau^2 \tag{13.3}$$

の関係にあることは容易に示せる．ただし，ds^2 は特殊相対論的計量 (12.59) と (12.60) で与えられる．一般相対論的状況でも，いつでも特殊相対性理論の成り立つ時空の局所慣性系をとることができる．したがって，観測者の時計で測定される時間間隔 $d\tau$ は，一般相対性理論においても式 (13.3) と同じ関係を満たすことが期待される．位置 x^α が変化しないような静止した観測者を考えよう．式 (13.2) と (13.3) から，観測者の時計で測定される物理的時間は

$$d\tau = \frac{1}{c}\sqrt{-g_{00}}\,dx^0 \tag{13.4}$$

で与えられる．これは最初の重要な関係式である．観測者が座標系で静止していて，時間的座標 x^0 の間隔が dx^0 であれば，時計で測定される物理的時間間隔は dx^0 に $\sqrt{-g_{00}}/c$ を掛けたもので与えられる．

つぎに，隣り合う 2 点 x^α と $x^\alpha + dx^\alpha$ の間の物理的距離の求め方を考えよう．最初の点から 2 番目の点に光の信号が送られ，そこでただちに最初の点に向けて反射されたとする．光の信号が最初の点を出発した瞬間と，光の信号が返ってきた瞬間の物理的時間差は，光が速さ c で進むなら $2d\ell/c$ のはずである．ただし，$d\ell$ は二つの隣り合う点の物理的距離である．二つの事象が光の信号でつながっている場合は，特殊相対性理論から，

$$ds^2 = 0 \tag{13.5}$$

であることがわかっている．常に局所慣性系が選べることから，一般相対性理論でも同様の考察が当てはまる．式 (13.2) と (13.5) から，

$$dx^0 = \sqrt{\frac{-g_{\alpha\beta}\,dx^\alpha\,dx^\beta}{g_{00}}} \tag{13.6}$$

となる．この式の意味するところを明らかにしよう．最初の点 x^α を $x^0 - dx^0$ に出発した光の信号は，2 番目の点 $x^\alpha + dx^\alpha$ に x^0 に到着する．光の信号がただちに 2 番目の点で反射されたならば，最初の点に $x^0 + dx^0$ に戻ってくる．すなわち，最初の点を光の信号が出発する瞬間と，光の信号が戻ってくる瞬間は，$2dx^0$ 異なり，dx^0 は式 (13.6) で与えられる．物理的な時間間隔を得るには，式 (13.4) で示唆されるようにこれに $\sqrt{-g_{00}}/c$ を掛けなければならない．この物理的時間間隔を $2d\ell$ に等しいとおけば，

$$d\ell = \sqrt{g_{\alpha\beta}\,dx^\alpha\,dx^\beta} \tag{13.7}$$

を得る．この第 2 の重要な関係式から，隣り合う 2 点 x^α と $x^\alpha + dx^\alpha$ の間の物理的距離が与えられる．離れた 2 点の間の曲線距離は，$g_{\alpha\beta}$ の成分がすべて時間に依存しないならば，式 (13.7) で与えられる距離要素を積分することにより得られる．$g_{\alpha\beta}$ がある点から別の点へ光の信号が伝わる間に変化するならば，経路全体ではなく経路に沿った距離要素 $d\ell$ についてのみ意味をもたせることができる．ロバートソン–ウォーカー計量 (10.19) では，$a(t)$ の時間依存性のために計量テンソルは時間とともに進化する．したがって，膨張宇宙における光の伝播や遠方の銀河への距離に関しては特別

の注意が必要であり，14.3 節および 14.4 節で論じる．

前段落の議論は同時性の概念を導く．最初の点 x^α にいる観測者が，$x^0 - dx^0$ に出発して $x^0 + dx^0$ に戻ってくる光の信号を観測する．これら二つ瞬間の間の時間的座標の中点は x^0 であるから，この観測者は 2 番目の点に彼の時計で x^0 に到達することを期待する．信号は 2 番目の点 $x^\alpha + dx^\alpha$ に，2 番目の点の時間的座標 x^0 に到達することをすでに指摘した．これは，最初の点の x^0 が 2 番目の点の x^0 と同時であることを意味している．この議論を拡張すると，異なる空間の点で起こる事象は，これらの事象で時間的座標 x^0 が同じ値をとるとき同時であるということができる．座標 x^0 は**世界時間**とよばれている．異なる事象が同時であるかどうかを知るには，世界時間を考える必要があり，物理的時間は世界時間から式 (13.4) を用いて求めることができる．一般に，g_{00} は異なる空間の点に対し異なる値をもつので，異なる空間の点では時計は異なる割合で進むことは明らかである．

13.2 重力赤方偏移

一定の重力場を考え，計量テンソルの成分が時間に独立であるように座標を選ぶ．点 A から点 B へ周期的な信号が送られるとする．世界時間 x_e^0 で A からパルスが放出され，世界時間 x_r^0 に B まで到達したとすると，到達するのにかかる時間は $x_r^0 - x_e^0$ である．つぎのパルスが A から世界時間 $x_e^0 + T^0$ に放出されるとしよう．一定の重力場に対し，このパルスが B に到達するのにかかる時間は最初のパルスが淘汰するのにかかった時間と同じである．ゆえに，2 番目のパルスは B に世界時間 $(x_e^0 + T^0) + (x_r^0 - x_e^0) = x_r^0 + T^0$ に到達する．これは，A と B にいる観測者が，いずれも二つのパルスの世界時間差 T^0 を記録することを意味する．式 (13.4) を用いて世界時間と物理時間を関係付けると，観測者 A の測る物理周期 T_A と観測者 B の測る物理周期 T_B が

$$\frac{T_A}{T_B} = \sqrt{\frac{-(g_{00})_A}{-(g_{00})_B}} = \frac{\omega_B}{\omega_A} \tag{13.8}$$

の関係にあると結論することができる．ただし，ω_A と ω_B は A と B がそれぞれ測定するある周期的信号の振動数である．これが，重力場中のある点から別の点へ伝播する信号の振動数がどう変化するかを表す基本的な関係式である．つぎに，弱い重力場において簡単な場合を考える．

弱い重力場に対しては，式 (12.70) より，

$$\sqrt{-g_{00}} = \sqrt{1 + \frac{2\Phi}{c^2}} \approx 1 + \frac{\Phi}{c^2}$$

となることを用いると，式 (13.8) より，

$$\frac{\omega_B}{\omega_A} = \frac{1 + \dfrac{\Phi_A}{c^2}}{1 + \dfrac{\Phi_B}{c^2}} \tag{13.9}$$

を得る．ただし，Φ_A と Φ_B はそれぞれ A と B におけるニュートン重力ポテンシャルである．弱い重力場に対しては，式 (13.9) はさらに，

$$\omega_B = \omega_A \left(1 + \frac{\Phi_A - \Phi_B}{c^2}\right) \tag{13.10}$$

と書くことができる．点 B が点 A より重力場の中心領域から離れているとすると，ポテンシャルの差 $\Phi_A - \Phi_B$ は負であることがわかるから，$\omega_B < \omega_A$ となる．周期的な信号が重力場から出ていくとき，振動数は減少する．重力場から出てくる光に対しては，スペクトルは赤い側に偏移する．これが一般相対性理論で予言される有名な**重力赤方偏移**である．パウンドとレブカは，巧妙な地上実験により，重力による波長のずれを実証した (Pound and Rebka, 1960)．塔の上にガンマ線源を置いて，下向きにガンマ線が進むようにし，それを地上で吸収させ，それを解析したのである．

13.3 シュヴァルツシルト計量

一般相対性理論の中心となるアインシュタイン方程式は解くのが困難で，現実的に重要なほんの少数の場合にしか完全な解が得られていないことを 12.4.2 項で述べた．考えうる最も単純な重力の問題は，孤立した質点 M によるものである．アインシュタインが一般相対性理論を定式化してまもなく，シュヴァルツシルトはこの問題の厳密解を見出した (Schwarzschild, 1916)．

質量 M の位置を座標系の原点に選び，球座標を用いることにする．ニュートンの重力理論によれば，距離 r における重力ポテンシャルは

$$\Phi = -\frac{GM}{r} \tag{13.11}$$

で与えられる．質点から離れて重力が弱い場合，計量は弱い重力場の極限で成り立つ式 (12.68) で与えられるはずである．Φ を式 (13.11) に代入し，球座標を用いると，

$$ds^2(r \to \infty) = -\left(1 - \frac{2GM}{c^2 r}\right)c^2 dt^2 + dr^2 + r^2(d\theta^2 + \sin^2\theta\, d\phi^2) \tag{13.12}$$

と書くことができる．$r = 0$ の点以外の空間に物質はないので，式 (12.88) で与えら

れるエネルギー–運動量テンソルは，$r=0$ を除きゼロでなければならない．すなわち，アインシュタイン方程式 (12.96) により，$r=0$ を除くすべての点でアインシュタイン・テンソルもゼロである．そこでつぎに，$r \to \infty$ で式 (13.12) に一致し，$r=0$ を除くすべての点でアインシュタイン・テンソルがゼロとなるような計量を定めることを考える．これらの要請を満たす計量が有名な**シュヴァルツシルト計量**

$$ds^2 = -\left(1 - \frac{2GM}{c^2 r}\right) c^2 dt^2 + \frac{dr^2}{\left(1 - \frac{2GM}{c^2 r}\right)} + r^2 (d\theta^2 + \sin^2\theta \, d\phi^2) \quad (13.13)$$

である．この計量に対してアインシュタイン・テンソルを求めるには，多大な計算が必要である．アインシュタイン・テンソルを求める最初の段階は，クリストッフェル記号の計算である．12.2.3 項で見たように，クリストッフェル記号は 4 次元時空で 40 個の成分をもつ．このうちいくつかの成分はゼロとなるが，多くのゼロでない成分に注意しなければならない．生涯に一度は，この簡単だが退屈な計算を実行し，計量 (13.13) に対するアインシュタイン・テンソルの成分が $r=0$ を除くすべての点でゼロになることを示してみるべきである．r が大きいときは，$2GM/c^2r$ は 1 に比べ小さい．式 (13.13) で dr^2 の係数のこの項を無視すると，(13.12) が導かれる．dr^2 の係数で無視するとき，dt^2 の係数では無視すべきであろうか．これは以下のように考えればよい．粒子が時刻 t に r, θ, ϕ の点にあり，時刻 $t + dt$ に $r+dr, \theta+d\theta, \phi+d\phi$ の点にあるとしよう．粒子が非相対論的に運動しているとき，$dr^2 \ll c^2 dt^2$ である．すなわち，dr^2 に関係する項自身が小さく，その係数の小さな項は 2 次で小さい．この項を無視したとしても，dt^2 の係数の同様の項は残すべきである．

式 (13.13) の dr^2 の係数は，r が

$$r_S = \frac{2GM}{c^2} \quad (13.14)$$

であるとき発散する．これは**シュヴァルツシルト半径**とよばれている．13.3.3 項で，シュヴァルツシルト半径の重要性について触れる．

ブラックホール周囲の計量は式 (13.13) で与えられると考えられる．ブラックホールが回転していないときはそのとおりである．ニュートンの重力理論では，質量のつくる重力場は，その質量が回転しているかどうかに依存しない．一般相対性理論の興味深い結果の一つは，回転する質量は周囲の物体を共に回転する方向に引きずろうとすることである (Thirring and Lense, 1918)．カーは，回転するブラックホールを表す厳密な計量を発見した (Kerr, 1963)．この計量は時間と空間の座標の交差項を含み，シュヴァルツシルト計量が交差項をもたないことと異なる．この交差項が回転による引きずりを引き起こすのである．基礎的な内容を扱う本書では，**カー計量**につい

13.3.1 シュヴァルツシルト計量における粒子の運動，近日点移動

粒子はシュヴァルツシルト計量の測地線に沿って動く．測地線方程式 (12.51) を用いて粒子の運動を調べることができる．しかし，もっと基本的なことから議論を始めることにする．

シュヴァルツシルト計量は球対称であるから，この計量のもとで動く粒子は常に原点を通る平面内にある．これを正当化する議論を見出すことは，読者に課題として残しておく．運動する平面を $\theta = \pi/2$，すなわち $\sin\theta = 1$ の赤道面に選ぶことができる．一般相対性理論の標準的な慣例として，c と G が 1 となるように長さと時間の単位を選ぶことにする．$c=1$ および $G=1$ とおくと，式 (13.13) から赤道面における計量は

$$ds^2 = -d\tau^2 = -\left(1 - \frac{2M}{r}\right) dt^2 + \frac{dr^2}{\left(1 - \frac{2M}{r}\right)} + r^2 d\phi^2 \qquad (13.15)$$

で与えられる．粒子が時空点 A から時空点 B まで動くとき，これらの間の経路（粒子が運ぶ時計で測った固有時間に一致する）は

$$\int_A^B d\tau = \int_A^B L\, d\lambda \qquad (13.16)$$

で与えられる．ただし，λ は粒子の経路に沿って測ったパラメータで，L は

$$L = \sqrt{\left(1 - \frac{2M}{r}\right)\left(\frac{dt}{d\lambda}\right)^2 - \frac{(dr/d\lambda)^2}{1 - 2M/r} - r^2 \left(\frac{d\phi}{d\lambda}\right)^2} \qquad (13.17)$$

である．一般相対性理論の基本的な考え方は，粒子は式 (13.16) で与えられる積分が極値をとるような測地線に従う，ということである．この要請は，式 (13.17) で与えられる L がラグランジュ方程式

$$\frac{d}{d\lambda}\left(\frac{\partial L}{\partial(dq^i/d\lambda)}\right) - \frac{\partial L}{\partial q^i} = 0$$

を満たすということを意味する．ただし，q^i は t, r あるいは ϕ である（たとえば，Mathews and Walker (1979, §12-1) を参照）．式 (13.17) のように，L は t と ϕ に依存している．すなわち，つぎの二つの運動の定数が存在する．

$$\frac{\partial L}{\partial (\mathrm{d}t/\mathrm{d}\lambda)} = \frac{\left(1 - \frac{2M}{r}\right)\frac{\mathrm{d}t}{\mathrm{d}\lambda}}{L} = \left(1 - \frac{2M}{r}\right)\frac{\mathrm{d}t}{\mathrm{d}\tau}$$

$$\frac{\partial L}{\partial (\mathrm{d}\phi/\mathrm{d}\lambda)} = -\frac{r^2 \frac{\mathrm{d}\phi}{\mathrm{d}\lambda}}{L} = -r^2 \frac{\mathrm{d}\phi}{\mathrm{d}\tau}$$

ここで，$L = \mathrm{d}\tau/\mathrm{d}\lambda$ である．これらの運動の定数を e および $-l$ と書く．すなわち，

$$e = \left(1 - \frac{2M}{r}\right)\frac{\mathrm{d}t}{\mathrm{d}\tau} \tag{13.18}$$

$$l = r^2 \frac{\mathrm{d}\phi}{\mathrm{d}\tau} \tag{13.19}$$

とする．式 (13.15) を $\mathrm{d}\tau^2$ で割って，運動の定数を用いると，

$$\frac{e^2}{\left(1 - \frac{2M}{r}\right)} - \frac{(\mathrm{d}r/\mathrm{d}\tau)^2}{\left(1 - \frac{2M}{r}\right)} - \frac{l^2}{r^2} = 1$$

となり，少し項を並べ替えると，これはつぎの形に書くことができる．

$$\frac{e^2 - 1}{2} = \frac{1}{2}\left(\frac{\mathrm{d}r}{\mathrm{d}\tau}\right)^2 + V_{\mathrm{eff}}(r) \tag{13.20}$$

ただし，

$$V_{\mathrm{eff}}(r) = -\frac{M}{r} + \frac{l^2}{2r^2} - \frac{Ml^2}{r^3} \tag{13.21}$$

である．座標 t と ϕ は運動の定数を用いて消去され，τ の関数としての r の 1 次元の問題に還元されたことに注意しよう．

先に進むには，古典力学の逆 2 乗法則の成り立つ力場における粒子の運動の問題と比較しておくことが有益である．これは**ケプラー問題**として多くの教科書，たとえば Goldstein (1980, §3-2, §3-3) や Landau and Lifshitz (1976, ch.14, ch.15) で論じられている．以下ではこの問題との類似をたくさん利用するので，読者はこの問題について復習してほしい．古典的なケプラー問題にも，角運動量とエネルギーという二つの運動の定数が存在する．式 (13.19) で与えられる運動の定数 l は，明らかに古典的な角運動量の拡張である．式 (13.18) で与えられる e を解釈するには，重力場が弱くなる遠く離れた粒子の運動を考えればよい．その場合，$\mathrm{d}t$ と $\mathrm{d}\tau$ の関係は式 (12.74) で与えられる．式 (12.74) と (13.11) を用いると，式 (13.18) から，

$$e \approx 1 + \frac{\Phi}{c^2} + \frac{1}{2}\frac{v^2}{c^2} \tag{13.22}$$

を得る．ここでは，物理をわかりやすくするために，c を 1 にしていない．e に mc^2 を掛けると，非相対論的極限での静止質量，ポテンシャルおよび運動エネルギーの和になっていることがわかる．式 (13.22) から，

$$\frac{e^2-1}{2} \approx \frac{\Phi}{c^2} + \frac{1}{2}\frac{v^2}{c^2}$$

となる．右辺は古典力学で用いられる全エネルギー（ポテンシャルと運動エネルギーの和）になっている．すなわち，$(e^2-1)/2$ は古典的エネルギーの相対論的一般化になっている．これで式 (13.20) を解釈することができる．$(1/2)(dr/d\tau)^2$ の項は運動エネルギーのような量である．つまり，式 (13.20) は，運動の定数で非相対論的極限では運動エネルギーに帰する $(e^2-1)/2$ が，運動エネルギーと実効ポテンシャル $V_{\text{eff}}(r)$ の和に等しいことを意味している．古典的なケプラー問題でも式 (13.20) によく似た 1 次元の方程式が得られるが（たとえば，Goldstein (1980, §3-3) や Landau and Lifshitz (1976, §15) を参照），一般相対性理論では式 (13.21) の最後に $-Ml^2/r^3$ の項がある点が古典論と異なっている．r が r_{S}（いまの単位では $2M$）よりずっと大きい場合は，式 (13.21) の最後の項はその前の $l^2/2r^2$ の項に比べ無視できるため，一般相対論的効果は現れない．計量として式 (13.13) でなく式 (13.12) を用いると，式 (13.21) の最後の項は出てこないことは容易に示せる．

V_{eff} が極値をとる r の値は

$$\frac{dV_{\text{eff}}}{dr} = 0$$

から得られ，

$$r = \frac{l^2}{2M}\left[1 \pm \sqrt{1 - 12\left(\frac{M}{l}\right)^2}\right] \tag{13.23}$$

となる．$l^2 > 12M^2$ であれば，V_{eff} は式 (13.23) で与えられる二つの実数値の r に対し極値をもつ．$l^2 < 12M^2$ であれば，実数値の r に対し極値はない．図 13.1 (a) と (b) にそれぞれ $l^2 = 16M^2$ の場合と $l^2 = 10M^2$ の場合の V_{eff} のプロットを示す．図 13.1 (a) では，$(e^2-1)/2$ のとりうる値の範囲を水平破線で示してあり，r_1 と r_2 の 2 点で V_{eff} の曲線と交わる．式 (13.20) の $(dr/d\tau)^2$ は常に正なので，式 (13.20) は r が r_1 と r_2 の間にある場合のみ満足されることがわかる．粒子の軌道は $r = r_1$ と $r = r_2$ の二つの転向点の間に閉じ込められている．図 13.1 (b) の場合には，軌道を内側から閉じ込めることはできない．すなわち，$l^2 < 12M^2$ の粒子は，中心の質量に衝突するまで内側に落ち込み続ける．このことはつぎの点で重要である．重力で

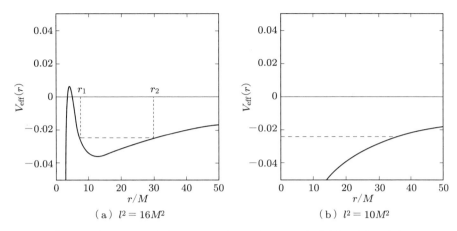

図 13.1 式 (13.21) で与えられる $V_{\text{eff}}(r)$ のプロット．水平破線は $(e^2 - 1)/2$ のとりうる値の範囲を示す．

引き付ける質量に角運動量ゼロで粒子を投げ込むと，粒子は質量に向かって落ちていく．引き付けている質量が点であれば，ニュートンの重力理論では角運動量がどんなに小さくても粒子は引き付けている質量に向かって落ちていかない．一般相対性理論では，粒子が中心の質量に落ち込まないためには，その角運動量の大きさが $2\sqrt{3}M$ より大きくなければならない．もう一つ重要な点がある．$l^2 > 12M^2$ で $V_{\text{eff}}(r)$ が二つの極値をもつとき，粒子は $V_{\text{eff}}(r)$ の最小値にあれば円軌道をとる．限界の円軌道は $l^2 = 12M^2$ とおけば得られる．これを式 (13.23) に代入すれば，

$$r = 6M = 3r_{\text{S}} \tag{13.24}$$

が円軌道が可能な r の最小値になる．粒子がブラックホールの周りを回るとき，半径 $3r_{\text{S}}$ より小さい円軌道をとることはできない．この半径 $3r_{\text{S}}$ の円軌道を**最終安定軌道**とよぶ．

● 軌道の決定

最後に粒子の軌道を計算しよう．これは r と ϕ の関係式で表される．式 (13.20) から，

$$\frac{dr}{d\tau} = \pm\sqrt{e^2 - 1 - 2V_{\text{eff}}(r)} \tag{13.25}$$

となる．式 (13.19) より，

$$\frac{d\phi}{d\tau} = \frac{l}{r^2}$$

を得る．式 (13.25) をこれで割って 2 乗すると，

$$\left(\frac{l}{r^2}\frac{\mathrm{d}r}{\mathrm{d}\phi}\right)^2 = e^2 - 1 - 2V_{\mathrm{eff}}(r) \tag{13.26}$$

を得る．さらに，古典的なケプラー問題の標準的な手順と同様

$$r = \frac{1}{u} \tag{13.27}$$

と置き換える．すると，

$$\frac{\mathrm{d}r}{\mathrm{d}\phi} = -\frac{1}{u^2}\frac{\mathrm{d}u}{\mathrm{d}\phi}$$

であるから，式 (13.26) は

$$l^2 \left(\frac{\mathrm{d}u}{\mathrm{d}\phi}\right)^2 = e^2 - 1 - 2V_{\mathrm{eff}}(u) \tag{13.28}$$

となる．両辺を ϕ で微分すると，

$$2l^2 \frac{\mathrm{d}u}{\mathrm{d}\phi}\frac{\mathrm{d}^2 u}{\mathrm{d}\phi^2} = -2\frac{\mathrm{d}V_{\mathrm{eff}}}{\mathrm{d}u}\frac{\mathrm{d}u}{\mathrm{d}\phi} \tag{13.29}$$

を得る．$2\mathrm{d}u/\mathrm{d}\phi$ を両辺から落とし，式 (13.21) を

$$V_{\mathrm{eff}}(u) = -Mu + \frac{1}{2}l^2 u^2 - Ml^2 u^3$$

の形に書いて $\mathrm{d}V_{\mathrm{eff}}/\mathrm{d}u$ を計算する．すると，

$$\frac{\mathrm{d}^2 u}{\mathrm{d}\phi^2} + u = \frac{1}{p} + 3Mu^2 \tag{13.30}$$

となる．ただし，

$$p = \frac{l^2}{M} \tag{13.31}$$

である．u と ϕ の間の関係は式 (13.30) を解くことにより得られる．

式 (13.30) の最後の項は式 (13.21) の最後の項に由来する．この項は前述のように一般相対性理論の寄与である．もし，この最後の項が軌道方程式 (13.30) になかったら，古典的ケプラー問題の場合の楕円の式と一致する．一般相対論的効果が小さく，式 (13.30) の最後の項をほかの項に比べ小さな摂動として扱うことができる状況で，式 (13.30) を解いてみよう．式 (13.30) の最後の項がない場合の 0 次の解は

$$u_0 = \frac{1}{p}(1 + \epsilon \cos\phi) \tag{13.32}$$

であり，これは離心率 ϵ の楕円の方程式である．式 (13.30) の解を

$$u = u_0 + u_1 \tag{13.33}$$

の形に書いてみよう．ただし，u_0 は式 (13.32) で与えられている．これを式 (13.30) に代入し，小さな摂動項を $3Mu^2 \approx 3Mu_0^2$ と近似すれば，

$$\frac{\mathrm{d}^2 u_1}{\mathrm{d}\phi^2} + u_1 = 3Mu_0^2$$

を得る．式 (13.32) の u_0 を代入すれば，

$$\frac{\mathrm{d}^2 u_1}{\mathrm{d}\phi^2} + u_1 = \frac{3M}{p^2}(1 + 2\epsilon \cos\phi + \epsilon^2 \cos^2\phi) \tag{13.34}$$

となる．右辺の $2\epsilon \cos\phi$ の項は，u_0 と同じように ϕ により変化するので，共鳴強制項のようにはたらく．この項の効果は式 (13.34) の右辺のほかの 2 項より重要になるので，ほかの 2 項を無視することにする．式 (13.34) の右辺に $2\epsilon \cos\phi$ の項のみ残すと，解が

$$u_1 = \frac{3M\epsilon}{p^2}\phi \sin\phi \tag{13.35}$$

と書ける．これは式 (13.34) に代入することにより確かめることができる．式 (13.32)，(13.33) および (13.35) から，

$$u = \frac{1}{p}\left(1 + \epsilon \cos\phi + \frac{3M\epsilon}{p}\phi \sin\phi\right)$$

を得る．$2M\phi/p$ が 1 に比べて小さいときには，これは

$$u = \frac{1}{p}\left\{1 + \epsilon \cos\left[\phi\left(1 - \frac{3M}{p}\right)\right]\right\} \tag{13.36}$$

と書ける．粒子が式 (13.32) で与えられる厳密な楕円を描くならば，u の値は ϕ が 2π 変化するたびに繰り返されるが，実際には，式 (13.36) から，u は ϕ が $2\pi + \delta\phi$ 変化するたびに繰り返される．ただし，式 (13.31) を用いて，

$$\delta\phi = 2\pi \frac{3M}{p} = 6\pi \frac{M^2}{l^2}$$

である．明らかに，$\delta\phi$ は 1 回転する間に粒子の近日点が歳差運動する角度である．1 としていた G と c を戻せば，近日点の歳差に対する表式は

$$\delta\phi = 6\pi \left(\frac{GM}{cl}\right)^2 \tag{13.37}$$

となる．太陽の惑星の一つである水星に対しては，近日点歳差の割合は 1 世紀あたり 43 秒角である．これは一般相対性理論の有名な検証となった．

13.3.2 質量ゼロの粒子の運動，光の曲がり

光子あるいは質量ゼロの粒子は速さ c で運動し，特殊な計量

$$ds^2 = 0$$

に従う．このような性質をもつ計量を**零測地線** (null geodesic)† という．赤道面を動く質量ゼロの粒子に対し，式 (13.15) は

$$\left(1 - \frac{2M}{r}\right)dt^2 - \frac{dr^2}{\left(1 - \frac{2M}{r}\right)} - r^2 d\phi^2 = 0 \tag{13.38}$$

となる．質量ゼロの粒子に対しても，t と ϕ の対称性からエネルギーと角運動量は保存することが期待される．しかし，式 (13.18) と (13.19) で定義された e と l は，粒子の質量がゼロに近づくと粒子の軌道に沿って $d\tau \to 0$ となるため，無限大に近づく．ただし，比

$$\frac{e}{l} = \left(1 - \frac{2M}{r}\right)\frac{1}{r^2}\frac{dt}{d\phi} \tag{13.39}$$

は質量がゼロに近づいても有限で定数である．質量をもつ粒子の場合は，固有時 τ （粒子とともに動く時計で測った時間）を粒子の軌道を示すのに用いた．質量ゼロの粒子に対しては，$d\tau = 0$ であるため軌道を示すのに τ を用いることはできない．そこで，質量ゼロの粒子の軌跡に沿って，

$$e = \left(1 - \frac{2M}{r}\right)\frac{dt}{d\lambda} \tag{13.40}$$

を定数に保ったまま増加する**アフィン・パラメータ** λ を導入する．すなわち，

$$l = r^2 \frac{d\phi}{d\lambda} \tag{13.41}$$

も式 (13.39) で与えられる比の値が一定であるためには定数でなければならない．このように，質量ゼロの粒子に対しては，式 (13.18) と (13.19) のように固有時 τ に対してではなく，アフィン・パラメータ λ を用いて e と l を定義する．

式 (13.38) を $d\lambda^2$ で割ると，式 (13.40) と (13.41) を用いて，

---

† 訳注：**ヌル測地線**とも訳される．

$$\frac{e^2 - (\mathrm{d}r/\mathrm{d}\lambda)^2}{1 - 2M/r} = \frac{l^2}{r^2}$$

を得る．これから，

$$\frac{e^2}{l^2} - \frac{1}{l^2}\left(\frac{\mathrm{d}r}{\mathrm{d}\lambda}\right)^2 = \frac{1}{r^2}\left(1 - \frac{2M}{r}\right)$$

となるが，これを

$$\frac{1}{b^2} = \frac{1}{l^2}\left(\frac{\mathrm{d}r}{\mathrm{d}\lambda}\right)^2 + Q_{\mathrm{eff}}(r) \tag{13.42}$$

と書く．ただし，$b = l/e$ は運動の定数で，

$$Q_{\mathrm{eff}}(r) = \frac{1}{r^2}\left(1 - \frac{2M}{r}\right) \tag{13.43}$$

であり，図 13.2 にそのプロットを示すように，$r = 3M$ で最大値 $(27M^2)^{-1}$ をとる．また図 13.2 には，$(27M^2)^{-1}$ より小さい $1/b^2$ のとりうる値を水平破線で示してある．式 (13.42) から，軌跡が $Q_{\mathrm{eff}}(r)$ 曲線の右側にあるなら，r は下限 r_1 で制限されることがわかる．いい換えると，無限遠から到来する質量ゼロの粒子は r_1 より近づくことはない．しかし，$b < 3\sqrt{3}M$ であれば $1/b^2$ が $(27M^2)^{-1}$ より大きくなり，$1/b^2$ に相当する水平線は $Q_{\mathrm{eff}}(r)$ の最大値の上にあり，無限遠から到来する質量ゼロの粒子は重力を及ぼす質量 M に落ち込む．

無限遠から $b < 3\sqrt{3}M$ で近づく質量ゼロの粒子が質量 M にとらえられるという結果の重要性を理解するために，b の物理的な意味を考えよう．シュヴァルツシルト半径 $2M$ よりずっと大きい r において，式 (13.40) と (13.41) から，

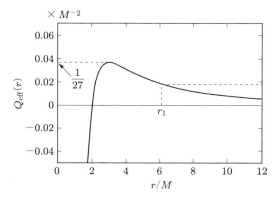

図 13.2 式 (13.43) で定義される質量ゼロの粒子の実効ポテンシャル $Q_{\mathrm{eff}}(r)$ のプロット．水平破線は $1/b^2$ のとりうる値を示す．

$$b \approx r^2 \frac{\mathrm{d}\phi}{\mathrm{d}t} \tag{13.44}$$

である．図 13.3 に示すように，遠方から衝突パラメータ h で中心質量 M に近づく質量ゼロの粒子を考える．x 軸は粒子が負の x 方向に動くように選ぶ．極角 ϕ を x 軸から測れば，

$$\tan\phi = \frac{h}{x}$$

であり，t について微分すると，

$$\sec^2\phi \frac{\mathrm{d}\phi}{\mathrm{d}t} = -\frac{h}{x^2}\frac{\mathrm{d}x}{\mathrm{d}t}$$

なる．ここで $-\mathrm{d}x/\mathrm{d}t$ は粒子の速度であり，いま用いている単位では $c = 1$ である．よって，

$$\frac{\mathrm{d}\phi}{\mathrm{d}t} = \frac{h}{(x\sec\phi)^2} = \frac{h}{r^2}$$

である．式 (13.44) と比べると，

$$b = h$$

であり，パラメータ b は質量ゼロの粒子が質量 M に近づく衝突パラメータそのものであることがわかる．衝突パラメータが $3\sqrt{3}M$ より小さいと，質量ゼロの粒子あるいは光子は中心質量 M に捕捉される．

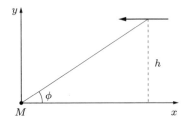

図 13.3 遠方から衝突パラメータ h で中心質量 M に近づく質量ゼロの粒子

● **光の軌道**

衝突パラメータが $3\sqrt{3}M$ よりずっと大きいと，質量ゼロの粒子の軌道はわずかに曲げられる．この曲りを計算するために，まず，軌道方程式を導出する．式 (13.42) より，

$$\frac{\mathrm{d}r}{\mathrm{d}\lambda} = \pm l\sqrt{\frac{1}{b^2} - Q_{\mathrm{eff}}(r)}$$

であるが,式 (13.41) から l を代入すると,

$$\frac{\mathrm{d}r}{\mathrm{d}\phi} = \pm r^2\sqrt{\frac{1}{b^2} - Q_{\mathrm{eff}}(r)}$$

となるから,

$$\left(\frac{1}{r^2}\frac{\mathrm{d}r}{\mathrm{d}\phi}\right)^2 = \frac{1}{b^2} - Q_{\mathrm{eff}}(r) \tag{13.45}$$

となり,式 (13.26) と比較できる.これは式 (13.26) の場合と同様に厳密に解くことができる.変数 $u = 1/r$ を導入し,式 (13.43) を用いて,

$$Q_{\mathrm{eff}}(u) = u^2 - 2Mu^3$$

と書けば,式 (13.45) を

$$\left(\frac{\mathrm{d}u}{\mathrm{d}\phi}\right)^2 = \frac{1}{b^2} - u^2 + 2Mu^3$$

の形にできる.ϕ について微分して,両辺から $2\mathrm{d}u/\mathrm{d}\phi$ を落とすと,軌道方程式

$$\frac{\mathrm{d}^2 u}{\mathrm{d}\phi^2} + u = 3Mu^2 \tag{13.46}$$

が得られ,軌道を知るには u を ϕ の関数として解かなければならない.

式 (13.46) の右辺の項 $3Mu^2$ は一般相対論的効果であることはすぐわかる.この項が小さいとき,質量がゼロでない粒子に対する式 (13.30) を解いた場合と同様に,摂動的方法を用いて式 (13.46) を解くことができる.$3Mu^2$ の項を無視すれば,0 次の解は

$$u_0 = \frac{\cos\phi}{R} \tag{13.47}$$

である.ただし,R は最近接距離で,ϕ は最近接点で $\phi = 0$ となるように定義する.再び u を式 (13.33) の形に書くと,u_1 は

$$\frac{\mathrm{d}^2 u_1}{\mathrm{d}\phi^2} + u_1 = 3Mu_0^2 = \frac{3M}{R^2}\cos^2\phi$$

を満たさねばならないことがわかり,その解は

$$u_1 = \frac{M}{R^2}(1 + \sin^2\phi) \tag{13.48}$$

である．したがって，方程式の一般解は，式 (13.47) と (13.48) を加えて，

$$u = \frac{\cos\phi}{R} + \frac{M}{R^2}(1 + \sin^2\phi) \tag{13.49}$$

となる．$\phi = 0$ を最近接点としたので，質量ゼロの粒子が入ってくる方向および出ていく方向は，粒子が直線運動するならば，それぞれ $\pi/2, -\pi/2$ である．これは図 13.4 からも明らかである．粒子が偏向 $\Delta\phi$ を受けるならば，入ってくる方向および出ていく方向は

$$\phi = \mp\left(\frac{\pi}{2} + \frac{\Delta\phi}{2}\right)$$

であるから，$\Delta\phi$ が小さいとして，

$$\cos\phi = -\sin\frac{\Delta\phi}{2} \approx -\frac{\Delta\phi}{2}$$

となる．質量ゼロの粒子が最初無限遠から出発して最後は無限遠に到達する場合，$u \approx 0$ および $\sin\phi \approx 1$ である．したがって，式 (13.49) は

$$0 \approx -\frac{\Delta\phi}{2R} + \frac{M}{R^2}(1 + 1)$$

となり，これから求めたい値として

$$\Delta\phi = \frac{4M}{R}$$

を得る．G と c を戻せば，

$$\Delta\phi = \frac{4GM}{c^2 R} \tag{13.50}$$

となる．光の光線が質量 M の近傍を最近接距離 R で通過すると，光線はこの有名な関係式 (13.50) で与えられる角度 $\Delta\phi$ だけ曲げられる．

式 (13.50) の M と R に太陽の質量と半径を代入すれば，$\Delta\phi$ は $1.75''$ となる．こ

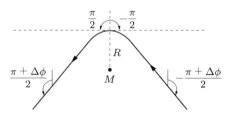

図 13.4 質量 M の近傍を通過する際に角度 $\Delta\phi$ 曲げられる光の経路．角度 ϕ は $\phi = 0$ が最近接点となるように垂直方向から測る．

れは，太陽円盤の端を通る星からの光は曲げられて，太陽円盤の中心から$1.75''$離れる方向にずれて見えることを意味する．もちろん，通常の状況では太陽円盤の端に星は見えない．しかし，皆既日食の際にはそのような星が見えることがある．通常の位置と皆既日食中の太陽の周囲にある場合の位置を比較することにより，ずれが生じるかどうかがわかる．エディントンらは，1919年の皆既日食の際にこのような測定を行い，一般相対性理論が示すように，光が曲げられることを発見した (Dyson, Eddington and Davidson, 1920).

●重力レンズ

銀河系外天文学における重力による光の曲りの重要な応用例として，**重力レンズ**現象がある．図13.5 に示すように，源 S と観測者 O のちょうど中間に重い天体 M があるとしよう．源 S からの光線は，M の近傍をさまざまな方向で通過する際に角度 $\Delta\phi$ だけ偏向する．観測者には源 S がリングの形をしているように見える．このようなリングは**アインシュタイン・リング**として知られている．ほぼ完全なアインシュタイン・リングとしては数例が知られている．図13.6 はほぼ完全なアインシュタイン・リングの例である．完全なリングはレンズを生じる質量 M が S と O の間の視線上に対称的に位置している場合のみ見られる．対称性が完全でない場合は，リングというより弧に見える．銀河系外天体の多くの画像に広がった弧が見つかっており，重力レンズは銀河系外ではかなり一般的な現象であることが示唆される．

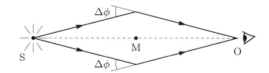

図 13.5 源 S と観測者 O の間に対称に置かれた質量 M による重力レンズの模式図

別の種類の重力レンズについて述べておこう．9.2.2 項で述べたように，渦巻銀河の回転曲線はこれらの銀河に暗黒物質が付随していることを示している．暗黒物質は，重いコンパクト天体（大きな惑星のようなものから数太陽質量のものまで）として銀河のハローに存在する可能性がある．我々の銀河のハローにあるそのような天体の一つが，我々と近傍銀河の星の間に入り込んできたとしよう．重力レンズは星の光を増幅するので，星はコンパクト天体が我々と星の間にある限り明るく見える．このようなことが起こるのは稀であり，ある星が重力レンズを受けるのを予想することは不可能なので，このような重力レンズ現象を検出するには，銀河系外の星の豊富な領域を長

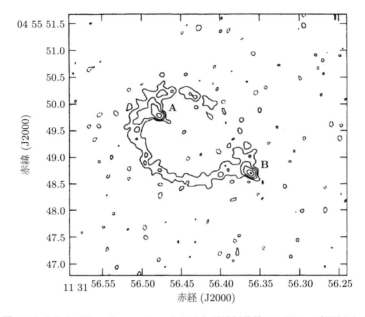

図 13.6 VLA (Very Large Array) により電波振動数 15 GHz で観測されたほぼ完全なアインシュタイン・リング MG 1131+0456. [出典:Chen and Hewitt (1993)]

い時間観測し,星の明るさが一時的に増大しないかどうかをモニターすることが最良の方法である.大マゼラン雲の星が一時的に 1 等級ほど数日間増光するこのような現象が,最初二つのグループにより同時に報告された (Alcock *et al.*, 1993; Aubourg *et al.*, 1993).このような現象の研究によると,暗黒物質の一部は銀河ハローのコンパクト天体という形で我々の銀河に付随しているが,そのすべてではないようである.

13.3.3 特異点と地平面

シュヴァルツシルト計量の表式 (13.13) から明らかであるが,$r = 0$ で g_{tt} は無限大に,式 (13.14) で与えられるシュヴァルツシルト半径 r_S で g_{rr} は無限大になる.これは (t, r, θ, ϕ) 座標系を用いている場合である.そこで,別の座標系に座標変換することを考えてみる.どのような座標系でも $r = 0$ で計量テンソルのどれかの成分が無限大になるが,シュヴァルツシルト半径 $r = r_S$ で計量テンソルがすべて有限にできるような座標系を見つけることは可能である.$r = 0$ の特異点は本物で本質的な**特異点**である.一方,$r = r_S$ ではある種の座標系でのみ計量が特異点になる.したがって,座標の特異点であって,本質的な特異点ではない.$r = r_S$ で特異点のないとくに便利な

座標系がクルスカルによって発見された (Kruskal, 1960).

　ブラックホールは別として，すべての自己重力系は（中性子星でさえも）シュヴァルツシルト半径 r_S より大きい物理的半径をもつ．そのような状況下では，シュヴァルツシルト計量が成り立つ自由空間（物質のない空間）は $r = r_S$ を含まない．ブラックホールの場合のみ，半径 $r = r_S$ の物理的重要性を考える必要がある．ブラックホールに落ちていく観測者は，シュヴァルツシルト半径 $r = r_S$ を横切るとき，とくに異常を感じない．無限遠で静止していた観測者が，動径方向にブラックホールに落ちていくとしよう．この場合，式 (13.18) と (13.19) より，$e = 1$ および $l = 0$ である．式 (13.20) と (13.21) から，

$$\frac{1}{2}\left(\frac{\mathrm{d}r}{\mathrm{d}\tau}\right)^2 - \frac{M}{r} = 0$$

となるので，

$$\sqrt{r}\,\mathrm{d}r = -\sqrt{2M}\,\mathrm{d}\tau \tag{13.51}$$

を得る．$\mathrm{d}\tau$ は落ちていく観測者の時計で測定される時間間隔であることを思い出そう．落ちていく観測者が $r = r_0$ にいるとき $\tau = 0$ としよう．このとき，式 (13.51) を積分すると，

$$\frac{2}{3}(r^{3/2} - r_0^{3/2}) = -\sqrt{2M}\,\tau \tag{13.52}$$

となる．落ちていく観測者は自分の時計で測って有限な時間で特異点 $r = 0$ に達することは明らかである．

　落ちていく観測者がシュヴァルツシルト半径 $r = r_S$ を横切るときとくに異常を感じないならば，シュヴァルツシルト半径には特別な物理的意味はないのであろうか？シュヴァルツシルト半径の物理的重要性は，落ちていくのではなく，出てこようとしている観測者を考えると，すぐに明らかになる．観測者のみならず，光を含むどんな信号も $r < r_S$ から外に出てくることはできない．そのため，$r = r_S$ の面はブラックホールの**地平面**とよばれている．地平面の内側からは信号が出てくることができないが，外から地平面を通過して落ちていくことは可能である．光の信号は $r > r_S$ から出発すれば出てこられるという結果は，13.3.2 項の解析を拡張することにより示すことができる．

　ブラックホールに落ちていく観測者の時計で測定される固有時間 τ を考える代わりに，世界時間 t を考えると，驚くべき結果になる．$e = 1$ で考えているので，式 (13.18) から，

$$\frac{dt}{d\tau} = \left(1 - \frac{2M}{r}\right)^{-1} \tag{13.53}$$

となるので，式 (13.51) と (13.53) を用いて，

$$\frac{dt}{dr} = \frac{dt}{d\tau}\frac{d\tau}{dr} = -\left(\frac{2M}{r}\right)^{-1/2}\left(1 - \frac{2M}{r}\right)^{-1} \tag{13.54}$$

となる．式 (13.54) の解は

$$t = t_0 + 2M\left[-\frac{2}{3}\left(\frac{r}{2M}\right)^{3/2} - 2\left(\frac{r}{2M}\right)^{1/2} + \log\left|\frac{(r/2M)^{1/2}+1}{(r/2M)^{1/2}-1}\right|\right] \tag{13.55}$$

である．このことは式 (13.55) を式 (13.54) に代入すれば確かめることができる．式 (13.55) より $r = 2M$ で t は無限大になる．いい換えると，落ちていく観測者が地平面に達する前には無限の世界時間が経過する必要がある．この結果の重要性を理解するために，ブラックホールから遠く離れて静止している別の観測者を考える．この離れた観測者にとっては固有時も世界時間もほぼ同じである．13.1 節で，同じ世界時間に別の場所で起こる事象は同時であると論じた．すなわち，離れた観測者にとっては，落ちていく観測者がシュヴァルツシルト半径に到達するには無限の時間がかかる．落ちていく観測者は自分の時計で有限の時間で $r = 0$ に到達するのに，離れた観測者には落ちていく観測者は地平面付近にいつまでもとどまっているように見える．落ちていく観測者が離れた観測者にどう見えるかを正確に知るには，落ちていく観測者から離れた観測者への光の信号の伝播を解析する必要があるが，ここではこのような詳細には立ち入らない．

13.4 線形化重力理論

10.2 節で述べたように，遠隔作用の理論は相互作用が有限の速さで伝わることを意味している．場の理論でもこの問題が考慮されていなければならない．一般相対性理論の結果として，重力相互作用は速さ c で伝わる．このことを，重力場が弱く，計量が式 (12.60) で与えられる特殊相対論的計量 η_{ik} とわずかに異なる場合に実証しよう．そこで，

$$g_{ik} = \eta_{ik} + h_{ik} \tag{13.56}$$

と書き，

$$|h_{ik}| \ll 1 \tag{13.57}$$

であることを仮定する．式 (13.57) により，h_{ij} の 1 次の項に比べ，2 次以上の項は無視できる．一般相対性理論は非線形の場の理論であるが，h_{ij} の 2 次の項を無視することにより線形理論となり，電磁場の理論との類似性が見られることになる．

　式 (13.56) の形の計量テンソルに対しアインシュタイン方程式 (12.96) がどうなるかを見たい．そのためには，計量テンソル (13.56) から生じるアインシュタイン・テンソル G_{ij} を計算する必要がある．まず，式 (12.31) を用いてクリストッフェル記号を計算する．式 (13.56) を式 (12.31) に代入すると，h_{ij} の 2 次の項を落として，

$$\Gamma_{ik}^{m} = \frac{1}{2}\eta^{ml}\left(\frac{\partial h_{li}}{\partial x^k} + \frac{\partial h_{lk}}{\partial x^i} - \frac{\partial h_{ik}}{\partial x^l}\right) \tag{13.58}$$

を得る．つぎに，式 (12.41) を用いてリッチ曲率テンソルを計算する．式 (13.58) からクリストッフェル記号は h_{ij} の 1 次であるので，式 (12.41) のクリストッフェル記号の 2 次の項を落として式 (13.58) を代入すると，

$$R_{ik} = \frac{\partial \Gamma_{ik}^l}{\partial x^l} - \frac{\partial \Gamma_{il}^l}{\partial x^k} = \frac{1}{2}\eta^{lm}\left(\frac{\partial^2 h_{km}}{\partial x^i \partial x^l} - \frac{\partial^2 h_{ik}}{\partial x^l \partial x^m} - \frac{\partial^2 h_{lm}}{\partial x^i \partial x^k} + \frac{\partial^2 h_{il}}{\partial x^k \partial x^m}\right) \tag{13.59}$$

を得る．$\eta^{lm}h_{km} = h_k^l$ であることと，

$$\eta^{lm}\frac{\partial^2}{\partial x^l \partial x^m} = -\frac{1}{c^2}\frac{\partial^2}{\partial t^2} + \nabla^2 = \Box^2$$

を用いれば，式 (13.59) は

$$R_{ik} = \frac{1}{2}\left(\frac{\partial^2 h_k^l}{\partial x^i \partial x^l} - \Box^2 h_{ik} - \frac{\partial^2 h}{\partial x^i \partial x^k} + \frac{\partial^2 h_i^m}{\partial x^k \partial x^m}\right) \tag{13.60}$$

となる．スカラー曲率 R は

$$R = \eta^{ik}R_{ik} = \frac{\partial^2 h^{km}}{\partial x^k \partial x^m} - \Box^2 h \tag{13.61}$$

で与えられる．式 (13.60) と (13.61) を式 (12.44) に代入すれば，アインシュタイン・テンソルは

$$G_{ik} = \frac{1}{2}\left(\frac{\partial^2 h_k^l}{\partial x^i \partial x^l} + \frac{\partial^2 h_i^m}{\partial x^k \partial x^m} - \Box^2 h_{ik} - \frac{\partial^2 h}{\partial x^i \partial x^k} - \eta_{ik}\frac{\partial^2 h^{lm}}{\partial x^l \partial x^m} + \eta_{ik}\Box^2 h\right) \tag{13.62}$$

となる．これが計量 (13.56) に対する h_{ij} の 2 次以上を落としたアインシュタイン・テンソルの表式である．これは複雑な式に見えるが，変数

$$\bar{h}_{ik} = h_{ik} - \frac{1}{2}\eta_{ik}h \tag{13.63}$$

を導入すると，幾分簡単になる．この定義から $\eta_i^i = 4$ であることを用いて，

$$h_{ik} = \bar{h}_{ik} - \frac{1}{2}\eta_{ik}\bar{h} \tag{13.64}$$

が得られる．式 (13.64) を式 (13.62) に代入すると，つぎの式を得る．

$$G_{ik} = \frac{1}{2}\left(\frac{\partial^2 \bar{h}_k^l}{\partial x^i \partial x^l} + \frac{\partial^2 \bar{h}_i^m}{\partial x^k \partial x^m} - \eta_{ik}\frac{\partial^2 \bar{h}^{lm}}{\partial x^l \partial x^m} - \Box^2 \bar{h}_{ik}\right) \tag{13.65}$$

アインシュタイン・テンソルに対する表式 (13.65) はまだ十分複雑である．しかし，$\bar{h}_{ik}$ の発散がゼロとなる座標系を選べば，式 (13.65) の最初の三つの項はゼロとなり，アインシュタイン・テンソルの表式は非常に簡単になる．座標系をわずかに調整すれば $\bar{h}_{ik}$ の発散がゼロとできることを示しておこう．

$$x'^i = x^i + \xi^i \tag{13.66}$$

となるような新しい座標系を導入する．このように新しい座標系を導入することを，一般相対性理論における**ゲージ変換**という．式 (12.5) から，計量テンソル g_{ik} は新しい座標系に対し式 (13.66) を用いて，

$$g'_{ik} = g_{lm}\frac{\partial x^l}{\partial x'^i}\frac{\partial x^m}{\partial x'^k} = g_{lm}\left(\delta_i^l - \frac{\partial \xi^l}{\partial x'^i}\right)\left(\delta_k^m - \frac{\partial \xi^m}{\partial x'^k}\right) \tag{13.67}$$

のように変換を受ける．ξ^i は h_{ik} 程度であることは，以下の解析ですぐにわかる．そのため，2 次の項は落とし，$\partial \xi^i/\partial x'^i$ を $\partial \xi^i/\partial x^i$ で置き換えると，式 (13.67) は

$$g'_{ik} = g_{ik} - \frac{\partial \xi_k}{\partial x^i} - \frac{\partial \xi_i}{\partial x^k} \tag{13.68}$$

となる．式 (13.56) を用いて g_{ik} と同様に g'_{ik} を表すと，どちらの座標系でも η_{ik} は同じであることを要求して，

$$h'_{ik} = h_{ik} - \frac{\partial \xi_k}{\partial x^i} - \frac{\partial \xi_i}{\partial x^k} \tag{13.69}$$

を得る．ここで，h_{ik} 自身はテンソルのようには変換しないことに注意しよう．h_{ik} あるいは $\bar{h}_{ik}$ がテンソルのように変換するならば，その発散はベクトルのように変換し，ほかの座標系でゼロでないときある座標系で発散をゼロにすることはできない．我々の目的は

$$\frac{\partial \bar{h}'_{ik}}{\partial x'_k} = 0 \tag{13.70}$$

となるような座標系を選ぶことであるが，この条件は式 (13.63) より，

$$\frac{\partial h'_{ik}}{\partial x_k} - \frac{1}{2}\frac{\partial h'}{\partial x^i} = 0$$

と同等である．式 (13.69) をこの式に代入すると，簡単な計算の後に，

$$\Box^2 \xi_i = \frac{\partial \bar{h}_{ik}}{\partial x_k} \tag{13.71}$$

を得る．この結果の重要性を考えよう．h_{ik} あるいは $\bar{h}_{ik}$ のわかった座標系 x^i があるとしよう．式 (13.71) を解くことにより ξ^i を得て，式 (13.66) により新しい座標系に変換する．その座標系では式 (13.70) が成り立つ．すなわち，適切なゲージを選ぶことにより，$\bar{h}_{ik}$ の発散がゼロとなる座標系を見つけることができる．そのような座標系を用いれば，式 (13.65) で与えられるアインシュタイン・テンソルは簡単な形

$$G_{ik} = -\frac{1}{2}\Box^2 \bar{h}_{ik} \tag{13.72}$$

をとることになる．

式 (13.72) をアインシュタイン方程式 (12.96) に代入すると，

$$-\Box^2 \bar{h}_{ik} = \frac{16\pi G}{c^4}\mathcal{T}_{ik} \tag{13.73}$$

となるが，これは非同次の波動方程式である．これは電磁気理論に登場する方程式で，その解は上級の電磁気学の教科書で論じられている（たとえば，Panovsky and Philips (1962, §14-2) や Jackson (2001, §6.4) を参照）．非同次の波動方程式の解法については，読者はなじみがあるものとして，結果のみ引用する．方程式 (13.73) の解は

$$\bar{h}_{ik}(t, \boldsymbol{x}) = \frac{4G}{c^4} \int \frac{\mathcal{T}_{ik}(t - |\boldsymbol{x} - \boldsymbol{x}'|/c, \boldsymbol{x}')}{|\boldsymbol{x} - \boldsymbol{x}'|} \mathrm{d}^3 x' \tag{13.74}$$

となる．ただし，$\boldsymbol{x}$ と $\boldsymbol{x}'$ は場の点と源の点の空間座標である．$\mathcal{T}_{ik}$ が $\bar{h}_{ik}$ の源としてはたらくことは明らかであり，計量は平坦な特殊相対論的計量と異なる．解 (13.74) は源から場への情報が速さ c で伝わることを意味している．すなわち，重力相互作用は伝播が速さ c で制限されており，10.2 節で述べた重力場の理論に対する要請を満たしている．

弱い重力場に対する計量テンソルは式 (12.70) で与えられた．線形化理論の議論の最後に，静止した質量分布の場合には，式 (13.74) が式 (12.70) と一致することを示す．式 (12.88) より，静止した質量分布に対しては

$$\mathcal{T}_{00} = \rho c^2$$

であり，$\mathcal{T}$ のほかの成分はゼロである．この場合，式 (13.74) から，

$$\bar{h}_{00}(\boldsymbol{x}) = \frac{4G}{c^2} \int \frac{\rho(\boldsymbol{x}')}{|\boldsymbol{x}-\boldsymbol{x}'|} \mathrm{d}^3 x' \tag{13.75}$$

である．ただし，静的な問題を扱っているので時間依存性は示していない．$\bar{h}_{ik}$ のほかの成分はすべてゼロである．ニュートンの重力理論の重力ポテンシャルは

$$\Phi(\boldsymbol{x}) = -G \int \frac{\rho(\boldsymbol{x}')}{|\boldsymbol{x}-\boldsymbol{x}'|} \mathrm{d}^3 x'$$

で与えられる．式 (13.75) と比較すると，

$$\bar{h}_{00}(\boldsymbol{x}) = -\frac{4\Phi(\boldsymbol{x})}{c^2} \tag{13.76}$$

と結論される．式 (13.64) と (13.76) から，

$$h_{00}(\boldsymbol{x}) = -\frac{2\Phi(\boldsymbol{x})}{c^2}$$

となり，計量 (12.70) と一致する．

13.5 重力波

式 (13.74) から，エネルギー－運動量テンソル $\mathcal{T}_{ik}$ が突然変化すると，速さ c で伝わる信号が発生することは明らかである．また，何もない空っぽな領域では，式 (13.73) は波動方程式

$$\Box^2 \bar{h}_{lm} = 0$$

となり，**重力波**の可能性を示唆している．この節では，このような波の性質を調べよう．

式 (13.64) から，h_{lm} もまた，つぎのように波動方程式を満たす．

$$\Box^2 h_{lm} = 0 \tag{13.77}$$

我々は式 (13.70) のように発散がゼロとなる座標系を用いている．したがって，式 (13.63) は

$$\frac{\partial h_{lm}}{\partial x_m} = \frac{1}{2} \frac{\partial h}{\partial x^l} \tag{13.78}$$

を意味している．一般性を失うことなく伝播方向を x_3 方向に選ぶことができる．線形化理論を用いているので，任意の波はさまざまなフーリエ成分の重ね合わせとして扱うことができる．x_3 方向に進むフーリエ成分は

$$h_{lm} = A_{lm} e^{ik(ct-x_3)} \tag{13.79}$$

と書くことができる．対称テンソル A_{lm} は10個の成分をもつ．式 (13.79) を式 (13.78) に代入すればわかるように，これらのいくつかは関係がある．$l = 0, 1, 2, 3$ の四つの値に対し，以下の四つの関係が得られる．

$$\begin{aligned} A_{00} + A_{03} = -\frac{1}{2}A, \quad & A_{10} + A_{13} = 0, \\ A_{20} + A_{23} = 0, \quad & A_{30} + A_{33} = \frac{1}{2}A \end{aligned} \tag{13.80}$$

ただし，A はトレース

$$A = -A_{00} + A_{11} + A_{22} + A_{33} \tag{13.81}$$

である．式 (13.80) の四つの条件のため，A_{lm} の六つの成分のみが独立である．独立な成分として，$A_{11}, A_{12}, A_{13}, A_{23}, A_{33}, A_{00}$ をとろう．ほかの成分は，式 (13.80) と (13.81) によりこれらの項で表すことができる．これらの正確な表現には関心がないが，式 (13.80) と (13.81) から，

$$A_{22} = -A_{11} \tag{13.82}$$

であることには注意しておく．$\bar{h}_{lm}$ の発散がその座標系でもゼロとなるような，もう一つのゲージ変換を考える．$\bar{h}_{lm}$ の発散は我々の用いている座標系でゼロであるから，式 (13.71) は

$$\Box^2 \xi_l = 0$$

となり，その解は

$$\xi_l = if_l e^{ik(ct-x_3)} \tag{13.83}$$

で与えられる．式 (13.83) で与えられる ξ_l を用いて座標変換 (13.66) を行うと，これまで議論してきたことは新しい座標系においてもすべて成立する．式 (13.69) より，

$$\begin{aligned} A'_{11} &= A_{11}, & A'_{12} &= A_{12}, \\ A'_{13} &= A_{13} - kf_1, & A'_{23} &= A_{23} - kf_2, \\ A'_{33} &= A_{33} - 2kf_3, & A'_{00} &= A_{00} + 2kf_0 \end{aligned}$$

となり，f_l は $A_{13}, A_{23}, A_{33}, A_{00}$ が新しい座標系でゼロであるように選ぶことができる．式 (13.80) より A_{10}, A_{20} および A_{30} もゼロである．ゼロでない成分は $A_{11} = -A_{22}$

と $A_{12} = A_{21}$ のみであり，その値をそれぞれ a, b と書くことにする．すなわち，我々の選んだゲージにおいて，式 (13.79) は

$$h_{lm} = \mathrm{e}^{ik(ct-x_3)} \begin{pmatrix} 0 & 0 & 0 & 0 \\ 0 & a & b & 0 \\ 0 & b & -a & 0 \\ 0 & 0 & 0 & 0 \end{pmatrix} \tag{13.84}$$

と書くことができる．波の振幅は二つの独立な変数 a と b のみに依存するので，重力波には二つの偏極があることがわかる．

　重力波の二つの偏極モードの物理的性質を調べよう．そのため，重力波が一群の粒子に影響を与えたときに何が起こるかを論じよう．重力的な擾乱が，観測者とともに領域にあるすべての粒子をまったく同じように動かすなら，重力的な擾乱の存在を確かめることは難しい．一方，重力的な擾乱が粒子により異なり，相対的な運動を引き起こすなら，この相対的な運動を擾乱の検出に用いることができる．そこで，重力波により引き起こされる相対的な運動を調べよう．二つの隣接した粒子の時空座標を x_i と $x_i + \delta x_i$ とする．これらはいずれも測地線方程式 (12.51) を満たす．二つの測地線方程式の差分をとることにより，相対的間隔 δx_i は

$$\frac{\mathrm{D}^2}{\mathrm{D}\tau^2} \delta x^i = -R^i_{klm} \delta x^l \frac{\mathrm{d}x^k}{\mathrm{d}\tau} \frac{\mathrm{d}x^m}{\mathrm{d}\tau} \tag{13.85}$$

を満たすことを示すことができる．これは**測地線偏差方程式**とよばれている．重力が弱い領域における遅い運動に対しては，式 (12.74) が成り立つので，

$$\frac{\mathrm{d}x^0}{\mathrm{d}\tau} \approx c$$

であり，ほかの空間成分は実質的に速度の成分であり，ずっと小さい．よって，式 (13.85) の空間成分は

$$\frac{\mathrm{d}^2}{\mathrm{d}t^2} \delta x^\alpha = -R^\alpha_{0\beta 0} \delta x^\beta c^2 \tag{13.86}$$

と書ける．ここで，α, β などギリシャ文字の添字は，空間成分に相当する $1, 2, 3$ の値のみをとることを思い出そう．ここでは，二つの粒子の間隔を，同じ瞬間を考えて求めたい．すなわち，式 (13.86) を求める際にも仮定したように，$\delta x^0 = 0$ とする．式 (12.37) から，線形化解析としてクリストッフェル記号の 2 次の項を無視すると，

$$R^\alpha_{0\beta 0} = \frac{\partial \Gamma^\alpha_{00}}{\partial x^\beta} - \frac{\partial \Gamma^\alpha_{0\beta}}{\partial x^0}$$

を得る．重力波が x^3 方向に進むと仮定して，その波面にある粒子を考えよう．このとき，式 (13.86) の δx^β は (x^1, x^2) 平面にあり，β は 1 か 2 の値をとることになる．x^β に関する微分は明らかにゼロとなるので，

$$R^\alpha_{0\beta 0} = -\frac{\partial \Gamma^\alpha_{0\beta}}{\partial x^0} \tag{13.87}$$

と書くことができる．弱い重力場に対するクリストッフェル記号の表式は，式 (13.58) で与えられる．式 (13.84) より $h_{0\beta} = 0$ であるから，式 (13.58) より，

$$\Gamma^\alpha_{0\beta} = \frac{1}{2}\frac{\partial h^\alpha_\beta}{\partial x^0} \tag{13.88}$$

となる．式 (13.87) と (13.88) を用いると，式 (13.86) より，

$$\frac{\mathrm{d}^2}{\mathrm{d}t^2}\delta x_\alpha = \frac{1}{2}\frac{\partial^2 h_{\alpha\beta}}{\partial t^2}\delta x^\beta \tag{13.89}$$

を得る．これが，重力波の波面にある粒子の相対的運動を与える最終的な表式である．

式 (13.89) の明らかな解は

$$\delta x_\alpha = \delta x_{\alpha,0} + \frac{1}{2}h_{\alpha\beta}\delta x^\beta \tag{13.90}$$

である．式 (13.84) で $b = 0$ であるような重力波の偏極の最初のモードを考えよう．式 (13.84) を $b = 0$ として式 (13.90) に代入すると，粒子のある波面を $x_3 = 0$ として，

$$\begin{aligned}\delta x_1 &= \delta x_{1,0}\left(1 + \frac{1}{2}a\mathrm{e}^{ikct}\right) \\ \delta x_2 &= \delta x_{2,0}\left(1 - \frac{1}{2}a\mathrm{e}^{ikct}\right)\end{aligned} \tag{13.91}$$

となる．(x_1, x_2) 平面にある粒子のリングを考えよう．式 (13.91) から x_2 軸上にある粒子が内向きに動くとき，x_1 軸上にある粒子は外向きに動く．これは粒子のリングが図 13.7 の上側の列に示すように振動することを意味する．式 (13.84) で $a = 0$ であるような重力波の偏極のもう一つのモードを考えよう．式 (13.84) を式 (13.90) に代入すると，

$$\begin{aligned}\delta x_1 &= \delta x_{1,0} + \frac{1}{2}b\mathrm{e}^{ikct}\delta x_{2,0} \\ \delta x_2 &= \delta x_{2,0} + \frac{1}{2}b\mathrm{e}^{ikct}\delta x_{1,0}\end{aligned} \tag{13.92}$$

となる．図 13.7 の下側はこの場合に粒子のリングが振動する様子を示す．

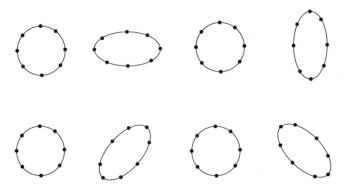

図 13.7 2 種類の偏極した重力波がリングに垂直に入射したとき，粒子のリングがどう振動するかを示す模式図．二つの列は二つの偏極に対応する．

二つの偏極モードの物理的性質は別として，図 13.7 は重力波がどう検出されるかを示唆している．最初の偏極モードの重力波が腕が x_1 と x_2 方向に伸びたマイケルソン干渉計に垂直に入射したとしよう．一方の腕が伸びるとき，もう一方の腕は縮み，干渉縞にずれが生じる．干渉縞に周期的に振動するずれが現れることは，重力波がマイケルソン干渉計に入射したという信号である（たとえば，Born and Wolf (1980, §7.5.4) を参照）．式 (13.91) から腕の変位は $\delta x_{\alpha,0} a$ である．波の強さの目安である a に比例するだけでなく，振幅は腕の長さにも比例する．ほかの要素は等しいので，マイケルソン干渉計が大きいほど変位も大きくなり，干渉縞のずれも大きくなる．微弱な信号を検出するためには，巨大なマイケルソン干渉計が必要である．

いくつかの重力波検出実験が進行中である．これらはすべて腕の長さがキロメートル程度の巨大なマイケルソン干渉計である．これらの実験[†1] のうち，最も有望なのは USA の Large Interferometer Gavitational-Wave Observatory (LIGO) である．本書の書かれている時点では，肯定的な検出はまだ報告されていない[†2]．我々の現在の技術で地球上で検出できる可能性がある程度の強度の重力波を遠方で生み出せるのは，大きな質量の関係する激しい運動だけである．たとえば，我々の銀河で起こる超新星は，現世代の重力波実験で検出できる重力波を生み出すようである．

重力波の決定的な直接検出はまだなされていないが，5.5.1 項で紹介したように，パルサー連星により重力波の存在は間接的に証明されている．軌道周期が一定の割合で減少していることはエネルギー損失が定常的であることを意味し，重力波による損失とした理論的推定と一致しており，一般相対性理論のもう一つの検証となっている．

[†1] 訳注：日本でも大型低温重力波望遠鏡 (KAGRA) が，岐阜県神岡鉱山で観測開始に向けて調整中である（2019 年 3 月時点）．

[†2] 訳注：2016 年 2 月に LIGO により最初の重力波事象の観測が報告された (Abott *et al.*, 2016).

電磁気理論に明るい読者なら，電磁波放出の解析はその性質の解析よりずっと難しいことを知っているだろう．一般相対性理論における重力についても同じことが当てはまる．ここでは重力波の偏極などの性質を論じた．しかし，パルサー連星などの系による重力波の放出はずっと複雑な問題で，基礎的な教科書である本書の範囲を超える．

演習問題 13

13.1 ある時空の計量が

$$ds^2 = -(1-Ar^2)dt^2 + (1-Ar^2)dr^2 + r^2(d\theta^2 + \sin^2\theta\, d\phi^2)$$

で与えられている．
(a) 中心 $r=0$ から半径 $r=R$ までの動径方向に沿った固有距離を求めよ．
(b) 半径 $r=R$ の球面の面積を求めよ．
(c) 半径 $r=R$ の球の 3 次元体積を求めよ．
(d) 半径 $r=R$ の球面と T 離れた二つの $t=$ 一定 の面で囲まれた 4 次元体積を求めよ．

13.2 シュヴァルツシルト計量 (13.13) は，$r=0$ を除くすべての点で，真空のアインシュタイン方程式を満たすことを示せ．

13.3 シュヴァルツシルト時空の粒子の運動で一般相対論的補正を無視するなら，式 (13.32) を式 (13.28) により，離心率が

$$\epsilon = \sqrt{1 + \frac{(e^2-1)l^2}{M^2}}$$

で与えられることを示し，軌道の条件が楕円であることを示せ．軌道が楕円である場合，長半径が

$$a = \frac{l^2}{M(1-\epsilon^2)}$$

で与えられ，

$$\frac{e^2-1}{2} = -\frac{M}{2a}$$

であることを示せ．最後の結果の重要性は何か．

13.4 (a) 水星の近日点移動を 1 世紀あたりの秒角で計算せよ．
  （水星の軌道長半径 $= 5.79 \times 10^7$ km, 離心率 $= 0.206$, 公転周期 $= 88.0$ days）
(b) 太陽による光の最大偏向角を秒角で求めよ．

13.5 シュヴァルツシルト時空で，$2M < r_i < 3M$ を満たす位置 $r=r_i$ から放出された光の信号が，動径方向に対し角度 α をなしているとしよう．この光の信号は，以下の条件 ($G=1, c=1$ の単位) を満たす場合にのみ，無限遠まで達することができることを示せ．

$$\sin\alpha < \frac{3\sqrt{3}M}{r_i}\left(1 - \frac{2M}{r_i}\right)^{1/2}$$

$r = 2M$ から放たれた光は，動径方向外向きに放出された場合にのみ，逃げ出すことができることに注意しておく．[**ヒント**：まず，

$$\tan\alpha = \left(1 - \frac{2M}{r_i}\right)^{1/2} r_i \left(\frac{\mathrm{d}\phi}{\mathrm{d}r}\right)_i$$

を導く．ただし，$(\mathrm{d}\phi/\mathrm{d}r)_i$ は光が r_i を出発したときの光の経路に沿った $\mathrm{d}\phi/\mathrm{d}r$ の初期値である．つぎに，式 (13.38) を用いて α と $b = l/e$ を関係付ける．最後に，図 13.2 の $Q_\mathrm{eff}(r)$ 曲線の左側から出発した信号は，$1/b^2$ が曲線の最大値より大きな値をもつときのみ逃げ出すことができるという考え方を用いる．]

13.6 球対称の星から離れたところでは，重力は弱く，線形理論が成り立つはずである．
 (a) 適当なゲージをとって離れた場所での h_{ik}（すなわち，平らな計量からのずれ）を求めよ．
 (b) この h_{ik} を（式 (13.84) のように）トレースをゼロの形に変換するゲージ変換は存在しないことを示せ．

13.7 重力波の輻射源がある有限な時間だけ作動し，その後は輻射しないとする．離れた観測者が，最初は静止していた二つの自由粒子の運動を観測することにより，輻射を検出する．波の通過後，観測者は，粒子が元の場所に戻り，（振幅の 1 次の程度までで）互いに静止していることを観測することを示せ．

14章
相対論的宇宙論

14.1 基礎方程式

　時空の力学の多くの面は，一般相対性理論の詳細で技術的な知識なしに調べることができることを 10 章で見た．しかし，宇宙論の重要な話題（とくに高赤方偏移の観測の解析を扱うもの）の正しい理解のためには，一般相対性理論が必要である．前の二つの章で一般相対性理論を導入したので，宇宙論への応用の準備はできている．

　10.3 節で指摘したように，宇宙論では共動座標を用いるのが便利である．膨張する空間に対する銀河の運動を無視すれば，銀河はこの座標系で静止しており，空間は一様に膨張し，銀河をともに運んでいくと考えることができる．物質が座標系で静止しているならば，その系のエネルギー – 運動量テンソル $\mathcal{T}_k^i$ は式 (12.88) で与えられる．明らかに，これが共動座標系における宇宙のエネルギー – 運動量テンソルであると考えられる．古典流体力学の方程式を式 (12.78) の形に書く際，直交座標系を仮定したので，式 (12.88) は直交座標系のみのエネルギー – 運動量テンソルの表式だと思うかもしれない．どんな座標系においても式 (12.81) を用いて一般化速度を定義することができ，式 (12.84) がどんな座標系においてもエネルギー – 運動量テンソルの一般的な表式であり，物質が静止しているという特別な場合に式 (12.88) となることを示すには，少々考察が必要であろう．異なる座標系において式 (12.84) で定義されたエネルギー – 運動量テンソルが，テンソル変換則 (12.5) で変換することを示すのは難しくない．

アインシュタイン方程式 (12.96)

$$G_k^i = \frac{8\pi G}{c^4}\mathcal{T}_k^i \tag{14.1}$$

を宇宙に適用しよう．$\mathcal{T}_k^i$ が式 (12.88) で表されることがわかっているので，宇宙のアインシュタイン・テンソル G_k^i を求めればよい．，そのためには，式 (12.31) を用いてさまざまなクリストッフェル記号を計算し，式 (12.41) を用いてリッチ・テンソル R_{ik} を計算しなければならないため，簡単な代数計算を大量に行う必要がある．この計算は読者に任せて，最終結果を挙げる．

$$R_{tt} = -3\frac{\ddot{a}}{a}, \quad R_{\alpha\beta} = \left(\frac{\ddot{a}}{a} + 2\frac{\dot{a}^2}{a^2} + 2\frac{kc^2}{a^2}\right)\frac{g_{\alpha\beta}}{c^2} \tag{14.2}$$

ここで，ギリシャ文字 α, β は値 1, 2, 3 をとるが，いまの場合は r, θ, ϕ である．式 (14.2) からスカラー曲率は

$$R = R_i^i = \frac{6}{c^2}\left(\frac{\ddot{a}}{a} + \frac{\dot{a}^2}{a^2} + \frac{kc^2}{a^2}\right) \tag{14.3}$$

と求められる．式 (14.2) と (14.3) を式 (12.44) に代入すると，最終的に

$$G_t^t = -\frac{3}{c^2}\left(\frac{\dot{a}^2}{a^2} + \frac{kc^2}{a^2}\right), \quad G_r^r = G_\theta^\theta = G_\phi^\phi = -\frac{1}{c^2}\left(2\frac{\ddot{a}}{a} + \frac{\dot{a}^2}{a^2} + \frac{kc^2}{a^2}\right) \tag{14.4}$$

を得る．ここで，アインシュタイン・テンソルの非対角要素はすべてゼロである．この計算には，添字の上下を合わせるために式 (12.18) を用い，また式 (12.16) を用いたことに注意しておく．最後に，式 (12.88) と (14.4) を式 (14.1) に代入する．tt 成分は

$$\frac{\dot{a}^2}{a^2} + \frac{kc^2}{a^2} = \frac{8\pi G}{3}\rho \tag{14.5}$$

となるが，ほかの三つの対角成分は同じ式

$$2\frac{\ddot{a}}{a} + \frac{\dot{a}^2}{a^2} + \frac{kc^2}{a^2} = -\frac{8\pi G}{c^2}P \tag{14.6}$$

を与える．この二つの式が時空の力学を与える基礎方程式である．

10.4 節で論じたニュートン的宇宙論から，**フリードマン方程式** (10.27) を導いたが，これは式 (14.5) と同じものである．前に指摘したように，ニュートン的宇宙論の（場当たり的仮定を含む）単純な考察から，完全な一般相対論的解析と厳密に同じ方程式が得られるのは，偶然である．もう一つの式 (14.6) の重要性を考えよう．式 (14.5) を t について微分すると，

$$\frac{2\dot{a}\ddot{a}}{a} - \frac{2\dot{a}^3}{a^2} - \frac{2kc^2\dot{a}}{a^2} = \frac{8\pi G}{3}\dot{\rho}a \tag{14.7}$$

となる．宇宙の膨張が断熱的であるとすると，熱力学の第 1 法則 $dQ = dU + PdV$ から，

$$\frac{d}{dt}(\rho c^2 a^3) + P\frac{d}{dt}(a^3) = 0 \tag{14.8}$$

が示唆されるので，

$$c^2(\dot{\rho}a + 3\rho\dot{a}) = -3P\dot{a}$$

を得る．これに $8\pi G/3c^2$ を掛けると，

$$\frac{8\pi G}{3}\dot{\rho}a + 3\dot{a}\frac{8\pi G}{3}\rho = -\frac{8\pi G}{c^2}P\dot{a}$$

となる．式 (14.7) をこの式の第 1 項に代入し，第 2 項の $(8\pi G/3)\rho$ に式 (14.5) を代入する．少し計算すると，式 (14.6) を得る．これは，式 (14.5) と (14.8) から式 (14.6) が得られることを意味している．そこで，式 (14.5) と (14.6) ではなく，式 (14.5) と (14.8) を基礎方程式とみなすことにする．

10.5 節で，P が式 (10.36) で与えられるなら，式 (14.8) から式 (10.37) が得られることを指摘した．物質と輻射で満たされた宇宙に対し，式 (10.37) は式 (10.50) となる．いい換えると，密度に対する式 (10.50) は，物質と輻射で満たされた宇宙に対する式 (14.8) と等価である．こうして，式 (14.5) と (10.50) が基礎方程式をなしていると結論できる．10.6 節と 10.7 節で，物質優勢宇宙と輻射優勢宇宙，すなわち，宇宙の熱史の後期と初期にそれぞれ対応する場合について，これらの式の解を論じた．したがって，宇宙が時間とともにどう膨張するかについて再び論じる必要はない．ニュートン的宇宙論の枠組みでは十分に論じることのできない重要な話題が一つある．それは光の伝播であり，赤方偏移の説明として，式 (10.24) を証明なしに引用した．この章では，光の伝播を系統的に調べ，式 (10.24) を証明する．14.3 節でこれを取り上げるが，その前に少し脱線して，14.2 節では，20 世紀の終わり頃に突然のように宇宙論研究の中心的課題となった話題を取り上げる．

14.2 宇宙定数とその重要性

アインシュタイン方程式には，つぎのように項を付け加えることができる．

$$G_{ik} = \frac{8\pi G}{c^4}\mathcal{T}_{ik} - \frac{\Lambda}{c^2}g_{ik} \tag{14.9}$$

式 (12.27) より，G_{ik} や $\mathcal{T}_{ik}$ と同様，g_{ik} も発散ゼロのテンソルだからである．したがって，式 (14.9) の発散をとると，Λ が定数なら各項はゼロになる．したがって，式 (14.9) の最後の項には数学的には整合性がある．定数 Λ は，以下に見るように宇宙論での役割があるため，**宇宙定数**とよばれている．アインシュタイン方程式に宇宙項を加えて式 (12.27) に拡張すると，式 (14.5) と (14.6) も修正されて，

$$\frac{\dot{a}^2}{a^2} + \frac{kc^2}{a^2} = \frac{8\pi G}{3}\rho + \frac{\Lambda}{3} \tag{14.10}$$

$$2\frac{\ddot{a}}{a} + \frac{\dot{a}^2}{a^2} + \frac{kc^2}{a^2} = -\frac{8\pi G}{3}P + \Lambda \tag{14.11}$$

となる．式 (14.11) から式 (14.10) を差し引いて，

$$\frac{\ddot{a}}{a} = -\frac{4\pi G}{3}\left(\rho + \frac{3P}{c^2}\right) + \frac{\Lambda}{3} \tag{14.12}$$

を得る．$\Lambda = 0$ であれば，式 (14.12) から，a が時間とともに変化しない静的な解は不可能であることがわかる．

アインシュタインは，まだハッブルによって宇宙膨張が発見 (Hubble, 1929) されていない時代に，はじめて一般相対性理論を宇宙論に適用した (Einstein, 1917)．アインシュタインは宇宙の静的な解を求めようとしたが，それは Λ がゼロでない限り不可能であった．$P \ll \rho c^2$ を仮定すると，密度が

$$\rho_0 = \frac{\Lambda}{4\pi G} \tag{14.13}$$

という値をとるなら，式 (14.12) から静的な解が得られる．しかし，この解は不安定であることがわかる．いい換えると，もし，この静的な宇宙が初期の静的な状態から擾乱を受けると，静的な状態から離れていくということである．宇宙膨張が発見された後，宇宙定数を導入したことは生涯の「最大の間違い」である，とアインシュタインは語ったといわれている．その後，宇宙定数は数十年にわたり天体物理学に基づく宇宙論の文献からはほぼ追放されていた．標準的な宇宙論の教科書は宇宙定数を無視するか，奇妙な説として短い節を割り当てるのがせいぜいだった．14.5 節で論じる最近の興味深い観測により，宇宙定数がゼロでないことが示唆されている．これは宇宙論における劇的で新しい進展であり，宇宙論に対し新たな関心を引き起こした．ここでは，宇宙定数を含めると宇宙論の解がどう変更を受けるのかについて簡潔に論じる．

式 (10.50) の ρ を式 (14.10) に代入すると，

$$\frac{\dot{a}^2}{a^2} + \frac{kc^2}{a^2} = \frac{8\pi G}{3}\left[\rho_{\mathrm{M},0}\left(\frac{a_0}{a}\right)^3 + \rho_{\mathrm{R},0}\left(\frac{a_0}{a}\right)^4 + \rho_\Lambda\right] \tag{14.14}$$

となる．ただし，ここで

$$\rho_\Lambda = \frac{\Lambda}{8\pi G} \tag{14.15}$$

と書いた．式 (10.28) により，

$$\frac{8\pi G}{3} = \frac{H_0^2}{\rho_{c,0}} \tag{14.16}$$

とおくと，式 (14.14) は

14.2 宇宙定数とその重要性

$$\frac{\dot{a}^2}{a^2} + \frac{kc^2}{a^2} = H_0^2 \left[\Omega_{\mathrm{M},0} \left(\frac{a_0}{a}\right)^3 + \Omega_{\mathrm{R},0} \left(\frac{a_0}{a}\right)^4 + \Omega_{\Lambda,0} \right] \tag{14.17}$$

という形に書ける．ただし，ここで

$$\Omega_{\mathrm{M},0} = \frac{\rho_{\mathrm{M},0}}{\rho_{\mathrm{c},0}}, \quad \Omega_{\mathrm{R},0} = \frac{\rho_{\mathrm{R},0}}{\rho_{\mathrm{c},0}}, \quad \Omega_{\Lambda,0} = \frac{\rho_{\Lambda}}{\rho_{\mathrm{c},0}} \tag{14.18}$$

は現在の物質，輻射と宇宙定数の臨界密度に対する割合である．式 (14.14) より，宇宙定数の効果は，宇宙の膨張とともに密度 ρ_Λ が変わらない流体のようなものであることがわかる．式 (10.37) より，そのような流体に対しては $w = -1$ であり，式 (10.36) から負の圧力 $P = -\rho c^2$ を示唆している．この負の圧力を及ぼす奇妙な流体的実体は**ダークエネルギー**ともよばれる．

輻射密度の寄与は宇宙が物質優勢になって以来無視できることがわかっている．14.5 節で，宇宙が平坦であることを示唆する観測について論じる．輻射密度と曲率項を無視すると，式 (14.17) は

$$\frac{\dot{a}^2}{a^2} = H_0^2 \left[\Omega_{\mathrm{M},0} \left(\frac{a_0}{a}\right)^3 + \Omega_{\Lambda,0} \right] \tag{14.19}$$

と書くことができる．この方程式の解析的な解が

$$\frac{a}{a_0} = \left(\frac{\Omega_{\mathrm{M},0}}{\Omega_{\Lambda,0}}\right)^{1/3} \sinh^{2/3}\left(\frac{3}{2}\sqrt{\Omega_{\Lambda,0}} H_0 t\right) \tag{14.20}$$

となることは，解 (14.20) を式 (14.19) に代入して確認できる．解 (14.20) の初期と遅い時期の極限をとると，

$$\frac{a}{a_0} \approx \left(\frac{3}{2} \Omega_{\mathrm{M},0}^{1/2} H_0 t\right)^{2/3} \qquad (\sqrt{\Omega_{\Lambda,0}} H_0 t \ll 1 \text{ のとき}) \tag{14.21}$$

$$\frac{a}{a_0} \approx \left(\frac{\Omega_{\mathrm{M},0}}{4\Omega_{\Lambda,0}}\right)^{1/3} \mathrm{e}^{\sqrt{\Omega_{\Lambda,0}} H_0 t} \qquad (\sqrt{\Omega_{\Lambda,0}} H_0 t \gg 1 \text{ のとき}) \tag{14.22}$$

となる．これら解の極限の意味を理解するために，式 (14.19) を考える．物質密度は a^{-3} で減少するので，宇宙が膨張するにつれ時間とともに重要でなくなり，宇宙定数 Λ の項が相対的に重要度を増す．初期の解 (14.21) は初期の極限における物質優勢宇宙の解であり，以前に式 (10.60) として求めたものである．$\Omega_{\Lambda,0}$ が式に入らないことは，10.6.2 項で，たとえ Λ がゼロでないとしても，$\Lambda = 0$ として求めた宇宙論の解は初期宇宙では計算を大きく狂わせることはない，と述べたことを正当化するものである．14.5 節で述べる $\Omega_{\mathrm{M},0}$ と $\Omega_{\Lambda,0}$ の値は，現在の宇宙が式 (14.21) から式 (14.22) へ移行する時期にあることを示唆している．遅い時期に対する解 (14.22) は，式 (14.19)

において物質密度を無視し，宇宙定数項のみを残した場合に得られる解にほぼ等しい．式 (14.22) の指数部分は，式 (14.15)，(14.16) および (14.18) より，

$$\sqrt{\Omega_{\Lambda,0}}H_0 = \sqrt{\frac{\Lambda}{3}} \tag{14.23}$$

であることを用いて，式 (14.10) で曲率と密度の項を無視すれば，直接導くことができる．式 (14.22) から，宇宙定数は，密度と曲率に対して支配的である場合，宇宙を指数関数的に膨張させる，宇宙反発力の性質をもつことが明らかである．初期と遅い時期におけるふるまいの違いは，$\dot{a}$ が時間とともにどう変わるかを考えると理解できる．図 14.1 は解 (14.20) から得られる $\dot{a}$ の時間に対するプロットである．初期には，物質密度が支配的で，膨張する宇宙を引き戻し，膨張率 $\dot{a}$ は時間とともに減少する．一方，遅い時期に Λ 項が支配的になると，宇宙膨張は加速し，$\dot{a}$ は時間とともに増加する．14.5 節で論じる観測によれば，宇宙は現在，物質優勢から Λ 優勢に移り変わる時期にあることが示唆されている．

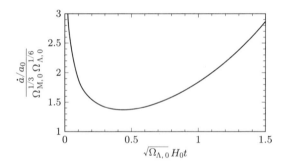

図 14.1 物質とゼロでない宇宙定数 Λ をもつ平坦な宇宙 ($k = 0$) の膨張率 $\dot{a}$ が時間とともにどう変化するかを示すプロット

14.3 膨張宇宙における光の伝播

13.3.2 項で，光は零測地線，すなわち，$ds^2 = 0$ の特別な測地線に沿って運動することを指摘した．ここでは，遠方の銀河から我々までの光の信号の伝播を考えよう．我々は座標の原点にいるとし，遠方の銀河の位置を動径共動座標 $r = S(\chi)$ とする．ここで，宇宙の計量はロバートソン-ウォーカー計量 (10.19) または (10.20) で与えられるとする．$S(\chi)$ は k の値 $0, +1, -1$ に対応して $\chi, \sin\chi, \sinh\chi$ であった．対称性を考慮すると，光の信号は遠方の銀河から我々まで，光の伝播経路に沿って $d\theta = d\phi = 0$ で負の動径方向に進むと考えられる．さらに，$ds^2 = 0$ とすると，式 (10.20) より光

の信号の伝播は

$$-c^2\,\mathrm{d}t^2 + a(t)^2\,\mathrm{d}\chi^2 = 0$$

で与えられることになる．そして，t を式 (10.33) で定義される座標 η で置き換えると

$$a(t)^2\left(-\mathrm{d}\eta^2 + \mathrm{d}\chi^2\right) = 0 \tag{14.24}$$

となるので，

$$\mathrm{d}\chi = \pm \mathrm{d}\eta$$

を得る．光の信号は我々に向かってくるので，動径座標 η は時間の増加とともに減少する．そこで，負号を選んで，解を

$$\chi = \eta_0 - \eta \tag{14.25}$$

と書く．ただし，η_0 は積分定数である．この積分定数の重要性を理解するため，式 (14.25) は時刻 η における光の信号の位置 χ を与えることに注意する．時刻 $\eta = \eta_0$ で $\chi = 0$ であるから，η_0 は信号が我々に届く時刻であることがわかる．

位置 χ にある銀河から出発する単色光波を考え，二つの連続した波の頂点が時刻 η と $\eta + \Delta\eta$ に銀河を出発するとしよう．これらの波の頂点が我々のもとにそれぞれ時刻 η_0 と $\eta_0 + \Delta\eta_0$ に届いたとすると，二つ目の頂点に対し，式 (14.25) から，

$$\chi = (\eta_0 + \Delta\eta_0) - (\eta + \Delta\eta)$$

である．この式から最初の頂点が満たす式 (14.25) を差し引くと，

$$\Delta\eta_0 = \Delta\eta \tag{14.26}$$

を得る．いい換えると，時間を測るのに時間的座標 η を用いるなら，波の周期は放出されるときと受け取るときで等しい．宇宙のどこかにいる静止した観測者に対し，式 (10.18) から，

$$\mathrm{d}s^2 = -c^2\,\mathrm{d}\tau^2 = -c^2\,\mathrm{d}t^2$$

である．すなわち，観測者の時計の示す固有時 τ は t と一致する．光が放出されたときと受け取るときに物理的時計で測られた周期を Δt と Δt_0 とし，これらの時刻に宇宙のスケール因子は a と a_0 であるとしよう．式 (10.33) から，

$$c\Delta t = a\Delta\eta, \quad c\Delta t_0 = a_0 \Delta\eta_0$$

であるので，式 (14.26) を用いて，

$$\frac{\Delta t_0}{\Delta t} = \frac{a_0}{a} \tag{14.27}$$

を得る．宇宙のどんな場所にいる観測者も光は速さ c で伝わると思うので，式 (14.27) は明らかに式 (10.24) を指している．式 (10.24) は，膨張する宇宙を伝わる光が，光の波長が**スケール因子**と同様に伸びるように，比例して引き伸ばされることを意味している．つまり，光子の振動数は a^{-1} に比例して減少する．

ここで，宇宙論の議論を通じて用いていた重要な結果を証明しよう．膨張宇宙を満たす黒体輻射は，物質と相互作用がなくても黒体輻射の形を保つ．スケール因子が a のとき振動数範囲 ν から $\nu + d\nu$ にある輻射を考えよう．この輻射が最初黒体輻射であれば，単位体積あたりのエネルギー $U_\nu d\nu$ はプランク分布で与えられる．宇宙がスケール因子 a' に膨張すると，光の伝播の理論は振動数が

$$\nu \to \nu' = \nu \frac{a}{a'}, \quad \nu + d\nu \to \nu' + d\nu' = (\nu + d\nu)\frac{a}{a'}$$

に変わることを示している．最初に振動数が ν と $\nu + d\nu$ の間にあった輻射は，振動数が ν' から $\nu' + d\nu'$ となり，最初に単位体積を占めていた輻射は，体積 $(a'/a)^3$ を占めており，膨張のためいくらかエネルギーを失っている．10.5 節の最初とまったく同様に，この輻射に対し $dU + PdV = 0$ とおき，$w = 1/3$ とした式 (10.37) のような式を導くことができる．いい換えると，$U'_{\nu'} d\nu'$ を，宇宙がスケール因子 a' に膨張したときの振動数 ν' から $\nu' + d\nu'$ の範囲にある単位体積あたりのエネルギーとすると，

$$U'_{\nu'} d\nu' = U_\nu d\nu \left(\frac{a}{a'}\right)^4$$

でなければならない．プランク分布の式で与えられる U_ν の表式に $\nu = \nu'(a'/a)$ と $T = T'(a'/a)$ を代入すると，U_ν の ν 依存性と $U'_{\nu'}$ の ν' 依存性は同じ関数形で与えられることがわかる．以上で，膨張宇宙における黒体輻射は，温度が $T \propto a^{-1}$ で減少する際に黒体輻射を保つことが証明された．

ある場所 $r = S(\chi)$ にある銀河から到達する光は，ある赤方偏移 z を示す．ここで，r と z の関係を導いておくと，14.4 節で宇宙論のさまざまな観測的テストを考えるときに役立つ．この節でここまで導いてきたことは，宇宙定数 Λ がゼロでもゼロでなくても成り立つ．以下では，$\Lambda = 0$ の物質優勢宇宙のみを考えるが，それは，r と z の簡潔な解析的関係はこの場合にのみ導くことが可能であり，Λ がゼロでないもっと一般の場合を議論する前にこの場合を考えておくことが有用だからである．

まず，正の曲率をもつ，すなわち，$k = +1$ で $\Lambda = 0$ の物質優勢宇宙を考える．この場合は 10.6.1 項で論じており，解は式 (10.56) で与えられるが，これは式 (10.24)

を用いて，
$$\frac{1}{1+z} = \frac{\Omega_{M,0}}{2(\Omega_{M,0}-1)}(1-\cos\eta)$$
と書ける．これから，
$$\cos\eta = \frac{\Omega_{M,0}(z-1)+2}{\Omega_{M,0}(1+z)} \tag{14.28}$$
を得る．$\sin^2\eta + \cos^2\eta = 1$ を用いると，
$$\sin\eta = \frac{2\sqrt{\Omega_{M,0}-1}\sqrt{\Omega_{M,0}z+1}}{\Omega_{M,0}(1+z)} \tag{14.29}$$
である．光の信号は時刻 η_0 に我々に到達するので，$\eta = \eta_0$ のとき $z=0$ である．したがって，式 (14.28) と (14.29) は
$$\cos\eta_0 = \frac{2-\Omega_{M,0}}{\Omega_{M,0}}, \quad \sin\eta_0 = \frac{2\sqrt{\Omega_{M,0}-1}}{\Omega_{M,0}} \tag{14.30}$$
を意味する．いま考えている $k=+1$ の場合は $r = \sin\chi$ である．すなわち，式 (14.25) は
$$r = \sin(\eta_0 - \eta) = \sin\eta_0\cos\eta - \sin\eta\cos\eta_0$$
となる．式 (14.28)，(14.29) と (14.31) を代入すれば，
$$r = \frac{2\sqrt{\Omega_{M,0}-1}\,[\Omega_{M,0}(z-1)+2-\sqrt{\Omega_{M,0}z+1}(2-\Omega_{M,0})]}{\Omega_{M,0}^2(1+z)} \tag{14.31}$$
となる．式 (10.31) から，
$$\sqrt{\Omega_{M,0}-1} = \frac{c}{a_0 H_0}$$
であるので，式 (14.31) にこれを代入すると，最終的な表式
$$r = \frac{2\Omega_{M,0}z + (2\Omega_{M,0}-4)(\sqrt{\Omega_{M,0}z+1}-1)}{a_0 H_0 \Omega_{M,0}^2(1+z)/c} \tag{14.32}$$
を得る．$k=-1$ の場合に式 (10.58) から始めて $r = \sinh\eta$ を用いると，r と z には式 (14.32) とまったく同じ関係式が成り立つ．すなわち，式 (14.32) は $\Lambda=0$ の物質優勢宇宙に対する r と z の一般的な関係式であり，**マティヒの公式**として知られている (Matting, 1958)．

Λ がゼロでない場合は，r と z には簡潔な解析的関係式を導くことはできない．14.4.2 項で見るように，この場合 r と z の関係は積分の形で表される．

14.4 重要な宇宙論的テスト

宇宙論で最も重要な観測的法則はハッブルの法則である．この法則は，$z \ll 1$ の銀河の研究から求められ，赤方偏移が 1 より小さい場合に，距離と後退速度に線形の関係があることがわかっている．赤方偏移 $z \approx 1$ では，この線形関係からのずれが理論的に予測できるだろうか？ 最初のハードルはこの問題を正しく設定することである．前述のように，赤方偏移が小さい場合にのみ赤方偏移を後退速度と関係付けることができた．距離の概念すら宇宙で遠方にある天体を考えると複雑な問題が関係する．13.1 節で，ロバートソン–ウォーカー計量の場合のように計量テンソルが時間の関数である場合は，有限な距離ではなく，（式 (13.7) で与えられる）距離要素のみがはっきりした意味をもっていた．そこで，ハッブルの法則の線形関係からのずれを論じる前に，まず，$z \approx 1$ でも厳密な意味をもつ量でハッブルの法則を再定義しなければならない．適切な量でハッブルの法則を再定義してはじめて，線形関係からのずれにより $\Omega_{M,0}$ や $\Omega_{\Lambda,0}$ といった重要な宇宙論パラメータの値についての鍵が得られる．

まず，すべての計算が解析的に可能な $\Lambda = 0$ の場合の解析を行い，続いて，もっと複雑な $\Lambda \neq 0$ の場合を論じることにする．

14.4.1　$\Lambda = 0$ の場合の結果

物事を単純化して，すべての銀河は同じ絶対光度をもち，同じ大きさであると仮定しよう．ある動径共動座標 r にあり，ある赤方偏移 z に相当する銀河は，ある見かけの光度と見かけの大きさで観測される．すなわち，見かけの光度と見かけの大きさは赤方偏移 z の関数であることが期待される．理論的に導かれた関係式を観測データと比較することにより，理論的モデルのパラメータに制限を付けることができる．すべての銀河が同じ絶対光度と大きさをもつわけではないので，観測データの点は理論的に計算された関係式の周囲に分散すると考えられる．しかし，多数の銀河についての解析でよい統計精度があれば，理論的モデルに制限を付けることができるはずである．

● ハッブル・テスト

位置 r にある銀河を考える．この銀河からの光が我々に届くとき，光は銀河を中心とし我々を含む球面を通過する．まず，この球面の面積を調べる．13.1 節で扱った長さの測定の議論を拡張することにより，宇宙の計量が式 (10.19) で与えられるならば，球面の面積要素が $a(t)^2 r^2 \sin\theta \, d\theta \, d\phi$ であることがわかる．これを球面全体について積分すれば $4\pi a(t)^2 r^2$ である．いま考えているのは現在この球面に達する光であるか

ら，$a(t)$ はスケール因子の現在の値 a_0 である．銀河の絶対光度（単位時間あたりのエネルギー放出率）を $\mathcal{L}$ とすれば，我々が受け取るフラックスは

$$\mathcal{F} = \frac{\mathcal{L}}{4\pi a_0^2 r^2} \tag{14.33}$$

であると考えるかもしれない．しかし，これはまだ正しい答えではない．放出されたときに元々エネルギー hc/λ をもっていた光子は，赤方偏移を受け，我々に届くときのエネルギーは $hc/\lambda(1+z)$ になっている．したがって，光子の赤方偏移を補正したフラックスを得るには，式 (14.33) を $1+z$ で割る必要がある．もう一つの問題は式 (14.27) で与えられる時間の遅れである．すなわち，銀河が時間 Δt の間に放出したエネルギーは時間 $\Delta t_0 = \Delta t(1+z)$ の間に我々に届く．このため，フラックスはもう一度 $1+z$ で割らなければならない．結局，フラックスの正しい表式は式 (14.33) ではなく，

$$\mathcal{F} = \frac{\mathcal{L}}{4\pi a_0^2 r^2 (1+z)^2} \tag{14.34}$$

で与えられる．

式 (14.34) を

$$\mathcal{F} = \frac{\mathcal{L}}{4\pi d_\mathrm{L}^2} \tag{14.35}$$

という形に書く．このとき，

$$d_\mathrm{L} = a_0 r (1+z) \tag{14.36}$$

は**光度距離**とよばれる．これは観測的に測定可能な量である．見かけの光度が測定されれば，すべての銀河の平均絶対光度 $\mathcal{L}$ を仮定して，式 (14.35) から d_L を得る．見かけの光度を測定するとき，ほかに注意しなければならないことが一つある．スペクトルの可視光域に到達するエネルギーを用いて，見かけの光度を測定するとしよう．かなりの赤方偏移 z にある銀河に対し，元々可視光域で放射された光子は赤方偏移を受けて赤外域に，また，元々紫外域で放射された光子は可視光域になって検出される．銀河が可視光に比べ紫外線で暗かったならば，可視光域だけで光子を測定している場合，光子の波長がずれることにより暗く見える．典型的な銀河のスペクトルに対し標準的な形を仮定することにより，これは補正することが可能で，**K補正**とよばれている．光度距離を話題にするときは，常に K 補正を施した光度距離であることを仮定しなければならない．

式 (14.32) に式 (14.36) の r を代入すると，

$$H_0 d_L = \frac{c}{\Omega_{M,0}^2} \left[2\Omega_{M,0} z + (2\Omega_{M,0} - 4)(\sqrt{\Omega_{M,0} z + 1} - 1) \right] \quad (14.37)$$

を得る．これは d_L と z の関係式で，光度距離 d_L にある銀河の赤方偏移 z を与えるものである．これが低赤方偏移で**ハッブルの法則**となることを示すために，$\Omega_{M,0} z < 1$ を考え，平方根を二項定理を用いて展開する．式 (14.37) の z^2 の項まで残すと，少々の計算の後に

$$H_0 d_L \approx c \left[z + \frac{1}{4}(2 - \Omega_{M,0}) z^2 \right] \quad (14.38)$$

となる．低赤方偏移では z^2 の項を無視すると，線形の関係式になり，測定可能な量 d_L と z で表したハッブルの法則が得られる．理論的考察から，高赤方偏移では ($\Omega_{M,0} = 2$ でない限り) 線形則からのずれがあるはずで，ずれの程度は $\Omega_{M,0}$ に依存するはずである．図 14.2 は，さまざまな $\Omega_{M,0}$ の値に対する d_L と z の関係を示す理論上のプロットである．

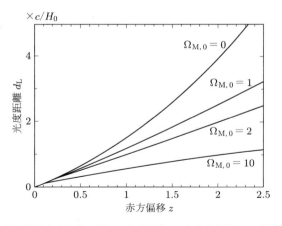

図 14.2 同じ絶対光度をもつ銀河の光度距離 d_L と赤方偏移 z の関係を，$\Lambda = 0$ のとき異なる $\Omega_{M,0}$ の値について示すプロット

もはや $\Omega_{M,0}$ を見積もるのは簡単なことだと思うかもしれない．まず，異なる赤方偏移 z をもつ多くの銀河の光度距離 d_L を測定する．それから，観測データの点が図 14.2 の曲線のどれに近いかを調べる必要がある．14.5 節で最近の観測データの例を示すが，ここでは，観測データは図 14.2 の曲線のいずれとも一致しないようであるということのみに触れておく．いい換えると，$\Lambda = 0$ の理論的モデルは観測データをよく再現できず，天文学者は宇宙定数を宇宙論の中心舞台に復帰させざるをえなくなったのである．

14.4 重要な宇宙論的テスト

● **角度サイズテスト**

1次元的大きさが $\mathcal{D}$ で，赤方偏移 z にある銀河を考えよう．その銀河は我々を中心とし銀河を貫く円の一部として弧をつくるとする．我々が観測する銀河の角度サイズ $\Delta\theta$ は，$\Delta\theta/2\pi$ をこの円の円周と $\mathcal{D}$ との比に等しいとおけば得られる．計量 (10.19) から，円周は $2\pi a(t)r$ に等しいことが示せる．銀河を貫く円を考えているので，$a(t)$ のとるべき値は，光が銀河を出発したときのスケール因子である．これは $a_0/(1+z)$ に等しいので，円周は $2\pi a_0 r/(1+z)$ となる．したがって，角度サイズは

$$\Delta\theta = \frac{\mathcal{D}(1+z)}{a_0 r} \tag{14.39}$$

で与えられるが，これを

$$\Delta\theta = \frac{\mathcal{D}}{d_\mathrm{A}} \tag{14.40}$$

と書いて，

$$d_\mathrm{A} = \frac{a_0 r}{1+z} \tag{14.41}$$

を **角度サイズ距離** とよぶ．

式 (14.32) の r を式 (14.39) に代入すると，a_0 は相殺され，z の関数としての $\Delta\theta$ の関係式が得られる．図 14.3 は，さまざまな $\Omega_{\mathrm{M},0}$ の値に対して z の関数として $\Delta\theta$ を示す．これは $\Omega_{\mathrm{M},0}$ の値を定めるもう一つのテストになる．異なる z をもつ多数の銀河の角度サイズ $\Delta\theta$ を測定し，観測データを図 14.3 の理論曲線に当てはめることにより，$\Omega_{\mathrm{M},0}$ を見積もることができる．

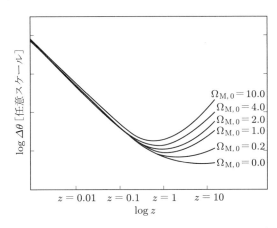

図 14.3 銀河の角度サイズ $\Delta\theta$ と赤方偏移 z の関係を，$\Lambda = 0$ のとき異なる $\Omega_{\mathrm{M},0}$ の値について示すプロット

● **表面輝度テスト**

すべての銀河が同じ絶対光度をもつと仮定して，赤方偏移 z にある銀河の見かけの表面輝度がどうなるかを考えよう．我々の観測する見かけの表面輝度は，我々の受け取る銀河からの全フラックスを銀河の見かけの角度面積で割ったもので与えられる．我々の受け取る全フラックスは $\propto d_\mathrm{L}^{-2}$，角度面積は $\propto d_\mathrm{A}^{-2}$ であるから，表面輝度は

$$\mathcal{S} \propto \frac{d_\mathrm{A}^2}{d_\mathrm{L}^2}$$

の依存性をもつはずである．式 (14.36) と (14.41) から，結局，

$$\mathcal{S} \propto \frac{1}{(1+z)^4} \tag{14.42}$$

を得る．これはモデルに依存しない関係式で，膨張する宇宙という考え方が正しく，銀河が標準光源である（銀河の絶対光度が時間すなわち赤方偏移とともに系統的に変化しない）限り成立する．2 章で論じたように，比強度は物質のない領域では一定であるので，天体の表面輝度も距離に依存しない．この結果は，膨張宇宙における一般相対論的効果によって修正を受けなければならない．本書のところどころで，輻射輸送方程式の星内部や銀河内の星間物質に対する応用を論じてきたが，これらの場合は式 (14.42) による一般相対論的効果は完全に無視することができた．しかし，銀河系外の世界では，式 (14.42) は遠方の銀河はより暗くなることを意味している．これはまた，6 章で論じたオルバースのパラドックスを解決する．式 (14.42) に見られる逆 4 乗の依存性により，遠方の銀河は高赤方偏移で急激に暗くなる．赤方偏移 $z=1$ の銀河ですら 16 分の 1 に暗くなる．11.8.1 項で論じた赤方偏移 $z \approx 6$ の銀河を研究するには，見かけの表面輝度が極端に低いため，非常に長い露出時間が必要になる．

14.4.2 $\Lambda \neq 0$ の場合の結果

$\Lambda = 0$ の場合の結果のいくつかは $\Lambda \neq 0$ の場合にも引き継がれる．たとえば，光度距離 d_L と角度サイズ距離 d_A は，宇宙定数がゼロでない場合も（観測されるフラックスを $\mathcal{F}$，観測される角度サイズを $\Delta\theta$ として），それぞれ式 (14.35) と (14.40) を介して定義される．d_L と d_A の表式もそれぞれ式 (14.36) と (14.41) で与えられる．しかし，r は赤方偏移 z と式 (14.32) では関係付けられず，式 (14.32) に基づく式 (14.37) のような式は成り立たない．$\Lambda \neq 0$ の場合に r と z をどう関係付けるかを論じる前に，表面輝度は，式 (14.42) のように，やはり $(1+z)^{-4}$ の依存性をもつことを指摘しておく．

宇宙定数 Λ がゼロでない場合，r と z を関係付ける解析的な表式を書き下すことは

14.4 重要な宇宙論的テスト

できない.これらの量の関係は,以下で導くように,積分形式で表すことができる.まず,

$$r = S(\chi) \tag{14.43}$$

であることを思い出そう.ここで,$S(\chi)$ は,フリードマン方程式 (10.27) に現れる k が $+1, -1$ あるいは 0 であるかにより,$\sin\chi, \sinh\chi$ あるいは χ に等しい.光の伝播を記述する式 (14.24) と (14.25) は $\Lambda \neq 0$ の場合も正しいので,式 (14.25) から,遠方の光の源の位置 χ は,この源による光の放出と我々の受信の時間的変数 η の増分に等しい.式 (10.33) から,

$$\eta_0 - \eta = c \int_{t_e}^{t_r} \frac{\mathrm{d}t}{a(t)} \tag{14.44}$$

となる.ここで,t_e と t_r は光が放出されたときと受けとったときの時間 t の値である.式 (14.25) を用いると,式 (14.44) は

$$\frac{\chi}{c} = \int_z^0 \frac{\mathrm{d}z'}{a} \frac{\mathrm{d}t}{\mathrm{d}a} \frac{\mathrm{d}a}{\mathrm{d}z'} \tag{14.45}$$

という形に書ける.ここで,z' と記した赤方偏移についての積分範囲は,光の信号の放出と受信に相当する,z から 0 である.赤方偏移とスケール因子 a の関係式 (10.24) から,

$$\frac{\mathrm{d}a}{\mathrm{d}z'} = -\frac{a^2}{a_0}$$

となり,これを式 (14.45) に代入すると,次式を得る.

$$\frac{\chi}{c} = \frac{1}{a_0} \int_0^z \frac{\mathrm{d}z'}{(\dot{a}/a)} \tag{14.46}$$

式 (14.46) の $(\dot{a}/a)$ に対し,ゼロでない Λ の場合の一般式を代入しなければならない.式 (14.17) を用い,宇宙が物質優勢のときには,ほかの項に比べ非常に小さい Ω_R に関する項を無視する.式 (10.24) を用いると,式 (14.17) は

$$\frac{\dot{a}^2}{a^2} = H_0^2 \left[\Omega_{M,0}(1+z)^3 + \Omega_{\Lambda,0} \right] + \kappa H_0^2 (1+z)^2 \tag{14.47}$$

という形に書ける.ここで,$-kc^2/a_0^2$ を κH_0^2 と書いたので,

$$|\kappa| = \frac{c^2}{a_0^2 H_0^2} \tag{14.48}$$

である.式 (14.47) は $z = 0$ で $\dot{a}/a = H_0$ の現在において正しいので,式 (14.47) か

らすぐに

$$\kappa = 1 - \Omega_{\mathrm{M},0} - \Omega_{\Lambda,0} \tag{14.49}$$

がわかる．よって，$\Omega_{\mathrm{M},0}$ と $\Omega_{\Lambda,0}$ が与えられれば，式 (14.49) を用いて，κ を求めることができる．式 (14.46) と (14.47) から，

$$\chi = \frac{c}{a_0 H_0} \int_0^z [\Omega_{\mathrm{M},0}(1+z')^3 + \Omega_{\Lambda,0} + \kappa(1+z')^2]^{-1/2} \, dz' \tag{14.50}$$

となり，式 (14.36), (14.43) および (14.50) より，

$$d_{\mathrm{L}} = a_0(1+z)S\left(\frac{c}{a_0 H_0}\int_0^z[\Omega_{\mathrm{M},0}(1+z')^3 + \Omega_{\Lambda,0} + \kappa(1+z')^2]^{-1/2}\,dz'\right)$$

を得る．式 (14.48) を用いて直接観測できない a_0 を消去すると，最終的な表式

$$d_{\mathrm{L}} = \frac{(1+z)c}{H_0\sqrt{|\kappa|}} S\left(\sqrt{|\kappa|}\int_0^z[\Omega_{\mathrm{M},0}(1+z')^3 + \Omega_{\Lambda,0} + \kappa(1+z')^2]^{-1/2}\,dz'\right) \tag{14.51}$$

が得られる．

　与えられた $\Omega_{\mathrm{M},0}$ と $\Omega_{\Lambda,0}$ の値に対し，式 (14.51) を数値的に計算して，赤方偏移 z の関数として $H_0 d_{\mathrm{L}}$ を求めることができる．観測的には，多くの銀河の赤方偏移 z を測定し，観測された見かけの光度から，式 (14.35) を用いて d_{L} を決定することができる．観測データと理論的結果を比較すれば，$\Omega_{\mathrm{M},0}$ と $\Omega_{\Lambda,0}$ の値を求められると考えられる．この課題の結果については次節で論じる．

14.5 観測データから求めた宇宙論パラメータ

● 遠方の超新星のデータ

　Ia 型超新星は，チャンドラセカール質量に近い質量の白色矮星に物質が降着することにより引き起こされると考えられている．したがって，Ia 型超新星の最大光度はどこでもいつでも同じ値をとることが期待される．そこで，このような超新星は標準光源として用いることができる．ハッブル宇宙望遠鏡 (Hubble Space Telescope, HST) により，遠方の銀河の Ia 型超新星を分解して研究できるようになった．超新星が最も明るいときの，最大の見かけの光度が測定できたとすると，最大絶対光度を知ることができれば，式 (14.35) を用いて光度距離 d_{L} が求められる．超新星の発生する銀河の赤方偏移 z の知識から，この光度距離 d_{L} に相当する z が求められる．したがって，z に対する d_{L} のプロットにおいて，それぞれの超新星は一つのデータ点を与える．

$d_{\rm L}$ の代わりに，同等な量として，Ia 型超新星の見かけの等級と絶対等級（最も明るいときの）の差 $m-M$ をプロットに用いることもある．式 (1.8) の関係式 $m-N=5\log_{10}(d/10\,{\rm pc})$ の d に $d_{\rm L}$ を代入すれば，$d_{\rm L}$ と $m-M$ との関係が得られる．z に対する $m-M$ のプロットにおいて超新星は点で表されるが，これに $\Omega_{\rm M,0}$ と $\Omega_{\Lambda,0}$ の異なる値の組に対し式 (14.51) で与えられる理論的曲線を重ねて，どの曲線が観測データに最もよく合うかを調べることができる．HST による高赤方偏移超新星のデータは，この課題を実行した二つの独立なグループにより解析された (Riess *et al.* 1998; Perlmutter *et al.* 1999)．結果を図 14.4 に示す．図の上段は双方のグループのデータと理論曲線を示しており，実線は空っぽの空間 ($\Omega_{\rm M,0}=0, \Omega_{\Lambda,0}=0$) に対応している．中段と下段は二つのグループのデータを別々に示し，縦軸は空の宇宙を表す実線に対する差 $\Delta(m-M)$ を表している．$\Omega_{\rm M,0}=0.3$ と $\Omega_{\Lambda,0}=0.7$ に対応する点線が，観測データと最もよく合う理論曲線になっているようである．この $\Omega_{\rm M,0}$ の値は銀河団の力学的質量決定から観測的に見積もられた値 (10.42) と合っている．しかし，数十年にわたって宇宙定数 Λ はゼロであると信じられていたため，$\Omega_{\Lambda,0}$ がゼロでない可能性は世界の天体物理学コミュニティ全体に衝撃を与えるものであった．

● **CMBR の温度異方性のデータ**

つぎは，別の種類のデータを考えよう．11.7.1 項で，WMAP ミッションによって測定された CMBR の初期異方性を論じた．測定された温度の揺らぎは，銀河座標の関数として図 11.3 に示されている．天球のある方向（ψ 方向とする）の温度変動 $\Delta T/T$ について考えてみよう．その近傍の $\psi+\theta$ 方向の温度変動 $\Delta T/T$ は，θ が十分小さければ似ているであろうが，θ が大きければ ψ 方向と相関しないだろう．CMBR の角度相関は

$$C(\theta) = \left\langle \frac{\Delta T}{T}(\psi)\frac{\Delta T}{T}(\psi+\theta) \right\rangle \tag{14.52}$$

で与えられる．ただし，平均は ψ のすべての可能な値とその周りの θ のすべての可能な値に対してとる．この相関関数 $C(\theta)$ は θ の関数なので，ルジャンドル多項式で展開することができる（たとえば，Mathews and Walker (1979, §7-1) や Jackson (1999, §3.2) を参照）．すなわち，

$$C(\theta) = \sum_l \frac{(2l+1)}{4\pi} C_l P_l(\cos\theta) \tag{14.53}$$

とできる．ここで，C_l は l 次のルジャンドル多項式の係数である．図 14.5 は C_l を l の関数としてプロットしたものである．明らかに $l \approx 250$ に最大値がある．最大値の意味を理解するためには，$P_l(\cos\theta)$ は 0 と π の間に l 個の節があることに注意すると

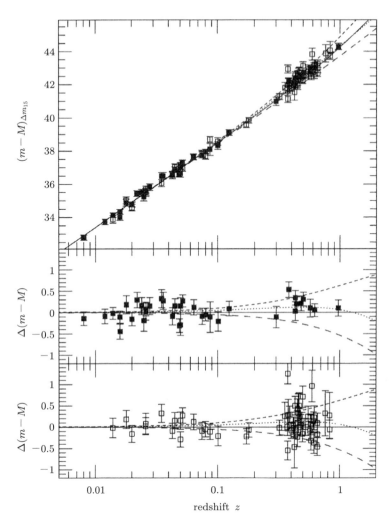

図 14.4 赤方偏移 z に対する遠方の超新星の見かけの光度と，宇宙論パラメータの異なる組み合わせに対する理論曲線．曲線に用いた宇宙論パラメータは，(i) 実線は $\Omega_{M,0} = 0, \Omega_{\Lambda,0} = 0$，(ii) 長破線は $\Omega_{M,0} = 1, \Omega_{\Lambda,0} = 0$，(iii) 短破線は $\Omega_{M,0} = 0, \Omega_{\Lambda,0} = 1$，(iv) 点線は $\Omega_{M,0} = 0.3, \Omega_{\Lambda,0} = 0.7$ である．中段と下段は二つのグループの観測データを別々に示す．黒四角は Riess et al. (1998)，白四角は Perlmutter et al. (1999) による．
［出典：Leibundgut (2001)[†]］

[†] Leibundgut, B., *Annual Reviews of Astronomy and Astrophysics*, **39**, 67, 2001. Reproduced with permission, © Annual Reviews Inc.

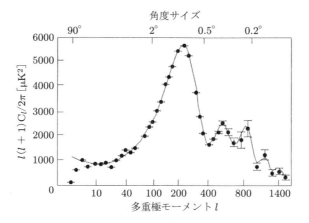

図 14.5 CMBR の温度異方性の角相関 $C(\theta)$ のルジャンドル多項式展開の係数 C_l の値．$l < 800$ のデータは WMAP から，それ以上大きな l に対するデータはほかの実験に由来する．上軸には異なる l の値に対応する角度サイズを示してある．[出典：C. L. Bennett *et al.* (2003)]

よい．l が大きいとき，最初の節はおおよそ $\Delta\theta \approx \pi/l$ に位置している．$l \approx 250$ の値は $\Delta\theta$ として $1°$ よりやや小さい値を与える．これが CMBR の温度異方性の典型的な角度スケールである．つぎに，何がこの角度スケールを決めているかについて考えよう．

CMBR 光子がやってくる最終散乱面にある 1 次元的な大きさ $\mathcal{D}$ の天体を考えよう．11.7 節で指摘したように，この面は赤方偏移 $z_{\text{dec}} \approx 1100$ にある．このとき，大きさ $\mathcal{D}$ の天体が空で占める角度サイズ $\Delta\theta$ を求めよう．$\mathcal{D}$ と $\Delta\theta$ の関係は式 (14.39) で与えられる．Λ がゼロでない可能性を考えているので，式 (14.43) と (14.50) から求めた r を代入すべきだが，物事がおおよそどうなっているか見るため，$\Lambda = 0$ に対する式 (14.32) の r を代入してみよう．なぜなら，そうすることにより解析的に見積もりができ，宇宙初期に関連する量を計算するときにはゼロでない Λ が大きな誤差を引き起こさないからである．$z \gg 1$ のとき，式 (14.32) から，

$$r \to \frac{2c}{a_0 H_0 \Omega_{\text{M},0}}$$

であり，これを r に代入して，式 (14.39) から，

$$\Delta\theta \approx \frac{\Omega_{\text{M},0}}{2} \cdot \frac{\mathcal{D}z}{cH_0^{-1}}$$

を得る．$H_0 = 100h \, \text{km}\,\text{s}^{-1}\,\text{Mpc}^{-1}$ を用いると，

$$\Delta\theta \approx 34.4'' (\Omega_{M,0} h) \left(\frac{\mathcal{D}z}{1\,\text{Mpc}} \right) \tag{14.54}$$

となる.式 (14.54) で $z_{\text{dec}} \approx 1100$ とすれば,最終散乱面にある天体の大きさ $\mathcal{D}$ は,空で $1°$ よりわずかに小さい角度を張ることがわかる.

11.9 節で指摘したように,ジーンズ長より大きな揺らぎのみが成長する.そこで,最終散乱面における典型的な摂動の大きさはジーンズ長であると考えられる.式 (11.40) より,ジーンズ長は,物質と輻射が分離する $z_{\text{dec}} \approx 1100$ までは地平線の大きさ ct 程度である.地平線が最終散乱面に現在張っている角度 $\Delta\theta$ を求めよう.式 (10.60) を用いて,分離が起こった時間を求めると,

$$t_{\text{dec}} \approx H_0^{-1} \Omega_{M,0}^{-1/2} z_{\text{dec}}^{-3/2} \tag{14.55}$$

程度となる.この値に c を掛ければ地平線の大きさになる.式 (14.54) の $\mathcal{D}$ に ct_{dec} を代入すると,

$$\Delta\theta \approx 0.87° \, \Omega_{M,0}^{1/2} \left(\frac{z_{\text{dec}}}{1100} \right)^{-1/2} \tag{14.56}$$

となる.$\Omega_{M,0}$ を 1 の程度とすると,式 (14.56) は WMAP データの異方性の角度スケールと同じ程度の角度サイズを与える.これは,最終散乱面に我々が見ている不規則性がジーンズ長に相当し,そのときの地平線の大きさと同程度であったことを示唆している.式 (14.56) より,$\Omega_{M,0}$ が大きければ $\Delta\theta$ も大きくなり,図 14.5 のピークは左のほうにずれる.すなわち,ピークの位置から $\Omega_{M,0}$ の値がわかる.

$\Lambda \neq 0$ を仮定すると,解析はずっと複雑になり,数値的に計算する必要がある.その解析はここでは扱わない.$\Lambda \neq 0$ の複雑な解析によれば,図 14.5 のピークの位置は $\Omega_{\Lambda,0} + \Omega_{M,0}$ に依存する.観測されたピークの位置は

$$\Omega_{\Lambda,0} + \Omega_{M,0} = 1 \tag{14.57}$$

と矛盾しない.もし $\Omega_{\Lambda,0} + \Omega_{M,0}$ がこれより大きければ,ピークは左のほうにずれる.

● 組み合わせた制約

図 14.6 に $\Omega_{\lambda,0}$ と $\Omega_{M,0}$ のとるであろう値を示す.直線は CMBR の温度異方性についての WMAP のデータから導かれた $\Omega_{\Lambda,0} + \Omega_{M,0} = 1$ という結論に対応する.一方,楕円は遠方の銀河のデータを説明する $\Omega_{\Lambda,0}$ と $\Omega_{M,0}$ の可能な組み合わせを示している.これら二つの異なる観測データから課される制約が同時に満たされるのは,基本的な宇宙論パラメータが

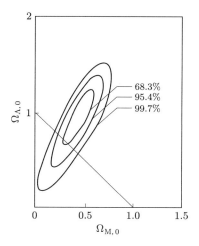

図 14.6 $\Omega_{\Lambda,0}$ と $\Omega_{M,0}$ に対する制約．CMBR の温度異方性（$\Omega_{\Lambda,0}+\Omega_{M,0}=1$ に対応する直線）と遠方の Ia 型超新星のデータ（ある信頼水準内でその中に入るような楕円）の両方から課される．[出典：Riess *et al.* (2004)]

$$\Omega_{\Lambda,0} \approx 0.7, \quad \Omega_{M,0} \approx 0.3 \tag{14.58}$$

付近にある場合である．

　現在では，これらのパラメータの値はほとんどの宇宙論研究者に受け入れられているようである．すでに指摘したように，銀河団のヴィリアル質量の推定からも $\Omega_{M,0}$ が上記の値をとることが確認されている．式 (14.58) に示された値から二つの重要な結論が導かれる．まず，式 (14.49) から $\kappa \approx 1$ であり，我々の宇宙は湾曲が非常に小さく平坦に近いはずである．2 番目に，$\Omega_{\Lambda,0}$ と $\Omega_{M,0}$ は現在同じ程度の大きさであるため，式 (14.17) より，a が a_0 より小さかった過去には物質密度が支配的であったが，今後は宇宙定数項がより支配的になる．つまり，現在平坦な宇宙は，物質優勢時代から Λ 優勢時代への移行期にあるらしい．

演習問題 14

14.1 つぎの 3 次元計量について，スカラー曲率を求めよ．

$$ds^2 = a^2 \left[d\chi^2 + \sin^2\chi (d\theta^2 + \sin^2\theta\, d\phi^2) \right]$$
$$ds^2 = a^2 \left[d\chi^2 + \sinh^2\chi (d\theta^2 + \sin^2\theta\, d\phi^2) \right]$$

14.2 ロバートソン–ウォーカー計量について，リッチ・テンソル R_{ik} のすべての成分を求め，式 (14.2) を確かめよ．

14.3 宇宙定数 Λ がゼロでない値をもち，圧力が無視できる（つまり $P=0$ とする）場合の宇宙の定常解を考える．スケール因子 a のこの解に対する値を a_0 としよう．スケール因子が突然 a_0+a_1 に変わったと仮定する．a_1 は指数関数的に増加する，すなわち定常解は不安定であることを示せ．

14.4 (a) ロバートソン–ウォーカー計量における共動座標系に対し，ほかの粒子と相互作用せず自由に動いている粒子を考えよう．一般性を失わずに，粒子の経路に沿って χ は変化するが，θ と ϕ は変化しないように経路の原点を選ぶことができる．$\int \mathrm{d}s$ の極値を考えることで，$a^2(\mathrm{d}\chi/\mathrm{d}\tau)$ が運動の定数となることを示せ．これを用いて，(共動座標系での) 粒子の物理的な速度が宇宙の膨張とともに a^{-1} で減少することを論じよ．

(b) 宇宙を満たしているある種の粒子を考えよう．これらが最初，相対論的 ($k_\mathrm{B}T \gg mc^2$) で熱力学的平衡にあるなら，式 (11.7) が成り立つと考えられる．その後，宇宙の膨張とともに熱力学的平衡から外れて非相対論的になったときにも，T が a^{-1} で減少すれば，式 (11.7) はまだ成り立つことを示せ．これは，粒子の分布が，pc に対応するエネルギー（粒子が非相対論的になった後では正しくないが）でボース・アインシュタイン統計あるいはフェルミ・ディラック統計に従うようにふるまい続けることを意味する．これらの分布の式に現れる T が，通常のように温度と見なすことができるかを論じよ．式 (11.8) は粒子が非相対論的になった後も成り立つだろうか．そうでない場合，これらの粒子の宇宙の密度に対する寄与をどう計算したらよいか．

14.5 $k=-1$ の場合に対し，座標距離 r と銀河の赤方偏移 z の関係を導け（ただし $\Lambda=0$ とせよ）．そして，これは $k=1$ の場合の式 (14.32) と同じであることを示せ．

14.6 ロバートソン–ウォーカー計量の単位共動体積あたり n 個の銀河があるとしたとき，立体角 $\mathrm{d}\Omega$ 内に赤方偏移が z と $z+\mathrm{d}z$ の間にある銀河の個数を求めよ．

14.7 積分関係式 (14.51) を用いて，つぎのようなモデルに対して，標準光源の見かけの光度を赤方偏移 z の関数として数値的に求め，グラフにプロットせよ．
 (i) $\Omega_\mathrm{M}=1.0,\ \Omega_\Lambda=0.0$ (ii) $\Omega_\mathrm{M}=0.0,\ \Omega_\Lambda=1.0$ (iii) $\Omega_\mathrm{M}=0.3,\ \Omega_\Lambda=0.7$

14.8 角度の関数
$$C(\theta) = \Gamma \mathrm{e}^{-(\theta/\theta_0)^2}$$
を考えよう．この関数は式 (14.53) のようにルジャンドル多項式 $P_l(\cos\theta)$ で展開できる．その際の展開係数 C_l が
$$C_l = 2\pi \int_{-1}^{+1} C(\theta) P_l(\cos\theta)\, \mathrm{d}\cos\theta$$
で与えられることを示せ．これらの係数 C_l を数値的に求めるプログラムコードを開発せよ．コードを走らせて，いくつかの θ_0 の値に対して，C_l が最大になるような l を求めよ (l に対して C_l をプロットすればよい)．

付録A　物理定数・天文定数

A.1　物理定数

真空中の光速	c	=	$3.00 \times 10^8 \,\mathrm{m\,s^{-1}}$
重力定数	G	=	$6.67 \times 10^{-11} \,\mathrm{m^3\,kg^{-1}\,s^{-2}}$
プランク定数	h	=	$6.63 \times 10^{-34} \,\mathrm{J\,s}$
ボルツマン定数	k_B	=	$1.38 \times 10^{-23} \,\mathrm{J\,K^{-1}}$
真空の透磁率	μ_0	=	$1.26 \times 10^{-6} \,\mathrm{H\,m^{-1}}$
真空の誘電率	ϵ_0	=	$8.85 \times 10^{-12} \,\mathrm{F\,m^{-1}}$
電子の電荷	e	=	$-1.60 \times 10^{-19} \,\mathrm{C}$
電子の質量	m_e	=	$9.11 \times 10^{-31} \,\mathrm{kg}$
水素原子の質量	m_H	=	$1.67 \times 10^{-27} \,\mathrm{kg}$
シュテファン–ボルツマン定数	σ	=	$5.67 \times 10^{-8} \,\mathrm{W\,m^{-2}\,K^{-4}}$
ヴィーンの法則の定数	$\lambda_m T$	=	$2.90 \times 10^{-3} \,\mathrm{m\,K}$
標準大気圧	atm	=	$1.01 \times 10^5 \,\mathrm{N\,m^{-2}}$
1 電子ボルト	eV	=	$1.60 \times 10^{-19} \,\mathrm{J}$
1 オングストローム	Å	=	$10^{-10} \,\mathrm{m}$
1 カロリー	cal	=	$4.19 \,\mathrm{J}$

A.2　天文定数

1 天文単位	AU	=	$1.50 \times 10^{11} \,\mathrm{m}$
1 パーセク	pc	=	$3.09 \times 10^{16} \,\mathrm{m}$
1 年	yr	=	$3.16 \times 10^7 \,\mathrm{s}$
太陽の質量	$M_\odot$	=	$1.99 \times 10^{30} \,\mathrm{kg}$
太陽の半径	$R_\odot$	=	$6.96 \times 10^8 \,\mathrm{m}$
太陽の光度	$L_\odot$	=	$3.84 \times 10^{26} \,\mathrm{W}$
地球の質量	$M_\oplus$	=	$5.98 \times 10^{24} \,\mathrm{kg}$
地球の半径	$R_\oplus$	=	$6.37 \times 10^6 \,\mathrm{m}$

付録B 天体物理学とノーベル賞

　ノーベル賞は20世紀の前半には天体物理学者には与えられなかった．エディントンやハッブルといった，その頃に衝撃を与えた天体物理学者はノーベル賞を受けなかった．20世紀の中頃になって，天体物理学の重要な発見に対してノーベル賞がいくつか授賞された．以下に，それらのノーベル賞を列挙する．しかし，ノーベル賞受賞者のリストが我々の時代の偉大な天体物理学者のリストであるとみなすべきではない．ノーベル賞のいくつかは大きな衝撃を与えた偶然の発見に与えられている．一方で，偉大で誰もが口を揃えて衝撃を与えたと考える天体物理学者が受賞していない．読者は，自分の意見ではノーベル賞を与えるべきだと考える天体物理学者のリストをつくってみるのも面白いだろう．

年	受賞者	受賞理由
1967	H.A. Bethe	核反応理論の貢献，とくに星のエネルギー源の発見
1970	H. Alfvén	磁気流体力学における発見
1974	M. Ryle	電波天体物理学における開口合成法の発明と観測
	A. Hewish	パルサーの発見
1978	A.A. Penzias, R.W. Wilson	宇宙マイクロ波背景輻射の発見
1983	S. Chandrasekhar	恒星の構造と進化の理論的研究
	W.A. Fowler	宇宙の化学元素の形成において重要な核反応の理論的および実験的研究
1993	R.A. Hulse, J.H. Taylor	新しい型のパルサーの発見
2002	R. Davis, M. Koshiba	宇宙ニュートリノの検出
	R. Giacconi	宇宙X線源の発見
2006	J.C. Mather, G.F. Smoot	宇宙マイクロ波背景輻射の黒体輻射型と非等方性の発見
2011	S. Perlmutter, B. Schmidt, A. Reiss	遠方の超新星の観測を通じた宇宙の加速膨張の発見
2015	梶田隆章, A.B. McDonald	ニュートリノが質量をもつことを示すニュートリノ振動の発見
2017	R. Weiss, B.C. Barish, K.S. Thorne	LIGO検出器への貢献と重力波の観測

以下のリストは，ノーベル賞を受けたのは物理のほかの分野の業績であるが，天体物理学に大きく貢献したノーベル賞受賞者である．

- 1921　A. Einstein
- 1938　E. Fermi
- 1952　E.M. Purcell
- 1964　C.H. Townes
- 1980　J.W. Cronin

付録C　さらに学びたい人のために

本書の読者は学部生上級あるいは大学院初級レベルの物理学の知識をもっていることを想定している．必要な知識はこのレベルで標準的にカバーされる分野を前提としている．すなわち，古典力学，電磁気学，特殊相対性理論，光学，熱力学，統計力学，量子力学，原子物理学，原子核物理学，および物理数学とよばれる標準的な数学の道具立てである．本書の読者は，これらの分野の標準的な教科書をすでに知っており，各自の好みがあることだろうから，ここでは列挙しない．

以下では，天体物理学の一般的な文献を挙げた後，各章で扱った題材に関する文献を挙げていく．各章ごとに文献を挙げておくのは，読者が本書の記述内容を超えて学んでいくための助けになることを意図しており，完全なリストを目指したものではない．本書で扱った題材について書かれた本をすべて網羅するのは個人では不可能である．ここに挙げた文献は，筆者自身が個人的に有用と感じ，本書に続いて読むのにふさわしい教育的な性格をもつと思われるものであり，進んだ話題に特化した文献は意図的に避けている．有用な文献でも，筆者の知識から抜け落ちているものもある．引用すべきだったと感じた文献の著者にはあらかじめお詫びしておく．

一般的文献

学部生初級向けで，物理や数学の知識をあまり前提としないが優れた基礎天文学の文献はいくつかある．このレベルの初級天文学のコースは多くの学部生にとって人気だからである．このレベルで先駆的な天文学の古典的教科書として，Abell (1964) が挙げられる．これは後に，Morrison, Wolff and Fraknoi (1995) により改訂された．もう一つ挙げると，Shu (1982) がある．いささか古くなっているが，この本は基礎天文学の重要な物理学的側面を高校数学を用いてかなり深く論じている．より最近では，Gregory and Zeilik (1997) がある．やや進んだレベルでは（物理と数学の知識をもう少し前提として），上級学部生向けの優れた教科書として，Carroll and Ostile (2006) が挙げられる．この本では，記述的で現象論的な題材が広く網羅されているが，概念的な題材の扱いについては満足で適切であるとはいい難い．また，1300 を超えるページ数は 1 セメスターの講義で用いるには多すぎる．

ここで触れた基礎的な教科書（基礎的な天文学の教科書はほかにも数多く存在する

が）のつぎには，天体物理学に特化した分野を扱う，多くの優れた学部生向け教科書がある．しかし，学部生上級あるいは大学院初級レベル向けに天体物理学全般を 1 冊でカバーするような，これら二つの種類の書籍のギャップを埋めようと試みる文献は多くない．そのような数少ない文献として，Unsöld and Baschek (2001), Harwit (2006), Shore (2002) および Maoz (2007) が挙げられる．これらの著者は多かれ少なかれ，私が本書で試みたことと同様の試みを行っているので，私はこれらの文献にはコメントせず，試みがどれほど成功しているかについての判断は読者に委ねたい．2 冊にわたる天文学入門として Bowers and Deeming (1984a, 1984b), 3 冊で構成される理論天体物理学入門として Padmanabhan (2000, 2001, 2002) もある．

　天体物理学を学ぶ学生には，有用な教科書以外の書籍も挙げておく．あらゆる種類の天体物理学的データを集めた古典的な便覧は，Allen (1995) により最初にまとめられ，Cox (2000) により改訂されている．Lang (1999) には，重要な天体物理学の公式が 2 冊にわたって収録されている．Hopkins (1980) による優れた天体用語集は，残念なことに長年改訂されていない．Bahcall and Ostriker (1997) は，世界をリードする天体物理学者による天体物理学の話題についての随筆をまとめている．Unresolved Problems in Astrophysics（天体物理学の未解決問題）という題名は，天体物理学のあらゆる分野の問題が議論されているように思わせるので，このような大げさな題名が適切かどうかについては疑問をもつかも知れないが，この本に収められた随筆の学識と権威については疑問の余地がない．より基礎的なレベルでは，Scientific American 誌に 1970 年代半ばまでに掲載された天体物理学のさまざまな側面についての記事が Gingerich (1975) にまとめられている．この本には，研究分野をリードする天体物理学者が非専門家向けに書いた記事が載っている．

1 章

　以下の章でさまざまな天体物理的系の文献について触れるので，ここでは，適切な装置を用いて天体物理学的データをいかに取得するか，について論じる文献のみを挙げる．学部生向けの優れた文献としては，Kitchin (2003), Roy and Clark (2003) および Léna (1988) が挙げられるだろう．可視光，電波および X 線望遠鏡に特化した文献は多数存在する．理論家である筆者にはこれらの本の利点欠点を論じることはできない．したがって，ここでは，観測的天文学の詳細な文献を挙げることはしない．

2章

輻射過程についての標準的な学部生向けの教科書は，Rybicki and Lightman (1979) により見事にまとめられており，古典となっている．この本はよく確立された原理を扱っているため，年月を経ても劣化してない．この分野ではほかに，Tucker (1975) と Shu (1991) も挙げられる．輻射輸送についてもっと詳細を学びたい学生には，Chandrasekhar (1950) の有名な文献を勧める．恒星大気の標準的文献としては Mihalas (1978) がある．

3章と4章

恒星の研究は数十年にわたり現代天文学の中心的主題であったので，恒星天体物理学についての優れた文献が多いのは当然といえる．古典的書籍には Eddington (1926) と Chandrasekhar (1939) があり，天体物理学の歴史的発展について重要な役割を果たしたが，これらはこの分野の教科書として適しているとはいえない．しかし，Schwarzschild (1958) は未だに学習目的には有用で，その最初の2章は恒星天体物理学の基本を最も明快に述べたものの一つであるといえる．ただ，恒星モデルの詳細を扱った残りの章は完全に時代遅れになっている．恒星構造の研究が計算機により革命的に進化してから書かれた最初の文献の一つである Clayton (1968) は，標準的な大学院生向けの教科書として長年用いられた．この題材についてのより現代的な文献としては，Kippenhahn and Weigert (1994) と Böhm-Vitense (1989a, 1989b, 1992) があり，明快に書かれているので推奨できる．Tayler (1994) の美しい本は，ここに挙げた文献よりもより初歩的なレベルで題材を紹介している．

恒星天体物理学の特殊な様相を扱う文献も挙げておこう．Stix (2004) は太陽について優れた本である．Arnett (1996) は，恒星進化の進んだ段階における原子核反応と，超新星の物理について論じている．ニュートリノ天体物理学の標準教科書としては Bahcall (1989) がある．

5章

Shapiro and Teukolsky (1983) は，恒星崩壊の終状態から生じるコンパクト天体について，信頼のおける学部生向け教科書である．その後，この分野では多くの重要な発展があったにもかかわらず，この本は理論観測両面についての基礎を明快に記述いているので，未だに推奨できる．この題材についてのより最近の文献としては Glendenning (2000) がある．Longair (1994) は多くの題材をカバーしているが，多

くの部分を恒星進化の終期と恒星崩壊に割いている．

6章

銀河天文学についての標準的な学部生向け教科書には Binney and Merrifield (1998) があり，先に出た Mihalas and Binney (1981) を置き換えるものといえる．Binney and Merrifield (1998) は銀河一般についての記述を増やすため，Mihalas and Binney (1981) における天の川銀河についての話題を圧縮または削除している．したがって，天の川銀河について学ぶには，Binney and Merrifield (1998) より Mihalas and Binney (1981) のほうが有用である．銀河と星間物質をカバーするもう一つの文献は Scheffler and Elsässer (1988) である．Tayler (1993) の優れた基礎的文献はこの題材についてのよい入門になる．

星間物質について扱った文献はいくつかある．有名な古典ともいえる Spitzer (1978) は，簡潔に書かれており，初心者には難しく感じられるかもしれないが，この本を精読するのはよい経験になるだろう．Osterbrock and Ferland (2005) は，星間物質について多くの話題をカバーしているが，重要な成分（H_I 成分）については論じていない．ほかにも，Dyson and Williams (1997) や Dopita and Sutheland (2003) が星間物質を扱っている．

7章

驚くべきことに，恒星力学について満足のいく現代的な教科書はたった一つしかない．それは，Binney and Tremaine (1987) による記念碑ともいえる文献である．読者は古典，すなわち Oort (1965) による総説を読むのもよいかも知れない．球状星団の力学については Spitzer (1987) で扱われている．

8章

Shu (1992) と Choudhuri (1998) は，プラズマ天体物理学の標準的な入門書である．真面目な学生はこの分野の古典である Parker (1979) を読んでみるとよい．天体物理学における相対論的粒子加速の話題については，Longair (1994) に網羅されている．MHD の太陽への応用については，Priest (1982) により論じられている．恒星物理学における磁場の役割についての見事な議論については，Mestrel (1999) を参照されたい．

9章

6章の文献のいくつかは銀河一般を扱っている．とくに，Binney and Merrifield (1998) をお勧めする．発展著しいこの分野のもう一つの最近の文献としては，Schneider (2006) がある．活動銀河についてのよい入門書には，Peterson (1997) および Krolik (1999) がある．また，Sarazin (1986) は銀河団について包括的に取り扱っている．

10章と11章

Weinberg (1977) による薄いが素晴らしい本は，一般向け科学本の傑作で，より学術的な書籍に取り組み始める前に読むとためになるだろう．なぜか宇宙論は教科書を書く人々には人気の題材で，天体物理学の分野でこれほど多くの教科書が書かれ，また，書かれつつある分野はほかにない．ここには宇宙論の書籍を完全に挙げ尽くすことはできないので，天体物理学的側面を強調している著者の書籍をいくつか挙げておく．Narlikar (2002) では，一般相対性理論の道具立てを開発した後，現代宇宙論の主要な題材を明快に紹介している．定常状態について著者はいささか偏っているものの，すべての標準的な話題が取り扱われている．Peebles (1993) は，偉大な学識と洞察の賜物であるが，首尾一貫して書かれているとはいえず，初心者はこの大部の本の中で迷ってしまうかもしれない．Peacock (1999) は，宇宙論を専門にする研究者になるために必要なさまざまな物理および天文学的話題を網羅している．初期宇宙に関連する話題については，Kolb and Turner (1990) を推奨する．

12〜14章

一般相対性理論もまた教科書執筆者にとって人気の題材であるが，Landau and Lifshitz (1975) の最後の数章は，いまだにこの題材についての最も美しく洗練された入門になっている．Schutz (1985) と Hartle (2003) は，一般に困難で難解とされている題材について学習しやすい2冊と言えよう．有名で（大部な）入門的教科書として，Misner, Thorne and Wheeler (1973) がある．しかし，冗長でくどい文章を好まないなら，この本はお勧めできない．Weinberg (1972) は，幾何学的側面を強調することなしに一般相対性理論を開発しようとした有名な書籍である．一般相対性理論のもっと形式的な側面を学びたい読者は，Wald (1984) を参照するとよい．

参考文献

本文中で参照された節や項の番号を角括弧内に示してある．[学]と記した文献は「さらに学びたい人のために」で紹介した文献である．

Aaronson, M. *et al.* 1982, *Astrophys. J.* **258**, 64. [9.5節]
Aaronson, M. *et al.* 1986, *Astrophys. J.* **302**, 536. [9.2.2項]
Abdurashitov, J. N. *et al.* 1996, *Phys. Rev. Lett.* **77**, 4708. [4.4.2項]
Abell, G. O. 1958, *Astrophys. J. Suppl.* **3**, 211. [9.5節]
Abell, G. O. 1964, *The Exploration of the Universe.* Holt, Rinehart and Winston. [学]
Abott, B.P. *et al.*, 2016, Phys. Rev. Lett. 116, 061102. [13.5節]
Abramowitz, M. and Stegun, I. A. 1964, *Handbook of Mathematical Functions.* National Bureau of Standards. Reprinted by Dover. [11.2節]
Ahmad, Q. R. *et al.* 2002, *Phys. Rev. Lett.* **89**, 11301. [4.4.2項，11.5節]
Alcock, C. *et al.* 1993, *Nature*, **365**, 621. [13.3.2項]
Alfvén, H. 1942a, *Ark. f. Mat. Astr. o. Fysik* **29B**, No. 2. [8.5節]
Alfvén, H. 1942b, *Nature* **150**, 405. [演習問題8.4]
Allen, C. W. 1955, *Astrophysical Quantities.* The Athlone Press. [学]
Alpher, R. A. and Herman, R. C. 1948, *Nature* **162**, 774. [10.5節]
Anselmann, P. *et al.* 1995, *Phys. Lett.* **B342**, 440. [4.4.2項]
Arnett, D. 1996, *Supernovae and Nucleosynthesis.* Princeton University Press. [学]
Atkinson, R. d'E. and Houtermans, F. G. 1929, *Zs. f. Phys.* **54**, 656. [4.1節]
Aubourg, E. *et al.* 1993, *Nature* **365**, 623. [13.3.2項]
Axford, W. I., Leer, E. and Skadron, G. 1977, *Proc. 15th International Cosmic Ray Conf.* **11**, 132. [8.10節]

Baade, W. 1944, *Astrophys. J.* **100**, 137. [6.4節]
Baade, W. 1954, *Trans. I. A. U.* **8**, 397. [6.1.2項]
Baade, W. and Zwicky, F. 1934, *Phys. Rev.* **45**, 138. [5.4節，5.5節]
Backer, D. C., Kulkarni, S. R., Heiles, C., Davis, M. M. and Goss, W. M. 1982, *Nature* **300**, 615. [5.5.2項]
Bahcall, J. N. 1989, *Neutrino Astrophysics.* Cambridge University Press. [学]
Bahcall, J. N. 1999, *Current Science* **77**, 1487. [4.4.2項，図4.8]

Bahcall, J. N. and Ostriker, J. P. (Ed.) 1997, *Unsolved Problems in Astrophysics*. Princeton University Press. ［学］

Bahcall, J. N. and Ulrich, R. K. 1988, *Rev. Mod. Phys.* **60**, 297. ［4.4 節］

Becker, R. H. *et al.* 2001, *Astron. J.* **122**, 2850. ［11.8.2 項］

Bell, A. R. 1978, *Mon. Not. Roy. Astron. Soc.* **182**, 147 and 443. ［8.10 節］

Bennett, C. L. *et al.* 2003, *Astrophys. J. Suppl.* **148**, 1. ［11.7.1 項, 図 11.3, 14.5 節, 図 14.5］

Bernoulli, D. 1738, *Hydrodynamica*. ［演習問題 8.1］

Bethe, H. 1939, *Phys. Rev.* **55**, 434. ［4.3 節］

Bethe, H. and Critchfield, C. H. 1938, *Phys. Rev.* **54**, 248. ［4.3 節］

Biermann, L. 1948, *Zs. f. Astrophys.* **25**, 135. ［3.2.4 項］

Binney, J. and Merrifield, M. 1998, *Galactic Astronomy*. Princeton University Press. ［6.1.2 項, 6.3.2 項, 図 6.8, 図 9.6, 学］

Binney, J. and Tremaine, S. 1987, *Galactic Dynamics*. Princeton University Press. ［7.3 節, 7.4 節, 学］

Blandford, R. D. and Ostriker, J. P. 1978, *Astrophys. J. Lett.* **221**, L29. ［8.10 節］

Blandford, R. D. and Rees, M. J. 1974, *Mon. Not. Roy. Astron. Soc.* **169**, 395. ［9.4.1 項］

Bless, R. C. and Savage, B. D. 1972, *Astrophys. J.* **171**, 293. ［図 6.3］

Böhm-Vitense, E. 1989a, *Stellar Astrophysics, Vol. 1: Basic Stellar Observations and Data*. Cambridge University Press. ［3.5.1 項, 図 3.4, 学］

Böhm-Vitense, E. 1989b, *Stellar Astrophysics, Vol. 2: Stellar Atmospheres*. Cambridge University Press. ［学］

Böhm-Vitense, E. 1992, *Stellar Astrophysics, Vol. 3: Stellar Structure and Evolution*. Cambridge University Press. ［学］

Boltzmann, L. 1872, *Sitzungsber. Kaiserl. Akad. Wiss. Wien* **66**, 275. ［7.5 節］

Boltzmann, L. 1884, *Wied. Annalen*, **22**, 291. ［2.4.1 項］

Bondi, H. 1952, *Mon. Not. Roy. Astron. Soc.* **112**, 195. ［4.6 節］

Bondi, H. and Gold, T. 1948, *Mon. Not. Roy. Astron. Soc.* **108**, 252. ［演習問題 10.5］

Born, M. and Wolf, E. 1980, *Principles of Optics*, 6th edn. Pergamon. ［1.7.1 項, 13.5 節］

Bose, S. N. 1924, *Zs. f. Phys.* **26**, 178. ［11.2 節］

Bosma, A. 1978, *PhD Thesis*. Kapteyn Institute, Groningen. ［図 9.6］

Bowers, R. and Deeming, T. 1984a, *Astrophysics I: Stars*. Jones and Bartlett. ［学］

Bowers, R. and Deeming, T. 1984b, *Astrophysics II: Interstellar Matter and Galaxies*. Jones and Bartlett. ［学］

Brunish, W. M. and Truran, J. W. 1982, *Astrophys. J. Suppl.* **49**, 447. ［図 3.2, 図 3.3］

Bunsen, R. and Kirchhoff, G. 1861, *Untersuchungen über das Sonnenspecktrum und die Spektren der Chemischen Elemente.* [1.2 節]

Burbidge, E. M., Burbidge, G. R., Fowler, W. A. and Hoyle, F. 1957, *Rev. Mod. Phys.* **29**, 547. [4.3 節, 4.7 節]

Butcher, H. and Oemler, A. 1978, *Astrophys. J.* **219**, 18. [9.5 節]

Byram, E. T., Chubb, T. A. and Friedman, H. 1966, *Science* **152**, 66. [9.5 節]

Carroll, B. W. and Ostlie, D. A. 2006, *An Introduction to Modern Astrophysics*, 2nd edn. Benjamin Cummings. [学]

Chadwick, J. 1932, *Proc. Roy. Soc.* **A 136**, 692. [5.4 節]

Chandrasekhar, S. 1931, *Astrophys. J.* **74**, 81. [1.5 節, 5.3 節]

Chandrasekhar, S. 1935, *Mon. Not. Roy. Astron. Soc.* **95**, 207. [5.3 節]

Chandrasekhar, S. 1939, *An Introduction to the Study of Stellar Structure.* University of Chicago Press. Reprinted by Dover. [3.3 節, 学]

Chandrasekhar, S. 1943, *Astrophys. J.* **97**, 255. [7.4 節]

Chandrasekhar, S. 1950, *Radiative Transfer.* Clarendon Press. Reprinted by Dover. [2.4 節, 学]

Chandrasekhar, S. 1952, *Phil. Mag. (7)* **43**, 501. [8.6 節]

Chandrasekhar, S. 1984, *Rev. Mod. Phys.* **56**, 137. [図 5.2]

Chandrasekhar, S. and Breen, F. H. 1946, *Astrophys. J.* **104**, 430. [2.6.2 項]

Chen, G. H. and Hewitt, J. N. 1993, *Astron. J.* **106**, 1719. [図 13.6]

Chevalier, R. A. 1992, *Nature* **355**, 691. [図 4.14]

Chitre, S. M. and Antia, H. M. 1999, *Current Science* **77**, 1454. [図 4.7]

Choudhuri, A. R. 1989, *Solar Phys.* **123**, 217. [8.6 節]

Choudhuri, A. R. 1998, *The Physics of Fluids and Plasmas: An Introduction for Astro-physicists.* Cambridge University Press. [4.4.1 項, 4.6 節, 6.7 節, 7.5 節, 8.5 節, 8.7 節, 8.10 節, 8.13 節, 9.5 節, 学]

Christoffel, E. B. 1868, *J. reine Angew. Math.* **70**, 46. [12.2.3 項]

Clayton, D. D. 1968, *Principles of Stellar Evolution and Nucleosynthesis.* McGraw-Hill. [2.6 節, 学]

Colless, M. *et al.* 2001, *Mon. Not. Roy. Astron. Soc.* **328**, 1039. [9.6 節]

Compton, A. H. 1923, *Phys. Rev.* **21**, 715. [11.7.2 項]

Copernicus, N. 1543, *De Revolutionibus Orbium Celestium.* [1.2 節]

Cowie, L. L. and Binney, J. 1977, *Astrophys. J.* **215**, 723. [9.5 節]

Cowsik, R. and McClelland, J. 1972, *Phys. Rev. Lett.* **29**, 669. [11.5 節]

Cox, A. N. 2000, *Allen's Astrophysical Quantities*, 4th edn. Springer. [学]

Cox, A. N. and Stewart, J. N. 1970, *Astrophys. J. Suppl.* **19**, 243. [2.6 節]

Curtis, H. D. 1921, *Bull. Nat. Res. Council* **2**, 194. [9.1 節]

Davis, L. and Greenstein, J. L. 1951, *Astrophys. J.* **114**, 206. ［6.7 節］

Davis, M., Efstathiou, G., Frenk, C. S. and White, S. D. M. 1985, *Astrophys. J.* **292**, 371. ［11.9 節］

Davis, R. Jr., Harmer, D. S. and Hoffman, K. C. 1968, *Phys. Rev. Lett.* **20**, 1205. ［4.4.2 項］

de Lapparent, V., Geller, M. J. and Huchra, J. P. 1986, *Astrophys. J. Lett.* **302**, L1. ［9.6 節, 図 9.19］

de Vaucouleurs, G. 1948, *Ann. Astrophys.* **11**, 247. ［9.2.1 項］

Dehnen, W. and Binney, J. J. 1998, *Mon. Not. Roy. Astron. Soc.* **298**, 387. ［図 6.7, 図 7.4］

Deshpande, A. A., Ramachandran, R. and Srinivasan, G. 1995, *J. Astrophys. Astron.* **16**, 69. ［図 5.5］

Dirac, P. A. M. 1926, *Proc. Roy. Soc.* **A 112**, 661. ［11.2 節］

Dopita, M. and Sutherland, R. S. 2003, *Astrophysics of the Diffuse Universe*. Springer. ［学］

Downs, G. S. 1981, *Astrophys. J.* **249**, 687. ［図 5.4］

Dreher, J. W. and Feigelson, E. D. 1984, *Nature* **308**, 43. ［図 9.10］

Dressler, A. 1980, *Astrophys. J.* **236**, 351. ［9.2.1 項］

Dreyer, J. L. E. 1888, *Mem. Roy. Astron. Soc.* **49**, 1. ［1.8 節］

Dyson, F. W., Eddington, A. S. and Davidson, C. 1920, *Phil. Trans. Roy. Soc.* **A 220**, 291. ［13.3.2 項］

Dyson, J. E. and Williams, D. A. 1997, *The Physics of the Interstellar Medium*, 2nd edn. Taylor & Francis. ［学］

Eddington, A. S. 1916, *Mon. Not. Roy. Astron. Soc.* **77**, 16. ［3.2.3 項］

Eddington, A. S. 1920, *Observatory* **43**, 353. ［4.1 節］

Eddington, A. S. 1924, *Mon. Not. Roy. Astron. Soc.* **84**, 104. ［3.6.1 項］

Eddington, A. S. 1926, *The Internal Constitution of the Stars*. Cambridge University Press. ［2.4.2 項, 3.1 節, 3.2.3 項, 5.3 節, 演習問題 5.5, 学］

Edge, D. O., Shakeshaft, J. R., McAdam, W. B., Baldwin, J. E. and Archer, S. 1959, *Mem. Roy. Astron. Soc.* **68**, 37. ［1.8 節］

Einstein, A. 1916, *Ann. d. Phys.* **49**, 769. ［10.1 節, 10.2 節, 12.4.2 項］

Einstein, A. 1917, *Sitzungber. Preus. Akad. Wissen.*, **142**. ［10.4 節, 14.2 節］

Einstein, A. 1924, *Sitzungber. Preus. Akad. Wissen.*, **261**. ［11.2 節］

Einstein, A. and de Sitter, W. 1932, *Proc. Nat. Acad. Sci.* **18**, 213. ［10.6 節］

Emden, R. 1907, *Gaskugeln*. Teubner, Leipzig. ［5.3 節］

Euler, L. 1755, *Hist. de l'Acad. de Berlin*. ［8.2 節］

Euler, L. 1759, *Novi Comm. Acad. Petrop.* **14**, 1. ［8.2 節］

Ewen, H. I. and Purcell, E. M. 1951, *Nature* **168**, 356. ［6.5 節］

Faber, S. M. and Jackson, R. E. 1976, *Astrophys. J.* **204**, 668. ［9.2.2 項］
Feast, M. and Whitelock, P. 1997, *Mon. Not. Roy. Astron. Soc.* **291**, 683. ［6.2 節］
Felten, J. E., Gould, R. J., Stein, W. A. and Woolf, N. J. 1966, *Astrophys. J.* **146**, 955. ［9.5 節］
Fermi, E. 1926, *Rend. Lincei* **3**, 145. ［11.2 節］
Fermi, E. 1949, *Phys. Rev.* **75**, 1169. ［8.10 節］
Field, G. B. 1965, *Astrophys. J.* **142**, 531. ［6.8 節］
Field, G. B., Goldsmith, D. W. and Habing, H. J. 1969, *Astrophys. J.* **155**, 149. ［6.8 節］
Fowler, R. H. 1926, *Mon. Not. Roy. Astron. Soc.* **87**, 114. ［5.2 節］
Fowler, W. A. 1984, *Rev. Mod. Phys.* **56**, 149. ［4.3 節］
Francis, P. J. *et al.* 1991, *Astrophys. J.* **373**, 465. ［図 9.11］
Fraunhofer, J. 1817, *Gilberts Ann.* **56**, 264. ［1.2 節］
Freedman, W. L. *et al.* 2001, *Astrophys. J.* **553**, 47. ［9.3 節, 図 9.9］
Friedmann, A. 1924, *Zs. f. Phys.* **21**, 326. ［10.4 節］

Gamow, G. 1928, *Zs. f. Phys.* **51**, 204. ［4.1 節, 4.2 節］
Gamow, G. 1946, *Phys. Rev.* **70**, 572. ［4.3 節, 11.3 節］
Giacconi, R., Gursky, H., Paolini, F. R. and Rossi, B. B. 1962, *Phys. Rev. Lett.* **9**, 439. ［1.7.3 項, 5.6 節］
Giacconi, R. *et al.* 1972, *Astrophys. J.* **178**, 281. ［9.5 節］
Gilmore, G. and Reid, N. 1983, *Mon. Not. Roy. Astron. Soc.* **202**, 1025. ［6.1.2 項］
Gingerich, O. (Ed.) 1975, *New Frontiers in Astronomy*. W. H. Freeman and Company. ［学］
Glendenning, N. K. 2000, *Compact Stars: Nuclear Physics, Particle Physics and General Relativity*, 2nd edn. Springer. ［学］
Gold, T. 1968, *Nature* **218**, 731. ［5.5 節］
Goldreich, P. and Julian, W. H. 1969, *Astrophys. J.* **157**, 869. ［5.5 節］
Goldstein, H. 1980, *Classical Mechanics*, 2nd edn. Addison-Wesley. ［7.5 節, 12.2.1 項, 12.3 節, 13.3.1 項］
Gough, D. O. 1978, *Proc. Workshop on Solar Rotation*, Univ. of Catania, p. 255. ［4.8 節］
Gregory, S. A. and Zeilik, M. 1997, *Introductory Astronomy and Astrophysics*. Saunders. ［学］
Gunn, J. E. and Gott, J. R. 1972, *Astrophys. J.* **176**, 1. ［9.5 節］
Gunn, J. E. and Peterson, B. A. 1965, *Astrophys. J.* **142**, 1633. ［11.8.2 項］
Guth, A. H. 1981, *Phys. Rev.* **D23**, 347. ［11.6.1 項］

Hale, G. E. 1908, *Astrophys. J.* **28**, 315. ［4.8 節］

Hale, G. E., Ellerman, F., Nicholson, S. B. and Joy, A. H. 1919, *Astrophys. J.* **49**, 153. [4.8 節]

Halliday, D., Resnick, R. and Walker, J. 2001, *Fundamentals of Physics*, 6th edn. John Wiley & Sons. [9.3 節]

Hansen, C. J. and Kawaler, S. D. 1994, *Stellar Interiors*. Springer-Verlag. [図 3.2, 図 3.3]

Hartle, J. B. 2003, *Gravity: An Introduction to Einstein's General Relativity*. Benjamin Cummings. [学]

Hartmann, D. and Burton, W. B. 1997, *Atlas of Galactic Neutral Hydrogen*. Cambridge University Press. [図 6.8]

Harwit, M. 2006, *Astrophysical Concepts*, 4th edn. Springer. [学]

Hayashi, C. 1961, *Publ. Astron. Soc. Japan* **13**, 450. [4.5 節]

Helmholtz, H. 1854, *Lecture at Kant Commemoration, Königsberg.* [3.2.2 項]

Henriksen, M. J. and Mushotzky, R. F. 1986, *Astrophys. J.* **302**, 287. [図 9.18]

Henyey, L. G., Vardya, M. S. and Bodenheimer, P. L. 1965, *Astrophys. J.* **142**, 841. [3.3 節]

Herschel, W. 1785, *Phil. Trans.* **75**, 213. [6.1 節]

Hertzsprung, E. 1911, *Potsdam Pub.* **63**. [3.4 節]

Hess, V. F. 1912, *Sitzungsber. Kaiserl. Akad. Wiss. Wien* **121**, 2001. [6.7 節, 8.10 節]

Hewish, A. S., Bell, J., Pilkington, J. D. H., Scott, P. F. and Collins, R. A. 1968, *Nature* **217**, 709. [5.5 節]

Hewitt, A. and Burbidge, G. 1993, *Astrophys. J. Suppl.* **87**, 451. [図 11.4]

Hiltner, W. A. 1954, *Astrophys. J.* **120**, 454. [6.7 節]

Hirata, K. S. *et al.* 1990, *Phys. Rev. Lett.* **65**, 1297. [4.4.2 項]

Homer Lane, J. 1869, *Amer. J. Sci.* **50**, 57. [5.3 節]

Hopkins, J. 1980, *Glossary of Astronomy and Astrophysics*, 2nd edn. University of Chicago Press. [学]

Hoyle, F. 1948, *Mon. Not. Roy. Astron. Soc.* **108**, 372. [演習問題 10.5]

Hoyle, F. 1954, *Astrophys. J. Suppl.* **1**, 121. [4.3 節]

Hubble, E. P. 1922, *Astrophys. J.* **56**, 162. [6.1.2 項, 9.1 節, 9.3 節]

Hubble, E. P. 1929, *Proc. Nat. Acad. Sci.* **15**, 168. [9.3 節, 14.2 節]

Hubble, E. P. 1936, *The Realm of the Nebulae.* Yale University Press. [9.2.1 項]

Huchtmeier, W. K. 1975, *Astron. Astrophys.* **45**, 259. [9.2.2 項]

Hughes, D. H. *et al.* 1998, *Nature* **394**, 241. [11.8.1 項]

Hulse, R. A. and Taylor, J. H. 1975, *Astrophys. J. Lett.* **195**, L51. [1.6 節, 5.5.1 項]

Iben, I. 1965, *Astrophys. J.* **141**, 993. [図 3.2, 図 3.3]

Iben, I. 1967, *Ann. Rev. Astron. Astrophys.* **5**, 571. [4.5 節]

Iben, I. 1974, *Ann. Rev. Astron. Astrophys.* **12**, 215. [4.5 節]

Jackson, J. D. 1999, *Classical Electrodynamics*, 3rd edn. John Wiley & Sons. [5.2節, 5.5節, 8.10節, 8.11節, 13.4節, 14.5節]
Jaffe, W., Ford, H. C., Ferrarese, L., van den Bosch, F. and O'Connell, R. W. 1993, *Nature* **364**, 213. [9.4.3項, 図9.14]
Jansky, K. G. 1933, *Proc. IRE* **21**, 1387. [1.7.2項]
Jeans, J. H. 1902, *Phil. Trans. Roy. Soc.* **A 199**, 1. [6.8節, 8.3節, 11.9節]
Jeans, J. H. 1922, *Mon. Not. Roy. Astron. Soc.* **82**, 122. [7.6節]
Jennison, R. C. and Dasgupta, M. K. 1953, *Nature* **172**, 996. [9.4.1項]
Johnson, H. L. and Morgan, W. W. 1953, *Astrophys. J.* **117**, 313. [1.4節]
Johnson, H. L. and Sandage, A. R. 1956, *Astrophys. J.* **124**, 379. [図3.8]
Joy, A. H. 1939, *Astrophys. J.* **89**, 356. [6.2節, 図6.5]

Kant, I. 1755, *Allgemeine Naturgeschichte und Theorie des Himmels*. [9.1節]
Kapteyn, J. C. 1922, *Astrophys. J.* **55**, 302. [6.1節, 6.1.2項]
Kapteyn, J. C. and van Rhijn, P. J. 1920, *Astrophys. J.* **52**, 23. [6.1節, 6.1.2項]
Kelvin, Lord 1861, *Brit. Assoc. Repts., Part II*, p. 27. [3.2.2項]
Kerr, R. P. 1963, *Phys. Rev. Lett.* **11**, 237. [13.3節]
King, I. R. 1966, *Astron. J.* **71**, 64. [演習問題7.4]
Kippenhahn, R. and Weigert, A. 1990, *Stellar Structure and Evolution*. Springer-Verlag. [3.2.4項, 3.3節, 3.4節, 4.5節, 図5.1, 学]
Kirchhoff, G. 1860, *Ann. d. Phys. u. Chemie* **109**, 275. [2.2.4項]
Kitchin, C. R. 2003, *Astrophysical Techniques*, 4th edn. Taylor & Francis. [学]
Klebesadel, R. W., Strong, I. B. and Olson, R. A. 1973, *Astrophys. J.* **182**, 85. [9.7節]
Kolb, E. W. and Turner, M. S. 1990, *The Early Universe*. Addison-Wesley Publishing Company. [図11.1, 11.9節, 学]
Konar, S. and Choudhuri, A. R. 2004, *Mon. Not. Roy. Astron. Soc.* **348**, 661. [5.5.2項]
Kramers, H. A. 1923, *Phil. Mag.* **46**, 836. [2.6節]
Krolik, J. H. 1999, *Active Galactic Nuclei*. Princeton University Press. [学]
Kruskal, M. D. 1960, *Phys. Rev.* **119**, 1743. [13.3.3項]
Krymsky, G. F. 1977, *Dokl. Acad. Nauk. U.S.S.R.* **234**, 1306. [8.10節]

Landau, L. D. and Lifshitz, E. M. 1975, *The Classical Theory of Fields*, 4th edn. Pergamon. [学]
Landau, L. D. and Lifshitz, E. M. 1976, *Mechanics*, 3rd edn. Pergamon. [12.2.1項, 12.3節, 13.3.1項]
Landau, L. D. and Lifshitz, E. M. 1980, *Statistical Physics*, 3rd edn. Pergamon. [7.5節]
Lang, K. R. 1999, *Astrophysical Formulae, Vols. I and II*, 3rd edn. Springer. [学]

Langmuir, I. 1928, *Proc. Nat. Acad. Sci.* **14**, 627.［8.13.1 項］
Laplace, P. S. 1795, *Le Systeme du Monde, Vol. II.*［1.5 節］
Leavitt, H. S. 1912, *Harvard Coll. Obs. Circ.* **173**, 1.［6.1.2 項］
Lee, B. W. and Weinberg, S. 1977, *Phys. Rev. Lett.* **39**, 165.［11.5 節］
Leibundgut, B. 2001, *Ann. Rev. Astron. Astrophys.* **39**, 67.［図 14.4］
Leighton, R. B., Noyes, R. W. and Simon, G. W. 1962, *Astrophys. J.* **135**, 474. ［4.4.1 項］
Lemaître, G. 1927, *Ann. Soc. Sci. Bruxelles* **47A**, 49.［10.5 節］
Léna, P. 1988, *Observational Astrophysics.* Springer-Verlag.［学］
Lin, C. C. and Shu, F. 1964, *Astrophys. J.* **140**, 646.［7.1 節］
Lindblad, B. 1927, *Mon. Not. Roy. Astron. Soc.* **87**, 553.［6.2 節］
Longair, M. S. 1992, *High Energy Astrophysics, Vol. 1*, 2nd edn. Cambridge University Press.［8.12 節］
Longair, M. S. 1994, *High Energy Astrophysics, Vol. 2*, 2nd edn. Cambridge University Press.［図 4.9, 図 4.10, 図 5.7, 8.10 節, 8.11 節, 学］
Lynden-Bell, D. 1967, *Mon. Not. Roy. Astron. Soc.* **136**, 101.［7.3 節］

Malmquist, K. G. 1924, *Medd. Lund Astron. Obs., Ser. II* **32**, 64.［6.1.1 項］
Maoz, D. 2007, *Astrophysics in a Nutshell.* Princeton University Press.［学］
Mather, J. C. *et al.* 1990, *Astrophys. J. Lett.* **354**, L37.［10.5 節, 図 10.4, 11.7.1 項］
Mathews, J. and Walker, R. L. 1979, *Mathematical Methods of Physics*, 2nd edn. W. A. Benjamin.［12.2.5 項, 13.3.1 項, 14.5 節］
Mathewson, D. S. and Ford, V. L. 1970, *Mem. Roy. Astron. Soc.* **74**, 139.［図 6.13］
Mattig, W. 1958, *Astron. Nachr.* **284**, 109.［14.3 節］
Maunder, E. W. 1904, *Mon. Not. Roy. Astron. Soc.* **64**, 747.［4.8 節］
Maxwell, J. C. 1860, *Phil. Mag. (4)* **19**, 19.［2.3.1 項］
Maxwell, J. C. 1865, *Phil. Trans. Roy. Soc.* **155**, 459.［8.4 節］
Mayor, M. and Queloz, D. 1995, *Nature* **378**, 355.［4.9 節］
McKee, C. F. and Ostriker, J. P. 1977, *Astrophys. J.* **218**, 148.［6.6.5 項］
Mestel, L. 1999, *Stellar Magnetism.* Oxford University Press.［学］
Meyer, P. 1969, *Ann. Rev. Astron. Astrophys.* **7**, 1.［図 8.11］
Mihalas, D. 1978, *Stellar Atmospheres*, 2nd edn. Freeman.［2.3.1 項, 2.4 節, 2.6 節, 学］
Mihalas, D. and Binney, J. 1981, *Galactic Astronomy.* Freeman.［図 4.9, 図 4.10, 6.1.1 項, 6.2 節, 学］
Milne, E. A. and McCrea, W. H. 1934, *Q. J. Maths.* **5**, 73.［10.1 節］
Misner, C. W., Thorne, K. S. and Wheeler, J. A. 1973, *Gravitation.* Freeman.［学］
Mitchell, R. J., Culhane, J. L., Davison, P. J. N. and Ives, J. C. 1976, *Mon. Not. Roy. Astron. Soc.* **175**, 29.［9.5 節］

Morrison, D., Wolff, S. and Fraknoi, A. 1995, *Abell's Exploration of the Universe*, 7th edn. Saunders. ［学］

Mouschovias, T. Ch. 1974, *Astrophys. J.* **192**, 37. ［8.8 節］

Muller, C. A. and Oort, J. H. 1951, *Nature* **168**, 357. ［6.5 節］

Nakajima, T., Oppenheimer, B. R., Kulkarni, S. R., Golimowski, D. A., Matthews, K. and Durrance, S. T. 1995, *Nature* **378**, 463. ［3.6.1 項］

Narlikar, J. V. 2002, *Introduction to Cosmology*, 3rd edn. Cambridge University Press. ［11.9 節, 学］

Oegerle, W. R. and Hoessel, J. G. 1991, *Astrophys. J.* **375**, 15. ［図 9.5］

Olbers, H. W. M. 1826, *Bode Jahrbuch* **110**. ［6.1.1 項］

Oort, J. H. 1927, *Bull. Astron. Inst. Netherlands* **3**, 275. ［6.2 節］

Oort, J. H. 1928, *Bull. Astron. Inst. Netherlands* **4**, 269. ［7.7 節, 図 7.5］

Oort, J. H. 1932, *Bull. Astron. Inst. Netherlands* **6**, 349. ［6.5 節, 7.6.1 項］

Oort, J. H. 1965, in *Galactic Structure* (ed. A. Blaauw and M. Schmidt), p. 455. University of Chicago Press. ［学］

Oort, J. H., Kerr, F. T. and Westerhout, G. 1958, *Mon. Not. Roy. Astron. Soc.* **118**, 379. ［6.5 節, 図 6.10］

Oppenheimer, J. R. and Volkoff, G. M. 1939, *Phys. Rev.* **55**, 374. ［5.4 節］

Osterbrock, D. E. 1978, *Proc. Nat. Acad. Sci.* **75**, 540. ［9.4.4 項］

Osterbrock, D. E. and Ferland, J. G. 2005, *Astrophysics of Gaseous Nebulae and Active Galactic Nuclei*, 2nd edn. University Science Books. ［学］

Ostriker, J. P. and Tremaine, S. 1975, *Astrophys. J. Lett.* **202**, L113. ［9.5 節］

Padmanabhan, T. 2000, *Theoretical Astrophysics, Vol. I: Astrophysical Processes*. Cambridge University Press. ［学］

Padmanabhan, T. 2001, *Theoretical Astrophysics, Vol. II: Stars and Stellar Systems*. Cambridge University Press. ［学］

Padmanabhan, T. 2002, *Theoretical Astrophysics, Vol. III: Galaxies and Cosmology*. Cambridge University Press. ［学］

Panofsky, W. K. H. and Phillips, M. 1962, *Classical Electricity and Magnetism*, 2nd edn. Addison-Wesley. ［2.6.1 項, 8.4 節, 8.11 節, 13.4 節］

Parker, E. N. 1955a, *Astrophys. J.* **121**, 491. ［8.6 節］

Parker, E. N. 1955b, *Astrophys. J.* **122**, 293. ［8.7 節］

Parker, E. N. 1957, *J. Geophys. Res.* **62**, 509. ［8.9 節］

Parker, E. N. 1958, *Astrophys. J.* **128**, 664. ［4.6 節］

Parker, E. N. 1966, *Astrophys. J.* **145**, 811. ［8.8 節］

Parker, E. N. 1979, *Cosmical Magnetic Fields*. Oxford University Press. ［学］

Pathria, R. K. 1996, *Statistical Mechanics*. Butterworth-Heinemann. ［5.2 節，7.5 節］
Peacock, J. A. 1999, *Cosmological Physics*. Cambridge University Press. ［学］
Pearson, T. J. *et al.* 1981, *Nature* **290**, 365. ［図 9.12］
Peebles, P. J. E. 1966, *Astrophys. J.* **146**, 542. ［11.3 節］
Peebles, P. J. E. 1993, *Principles of Physical Cosmology*. Princeton University Press. ［11.8.2 項，学］
Penzias, A. A. and Wilson, R. W. 1965, *Astrophys. J.* **142**, 419. ［10.5 節］
Perlmutter, S. *et al.* 1999, *Astrophys. J.* **517**, 565. ［14.5 節，図 14.4］
Perryman, M. A. C. *et al.* 1995, *Astron. Astrophys.* **304**, 69. ［3.5.1 項，3.5.2 項，図 3.5］
Peterson, B. M. 1997, *An Introduction to Active Galactic Nuclei*. Cambridge University Press. ［図 11.4，学］
Petschek, A. 1964, *AAS-NASA Symp. on Solar Flares*, NASA SP-50, p. 425. ［8.9 節］
Pierce, A. K., McMath, R. R., Goldberg, L. and Mohler, O. C. 1950, *Astrophys. J.* **112**, 289. ［図 2.6］
Planck, M. 1900, *Verhand. Deutschen Physik. Gesell.* **2**, 237. ［2.2.1 項，2.3.1 項］
Pogson, N. 1856, *Mon. Not. Roy. Astron. Soc.* **17**, 12. ［1.4 節］
Popper, D. M. 1980, *Ann. Rev. Astron. Astrophys.* **18**, 115. ［図 3.4］
Pound, R. V. and Rebka, G. A. 1960, *Phys. Rev. Lett.* **4**, 337. ［13.2 節］
Priest, E. R. 1982, *Solar Magnetohydrodynamics*. D. Reidel Publishing Company. ［学］

Radhakrishnan, V., Murray, J. D., Lockhart, P. and Whittle, R. P. J. 1972, *Astrophys. J. Suppl.* **24**, 15. ［図 6.11］
Reber, G. 1940, *Astrophys. J.* **91**, 621. ［1.7.2 項］
Rees, M. J. 1966, *Nature* **211**, 468. ［9.4.2 項］
Reif, F. 1965, *Fundamentals of Statistical and Thermal Physics*. McGraw-Hill. ［2.2.1 項，8.10 節，11.2 節］
Rhoades, C. E. and Ruffini, R. 1974, *Phys. Rev. Lett.* **32**, 324. ［5.4 節］
Richtmyer, F. K., Kennard, E. H. and Cooper, J. N. 1969, *Introduction to Modern Physics*, 6th edn. McGraw-Hill. ［6.6 節］
Riemann, B. 1868, *Nachr. Ges. Wiss. Gött.* **13**, 133. ［12.2.4 項］
Riess, A. G. *et al.* 1998, *Astron. J.* **116**, 1009. ［14.5 節，図 14.4］
Riess, A. G. *et al.* 2004, *Astrophys. J.* **607**, 665. ［図 14.6］
Roberts, M. S. and Whitehurst, R. N. 1975, *Astrophys. J.* **201**, 327. ［9.2.2 項］
Robertson, H. P. 1935, *Astrophys. J.* **82**, 248. ［10.3 節］
Rosseland, S. 1924, *Mon. Not. Roy. Astron. Soc.* **84**, 525. ［2.5 節］
Rots, A. H. 1975, *Astron. Astrophys.* **45**, 43. ［図 8.7］
Roy, A. E. and Clarke, C. 2003, *Astronomy: Principles and Practice*, 4th edn. Taylor & Francis. ［学］

Rubin, V. C. and Ford, W. K. 1970, *Astrophys. J.* **159**, L379. [9.2.2 項]
Rubin, V. C., Ford, W. K. and Thonnard, N. 1978, *Astrophys. J. Lett.* **225**, L107. [9.2.2 項, 図 9.7]
Russell, H. N. 1913, *Observatory* **36**, 324. [3.4 節]
Russell, H. N. 1929, *Astrophys. J.* **70**, 11. [4.3 節]
Russell, H. N., Dugan, R. S. and Stewart, R. M. 1927, *Astronomy, Vol. 2*. [3.3 節]
Rybicki, G. B. and Lightman, A. P. 1979, *Radiative Processes in Astrophysics*. John Wiley & Sons. [2.3.1 項, 2.6.1 項, 8.11 節, 8.12 節, 学]

Saha, M. N. 1920, *Phil. Mag. (6)* **40**, 472. [2.3.1 項, 3.5.1 項]
Saha, M. N. 1921, *Proc. Roy. Soc.* **A 99**, 697. [3.5.1 項]
Saha, M. N. and Srivastava, B. N. 1965, *A Treatise on Heat*, 5th edn. The Indian Press, Allahabad. [2.2.1 項, 2.4.1 項, 8.10 節, 10.5 節]
Salpeter, E. E. 1952, *Astrophys. J.* **115**, 326. [4.3 節]
Salpeter, E. E. 1955, *Astrophys. J.* **121**, 161. [6.8 節]
Salpeter, E. E. 1964, *Astrophys. J.* **140**, 796. [9.4.3 項]
Sandage, A. R. 1957, *Astrophys. J.* **125**, 435. [図 3.9]
Sarazin, C. L. 1986, *Rev. Mod. Phys.* **88**, 1. [図 9.17, 学]
Sato, K. 1981, Phyys. Lett B 99, 66 [11.6.1 項 (訳注)]
Schechter, P. 1976, *Astrophys. J.* **203**, 297. [9.2.1 項]
Scheffler, H. and Elsässer, H. 1988, *Physics of the Galaxy and Interstellar Matter*. Springer-Verlag. [学]
Schmidt, M. 1963, *Nature* **197**, 1040. [9.4.1 項]
Schneider, P. 2006, *Extragalactic Astronomy and Cosmology*. Springer. [学]
Schuster, A. 1905, *Astrophys. J.* **21**, 1. [2.2.2 項]
Schutz, B. 1985, *A First Course in General Relativity*. Cambridge University Press. [学]
Schwarzschild, K. 1906, *Nachr. Ges. Wiss. Gött.*, 41. [3.2.4 項]
Schwarzschild, K. 1907, *Nachr. Ges. Wiss. Gött.*, 614. [6.3.3 項]
Schwarzschild, K. 1914, *Sitzungsber. Preus. Akad. Wiss.*, 1183. [2.2.2 項]
Schwarzschild, K. 1916, *Sitzungsber. Preus. Akad. Wiss.*, 189. [13.3 節]
Schwarzschild, M. 1958, *Structure and Evolution of the Stars*. Princeton University Press. Reprinted by Dover. [学]
Seyfert, C. 1943, *Astrophys. J.* **97**, 28. [9.4.1 項]
Shakura, N. I. and Sunyaev, R. A. 1973, *Astron. Astrophys.* **24**, 337. [5.6 節]
Shapiro, S. L. and Teukolsky, S. A. 1983, *Black Holes, White Dwarfs, and Neutron Stars*. John Wiley & Sons. [5.1 節, 5.4 節, 5.5.1 項, 学]
Shapley, H. 1918, *Astrophys. J.* **48**, 154. [6.1.2 項]
Shapley, H. 1919, *Astrophys. J.* **49**, 311. [6.1.2 項]

Shapley, H. 1921, *Bull. Nat. Res. Council* **2**, 171. ［6.1.2 項, 9.1 節］
Shectman, S. A. *et al.* 1996, *Astrophys. J.* **470**, 172. ［9.6 節, 図 9.19］
Shore, S. N. 2002, *The Tapestry of Modern Astrophysics*, Wiley-Interscience. ［学］
Shu, F. H. 1982, *The Physical Universe*. University Science Books. ［図 1.3, 7.1 節, 学］
Shu, F. H. 1991, *The Physics of Astrophysics, Vol. I: Radiation*. University Science Books. ［学］
Shu, F. H. 1992, *The Physics of Astrophysics, Vol. II: Gas Dynamics*. University Science Books. ［学］
Slipher, V. M. 1914, *Lowell Obs. Bull.* **2**, 62. ［9.3 節］
Smoot, G. F. *et al.* 1992, *Astrophys. J. Lett.* **396**, L1. ［11.7.1 項, 図 11.3］
Spitzer, L. 1978, *Physical Processes in the Interstellar Medium*. John Wiley & Sons. ［6.7 節, 8.3 節, 学］
Spitzer, L. 1987, *Dynamical Evolution of Globular Clusters*. Princeton University Press. ［学］
Spitzer, L. and Baade, W. 1951, *Astrophys. J.* **113**, 413. ［9.5 節］
Spitzer, L. and Jenkins, E. B. 1975, *Ann. Rev. Astron. Astrophys.* **13**, 133. ［図 2.9］
Spitzer, L. and Schwarzschild, M. 1951, *Astrophys. J.* **114**, 385. ［7.6.2 項］
Starobinsky, A. A. 1980, Phys. Lett. B 91, 99 ［11.6.1 項（訳注）］
Stefan, J. 1879, *Wien. Berichte* **79**, 391. ［2.4.1 項］
Stix, M. 2004, *The Sun*, 2nd edn. Springer. ［学］
Strömberg, G. 1924, *Astrophys. J.* **59**, 228. ［7.6.2 項］
Strömgren, B. 1939, *Astrophys. J.* **89**, 526. ［6.6.4 項］
Sunyaev, R. A. and Zel'dovich, Ya. B. 1972, *Comm. Astroph. Space Sci.* **4**, 173. ［11.7.2 項］
Sweet, P. A. 1958, *Proc. IAU Symp.* **6**, 123. ［8.9 節］

Tayler, R. J. 1993, *Galaxies: Structure and Evolution*. Cambridge University Press. ［学］
Tayler, R. J. 1994, *The Stars: Their Structure and Evolution*. Cambridge University Press. ［図 2.8, 3.4 節, 3.5.2 項, 図 3.6, 図 4.5, 4.5 節, 学］
Taylor, J. H., Manchester, R. N. and Lyne, A. G. 1993, *Astrophys. J. Suppl.* **88**, 529. ［図 5.5］
Thirring, H. and Lense, J. 1918, *Phys. Z.* **19**, 156. ［13.3 節］
Thomson, J. J. 1906, *Phil. Mag.* **11**, 769. ［2.6.1 項］
Tonks, L. and Langmuir, I. 1929, *Phys. Rev.* **33**, 195. ［8.13 節, 8.13.1 項］
Toomre, A. and Toomre, J. 1972, *Astrophys. J.* **178**, 623. ［9.5 節］
Trumpler, R. J. 1930, *Lick Obs. Bull.* **14**, 154. ［6.1.3 項］
Tucker, W. H. 1978, *Radiation Processes in Astrophysics*. The MIT Press. ［学］
Tully, R. B. and Fisher, J. R. 1977, *Astron. Astrophys.* **54**, 661. ［9.2.2 項］

Unsöld, A. and Baschek, B. 2001, *The New Cosmos*, 5th edn. Springer. ［学］

van de Hulst, H. C. 1945, *Nederl. Tij. Natuurkunde* **11**, 201. ［6.5 節］
van Paradijs, J. *et al.* 1997, *Nature* **386**, 686. ［9.7 節］
Vitense, E. 1953, *Zs. f. Astrophys.* **32**, 135. ［3.2.4 項］
Vogt, H. 1926, *Astron. Nachr.* **226**, 301. ［3.3 節］
von Weizsäcker, C. F. 1937, *Phys. Zs.* **38**, 176. ［4.3 節］

Wagoner, R. V. 1973, *Astrophys. J.* **179**, 343. ［11.3 節，図 11.2］
Wagoner, R. V., Fowler, W. A. and Hoyle, F. 1967, *Astrophys. J.* **148**, 3. ［11.3 節］
Wald, R. M. 1984, *General Relativity*. The University of Chicago Press. ［学］
Walker, A. G. 1936, *Proc. Lond. Math. Soc. (2)* **42**, 90. ［9.3 節］
Weinberg, S. 1972, *Gravitation and Cosmology*. John Wiley & Sons. ［学］
Weinberg, S. 1977, *The First Three Minutes*. Basic Books. ［学］
Weiss, N. O. 1981, *J. Fluid Mech.* **108**, 247. ［8.6 節］
Wildt, R. 1939, *Astrophys. J.* **89**, 295. ［2.6.2 項］
Williams, R. E. *et al.* 1996, *Astron. J.* **112**, 1335. ［11.8.1 項，図 11.5］
Wolfe, A. M., Turnshek, D. A., Lanzetta, K. M. and Lu, L. 1993, *Astrophys. J.* **404**, 480. ［図 11.6］

Yarwood, J. 1958, *Atomic Physics*. Oxford University Press. ［4.2 節，11.7.2 項］
York, D. G. *et al.* 2000, *Astron. J.* **120**, 1579. ［9.6 節］

Zel'dovich, Ya. B. and Novikov, I. D. 1964, *Usp. Fiz. Nauk* **84**, 377. ［9.4.3 項］
Zwaan, C. 1985, *Solar Phys.* **100**, 397. ［図 4.16］
Zwicky, F. 1933, *Helv. Phys. Acta* **6**, 110. ［9.5 節］

索 引

●英数字●

3C　20
AU　1
BLR　255
CMBR　283, 298
CNO サイクル　88
COBE　284
death line　130
H_{II} 領域　167
HR 図　69
Hubble line　130
King モデル　195
K 補正　393
LSR　148
LTE　32
MHD　198, 205
NGC　20
NLR　255
opacity　44
pc　2
QSO　250
r 過程　106
spin-up line　130
s 過程　106
UBV システム　8
X 線連星　130

●あ 行●

アインシュタイン・テンソル　336
アインシュタイン–ド・ジッターモデル　286
アインシュタイン方程式　349, 383
アインシュタイン・リング　369
熱い暗黒物質　305
アフィン・パラメータ　364

アルヴェーン速度　231
アルヴェーンの磁束凍結定理　208
アルヴェーン波　231
暗黒物質　240, 259, 282, 302, 304, 369
一次異方性　310
色–等級図　73
インフレーション　307
ヴィリアル化　179
ヴィリアル定理　59, 176
ヴォイド　264
渦巻銀河　233
宇宙原理　264, 273
宇宙項　278
宇宙線　13, 170, 219
宇宙組成　162
宇宙定数　385
宇宙電磁力学　210
宇宙マイクロ波背景輻射　283
内ラグランジュ点　101
エディントン近似　38
エディントン光度限界　77, 132, 253
エネルギー–運動量テンソル　344
エネルギー等分配　170
オイラー微分　198
オイラー方程式　200
オールト係数　146, 155, 190
オールト上限　156, 190
オルバースのパラドックス　138
音叉図　235

●か 行●

回転曲線　238
カウシック–マクレランド上限　305
化学平衡　295

角度サイズ距離　395
核燃焼　87
核燃料　87
核分裂　81
核融合　81
カー計量　357
褐色矮星　77
活動銀河　247
活動銀河核　247
加熱関数　171
カプタイン宇宙　137
ガン–ピーターソン検定　315
ガンマ線バースト　265
緩和時間　180
逆コンプトン効果　311
球状星団　77
強度　22
共動座標系　276
共変微分　329
共変ベクトル　324
共鳴　84
局所基準系　148
局所群　244, 256
局所熱力学的平衡　32
キルヒホッフの法則　28, 41
銀緯　7
銀河欠如領域　143
銀河座標系　7, 143
銀河団　244, 256
銀河の共食い　258
銀経　7
クエーサー　248
クリストッフェル記号　329
グリッチ　126
計量テンソル　271, 326
ゲージ変換　374
激緩和　180
結合エネルギー　81
ケプラー運動　132
ケプラー問題　359
源泉関数　27

ケンブリッジ第3電波天体カタログ　20
光学的に厚い　27
光学的に薄い　27
光学的深さ　26
恒星　19
恒星大気　32
恒星内部構造　32
構造形成　316
降着　102
降着円盤　131
黄道　6
黄道十二宮　6
光度曲線　105
光度距離　393, 398
固有運動　5
混合距離理論　63
コンプトン効果　310

●さ　行●

歳差運動　6
最終安定軌道　361
最終散乱面　309, 401
再電離　315
サハの式　30
サルピータの初期質量関数　173
散開星団　77
シーイング　16
シェヒターの法則　235
紫外–青–可視システム　8
磁気再結合　217
磁気対流　211
磁気浮揚　212
磁気流体力学　198
磁気レイノルズ数　207
視差　2
磁束管　211
質量・光度関係　68, 77
シュヴァルツシルト計量　357
シュヴァルツシルトの安定性条件　63, 92
シュヴァルツシルト半径　253, 357
周転円　150

周転円運動　150
周辺減光則　39
重力赤方偏移　356
重力波　376
重力レンズ　369
縮退　64, 113, 114
縮退圧　64, 76, 98, 105, 113, 114
縮約　325
主系列　73
主系列星　87, 90
種族 I　155
種族 II　155, 237
準星状天体　250
衝突　179, 185
衝突恒星系力学　176
食連星　72
シンクロトロン輻射　170, 219, 223
ジーンズ質量　204
ジーンズの欺瞞　202
ジーンズの定理　194
ジーンズ不安定　173
ジーンズ不安定性　201
ジーンズ方程式　188
振動子強度　49
スカラー曲率　335
スケール因子　275, 277, 390
ストレームグレン球　167
スニャエフ－ゼルドビッチ効果　311
スペックル・イメージング　16
星間ガス雲　158
成長曲線　51
制動輻射　223, 227
セイファート 1 型　247
セイファート 2 型　247
世界時間　355
赤緯　5
赤色巨星　75, 98
赤道儀式架台　7
赤方偏移　242
赤経　6
絶対実視等級　71

絶対等級　8
絶対輻射等級　72
摂動方程式の線形化　202
旋回中心　152
双極流　173
相対論的ビーミング　223
添字を上げる　327
添字を下げる　327
測地線　336
測地線偏差方程式　378
測地線方程式　338

●た　行●

ダイナモ理論　111, 170
太陽運動　151
太陽ニュートリノ　95
太陽風　101
楕円銀河　235
ダークエネルギー　387
ダークマター　240
タリー－フィッシャー関係　241
地平線　306
地平線問題　307
地平面　371
チャンドラセカール限界質量　90, 105, 122
中性子星　113, 125
中性子ドリップ　123
中性子捕獲　105
超銀河団　264
超光速運動　250
超新星　103, 398
超新星残骸　104
通常銀河　233
冷たい暗黒物質　305
天球　5
電子縮退圧　76
テンソル　325
天の赤道　6
天の南極　5
天の北極　5
電波銀河　247

天文単位　1
電流シート　217
等価原理　269
等価幅　49
等級　7
動摩擦　183
特異点　370
ド・ヴォークルールの法則　236
トムソン散乱　46
トリプルアルファ反応　90
トロイダル磁場　213

●な 行●

ナローライン領域　255
日震学　93
ニュー・ジェネラル・カタログ　20
ニュートリノ　12, 88, 95, 105
ニュートン的宇宙論　268
ヌル測地線　364
熱的輻射　18, 227
熱広がり　156
粘性　200

●は 行●

灰色大気　36
背景ニュートリノ　302
パーカー不安定性　215
白色矮星　75, 100, 113, 116
パーセク　2
バタフライ図　109
ハッブル・キー・プロジェクト　245
ハッブル時間　245, 290
ハッブル・ディープ・フィールド　313
ハッブル定数　243
ハッブルの法則　243, 394
バリオン生成　308
パルサー　125
反変ベクトル　324
ビアンキの恒等式　334
比強度　22
ビッグ・バン　283, 293

ビッグ・クランチ　279, 287
非熱的　18
非熱的輻射　227
微分回転　144, 212
標準光源　244
ファラデー回転　170
フェイバー－ジャクソン関係　237
フェルミ加速　219
フェルミの一次加速　222
フェルミの二次加速　222
フォークト－ラッセル定理　66
不規則銀河　235
輻射等級　8
輻射場　22
輻射平衡　37
輻射優勢　285
輻射輸送　21
輻射輸送の式　26
物質－輻射平等　285
物質優勢　285
不透明度　44
プラズマ振動　230
プラズマ振動数　229
ブラックホール　10, 114, 131, 133, 253
フリードマン方程式　278, 384
ブロードライン領域　255
分光連星　72
分子雲　164
平均自由行程　31
平均分子量　64
平行移動　329
ベクトル成分　327
ヘニエイ法　66
ヘルツシュプルング－ラッセル図　69
ベルヌーイの原理　231
ヘンリー・ドレーパー・カタログ　19
補償光学　16
ポリトロープ関係　118
ポロイダル磁場　213

●ま 行●

マティヒの公式　391
マルムクイスト・バイアス　139
見かけの等級　8
密度パラメータ　279
ミリ秒パルサー　129
無衝突恒星系力学　176
無衝突ボルツマン方程式　184, 185
メシエカタログ　20

●や 行●

有効半径　236
誘導方程式　206
陽子−陽子連鎖　87

●ら 行●

ライマン α の森　314
ラグランジュ微分　198
ラム圧　262
ラングミュア振動　230

リウヴィルの定理　184
理想流体近似　200
リッチ・テンソル　335
リーマン曲率テンソル　334
リー−ワインバーグ制限　306
臨界密度　279
冷却関数　171
冷却流　260
零測地線　364, 388
レイリー散乱　46
レーン−エムデン方程式　119
連続の方程式　199
ロスランド平均　43
ロッシュ・ローブ　101
ロバートソン−ウォーカー計量　275, 347, 388

●わ 行●

惑星科学　111
惑星状星雲　103
和の規約　324

原著者紹介

Arnab Rai Choudhuri（アーナブ・ライ・チョードゥリ）
インドの物理学者．1985 年にアメリカのシカゴ大学にて Ph.D. を取得．2002 年からインド理科大学院の教授となり，現在に至る．専門は太陽磁気流体力学．
主要著書に "Astrophysics for Physicists" (Cambridge University Press, 2010)（本書の原著）や "The Physics of Fluids and Plasmas" (Cambridge University Press, 1998) がある．

訳者略歴

森　正樹（もり・まさき）
1988 年　京都大学大学院理学研究科 物理学第二専攻 博士後期課程
　　　　単位取得退学
同　年　東京大学宇宙線研究所 研究員（教務補佐員）を経て，
　　　　国立高エネルギー物理学研究所物理研究部 助手
1993 年　宮城教育大学教育学部 助教授
1997 年　東京大学宇宙線研究所 助教授
2003 年　東京大学宇宙線研究所 教授
2009 年　立命館大学理工学部 教授
　　　　現在に至る．理学博士（1988 年 7 月 京都大学）

編集担当　村瀬健太（森北出版）
編集責任　富井　晃（森北出版）
組　版　ディグ
印　刷　ディグ
製　本　協栄製本

天体物理学　　　　　　　　　　　　　　　　版権取得　2018
2019 年 5 月 30 日　第 1 版第 1 刷発行　　【本書の無断転載を禁ず】

訳　者　森　正樹
発行者　森北博巳
発行所　森北出版株式会社
　　　　東京都千代田区富士見 1-4-11（〒102-0071）
　　　　電話 03-3265-8341 ／ FAX 03-3264-8709
　　　　https://www.morikita.co.jp/
　　　　日本書籍出版協会・自然科学書協会　会員
　　　　JCOPY　＜（一社）出版者著作権管理機構 委託出版物＞

落丁・乱丁本はお取替えいたします．

Printed in Japan ／ ISBN978-4-627-27511-9